プラスチックの資源循環に向けたグリーンケミストリーの要素技術

Element Technology of Green Chemistry for the Resources Recycling of Plastics

監修：澤口孝志

Supervisor : Takashi Sawaguchi

シーエムシー出版

刊行にあたって

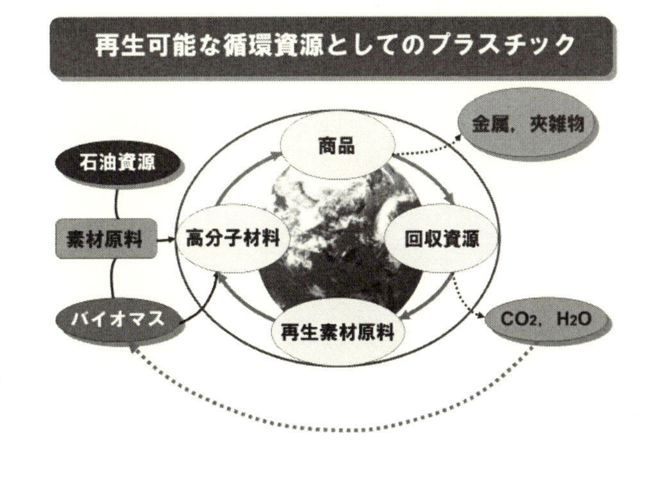

合成樹脂（プラスチック），合成ゴム，合成繊維，塗料，接着剤などに応用される合成高分子は20世紀の新素材である。50年代に開発されたZiegler-Natta触媒によって産業が急速に発展し，今や石油（原油）の4～6%を原料として，その世界生産量は4億トンを超えている。しかしながら，高度な物質文明を支えるこれらの合成高分子素材は，70年代の第一次オイルショック（化石資源枯渇），90年代における温暖化による地球環境保全（気候変動）に加え，昨今の海洋プラスチックごみ（生物多様性）に端を発し，G20サミットでも取り上げられた喫緊の諸問題として，世界的な解決に向けた生産（廃棄）量の抜本的な削減対策が求められているだけでなく，その存在意義が問われている。

本書ではこれらの諸問題を本質的に解決できると期待される，高分子素材のリデュース活動，軽量化，耐久性向上による長期使用のための高性能化，廃プラのマテリアル（材料）リサイクルおよびモノマーや重合性オリゴマーに戻すケミカルリサイクル，さらには再生可能資源として期待される天然素材（原料や高分子）などのバイオプラスチックに関する科学と技術に焦点を当て，グリーンケミストリー（Green Chemistry，GC）の観点から注目される要素技術を紹介する。具体的には，第Ⅰ編の総論において資源循環の現状について俯瞰し，第Ⅱ編はプラスチックなどに利用される高分子素材の合成に関するGCの要素技術をピックアップした。第Ⅲ編と第Ⅳ編ではマテリアルリサイクルとケミカルリサイクルの実際と題してできるだけ現業をそれぞれ取り上げた。さらに第Ⅴ編は再々注目されている再生可能バイオプラスチック（バイオベースプラスチックと生分解性プラスチック）の科学と技術に注目した。

本書の企画は，昨年奇しくもシーエムシー（CMC）出版の池田識人氏からG20大阪開催を見据えたシリーズとしてのご提案に始まった。シリーズでは，本書「プラスチックの資源循環に向けたGCの要素技術」に関し，まずはCMC出版の月刊誌「ファインケミカル」6月号および7月号に連鎖重合系プラスチックおよび逐次重合系プラスチックとしてそれぞれ特集号を刊行した。最新の要素技術については，とくに若い研究者の発掘を心掛けた。

最後に，本書の作成にあたって終始お世話になった池田氏ならびに，お忙しい中ご執筆いただきました著者の先生方に，この場を借りて厚く感謝いたします。

2019年11月

著者を代表して
元 日本大学
澤口孝志

執筆者一覧（執筆順）

澤口孝志	元 日本大学（㈱エクステクス）
吉岡敏明	東北大学　大学院環境科学研究科　教授
熊谷将吾	東北大学　大学院環境科学研究科　助教
齋藤優子	東北大学　大学院環境科学研究科　特任助教
村内一夫	村内技術士事務所　代表
加茂徹	(国研)産業技術総合研究所　環境管理研究部門 資源精製化学研究グループ　招聘研究員
本多俊一	国際連合環境計画　経済局　国際環境技術センター プログラムオフィサー
岩本正和	早稲田大学　理工学術院応用化学専攻　招聘研究員
松方正彦	早稲田大学　理工学術院応用化学専攻　教授
青山忠	日本大学　理工学部　物質応用化学科　准教授
上道芳夫	室蘭工業大学名誉教授
神田康晴	室蘭工業大学　大学院工学研究科　しくみ解明系領域 物質化学ユニット　准教授
塩野毅	広島大学　大学院工学研究科　応用化学専攻　教授
佐々木大輔	㈱三栄興業　研究開発室　チーフ
橋本保	福井大学　大学院工学研究科　材料開発工学専攻　教授
池田凌麻	福井大学　大学院工学研究科　材料開発工学専攻
漆﨑美智遠	福井大学　大学院工学研究科　材料開発工学専攻　技術補佐員
阪口壽一	福井大学　大学院工学研究科　材料開発工学専攻　准教授
附木貴行	金沢工業大学　革新複合材料研究開発センター　研究員
山下博	金沢工業大学　革新複合材料研究開発センター　研究員
福嶋容子	シャープ㈱　Smart Appliances & Solutions 事業本部 CS・リサイクル推進部　課長
隅田憲武	元 シャープ㈱
徳植義人	リコーテクノロジーズ㈱　第二設計本部　新規開発室　副室長

関口良隆　リコーテクノロジーズ㈱　第二設計本部　新規開発室　スペシャリスト

鈴木明　リコーテクノロジーズ㈱　第二設計本部　新規開発室　スペシャリスト

河済博文　近畿大学　産業理工学部　生物環境化学科　教授

西田治男　九州工業大学　大学院生命体工学研究科　客員教授

本九町卓　長崎大学　大学院工学研究科　助教

岡島いづみ　静岡大学　工学部　化学バイオ工学科　准教授

佐古猛　静岡大学　創造科学技術大学院　特任教授

多賀谷英幸　山形大学　大学院理工学研究科　化学・バイオ工学分野　教授

中谷久之　長崎大学　大学院工学研究科　化学・物質工学コース　教授

岩村武　東京都市大学　工学部　エネルギー化学科　准教授

井口雅夫　日本製鉄㈱　技術総括部　資源化推進室　室長

新井隆　㈱ダイセル　事業創出本部　コーポレート研究センター　主席研究員；
金沢大学　先導科学技術共同研究講座　特任教授

堤聖晴　㈱ダイセル　事業創出本部　新事業開発部　技術企画グループ　主席部員

山崎則次　㈱ダイセル　事業創出本部　新事業開発部　技術企画グループ　主席部員

冨重圭一　東北大学　大学院工学研究科　応用化学専攻　教授

中川善直　東北大学　大学院工学研究科　応用化学専攻　准教授

春見隆文　日本大学　生物資源科学部　生命化学科　元教授

荻原淳　日本大学　生物資源科学部　生命化学科　教授

中山祐正　広島大学　大学院工学研究科　応用化学専攻　准教授

中嶋元　Macromolecular Chemistry and New Polymeric Materials,
Zernike Institute for Advanced Materials, University of Groningen,
Guest scientist

木村良晴　京都工芸繊維大学名誉教授

田口精一　東京農業大学　生命科学部　分子生命化学科　生命高分子化学研究室
教授

宇山浩　大阪大学　大学院工学研究科　応用化学専攻　教授

目　次

【第Ⅰ編　総論－資源循環の現状－】

第1章　プラスチックの資源循環の課題　吉岡敏明，熊谷将吾，齋藤優子

第2章　プラスチックを取り巻く環境問題・リサイクル問題　村内一夫

第3章　繊維強化プラスチック（FRP）のリサイクルの最新動向　加茂　徹

第4章　国際的なプラスチック管理の最新動向　本多俊一

【第Ⅱ編　合　成】

第5章　バイオエタノール由来プロピレンを基幹とする炭素資源循環　岩本正和，松方正彦

第6章　無機固体担持試薬を用いるアクリルアミド類の選択的合成　青山　忠

第7章　ポリオレフィンの接触分解による低級オレフィンおよび芳香族炭化水素の選択的合成　上道芳夫，神田康晴

第8章　精密熱分解による末端反応性オリゴマーの選択合成に関する新機構　澤口孝志

第9章　重合技術によるポリプロピレンの高性能化・高機能化　塩野　毅

第10章　両末端反応性ポリプロピレンを用いた新規共重合体の開発　佐々木大輔

第11章 ポリスチレンの2サイクルケミカルリサイクル：ポリスチレン熱分解物スチレンダイマーとスチレントリマーからなるポリマーの熱分解

橋本 保，池田凌麻，漆﨑美智遠，阪口壽一

第12章 求核体を用いたポリ塩化ビニルの化学修飾

吉岡敏明

第13章　新規相溶化剤を用いたリグノセルロース繊維複合材料とリサイクル炭素繊維複合材料の開発　附木貴行，山下　博

【第Ⅲ編　マテリアルリサイクルの実際】

第14章　家電系廃ポリプロピレンの自己循環型マテリアルリサイクル技術　福嶋容子，隅田憲武

第15章　事務機器製品における資源循環促進とマテリアルリサイクルの現状と課題

徳植義人，関口良隆，鈴木　明

第16章　家電・自動車リサイクル法での最終残渣プラスチックのマテリアルリサイクル

河済博文

【第Ⅳ編　ケミカルリサイクルの実際】

第17章　ポリエステルのケミカルリサイクル　西田治男

第18章　ポリウレタンならびにポリウレアの炭酸を用いたケミカルリサイクル　本九町　卓

第19章　亜臨界・超臨界水によるポリアミドのケミカルリサイクル　岡島いづみ，佐古　猛

第20章　架橋高分子の分解による資源化　多賀谷英幸

第21章　プラスチックの知能化リサイクルを目指したハイブリット分解システムの開発　中谷久之

第22章　分子レゴブロックを基盤とする高分子のケミカルリサイクルシステムの開発　岩村　武

第23章　使用済み電子機器に使用されているプラスチックのリサイクル

加茂　徹

第24章　コークス炉化学原料化法によるプラスチックリサイクル

井口雅夫

【第Ⅴ編　バイオプラスチック】

第25章　バイオと触媒で作る基幹化成品

新井　隆，堤　聖晴，山崎則次，冨重圭一，中川善直，春見隆文，荻原　淳

第26章　バイオマス由来TPEの合成

中山祐正，塩野　毅

第27章　ポリ乳酸の新展開　中嶋　元，木村良晴

第28章　「多元ポリ乳酸」生合成の新展開：オリゴマー分泌の発見によるプロセス革新　田口精一

第29章　バイオプラスチックの新展開 — バイオリファイナリーと高性能・高機能ケミカルの開発 —　宇山　浩

〈第Ⅰ編〉

総　論　―資源循環の現状―

第1章　プラスチックの資源循環の課題

吉岡敏明[*1]，熊谷将吾[*2]，齋藤優子[*3]

1　はじめに

海洋プラスチック問題，さらには中国をはじめとしたアジア諸国での廃プラスチック受入れ制限を契機として，プラスチック問題が世界的な政策課題となっている。我が国においては，2019年3月に「プラスチック資源循環戦略」として環境省が策定したものが5月に我が国の戦略として認められた。ここでは，従来からのリデュース，リユース，リサイクルの3Rに加えて，再生利用とバイオマスプラスチックの導入によるRenewableが付加された「3R＋Renewable」が基本原則となっている。さらに，この原則を後押しする重点戦略では，分別回収，取集運搬，選別，リサイクル，利用における各主体の連携協働が掲げられ，材料リサイクル，ケミカルリサイクル（フィードストックリサイクル）と熱回収のベストミックス化が謳われている。また，6月にはG20大阪サミットにおいて，海洋プラスチックごみによる新たな汚染を2050年までにゼロにすることを目指す「大阪ブルー・オーシャン・ビジョン」が共有され，我が国ではそれを現実化するための施策として，①廃棄物管理（Management of Wastes），②海洋ごみの回収（Recovery），③イノベーション（Innovation），及び④能力強化（Empowerment）に焦点を当てた，「マリーン（MARINE）・イニシアティブ」が立ち上がった。

こうした状況を踏まえて，ここではプラスチックの資源循環に向けた課題を整理し，特にケミカルリサイクルについて，今後の考え方の議論を試みることにする。

2　プラスチックの取巻く現状

我が国では1970年の大阪万博や73年から始まる石油ショックの際に，プラスチック焼却時など，いわゆる二次的な扱いでの有害性の観点から大きな社会問題になり，処理やリサイクルへの重要性が指摘された。また，その問題の範囲も国内にとどまっていた。現在の世界的なプラスチック問題は，1970年代に日本国内で起こった問題とは根本的に質が異なり，二次的な取り扱いより，むしろプラスチックあるいは製品そのものの在り様にまで議論が及んでいる。

2016年にエレンマッカーサー財団から出された「The New Plastics Economy」では，2050年

＊1　Toshiaki Yoshioka　東北大学　大学院環境科学研究科　教授
＊2　Shogo Kumagai　東北大学　大学院環境科学研究科　助教
＊3　Yuko Saito　東北大学　大学院環境科学研究科　特任助教

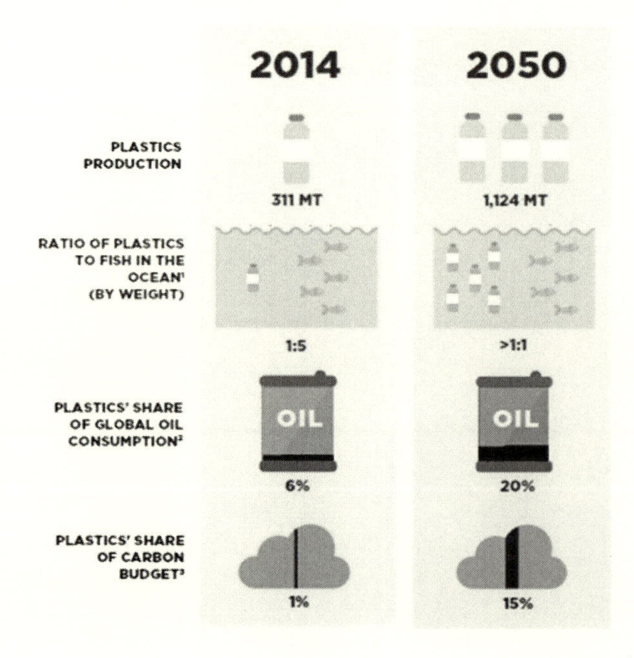

図1　BAU シナリオにおけるプラスチック量の拡大，石油消費量[1)]

には海洋中のプラスチック量が魚の量以上に増加する，石油消費量においてプラスチックの占める割合が2014年の6%から20%に増加する，炭素収支においてプラスチックの占める割合が2014年の1%から15%に増加する，と予想している（図1）[1)]。とりわけ，容器包装に代表される使い捨て（シングルユース）プラスチックについては，食品貯蔵寿命の延長や重量削減による輸送燃料の削減に寄与することから，使用は拡大傾向にあり，1964年の1,500万トンから2014年には3.11億トンへと過去50年間で急増し，今後20年で現在の生産量の2倍になると予想している。

シングルユースプラスチックに限っていえば，2015年のプラスチック生産量を産業別にみると，容器包装系が36%を占めており，生産量が最も多くなっているとR. Geyerらによって報告されている[2)]。また，生産量で見れば，中国，欧州，米国，インドに次ぐ生産量であるが，1人あたりでみると日本は米国に次いで多くなっているのが実情である。

欧州委員会は2018年1月に，以下に示す内容でEUプラスチック戦略を取り纏めている[3)]。

(1)プラスチックリサイクルの経済性と品質向上

- 2030年までにすべてのプラスチック容器包装をコスト効率的にリユース・リサイクル可能とする
- 企業による再生材利用のプレッジ・キャンペーン
- 再生プラスチックの品質基準の設定
- 分別収集と選別のガイドラインの発行

⑵プラスチック廃棄物の海洋ごみ量の削減

- シングルユースプラスチックに対する法的対応のスコープを決定する
- 海洋ごみのモニタリングとマッピングの向上
- 生分解性プラスチックのラベリングと望ましい用途の特定
- 製品へのマイクロプラスチックの意図的添加の制限
- タイヤ，繊維，塗装からの非意図的なマイクロプラスチックの放出を抑制するための検討

⑶サーキュラーエコノミーに向けた投資とイノベーションの拡大

- プラスチックに対する戦略的研究イノベーション
- ホライゾン2020（技術開発予算）における1億ユーロの追加投資

⑷国際的なアクションの醸成

- 国際行動の要請
- 多国間イニシアティブの支援
- 協調ファンドの造成（欧州外部投資計画）

こうした状況の中，2018年12月に欧州議会と加盟国において，EU市場全体におけるシングルユースプラスチック製品を2021年から禁止する規制案について基本合意がなされた。

3　海外におけるプラスチック処理の状況

OECDの環境局総局／環境政策委員会（EPOC）は，2015年5月に再生プラスチック市場における報告書を発表している[4)]。その中で，世界のプラスチック生産量は1950年代の約2百万トンから2015年の約4.07億トンへと急上昇し，その要因は容器包装，自動車，電子／電気機器，繊維，建設部など広範囲に適用可能な優れた材料であるためとしている。廃棄されるプラスチックについては，14～18%がリサイクルされているが，24%が焼却，残りは不法に投棄／焼却されている。

リサイクルが進まない理由のひとつには，再生プラスチック市場が一次プラスチック市場の1/10の規模と決して大きくない状況がある。さらに，再生原料の需要は一次原料の需要不足から生じているため，再生原料市場は一次原料市場の動向に左右され，再生原料の価格は原油価格に影響されるバージン原料の価格に大きく左右されることになっている。

この他にも，再生プラスチック市場の発展を妨げる要因には，経済障壁，技術障壁，環境障壁，規制障壁がある。経済障壁は，廃プラスチックの回収選別処理コスト，市場ショックへの回復力や再生プラスチックへの需要欠如等である。技術障壁は，廃棄物収集システム採用国数の少なさ，添加剤の問題，生分解性プラスチックや熱硬化性プラスチックの回収・処理技術が不十分であるためである。環境障壁については，有害な添加物への対応，リサイクルと廃棄物利用エネルギーの競合や新興市場でのリサイクルに関する環境基準の懸念が挙げられる。規制障壁の側面

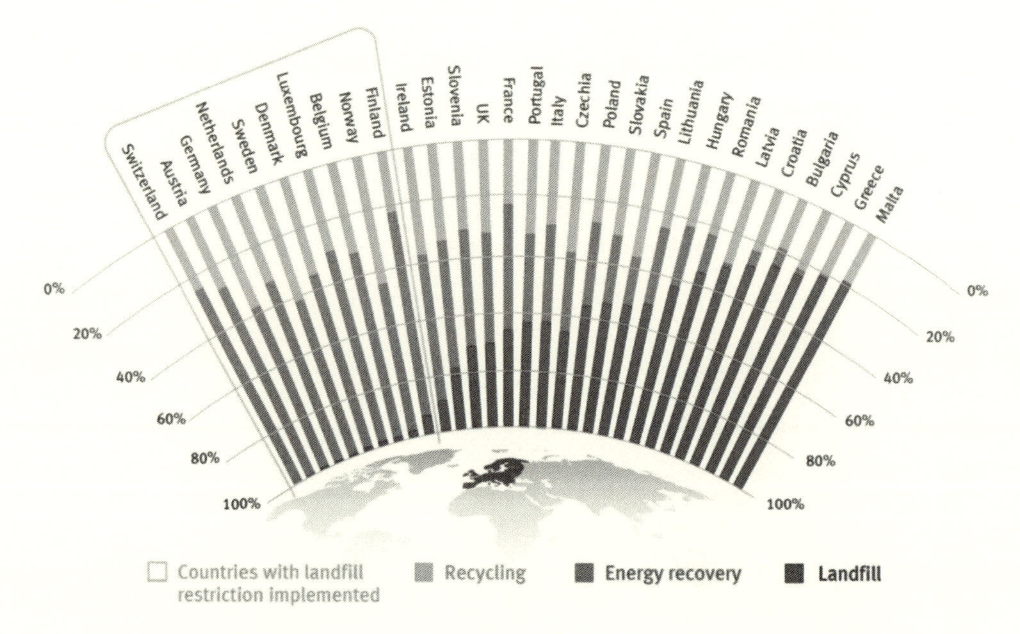

図２　欧州各国における使用済みプラスチックごみのリサイクル・エネルギー回収・埋立割合（2017 年）[5)]

では，廃プラの不法取引，都市ごみの不法投棄・焼却等による課題となっている。

図 2 に欧州各国における使用済みプラスチックごみのリサイクル・エネルギー回収・埋立割合を示す[5)]。概ねリサイクル率は 20％から 40％となっており，埋立処理が制限が実施されている国においては圧倒的にエネルギー回収が取り組まれている。

4　国内のプラスチックリサイクルの現状[6, 7)]

日本国内でのプラスチック資源の有効活用については，一定の水準に達しているものの，未利用の廃プラスチックが一定程度あることから，これまで以上に国内資源循環が求められている。

日本国内で製造・流通しているプラスチックは 150 種類以上あり，樹脂の機能性を高めるためやコスト削減のために添加される可塑剤・酸化防止剤・難燃剤等の添加剤は 230 種類を超える[8)]。さらにこれらの組み合わせは多岐に亘るため，廃プラ組成は多様なものとなる。このことがプラスチックリサイクル，とりわけ不純物混入が加工性や再生品品質の低下や，さらには品質向上のためのプロセスの煩雑さを招いてしまう。

日本国内におけるプラスチック資源の循環状況については，一般社団法人プラスチック循環利用協会で毎年取り纏められており，その報告によれば，2017 年度の樹脂の生産量と，再生樹脂の投入を合わせて，1,164 万 t の樹脂が製品として利用され，一方で約 903 万 t ものプラスチックが排出されている[9)]。排出されたものの処理の内訳は，211 万 t（23％）がマテリアルリサイクル，40万tがケミカルリサイクル（4%），524万t（58%）がエネルギー回収されている。そして，今でも埋め立て処理が52万t（6%），単純焼却処理が76万t（8%）であり，計128万tが未利用となっている。

プラスチック資源化については，関係するリサイクル関連法律が国内法として整備されており，その下で2013年ベースで回収・リサイクルされる状況については図３の通りである[10]。回収される量は，容器包装系が104万t，家電系（家電４品目と小型家電）が12.6万t，自動車リサイクル法ではASRが22万t，それ以外が688万tとなっている。可燃ごみとして回収される個別リサイクル対象外のプラスチックが全体の82%を占めている。

また，昨今では，中国に端を発した廃プラスチックの輸入規制が，アジア各国における輸入規制へと拡大している。結果的に，マテリアルリサイクルのうち，現在輸出に依存している廃プラスチック129万tのリサイクルフローの確保が喫緊の課題となっている。

しかしながら，国内における廃プラスチックリサイクルフローは既に飽和状態となっており，国外に行き場がなくなった廃プラスチック129万t，さらにこれまでリサイクルされていなかった128万t（埋立＋単純焼却）の廃プラスチックのリサイクルを行うためには，マテリアルリサイクルやサーマルリサイクル施設の増設対応では追い付かず，新しい廃プラスチックの資源循環ルートの確保が望まれる状況である。

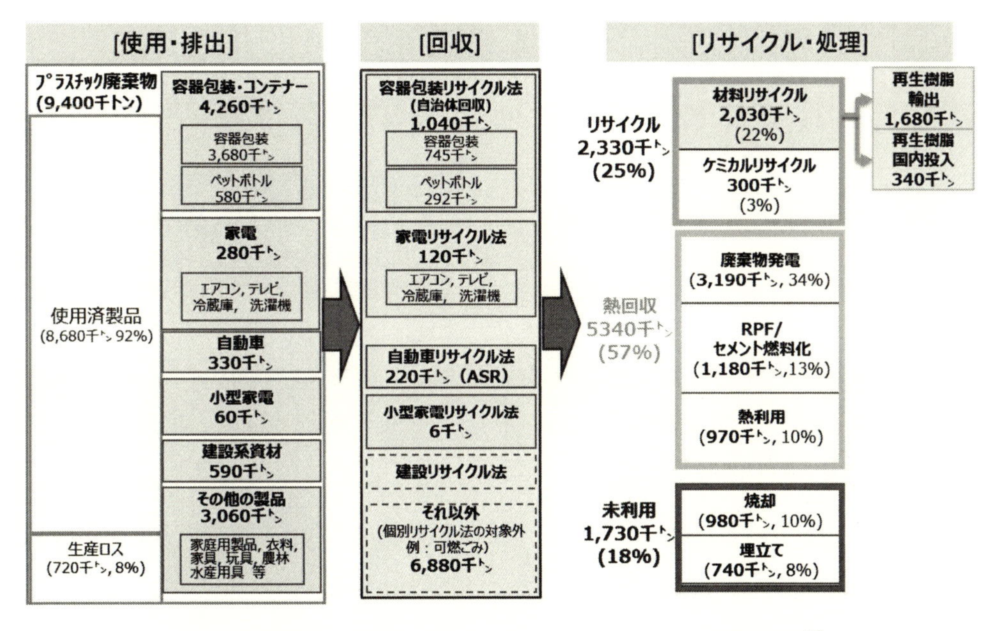

図３　我が国におけるプラスチックのマテリアルフロー（2013年）[10]

5　廃プラスチックリサイクルの新しい道筋[11)]

ケミカルリサイクルは廃プラに化学的な組成変換を施した後にリサイクルする手法の総称であり，我が国では，①原料・モノマー化，②高炉原料化，③コークス炉化学原料化，④ガス化，⑤油化に分類されている。いずれの手法も加溶媒分解技術や熱分解技術を使った化学原料転換・回収技術である。

加溶媒分解による有機原料回収は，PET 等のエステル系樹脂を中心とした廃プラを解重合により化学原料やモノマーにして回収する手法で，原料まで戻すためバージン品と同等品質まで再生可能である。モノマー化のプロセスは多様に存在するが，代表的なものとして水による加水分解，アルコールによるアルコリシス・グリコリシス，アミンによるアミノリシス等が挙げられる。これらの反応を基礎として，常温・常圧，高温・高圧の亜臨界・超臨界等の反応条件を駆使した多くの研究がなされ，比較的低温において高収率のモノマー回収が可能となっている。

高炉原料化，コークス炉化学原料化，ガス化や油化についての基本的な手法は，大きな括りでみれば熱分解法として位置付けられる。例えば容器包装プラスチックでは，この手法により得た生成物は化学原料や燃料として有効利用可能である。

2017 年の状況から 2030 年を俯瞰してみると，マテリアルリサイクルでカバーできる量は約 210 万 t とみることができる。つまり，海外へ輸出していた分がさらに高度に選別されて国内で

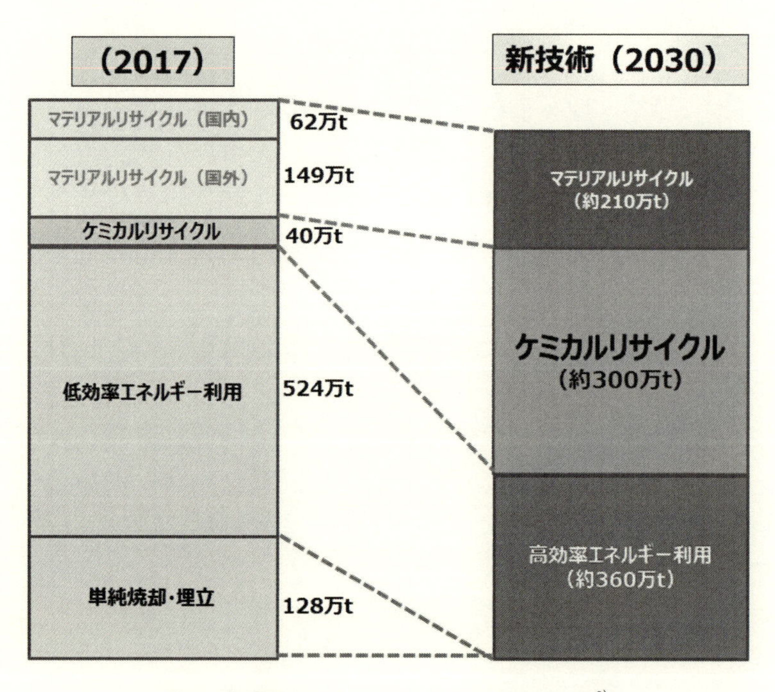

図４　各分野におけるリサイクルポテンシャル[9)]

利用するという仮定である。また，プラスチックの元々の原料である原油処理の約2%分相当をケミカルリサイクルで対応すると，その量は約300万tに相当することになる。このように考えると，現在の低効率のエネルギー回収から高効率エネルギー利用に革新することを前提とした上で，マテリアルやケミカルに廻せないものを対象とした約360万tがエネルギー利用対応のプラスチックと見積もることができる（図4）。つまり，各リサイクル分野におけるポテンシャルは極めて高いものの，それぞれの分野で革新的なプロセス開発，及び全体を統合・最適化したシステムの構築（3R＋）が必須となっており，とりわけケミカルリサイクルの重要性は高いとみることができる。

プラスチックは石油を原料としているものの，原油の10%を占めるナフサを原料としており，その内の約40%がプラスチックとなっている。つまり，原油の4%分がプラスチックとなっている（図5）[9]。石油精製業界はプラスチック製造のための原料（ナフサ等）を石油化学産業に供給する役割を担っており，石油精製，石油化学はプラスチック製造に大きく関与している産業であることはいうまでもない。

一方，各種製品として市場に出回ったプラスチックは，現状のリサイクルは進められているものの，結果的に炭素循環のループから外れる状況となっており，石油関連産業への資源循環は確立していない[11]。低炭素社会や資源循環社会の実現が謳われて久しく，未だにそれが実現できていないことから，新しい道筋による炭素循環を，炭素資源を扱う基幹産業である石油産業界において構築することが不可欠となる。

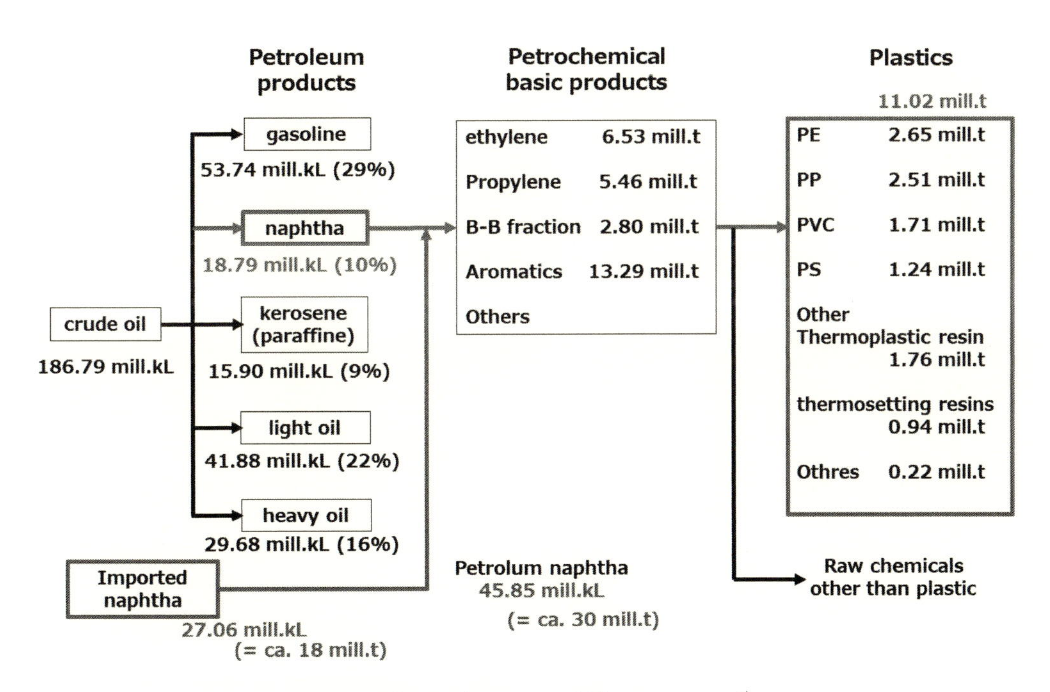

図５　原油からプラスチック製造までのフロー[7]

廃プラスチックのケミカルリサイクルにおいて，原料を供給する立場にある石油関連産業が，個々のプロセス・技術の有効活用等によって，廃プラスチックの再資源化に大きく貢献できる基盤を有している。もっとも定常的な生業を妨げることなく，廃プラスチックの性状品質の向上と受け入れプロセスの技術革新によって境界領域のギャップを縮小することが必要である。廃棄物による環境問題や化石燃料の消費による地球温暖化問題が高まっている現在，石油産業は，石油化学産業等の製造基幹産業へ原油から精製した基礎化学製品を供給することを専らとする産業であることから，高分子であるプラスチックを化学原料とする技術力を有しており，それらの技術活用が期待されるものである。新しいプラスチック資源の循環の姿として，図6に示す通り，プラスチック資源の石油精製プロセスや石油化学プロセスへの循環の道筋を開発することで，真の意味での炭素循環が実現するであろう。つまり，市場に供給されたプラスチックは石油関連産業に戻ることでナフサや基礎化学製品として，結果的に従来では実現できなかった炭素循環が構築されることになる。さらにいえば，プラスチック資源循環戦略では，2030年までに約200万tのバイオマスプラスチック導入を目指しており，化石資源に代わりバイオマスを原料としたプラスチックの在り方についても今後の展開の鍵になる。

一般的に，ものを製造する装置産業では，装置規模が大きいほど経済性が良くなる。しかし，廃プラスチックのケミカルリサイクルにあたっては，廃プラスチックの集荷のための環境負荷増大も考慮し，装置規模と設置場所の最適化が求められる。プラスチックの需要地，すなわち，主要都市近郊の製油所や石油化学プラントそのものが廃プラスチックの化学原料化施設として機能することが産業的にも事業的にも有利である。

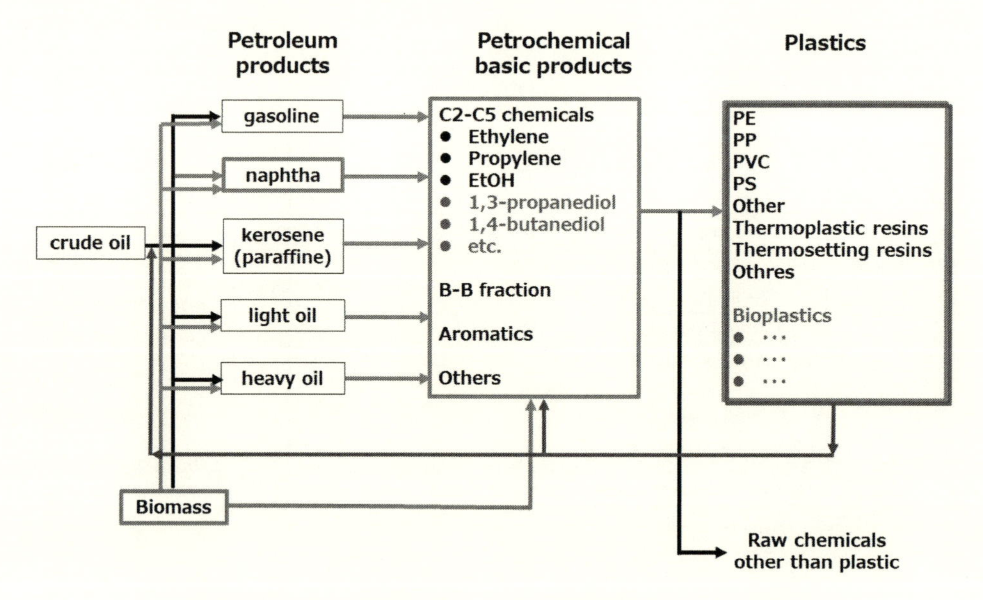

図6　プラスチック資源とバイオマスの石油精製プロセスへの循環

これまでのプラスチックリサイクル事業において，最もマテリアルリサイクルすることが困難な一般廃棄物系の容器包装プラスチックをマテリアルリサイクルの優先性を上げて実施してきた。結果的に，小さなリサイクルプラントが全国に過剰なまでに増えたことによって事業性の弊害が生じてきた。大規模な既存施設の活用は，事業のための設備投資を極力低減させることが可能であり，様々な弊害を解消する先行事例を築くことに繋がる。

一方，廃プラスチックを受け入れる側としての製油所では，製油所毎に装置のコンフィグレーション（精製設備の種類，能力などの組合せ実態）は異なり，基礎化学製品を扱う石油化学産業とのつながりも多様であり，さらには集荷される廃プラスチックの種類の片寄りも想定される。従って，プロセスを一種類に絞って全国展開することは現実的ではなく，むしろ，多様なプロセスからそれぞれのプロセスに適合する有利なプロセスの選択の幅を広げることが求められる。

6　おわりに

廃プラスチックをリサイクルする事業が石油関連産業と結びつくことは，リサイクル製品そのものが基礎化学製品や化学原料となることで，真のプラスチック循環ループが築かれる。つまり，リサイクル産業が従来の静脈産業から，また化石資源を原料としてきた動脈産業が都市資源として原料と捉えることは，従来の産業形態から環境産業へと脱却・革新することを意味する。プラスチックが再びプラスチックとして社会を循環する構造が成立することになり，新しい産業形態が創成されることを期待したい。

文　　献

1) Ellen MacArthur Foundation, The New Plastics Economy Rethinking The Fouture of Plastics (2016)
2) R. Geyer, J. R. Jambeck, K. L. Law, *Science Advances*, Vol. 3, No. 7, (2017), e1700782, DOI：10. 1126/sciadv. 1700782
3) 環境省，中央環境審議会循環型社会部会「プラスチック資源循環戦略小委員会」資料 (2019)
4) OECD, Improving Markets for Recycled Plastics: TRENDS, PROSPECTS AND POLICY RESPONSES (2018)
5) Plastics-the Facts 2018, PlasticsEurope
6) 吉岡敏明・熊谷将吾，プラスチックの化学原燃料化に関する研究動向，化学経済，**61** (8), 51-61, (2014)
7) 齋藤優子，熊谷将吾，吉岡敏明，プラスチックリサイクルの研究開発動向と課題：フィードストックリサイクルを中心として，化学工学論文集，**43** (4), 178-184 (2017)

8) 化学工業日報社，16615の化学商品（2015）
9) プラスチック循環利用協会，プラスチックリサイクルの基礎知識，6-7（2018）
10) 環境省，「マテリアルリサイクルによる天然資源消費量と環境負荷の削減に向けて」資料（2016）
11) 吉岡敏明，齋藤優子，熊谷将吾，環境情報科学，**48**（3），39-44（2019）

第2章　プラスチックを取り巻く環境問題・リサイクル問題

村内一夫*

1　はじめに

世界における地球規模の環境問題として，令和元年版の「環境白書・循環型社会白書・生物多様性白書」では，本格化する気候変動影響（地球温暖化）への対応とプラスチック資源循環への取り組みについて重点をおいて紹介している。

気候変動影響（地球温暖化）については，国際的な取り組みが2015年から現在まで検討されてきており，その概要を図表1に示す。すでに，世界の平均気温は，産業革命以前に比べて1℃ほど上昇している。このままでは，さらに気温の上昇が続き，気温の上昇を抑える方向とはなっておらず，真逆となっている。さらに，現在の各国における自主的な温室効果ガスの排出削減目標がたとえ全て達成されたとしても，2030年には3℃も上昇すると試算されている。危機的な状況を迎えようとしている。

そのため，2019年9月の国連気候行動サミットでは，各国における自主的な温室効果ガスの削減目標を見直して，削減目標を高めて更新することを，70カ国が表明した。日本は，この中に入っておらず，現在2013年度比で26%削減という目標のままで，上積みも更新もしない。

2015年のパリ協定で採択された世界における平均気温の上昇を，産業革命以前に比べて出来れば1.5℃に抑えるという目標を達成するためには，2050年に世界全体で温室効果ガスの排出削減を実質ゼロにする必要があるといわれ，そのため，2019年9月の国連気候行動サミットでは，77カ国がこれに同意した。日本は，この中にも入っておらず，現在の2050年に80%の削減という目標のままである。

世界における温室効果ガスの排出で上位を占める国のランキングは，中国，米国，インド，ロシア，日本であり，これら上位5カ国だけで世界全体の約6割を占めている。しかし，2位の米国はトランプ大統領が自国第一主義の考えから，2020年からスタートするパリ協定からの離脱を宣言している。中国やインドも削減目標を高めて更新することを表明していない。日本も，あまり積極的ではない。このように，主要国の対応が遅れているのが現状である。

本章では，プラスチックが最も多く使用されている用途で，かつ近年，海洋プラスチック問題や中国の廃プラスチック輸入禁止の動きに関連して注目されている，使い捨てプラスチックの容器包装に絞って，最近の動向を紹介する。

＊　Kazuo Murauchi　村内技術士事務所　代表

図表1　気候変動影響（地球温暖化）への国際的な取り組み

年月	取り組み名	取り組み内容
2015年9月	国連SDGs（米国，NY）	持続可能な開発目標（SDGs）17項目の内，13番目に「気候変動に具体的な対策を」が明記。
2015年12月	パリ協定（仏，パリ）	①世界における平均気温の上昇を，産業革命前の2℃未満に抑える。可能であれば，1.5℃未満に抑える。 ②全ての国が温室効果ガスの排出削減目標を策定し，国連に提出する。
2019年9月	国連気候行動サミット（米国，NY）	2020年までに，2030年の温室効果ガスの排出削減目標について， ①上積みして新しい削減目標を国連に提出すると表明（70カ国）。 ② 2050年までに，温室効果ガスの排出を実質ゼロにすると表明（77カ国）。
		スウェーデンの環境活動家，16歳のグレタ・トゥンベリさんが，「若者たちは，あなたたちの裏切りに気付いている。私達を見捨てる道を選ぶなら，絶対に許さない」と，各国の代表を前にして，にらみつけて演説した。

（出所）令和元年版の「環境白書・循環型社会白書・生物多様性白書」ほか

2　容器包装における環境問題・リサイクル問題

まず，容器包装における環境問題について，容器包装の環境配慮設計という観点から紹介する。この容器包装の環境配慮設計に関しては，2013年に国際標準機構（ISO）が定めた「包装と環境」に関わる規格がある。日本ではこれに対応した規格が2015年にJIS Z 0130として発行された。JIS Z 0130は，次の6つの規格で構成されている。

① 一般的要求事項（包装の環境負荷に関する評価手順，個別規格間の相互関係）
② 包装システムの最適化（包装の環境負荷最小化）
③ リユース
④ マテリアルリサイクル
⑤ エネルギー回収
⑥ 有機的リサイクル

さらに，付属書として，ケミカルリサイクルプロセスおよびリサイクルの障害となる物質及び材料に関する報告の2つがある。

これらの規格では，個々の容器包装を対象にしており，容器包装の分別排出・収集からリユース，リサイクルまでの社会的システムを前提にして，個々の容器包装が環境に配慮していることを宣言するための，必要な手順と要求事項をまとめている。

容器包装は，ほとんど全ての産業やバリューチェーンにおいて，非常に重要な役割を果たしている。適正な容器包装は，製品の損失を防止するために不可欠なものであり，その結果として環境への負荷を減少させる。効果的な容器包装は，次の図表2に示すような事項によって持続可能な社会の達成に貢献する。

図表2　容器包装の環境配慮設計：効果的な容器包装とは

1	内容物の保護，安全性，取扱い性および情報表示性に関する消費者ニーズへの適合
2	資源の効率的使用及び環境負荷最小化
3	流通段階でのコスト抑制
4	環境負荷を低減する
5	製品，包装およびサプライチェーンにおける革新を支援する
6	包装の使用に対する過度の規制を排除する
7	通商に対する障壁及び規制を予防する

（出所）JIS Z 0130「包装の環境配慮」

2015年にJIS化された「包装と環境」に関わる規格では，最近大変注目されている「海洋プラスチック問題」や欧州発のサーキュラー・エコノミー（循環経済）の考え方は入っていない。そこで，以下に，これらについて紹介する。

3 「海洋プラスチック問題」とプラスチックの環境問題

世界におけるプラスチックの生産量は，図表3に示すように1980年代以降に急増しており，最近10年間に倍増している。現在，年間約4億トンの生産量で，さらに増加の傾向にある。

最近，海洋プラスチック問題が地球規模の環境問題として注目されている。海洋に流出し漂流したり，海岸に漂着した物を調査した結果，PETボトルやレジ袋などの使い捨てプラスチックが海洋ごみとして最も多いことが分かっている。その重量は，毎年800万トンともいわれており，これまでの累積量は，図表4に示すように約1億5千万トンと推定されている。

海洋への流出源は，中国およびアセアン諸国に集中しており，世界全体の65%を占めるといわれている。これらの海洋に流出したプラスチックごみを海洋生物が間違って食べて健康を害したり，死亡したりするケース（海岸に打ち上げられて死んでいるクジラの胃袋からレジ袋が50枚以上も出てきたなど）が，TVなどで時々放映されている。PETボトルのキャップも，海鳥が間違って食べるケースがあり，このような海洋生物への悪影響が続発している。ウミガメやクジラ，イルカ，海鳥などの海洋生物の50%以上が，プラスチックごみを摂取しているといわれている。

さらに注意が必要なのは，海洋に流出したプラスチック製品が太陽の紫外線や波の力などで劣化して細片化し，直径5 mm以下の微細なマイクロプラスチックとなり，魚や貝が間違えて食べるケースが東京湾などでも検出されている。この魚が間違えて食べたマイクロプラスチックが食物連鎖で人間の口に入った場合（すでに入っているが），どのような影響があるのかが心配である。

特に，PETボトルやレジ袋などの使い捨てプラスチックの容器包装は，使用後に廃棄されるケースが多く，その数量も莫大であり，年々その消費量も増加傾向にある。それだけに，使い捨てプラスチックの容器包装に対する規制が世界的に強化されてきている。

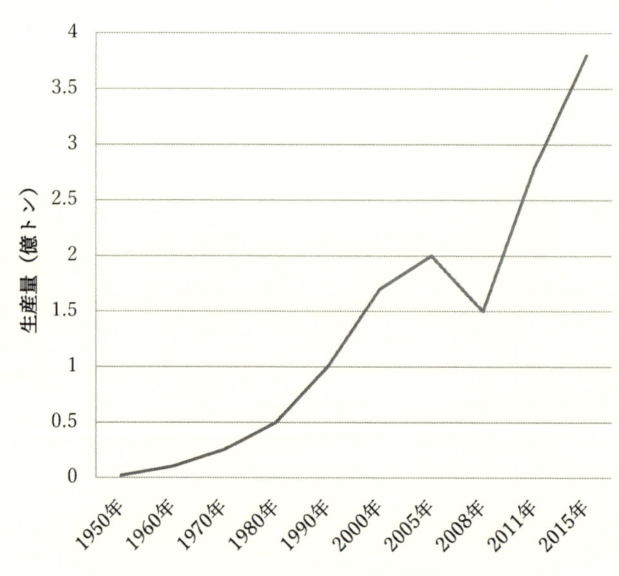

図表３　急増する世界のプラスチック生産量

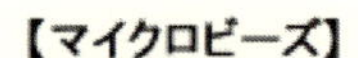

洗顔料や歯磨き剤に入っている（排水溝など経由）

太陽光（紫外線、熱）と波力などで劣化・崩壊・細片化！
（マイクロプラスチック化：直径5mm以下の微小プラ）

1. 海面：プラスチックごみは浮遊、漂流して、ごみベルトを形成。
   ＊＜東京湾＞マイクロプラスチック：3個/m2
2. 海中：海の中を漂っている。
   ＊トロール船で獲れた約4500匹の魚の1/3以上：内臓からマイクロプラスチック
   ＊東京湾（3年前）：カタクチイワシ64匹中、8割からマイクロプラスチック
3. 比較的浅い海底：プラスチックごみやマイクロプラスチックが堆積。
   ＊サンゴ礁にマイクロプラスチックが付着すると、病気になる確率が8割アップ！
   ＊＜東京湾＞マイクロプラスチック：6万個/m2
4. 深海：海底にプラスチックごみやマイクロプラスチックが堆積。
   ＊世界で最深（1万m以上）のマラリア海溝：⇒マイクロプラスチックが検出

【マイクロプラスチック（MP）の種類】
一次MP：①マイクロビーズ：スクラブ（研磨）用
　　　　②マイクロペレット成形加工用
二次 MP ：③プラスチックが海中で微細分化したもの（有害物質や重金属を吸着する！）

図表４　海洋プラスチックはどこへ行く

海洋プラスチック問題のインパクト
-海洋プラスチックの何が問題か-

魚介類やサンゴ礁、海鳥などが、
海洋プラスチックやマイクロプラスチックを、エサと間違い:誤食・誤飲

魚介類などの体内に、海洋プラスチックやマイクロプラスチックが蓄積
⇒魚介類などの健康障害、700種類の海洋生物に悪影響
海洋生態系に悪影響！

1. **マイクロプラスチックが体内に蓄積している魚介類を、**
   人間が食べた場合:知らない内に、マイクロプラスチックが体内に
   ⇒＜食物連鎖の危険＞
2. **2050年以降は、魚よりもプラスチックの方が重量で多くなるという警告予測**
   (2014年:魚/プラ=5/1　⇒　2050年:魚/プラ=5/5)
3. **海洋プラスチックやマイクロプラスチックは、分解するまでに長時間かかり、**
   永年にわたり、海中や海底に、漂流・漂積、沈積される。
   (分解時間:ポリ袋(10年～20年)、プラキャップ(50年)、PETボトル(450年)
4. **世界の海がごみ捨て場になるおそれ！⇒漁業、観光、海洋生態系などに影響**

4　欧州発のサーキュラー・エコノミー（循環経済）の考え方

まずプラスチック製の容器包装の循環型経済（サーキュラー・エコノミー）で世界をリードしており，欧州におけるサーキュラー・エコノミーの立役者でもある，エレン・マッカーサー女史の経歴とエレン・マッカーサー財団の活動内容について紹介する。次に欧州における新サステナブル戦略である，サーキュラー・エコノミーの概要と最新動向を述べる。最後にプラスチック製の容器包装に関するサーキュラー・エコノミーである，ニュー・プラスチック・エコノミー戦略について最新動向を中心に紹介する。

リニア・エコノミー（直線型の経済）からサーキュラー・エコノミー（循環型の経済）への移行を推進するために，2010年9月に設立されたエレン・マッカーサー財団（英国ワイト島）は，英国のエレン・マッカーサー女史によるもので，彼女が34歳の時である。

エレン・マッカーサーは，1976年7月に英国のダウビーシャ州で生まれた。現在は43歳である。4歳の時に初めて航海を経験し，最高の自由を感じた。そして，世界一周の航海をする決心をして，そのため10歳から8年間，学校で食べる夕食代を節約し，余ったお金を貯金してヨット代を貯めた。17歳から航海の見習いをし，24歳で単独世界一周の航海レースで2位となった。さらに，25歳の時には，72日間という最短期間で，ノンストップ単独世界一周の航海という記録を達成した。

エレン・マッカーサーは，航海中に感じた「有限」という言葉の意味を理解しようと，単独航海というスポーツを辞めて新しい学びの旅を始めた。世界経済は，人類の歴史上でも，一度しかない有限な資源に依存している。そして，この世界経済がどのように動いているのかを理解するため，企業の社長や各分野の専門家，科学者，経済学者らと対話し，火力発電所などの現場も視察した。その結果，世界経済の将来について，素晴らしい挑戦に注力する決心をした。

資源（金属，石油，石炭など）は有限であり，それらを人類は一度しか持てないのである。それなのに，世界の人口は増加を続けており，人類が資源を使うスピードは加速度的に速くなっている。エレン・マッカーサーは，私達が生きる基盤が根本的に欠陥しており，私達の世界経済システムも長期的には有効に機能しないと指摘している。それは，地下にある有限の資源を採掘し，それでいろんな製品を造り，その製品は最終的にはごみとして捨てられるからである。しかし，ごみは完全にデザインすることが出来るのである。

資源が有限であることを知っているのであれば，なぜ，私達はごみを出すかもしれない資源をもっと効果的に使う経済システムを構築しないのかという疑問を持ち，リニア・エコノミー（直線型の経済）からサーキュラー・エコノミー（循環型の経済）への移行の重要性を意識した。

以上の内容は，2015年のTEDカンファレンス（TED：Technology Entertainment Designの略。毎年カナダのバンクーバーで開催される世界的な講演会で，アイディアに優れたプレゼンテーションが行われることで有名）で，エレン・マッカーサーが「The surprising things I learned sailing solo around the world（ヨット単独世界一周航海で気づいた驚くべきこと）」というテーマでプレゼンテーションした要約である。

このような経緯で，エレン・マッカーサーは，リニア・エコノミー（直線型の経済）からサーキュラー・エコノミー（循環型の経済）への移行を推進するために，2010年9月にエレン・マッカーサー財団を設立した。

エレン・マッカーサー財団は，英国を本拠地としており，英国政府の登録チャリティ・コミッション（英国における非営利公益活動の中心的な担い手）である。同財団は，3つの活動分野（教育，分析，企業）で事業を展開している。

また，サーキュラー・エコノミーに関する最近の動きとして，次の2つを紹介する。

① 2019年10月に，ドイツのデッセルドルフで開催される世界最大のプッラスチック展示会「K 2019」では，サーキュラー・エコノミー（循環型経済）を，大きなテーマとして取り上げている。

② 2018年10月末の欧州議会では，サーキュラー・エコノミー化に向けて海洋汚染と使い捨てプラスチックに対する戦略を受理した。石油など化石資源から持続可能な天然の代替物への転換に向けた戦略であり，バイオプラスチックなどバイオベースの製品に注目が集まっている。

5　欧州におけるニュー・プラスチック・エコノミーの概要と最新動向

欧州では，2015年12月に欧州委員会（EC）でEUの新しいサステナビリティ戦略「サーキュラー・エコノミーパッケージ」が採択された。この循環型経済社会の政策セットでは，製品ライフサイクルの全てにおいて，リユースやリサイクルを通じて原材料，製品，廃棄物を最大限に活用することで，エネルギーの節約と温室効果ガスの削減を促進することを目指している。包装に関する具体的な目標としては，2030年までに包装廃棄物の75%をリサイクルすることなどを挙げている。その行動計画としては，プラスチックのリサイクル性の向上や，2025年までにEUでのバイオプラスチック生産能力を現在の20倍に増加し，年間570万トンの規模にすることなどが盛り込まれている。

2016年1月の世界経済フォーラム（通称，ダボス会議）で，英国のエレン・マッカーサー財団は，米国のマッキンゼーと協働で，プラスチックの新しい経済（ニュー・プラスチック・エコノミー）に関する報告書を発表した。プラスチックの将来（未来）を再考するという，副題が付けられた報告書のポイントを，以下に紹介する。

ニュー・プラスチック・エコノミーにおける3つの狙いは，①使用後に効果的なプラスチック経済を創造する，②プラスチックが自然システムやその他の外界へ流出することを劇的に減らす，③プラスチックの化石原料依存を緩和する，である。

これらニュー・プラスチック・エコノミーにおける3つの狙いを実現する方策（転換戦略）とその寄与率は，リサイクルが50%，大胆な包装再設計・イノベーションが30%，リユースが20%と見込まれている。

6　EUにおける使い捨てプラスチックの容器包装に対する規制

EUでは，ニュー・プラスチック・エコノミーの考え方に基づいて，2018年1月に欧州委員会が，サーキュラー・エコノミーのプラスチック戦略を発表した。そして2018年5月には使い捨てプラスチック製品に関する新指令案が提案された。最終的には，2019年5月にEUの理事会で採択された。その内容を図表5に示す。

EUにおける使い捨てプラスチックの規制で禁止ではないが，この要求を満たすことが義務付けられている項目がある使い捨てプラスチック製品があり，その内容を図表6と図表7に示す。

次に，使い捨てプラスチック容器包装の資源循環に関する取り組み事例として，日本国内における先進的な取り組み事例について紹介する。

EU：使い捨てプラスチック製品に関する規制
（2019年5月21日）
最終的に決まった内容

【EU市場での流通が禁止されるもの：3種類】
＜前提は、代替品があるということ！＞

1. 綿棒、
カトラリー（フォーク、ナイフ、スプーン、箸など）、
プレート、ストロー、飲料用スターラー、
風船の棒：
ただし、綿棒とストローの医療用は対象外。
2. 酸化型生分解性プラスチック製の全製品、
3. 発泡ポリスチレン製のカップ、食品容器、
飲料容器

図表5

6つの要求の中で、注目すべき内容（1）

要求項目	対象品目	要求内容
① 消費の削減	プラスチック製の食品容器および飲料用カップ(カバー、フタ、キャップを含む)	1. 国ごとに使用削減目標を設定する。 2. 入手可能な代替品にするか、そうでなければ使い捨てプラスチック製品を無料提供しない。 EU加盟国：2021年6月を目途に国内法を整備。
② 製品設計	容量が3リットル以下の飲料容器・ボトル	キャップとフタは、飲料容器・ボトルに取り付けられたまま（外れないよう）にする。 EU加盟国：2024年6月を目途に国内法を整備。
	飲料用PETボトル	リサイクル樹脂の最低使用比率： 2025年までに25％以上。 2030年までに30％以上
③ EPR（拡大生産者責任）	食品用・飲料用容器、ボトル、飲料用カップ、パケットおよびラッパー（軟包装袋およびラップフイルム）、軽量キャリアバッグ（レジ袋）、フィルター付きタバコ	生産者は、 ①発生する廃棄物の管理と清掃、 ②データ収集に関するコスト負担補助 ③消費者に対する啓蒙活動 を行うこと。

図表6　EUにおける使い捨てプラスチックの規制：要求項目（1）

6つの要求の中で、注目すべき内容（2）

要求項目	対象品目	要求内容
④ 分別回収	飲料ボトル	回収率：2025年までに77%。 2030年までに90%。 方策：生産者の責任によるものか、 またはデポジットシステム ⇒目標達成に暗雲？（詳細は、講演3）
⑤ ラベリング （表示）	生理用ナプキン、 ウエットワイプ	次の3つの内、1つ以上を明示し、消費者に知らせる。 1.適切な廃棄物処理の選択肢 または、回避すべき廃棄物処理の手段、 2. 不適切な廃棄物処理（ポイ捨てなど）による 環境への悪影響、 3.製品中のプラスチックの存在。
⑥ 消費者 などへの 啓もう 活動	食品用・飲料用容器、ボトル、 飲料用カップ、パケットおよび ラッパー（軟包装袋および ラップフイルム）、 軽量キャリアバッグ（レジ袋）、 フィルター付きタバコ	1.使い捨てプラスチック製品によるごみが 環境（海洋、河川、大気、生態系など） に負のインパクトを与えていること。 2. リユース　システムの活用 3. 使い捨てプラスチック製品の廃棄物 管理が適正に行われるようにすること。

図表7　EUの使い捨てプラスチックの規制（2）

7　日本国内における先進的な取り組み事例

使い捨てプラスチック容器包装の資源循環に関する日本の国レベルにおける注目すべき先進的な取り組み事例として，ここでは環境省のプラスチック資源循環戦略，経済産業省のプラスチック資源循環戦略とCLOMAを紹介する。

日本の環境省では，2018年8月にプラスチック資源循環戦略小委員会が設立，開催され，10月には素案を発表，2019年2月に中央環境審議会のまとめが発表され，5月31日には政府が閣議決定し正式に採択された。その基本原則は，3R＋Renewable（再生可能資源への代替）である。その内容の概要について，2018年6月にカナダで発表された海洋プラスチック憲章と比較して図表8に示す。日本のプラスチック資源循環戦略の内容は，カナダで発表された海洋プラスチック憲章を意識して，少し前倒しした目標の設定となっている。

この戦略では，リデュース（使用削減，減量），リユース（再使用），リサイクル（再生使用）の3Rをはじめ，再生利用，バイオマスプラスチックについて目標を示している。2030年までの数値目標として，①ワンウエイ（使い捨て）プラスチックを累積で25%の排出抑制をする，②プラスチック容器包装の6割をリユースまたはリサイクルする，③バイオマスプラスチックを約200万トン導入すること，を明記している。これを実現する取り組みとして，①レジ袋の有料義務化，②可燃ごみ指定袋のバイオマスプラスチック使用などを推進する。

日本の経済産業省は，産業界の連携的な取り組みを推進する目的で，産業環境管理協会を事務局とするクリーン・オーシャン・マテリアル・アライアンス（CLOMA：クロマ）を立ち上げるのに一役かった。CLOMAでは，アライアンスの名称が示すように，海洋プラスチック問題に

使い捨てプラ規制動向の比較
G7海洋プラスチック憲章と日本・環境省プラ資源循環戦略

規制の対象と項目	G7海洋プラスチック憲章		日本・プラ資源循環戦略	
	2018年6月（カナダ）		2019年5月	
	目標年	達成目標	目標年	達成目標
1. 【プラスチック製品全て】リユース（再使用）可能かリサイクル（再生利用）可能なものに転換	2030年	100%	2025年	100%
	＊不可能な場合：熱回収			
2. 【可能なプラスチック製品】リサイクル材料の使用比率	2030年	50%以上	2030年	倍増
3. 【プラスチック製の容器包装】リユースまたはリサイクルの比率	2030年	55%以上	2030年	60%
	2040年	100%	2035年	100%（熱回収含む）
4.【使い捨てプラスチック製品】（容器包装など）	不必要な物：大幅削減		2030年	25%排出抑制
5. 【プラスチック代替品】	環境インパクト考慮		2030年	バイオマスプラ約200万トン導入（最大限）

図表８　使い捨てプラスチック規制動向の比較

積極的に取り組むサプライチェーンを構成する容器包装の関連企業（材料メーカーや加工メーカー，および食品・日用品など利用メーカー）などが連携を強化する。具体的には，海洋プラスチックごみの削減に向けて，プラスチック製品のより持続的な使用や，生分解性のバイオマスプラスチックや紙などの代替素材の開発・普及を加速する交流の場とする。2019 年 1 月に設立され約 160 社・団体でスタートしたが，6 月現在では 184 社・団体までに増えている。

8　プラスチックのリサイクル問題

世界におけるプラスチックの累積生産量と累積リサイクル量を図表 9 に示す。世界でこれまでに生産されたプラスチックの内，リサイクルされたのは，わずか約 10％と少ない。使い捨てプラスチックの容器包装におけるリサイクルについては，

① PET ボトルは，北欧ではデポジット・リファンド（預り金・返金）システムを導入していることもあり，90％以上と高いリサイクル率となっているが，欧州では 50～60％，米国では 20～30％と低いリサイクル率となっている。日本は，約 84％のリサイクル率と言われているが，サーマル・リサイクルを除き，欧米と同じ基準で見れば 50～60％のリサイクル率である。

⇒今後，世界的に PET ボトルのリサイクル率を向上するためには，北欧，ドイツ，カナダ，ブラジルなどで実施されているデポジット・リファンド（預り金・返金）システムを構築してい

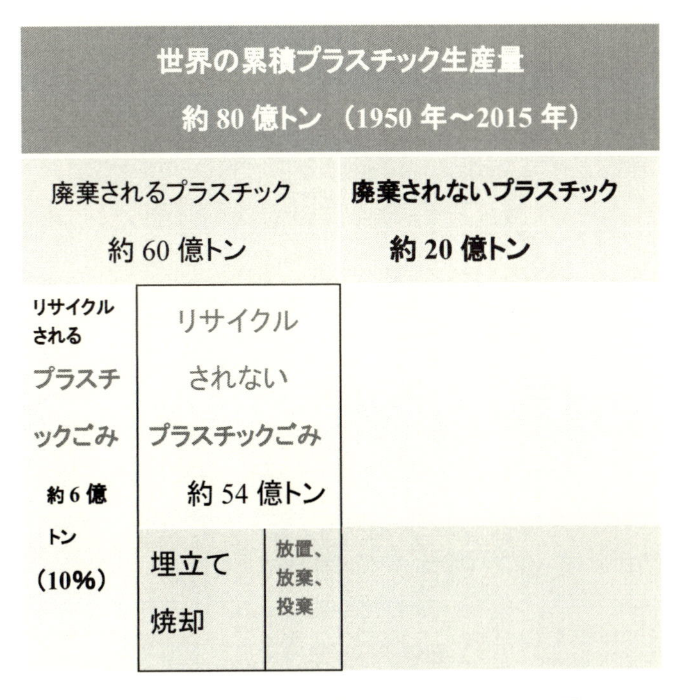

図表9　プラスチックの累積生産量とリサイクル量

くことが重要であり，かつ効果的と考える。

② 軟包装の袋は，複数の材料（プラスチック，アルミ箔など）を使用した多層構成のフィルムが一般的である。さらに，印刷インキでカラフルに印刷されており，ラミネートに接着剤を使用している。そのため，この軟包装の袋をリサイクルすることは，解決すべき技術的な課題が多い。軟包装の袋をリサイクルするには，まず，材料を1種類（プラスチックだけとか）にして，かつ，そのプラスチックの種類も1種類（モノマテリアル）にすることが望ましい。現時点では，軟包装袋のモノマテリアルとしては，ポリエチレンが最も先行しており，ポリプロピレンがこれに次いでいる。PETも候補になっている。さらに，印刷インキの脱墨や，ラミネート接着剤の分離などの技術的な課題がある。

⇒EUでの軟包装リサイクルの団体であるCEFLEXでは，軟包装袋の約80%はリサイクルが可能として，それに向かっての取り組みが参加企業（約150社）で進められている。家庭ごみが混在した軟包装の袋は，上記のようなマテリアル・リサイクルは困難であり，その場合にはケミカル・リサイクルをすることが望ましい。

第3章　繊維強化プラスチック（FRP）のリサイクルの最新動向

加茂　徹*

1　背景

19世紀に発明されたプラスチックは安価で丈夫で多様なデザインにも対応できるため，20世紀の石油化学工業の勃興によって生産量が飛躍的に増大し，日常使う食品容器から電気電子機器の筐体や建築材など幅広く使用されている。しかし，プラスチックは弾性率が低く単体では構造用材料として利用することはできない。繊維強化プラスチック（FRP）は，プラスチックの欠点を弾性率の高いガラス繊維や炭素繊維と組み合わせることで解決した複合材料であり（図1）[1]，ガラス繊維強化プラスチック（GFRP）は住宅機器などに，(CFRP)，炭素繊維強化プラスチック（CFRP）は航空・宇宙分野で広く利用されている。FRPとしてはこの他にセルロースナノファイバー，カーボンナノチューブ，ケブラー繊維等を用いたものもあるが，本稿では使用量の大きいGFRPとCFRPのリサイクルについて述べる。

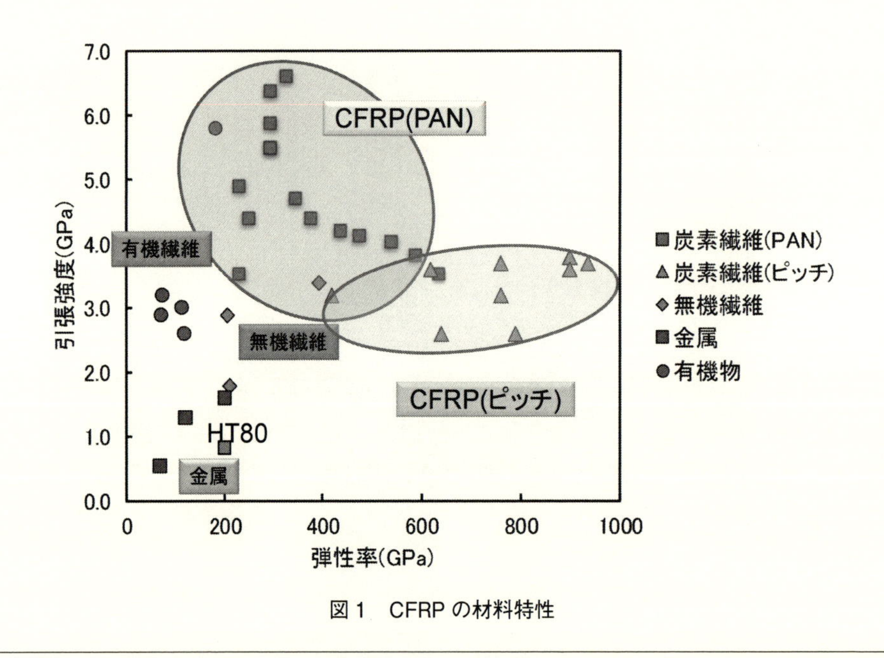

図1　CFRPの材料特性

＊ Tohru Kamo　(国研)産業技術総合研究所　環境管理研究部門　資源精製化学研究グループ　招聘研究員

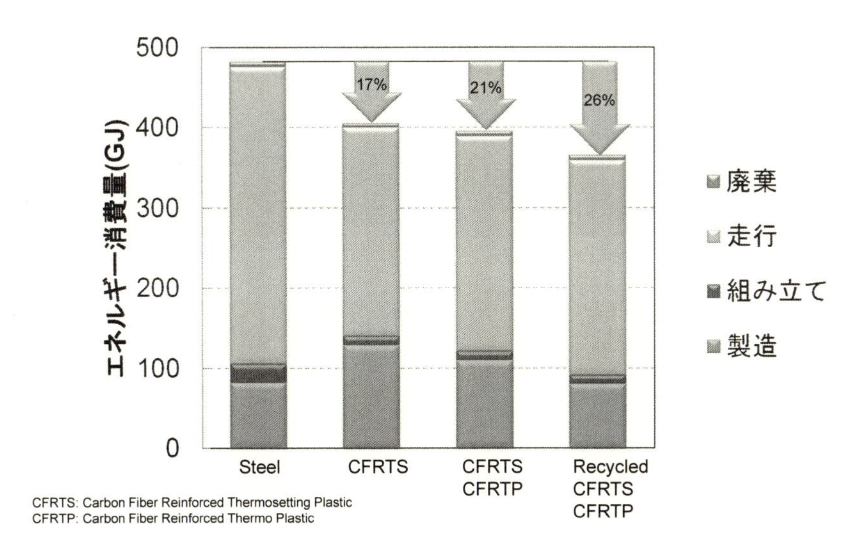

図2　自動車のライフサイクルエネルギーに対する炭素繊維およびリサイクルの効果

FRPは非常に丈夫であるために使用済み製品のリサイクルは困難であり，現状では大部分が埋め立てあるいは焼却処理されている。EUでは2025年に埋め立てが原則禁止され，日本でも単純焼却や埋め立てを削減することが強く求められており，FRPのリサイクル技術開発は喫緊の課題である。

ガラス繊維は比較的安価で回収する際に物性が大きく低下するため，GFRPのリサイクルでは樹脂をエネルギー資源として再利用する場合が多い。これに対して炭素繊維は高価で製造時のエネルギー消費量が鉄に比べて大きいが（鉄：48 MJ/kg，炭素繊維：234 MJ/kg），航空機や自動車に用いると軽量化して燃費を向上できるため製造してから廃棄までに要する全てのエネルギー消費量（ライフサイクルエネルギー）を大幅に低減化できる（図2）[2]。また炭素繊維をリサイクルすると，ライフサイクルエネルギーをさらに低減できると期待されており，CFRPのリサイクルでは高品質な炭素繊維を回収する技術開発が世界中で精力的に検討されている。

2　GFRPのリサイクル

ガラス繊維強化プラスチック（GFRP）は住宅機器，建設資材，浄化槽，電子基板などに利用され日本で約21.3万t生産されている（図3）[3]。GFRPのリサイクル法としてはこれまで主に粉砕，熱分解，ソルボリシスの3種の手法が検討された[4]。

小型船舶の構造材料としてGFRPは耐食性や軽量性などの優れた特性を有しているために需要が急速に拡大したが，廃FRP船の処理は大きな社会問題となっていた。GFRPの発熱量は8～16 MJ/kgと低くセメントの焼成用燃料としてはそのまま使用できないので，海上技術安全研究所はFRPを解体・粉砕した後に廃プラスチックあるいは廃油を添加し，FRPのプラスチック

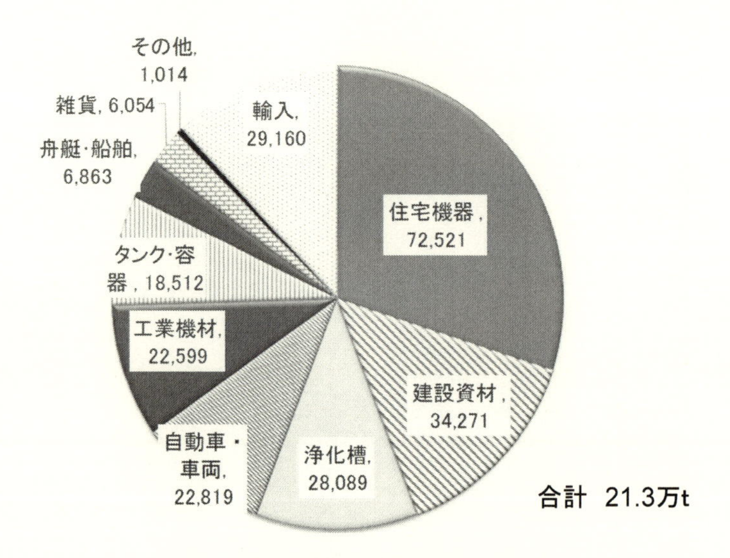

図３ 日本で製造されるGFRP（2017）

は燃料にガラス繊維はセメント原料にする処理法を開発した[5,6]。

ソルボリシス法は溶媒の化学構造に由来する特異な反応場を利用して高分子を溶媒中で分解する手法で，水素供与性溶媒やイオン液体あるいは超・亜臨界の溶媒などを用いた様々な研究が多く報告されている。1,2,3,4-テトラヒドロナフタレン（テトラリン）などの水素供与溶媒中では熱分解で反応性に富むラジカルが発生しても溶媒からの水素によって速やかに安定化されるため，ラジカル連鎖反応や縮重合反応は抑制される。エポキシ基板をテトラリン中で加熱処理すると 340℃以上で分解が開始され，フェノール，イソプロピルフェノールおよびビスフェノール A などの液体生成物が得られ[7,8]，フェノール樹脂の可溶化にも有効であると報告されている[9]（図4）。

エポキシ樹脂の硬化剤には粘度の低い無水フタル酸などの酸無水化物が工業的に広く使用されており，架橋にはエステル結合が含まれている。日立化成はアルコール系溶媒を用いると架橋がエステル交換して開裂するため，常圧下 200℃程度の温和な条件下で不飽和ポリエステルやエポキシ樹脂を容易に可溶化できることを報告した（図5）。特にベンジルアルコールはクレゾールなどの類似の化学構造を有する他の芳香族系アルコール溶媒に比べて毒性が低く，廃 FRP 船[10]や電子部品[11]などの可溶化溶媒として利用した。

木粉に微量な硫酸を添加してクレゾール混合溶媒中で加熱するとタール状生成物が得られる。このタールから溶媒を除いた後にエポキシ基板を入れて加熱すると，エポキシ樹脂は完全に溶けガラス繊維と銅配線が回収される。またエポキシ基板の可溶化生成物を熱分解するとクレゾールを主生成物とする液体生成物が得られる。これらの実験結果からエポキシ基板の可溶物生成物を熱分解して溶媒を再生し，エポキシ基板の可溶化に再度利用すると循環溶媒を用いた処理プロセスを構築することができる（図6）[12]。

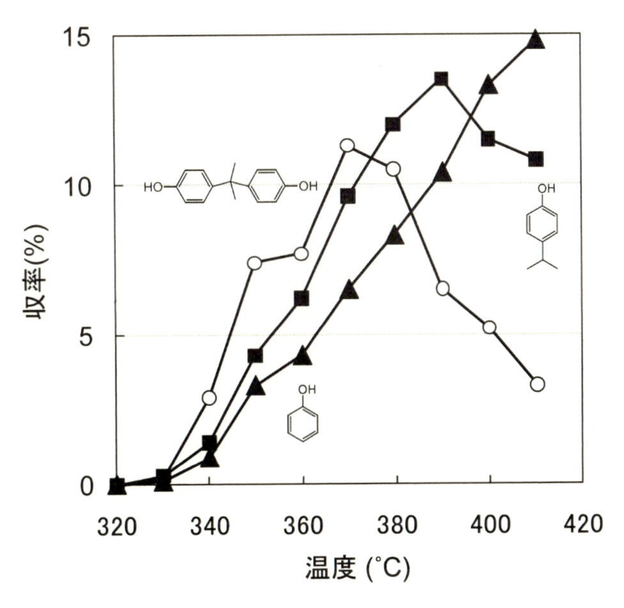

図4　テトラヒドロナフタレン中でのエポキシ樹脂の分解

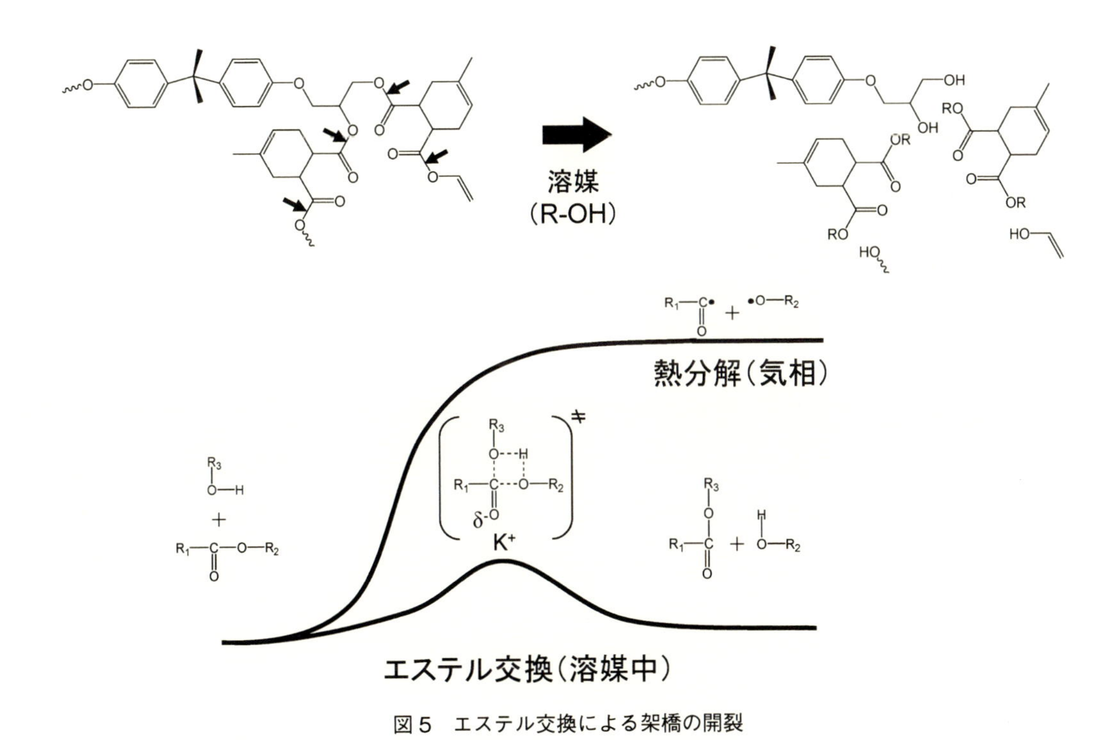

図5　エステル交換による架橋の開裂

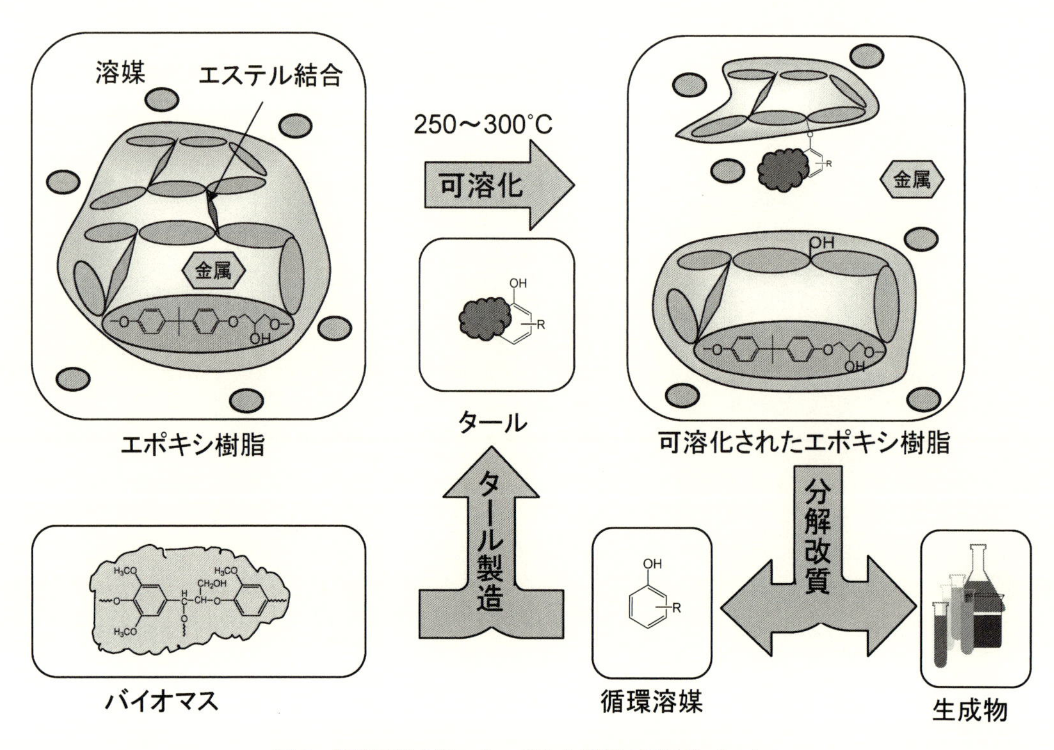

図6　循環溶媒を用いたエポキシ樹脂の可溶化プロセス

3　CFRPのリサイクル

CFRP全体の市場規模は約1.3兆円程度で，日本の会社が60％程度のシェアを持つ炭素繊維の市場規模は1,700億円程度に過ぎず，巨大な航空・宇宙産業を擁する欧米が市場の大部分を独占している。今後は自動車などの交通輸送分野や超大型風力発電や天然ガス貯蔵タンクなどのエネルギー・環境分野での市場が大幅に増加し，CFRP関連の市場規模は2030年には4兆円を超えると予想されている。またCFRPのリサイクル分野の市場規模は2030年には約1,000億に達すると推定されている（図7）[13]。

炭素繊維は炭素正六角環平面が数枚から十数枚重なった黒鉛微結晶と低密度の非結晶部分からなり，炭素繊維表面に比べて内部の微結晶は小さい[14]。炭素繊維の引っ張り強度は理論的強度の4％程度に過ぎず，ボイド欠陥や表層欠陥が大きくなるに従って引張強度は低下する。炭素繊維は熱的および化学的に非常に安定で，不活性雰囲気下では1,000℃以上に加熱してもほとんど重量変化を示さず，常温では硝酸や硫酸などの強酸以外の化学物質に対して安定で，紫外線に対する耐候性も高い。

炭素繊維のリサイクルでは，熱分解，ソルボリシス，電解酸化，機械的粉砕などの手法が主に用いられており（表1，図8），炭素繊維へのダメージを最小にしながらCFRPからプラスチッ

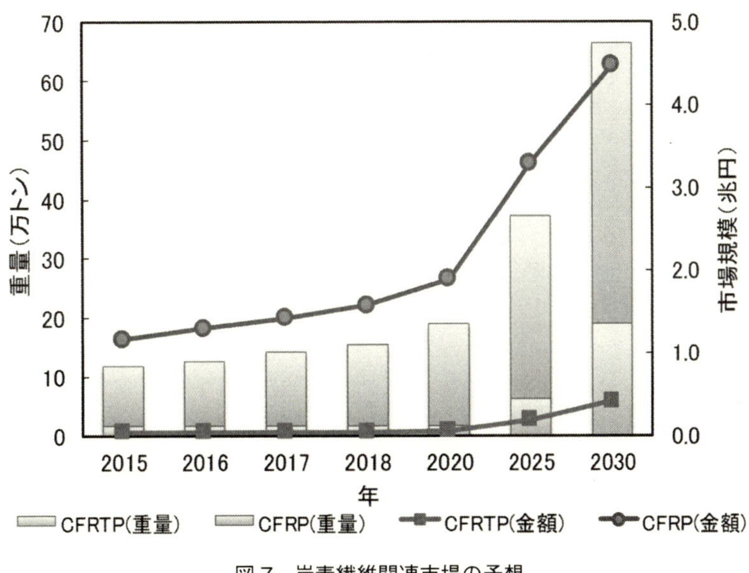

図7　炭素繊維関連市場の予想

表1　主な炭素繊維のリサイクル法

処理法	熱分解							ソルボリシス		電解酸化
開発者	炭素繊維協会	カーボンファイバーリサイクル工業	新菱	リーテム富士加飾	ファインセラミックセンター	信州大学	信州大学	日立化成	静岡大学	八戸高専
温度（℃）	500～700	500	500	500	500	340	500	200	250～300	200～600
圧力（MPa）	常圧	常圧	常圧	常圧	常圧	常圧	常圧	常圧	5～10	常圧
繊維強度	×	○	○	○	○	○	○	○	○	○
繊維長	短	長・短	長・短	長・短	長・短	長・短	長・短	長・短	短	長・短
回収材	ミルドCF	CF	CF	CF	CF, 樹脂	CF, 樹脂	CF	CF	CF	ミルドCF
熱硬化性	○	○	○	○	○	○	○	△	○	○
熱可塑性	○	○	○	○	○	○	○	×	△	○
特徴	回収繊維が短い	省エネ	太陽電池リサイクル装置転用	高速気流中	過熱水蒸気	過熱水蒸気	触媒酸化半導体触媒	常圧溶解ベンジルアルコール	超・亜臨界	電力費用

クを取り除くことが技術的な課題となる（図9）[15]。

3.1　熱分解法

CFRPには熱硬化性樹脂の一種であるエポキシ樹脂が多く使用されているが，製造速度を飛躍的に高めるためには今後はポリプロピレンなどの熱可塑性樹脂が多く使用されると考えられている。熱分解法は多様なプラスチックに対応でき経済的で最も実用性が高く，非常に多くの大学や企業および研究機関によって開発が進められている。CFRPを加熱すると各プラスチックの分解

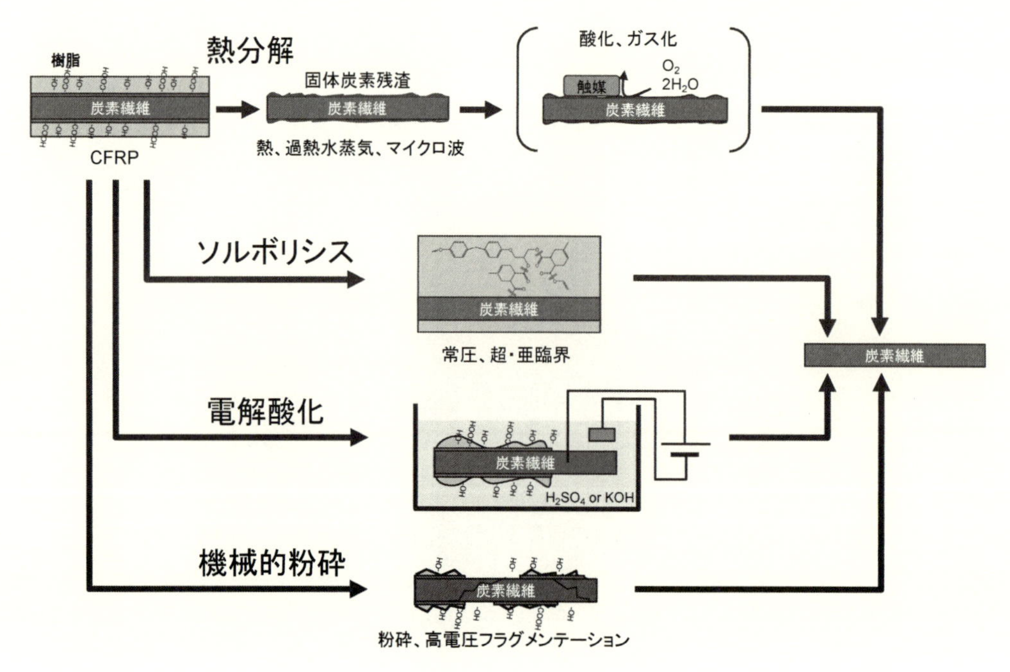

図８　CFRP のリサイクル法の概要

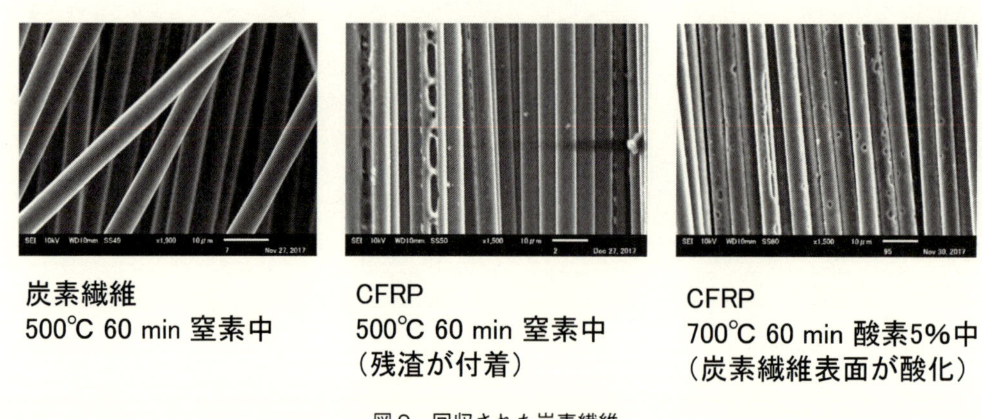

図９　回収された炭素繊維

温度で熱分解が始まり不活性雰囲気下では炭素残渣が炭素繊維表面に残留する。この残渣を残したまま回収した炭素繊維にプラスチックを混合し複合材料化しても，プラスチックと炭素繊維との密着性が低く強固な複合材料を再生することはできないため，空気や水蒸気を導入して残渣を取り除くことが検討されている。

炭素繊維協会（現化学繊維協会）は，CFRP を窒素中 500～700℃で２時間熱分解した後に長さ数 100 μに粉砕し，炭素繊維をミルドとしてリサイクルする技術を開発した[16]。

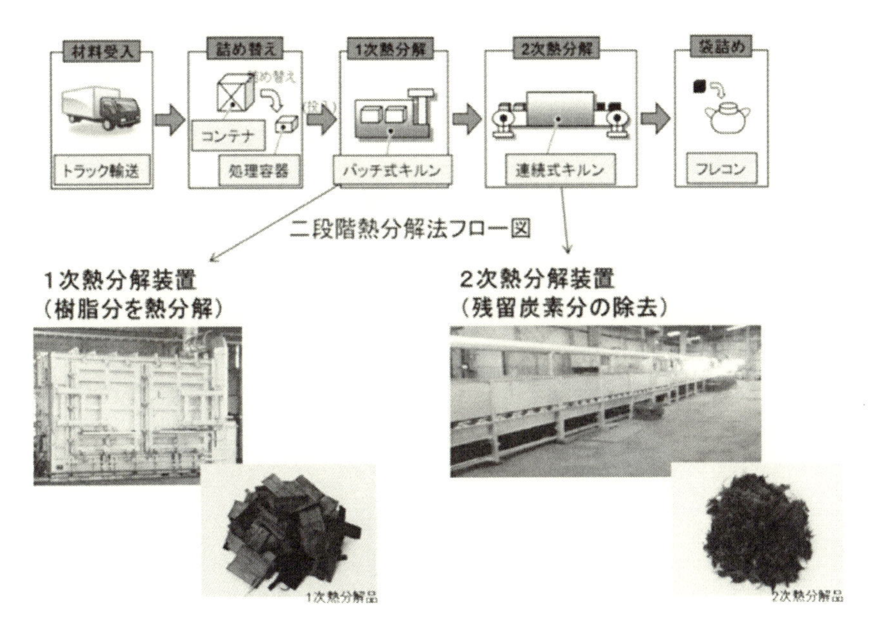

図10　二段式熱分解法の概要

カーボンファイバーリサイクル工業は，1段目でCFRPを500～600℃で炭化し，2段目では僅かな酸素を導入しながら試料を460～550℃で焼成する二段熱分解法を開発した。1段目に水蒸気を導入すると試料を均一にしかも早く加熱でき，2段目の焼成温度が480℃の場合，バージン材に比べて引張強度85％程度の炭素繊維が回収された（図10）。本装置では，一段目の熱分解で発生した分解ガスを加熱用の燃料として用いているため，外部から加える燃料が少なく省エネルギー性能が高い[17]。

過熱水蒸気は試料を迅速かつ均一に加熱できるため，廃プラスチックの加熱などに近年利用される場合が多い。特にCFRPのリサイクルでは空気を導入すると局所的な酸化が進行して過熱・発火し，回収した炭素繊維の品質を著しく劣化させる可能性がある。ファインセラミックセンターは，過熱水蒸気を用いて炭素繊維を処理した場合，水蒸気100％を反応系内に導入すると500℃以上では処理温度が高くなるに従って引張強度は低下するが，窒素を4％程度添加すると引張強度の劣化を抑制できることを見出した（図11）[18]。また炭素繊維表面の含酸素官能基は，過熱水蒸気で処理すると増加すると報告されている[19]。

富士加飾とリーテムは，酸素濃度15～19％のガスを高速（1～20 m/min）で循環させた加熱炉に試料を入れ，温度を精密に制御しながらゆっくり400～480℃へ昇温すると炭素繊維の配向を保った状態で回収できる手法を見出した。

流動床炉は処理量が大きく多様な廃棄物に対応できる特徴があり，多くの廃棄物処理プロセスで採用されている。ノッチンガム大学は流動層炉を用いてCFRPを550℃で処理した場合，回収

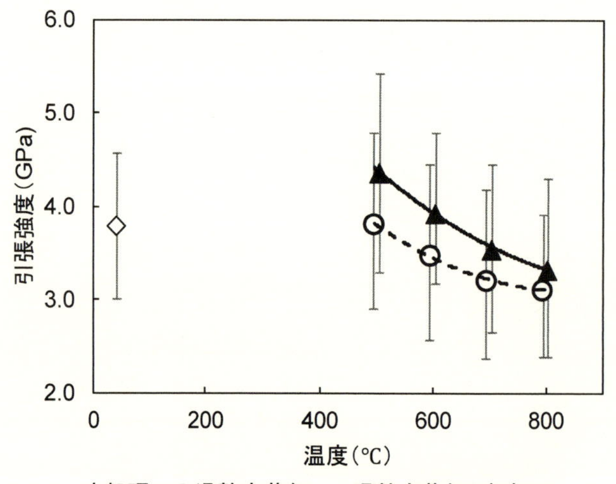

図11　炭素繊維のリサイクルにおける過熱水蒸気の効果

した炭素繊維の強度が約20％程度低下することを報告している[20]。半導体触媒共存下でCFRPを空気中400～500℃で処理すると，半導体触媒によってプラスチックや残渣の酸化反応が促進され炭素繊維が回収できる[21]。炭素繊維はマイクロ波を良く吸収するため，炭素繊維にマイクロ波を照射すると炭素繊維のみを選択的に急速加熱できる。アルゴン雰囲気下で炭素繊維にマイクロ波を300秒照射すると90％程度のプラスチックを除去でき，炭素繊維の引っ張り強度はバージン材に比べて僅かに低下した[22]。

3.2　ソルボリシス法

静岡大学は超・亜臨界状態の水にアルカリを添加すると300～400℃，20 MPaで炭素繊維が回収できることを見出した[23]。エポキシを重合する際に酸無水化物を硬化剤として用いると樹脂内にエステル結合が含まれ液化し易いが，アミン系の硬化剤を用いると液化し難いことが知られている。超臨界状態のアルコール溶媒を用いると，アミン系硬化剤で重合させたエポキシ樹脂も容易に液化され，初期可溶化速度はメタノール＞エタノール＞プロパノールの順で大きく，溶媒の分子量が小さくプラスチックに浸入し易い溶媒が優位であると報告されている。またアセトンを溶媒として用いると350℃，7分でエポキシが完全に液化され，回収した炭素繊維の引張強度の低下はごく僅かであった（図12）[24]。超・亜臨界の溶媒を使用してCFRPを液化し炭素繊維を回収する研究はこれまでに世界中で多く報告されているが[25~27]，実用化のためにはさらなる反応温度・圧力の温和化が必要と考えられる。

日立化成は，CFRPに対してもGFRPと同様にベンジルアルコールと三リン酸カリウムを組み合わせた反応系で炭素繊維の回収を試みた[28]。

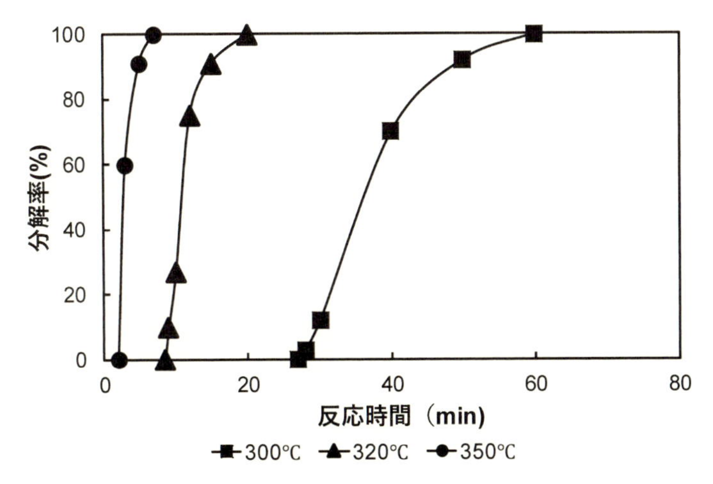

図12　超臨界アセトン中でのアミン硬化エポキシ樹脂の分解

3.3　電解酸化

食塩水に浸したCFRPに印加すると電気分解で発生した塩素がエポキシ樹脂の分解を促進し炭素繊維が回収される[29]。同様に硫酸に浸したCFRPに印加すると電気分解で発生した酸素によってプラスチックが分解され炭素繊維が回収された。またCFRPを空気中400℃で熱分解した後，水酸化カリウムと塩化カリウムの混合液中で印加するとプラスチックの分解は96％に達した[30]。電解酸化法は温和な条件下で炭素繊維を回収することができるが，電力使用量の低減化および回収された炭素繊維の物性向上が課題となっている。

3.4　機械的手法

CFRPを粉砕した後に風力で炭素繊維を回収する手法は[31]，ガラス繊維のリサイクル法としても以前から用いられていたが，繊維の強度劣化が著しい。100〜200 kVの電気パルスを対象物に放射する高電圧フラグメンテーション法は，鉱物から結晶を採取する手法として開発され，廃コンクリートから石材の回収，石炭の脱灰，電子基板からの電気素子の分離などの分野で検討されてきた。水中のGFRPやCFRPに電子パルスを放射すると炭素（ガラス）繊維とプラスチックを分離でき，パルス数を増やすと繊維に付着した残渣を少なくできることが見出された。パルス幅が短いので電気エネルギー消費は比較的少ないが，それでも通常の破砕法に比べて2〜3倍のエネルギーを消費することが報告されている[32]。

4　まとめ

FRPは軽くて丈夫で構造材として非常に優れた物性を有しているため，今後市場はさらに増大していくと予想されている。一方，GFRPやCFRPのリサイクル技術は，現状では工業的な

表２　回収された炭素繊維および再生 CFRP の評価指標

力学特性

縦方向弾性率、強度
（引張、曲げ、衝撃、剪断）
クリープ
横方向弾性率、強度
せん断弾性率，強度

繊維状態・形状

繊維長、直径、アスペクト比
表面粗さ、キズ、クレーター
表面官能基
繊維体積割合（V_f）、密度
繊維の絡み合い状態、配向

樹脂、添加物、不純物

プラスチック
繊維表面残渣
不純物（樹脂、金属、他）
サイジング剤

トレーサビリティ

原料炭素繊維の種類
炭素繊維回収法
成形法

視点から実用化できるものは多くはない。環境負荷の低減は非常に重要な課題であり，リサイクルできない素材は最初から使用すべきではないとする傾向はさらに広がると予想されており，FRP を今後も使用していくためにもリサイクル技術の開発は必須である。

セメント原料化は GFRP の処理として優れているが，実際にこの手法で処理されている FRP は廃船舶などの一部に過ぎず，廃棄処理としてのセメント産業の受容量も上限に近づいている。FRP の樹脂部分のより高度な利用法と，回収されたガラス繊維の用途開発が今後の課題である。

CFRP のリサイクルで回収される炭素繊維は材料として優れた特性を有しており，その高い付加価値を活かしたリサイクル技術の開発が求められている。廃棄される工程廃材や使用済み製品の品質や物性が不均一で，リサイクル製品の品質を一定範囲内に収めることが難しく，いまだに CFRP のリサイクルが産業として実用化されていない。産業技術総合研究所では，リサイクル炭素繊維の強度，長さ，配向性，残留物など（表 2）を定量的に評価する手法を開発して国際標準規格化し，炭素繊維に関する国際的なリサイクル市場を創出することを目指している。

文　　献

1)　よくわかる炭素繊維コンポジット入門，平松徹，日刊工業新聞社（2015）
2)　高橋淳，日本複合材料学会誌，**34**（6），251-255（2008）
3)　強化プラスチック協会　http://jrps.or.jp/#　2019 年 8 月 24 日

4）野間口兼政，柴田勝司，プラスチックエージ，**62**（12），40-46（2016）
5）東海林芳郎，日本複合材料学会誌，**29**（6），210-216（2003）
6）秋山繁，林慎也，松岡一祥，勝又健一，成瀬健，櫻井昭男，吉田紘二郎，山根健次，古谷典，山内信彦，仲西修司，海上技術安全研究所報告，**4**（4），（2004）
7）Y. Sato, Y. Kondo, K. Tsujita, N. Kawai, *Poly. Deg. Stab.*, **89**, 317-326（2005）
8）D. Braun, W.von Gentzkow, A. P. Rudolf, *Poly. Deg. Stab.*, **74**, 25-32（2001）
9）Y. Sato, Y. Kodera, T. Kamo, *Energy Fuels*, **13**, 364-368（1999）
10）前川一誠，柴田勝司，岩井満，遠藤顕，日立化成テクニカルレポート，**42**（1），21-24（2004）
11）堀内猛，清水浩，柴田勝司，日立化成テクニカルレポート，**36**, 33（2001）; 前川一誠，柴田勝司，岩井満，遠藤顕，日立化成テクニカルレポート，**42**（1），21-24（2004）
12）T. Kamo, N. Akaishi, B. Wu, M. Adachi, H. Yasuda, H. Nakagome, Proceeding of the 4th International Symposium on Feedstock Recycling of Plastics, 159-163（2007）
13）富士経済ホームページ，https://www.fuji-keizai.co.jp/market/17019.html（2018/01/25）
14）佐藤卓治，繊維の百科事典，丸善，735（2002）
15）S. Pimenta, S. T. Pinho, *Waste Management*, **31**, 378-392（2011）
16）第1回繊維分野におけるエネルギー使用合理化技術開発補助金プロジェクト事後評価検討会資料，経済産業省製造産業局繊維課，平成21年
17）板津秀人，神吉肇，守富寛，廃棄物資源循環学会誌，**24**（5），371-378（2013）
18）M. Wada, K. Kawai, T. Suzuki, H. Hira, S. Kitaoka, *Composites: Part A*, **85**, 156-162（2016）
19）K.-W. Kim, H.-M. Lee , J.-H. An, D.-C. Chung, K.-H. An, B.-J. Kim, *J. Environ. Manag.*, **203**, 872-879（2017）
20）S. J. Pickering, *Composites: Part A*, **37**, 1206-1215（2006）
21）平成26年度，環境研究総合推進費補助金研究事業総合研究報告書，「繊維強化プラスチック材の100%乾式法による完全分解と強化繊維の回収・リサイクル技術」，（2015）
22）K. Obunai, T. Fukuta, K. Ozaki, *Composites A*, **78**, 160-165（2015）
23）I. Okajima, M. Hiramatsu, T. Sako, *Advances in Materials Research*, **222**, 243-246（2011）
24）I. Okajima, K. Watanabe, S. Haramiishi, M. Nakamura, Y. Shimamura, T. Sako, *J. Supercrit. Fluids*, **119**, 44-51（2017）
25）I. Okajima, M. Hiramatsu, Y. Shimamura, T. Awaya, T. Sako, *J. Superc. Fluids*, **91**, 68-76（2014）
26）J. Jiang, G. Deng, X. Chen, X. Gao, Q. Guo, C. Xu, L. Zhou, *Compos. Sci. Tech.*, **151**, 243-251（2017）
27）S. Pimenta, S. T. Pinho, *Waste Management*, **31**, 378-392（2011）
28）柴田勝司，中川光俊，日立化成テクニカルレポート，**56**, 6-11（2013）
29）H. Sun, G. Guo, S. A. Memonb, W. Xu, Q. Zhang, J. H. Zhu, F. Xing, *Composites A*, **78**, 10-17（2015）
30）杉山和夫，特開2013-249386
31）J. Palmer, L. Savage, O. R. Ghita*, K. E. Evans, *Composites: Part A*, **41**, 1232-1237（2010）
32）P. T. Mativenga, N. A. Shuaib, J. Howarth, F. Pestalozzi, J. Woidasky, *CIRP Annals-Manufact. Tech.*, **65**, 45-48（2016）

第4章　国際的なプラスチック管理の最新動向

本多俊一*

1　はじめに

環境汚染の歴史においては，少なくとも1960年代から海洋ごみ問題が取り上げられており，1970年代前半には廃棄物管理問題の結果として多量の微細なプラスチックが海洋中を漂っていたことが確認されている[1)]。しかし，プラスチック廃棄物は1990年代後半になるまで様々な廃棄物の一部としか認識されていなかった。国際的なプラスチック廃棄物管理は，廃棄物管理の歴史を見てもまだ始まったばかりである。

有機合成物質で多種多様な製品に使用されているプラスチックは，一般的な化学的見解においては，非有害性物質として取り扱われている場合がほとんどである。1992年5月に発効した有害廃棄物の国境を超える移動及びその処分の規制に関するバーゼル条約[2)]においても，固形状のプラスチック廃棄物は附属書Ⅸの非該当リストB3010に記載されている。なお，附属書Ⅸの柱書には，「この附属書に掲げる廃棄物は，附属書Ⅲの特性を示す程度に附属書Ⅰの物を含む場合を除くほか，この条約第1条1（a）に規定する廃棄物に該当しない」と規定されている。附属書Ⅲには14種類の有害特性が規定されているが，プラスチック廃棄物は今までそのいずれにも該当しない非有害廃棄物であることが，国際的な常識であった。

国際的な廃棄物管理においては，バーゼル条約附属書Ⅰに列挙されている廃棄物排出経路や産業廃棄物の処分から生ずる残さ，つまり，医療系物質，有機系溶剤や難燃性有機物質，重金属系等，明らかに有害性物質が混入されている廃棄物を有害性廃棄物として処理していた。このため，非有害廃棄物が長期的に環境中に残存し，それが最終的に環境影響・健康被害を及ぼす“有害性”に関しては，国際的においても今まで対策をほとんど取らなかったのが現実である。

しかし，2017年末に中国が導入したプラスチック廃棄物の輸入禁止措置[3)]が重要なきっかけとなり，プラスチックが長期間環境中に残留することで生ずる有害性は，環境影響・健康被害を及ぼし地球規模課題であることがようやく国際的に認識された。本章では，地球規模課題としてプラスチック問題を捉え，世界のプラスチック廃棄物の現状とその対策，今後の方向性について検討する。

---

*　Shunichi Honda　国際連合環境計画　経済局　国際環境技術センター
プログラムオフィサー

2　国際的なプラスチック管理の最新動向

2.1　世界のプラスチック廃棄物の現状について[a]

図1に2018年における世界のプラスチックフローを示す。2018年のプラスチック製造量は約3.8億トン，同年に排出されたプラスチック廃棄物は一般廃棄物の約14.3%，約3億トンである。プラスチック廃棄物を種類別でみるとPETボトルが約4%（約1,200万トン），レジ袋が約16%（約4,800万トン），その他プラスチック製品は約80%（約2.4億トン）であった。処分別で見た場合，リサイクルは約9%（約2,700万トン），焼却処分・熱回収は約12%（約3,600万トン），埋立処分が約79%（約2.4億トン）であった。なお，全体の2.2%（約650万トン）はリサイクルを目的としたプラスチック廃棄物の輸出入である。一般廃棄物の約半数はオープンダンピング等の不法投棄であり，プラスチック廃棄物に関しても，少なくとも年間1.5億トン程度はオープンダンピング等の埋立処理または環境中への投棄が行われていると推測される。その一部は河川

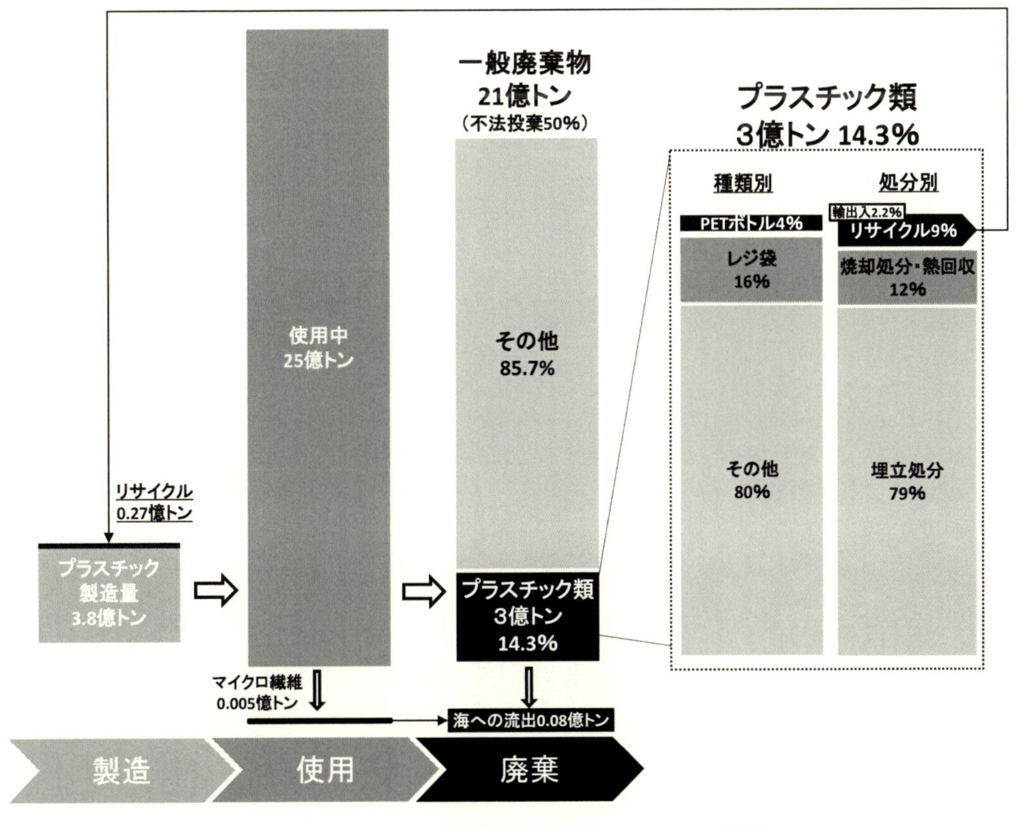

図1　2018年における世界のプラスチックフロー[5~10)]

[a] データは暫定数値

流域等に流れ込み，最終的に年間約800万トン（洗濯等で発生する化学繊維製品由来のマイクロ繊維約50万トンを含む）が海洋中へ流出していると思われる。

図2に1990年から2018年までのプラスチック輸出入量を示す。プラスチック廃棄物は循環資源として国際的な取引が行われており，2010年までプラスチック廃棄物の輸出入量が増加し，その量が年間1,500万トンから1,600万トンで程度であった。2017年，中国がプラスチック廃棄物を含む輸入廃棄物管理リストの改定[3]，及びプラスチック廃棄物輸入禁止と固形廃棄物輸入管理制度改革[4]に伴い，同年末までに環境影響が大きい固体廃棄物の輸入を禁止とした。このため中国向けのプラスチック廃棄物の輸出が止まったため，世界的なプラスチックの輸出入量が急激に減少した。2018年に入り，中国向けのプラスチック廃棄物の行き先が一時的に東南アジア諸国となったが，東南アジア諸国においてもプラスチック廃棄物の輸入禁止または輸入制限強化対策を早急に着手する傾向にあり，世界的に見てもプラスチック廃棄物の輸出入禁止または輸出入管理の厳格化の傾向がある。

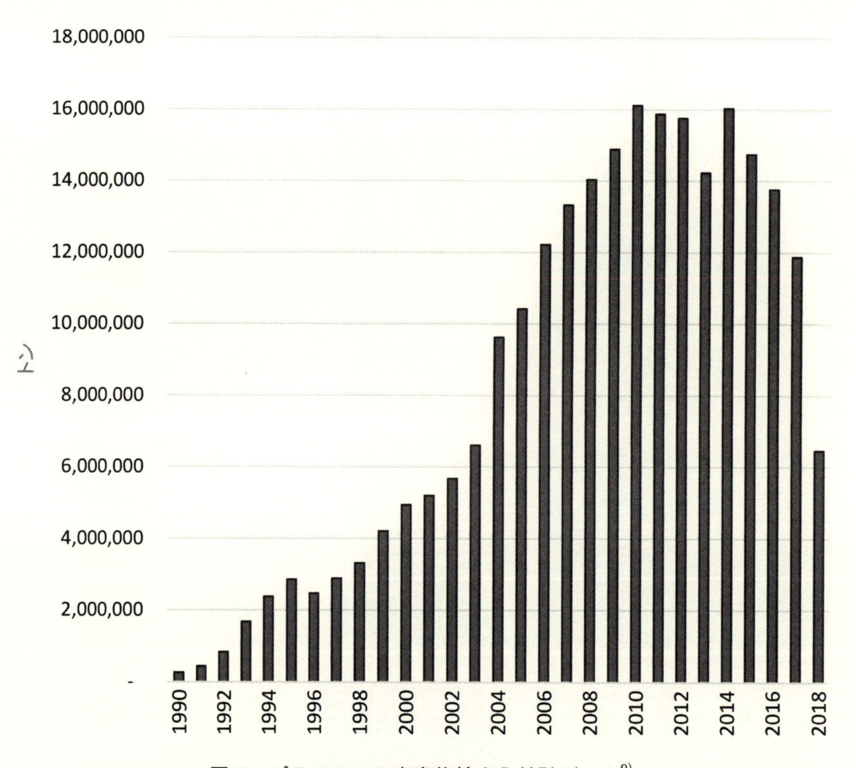

図2　プラスチック廃棄物輸出入統計データ[9]
（国連商品貿易統計データベースにおけるプラスチックのくず（HSコード3915）の各年輸出量・輸入量の合計の平均値を算出）

2.2　国際的な枠組み[b]

2.2.1　国連環境総会

国連環境総会は国連環境計画の任務と優先課題を決める全加盟国による最高意思決定機関であり，2年ごとに開催されている。2019年3月に開催された第4回国連環境総会においては，プラスチック管理に関して，以下の閣僚宣言と決議が採択された。

• 閣僚宣言「環境課題と持続可能な消費と生産のための革新的な解決策」[11)]

2030年までに使い捨てプラスチック製品の製造と使用を大幅に削減することを含め，プラスチック製品の持続不可能な使用と処分によって引き起こされる我々の生態系への影響に取組むとともに，適切な価格や環境に優しい代替製品を見つけるために，民間部門と協働する[c, 12, 13)]。

• 「海洋プラスチックごみ及びマイクロプラスチック」に関する決議[14)]

国連環境計画事務局長に対して，既存の機関を活用し，海洋プラスチックごみやマイクロプラスチックを含めた海洋ごみに関する科学的・技術的知見の早急な強化を実施することを要請。長期的なプラスチック廃棄物等の海への流出を根絶することを目的とした，ライフサイクルアプローチを踏まえたマルチステークホルダープラットフォームを国連環境計画の下で設立することを決定。海洋プラスチックごみ等に関する特別専門会合を継続し，国際的な対策を明確化にすること。

• 「使い捨てプラスチック汚染対策」に関する決議[15)]

国・自治体レベルにおける使い捨てプラスチック製品の環境影響対策の実施，使い捨てプラスチック製品の代替製品仕様の奨励，プラスチック廃棄物の環境中への流出を防ぐための適切な廃棄物管理の実施，廃棄物管理に関する法制度や国際条約の実施・適切な廃棄物管理のインフラ対策等，包括的な廃棄物対策の実施をすること。

• 「廃棄物の環境上適正な管理」に関する決議[16)]

持続可能な生産と消費を含めた固形廃棄物の統合的な実施を推奨し，使用済み製品の安全性・再利用性・リサイクル性・資源効率性を高め，これらを二次資源として活用すること。国連機関，民間部門，地方自治体，市民団体等との連携を強化し，適切な廃棄物管理を実施すること。国連環境計画国際環境技術センターによる廃棄物の環境上適正な管理を実施していくこと。

2.2.2　第14回バーゼル条約締約国会議

バーゼル条約締約国会議とは，条約第15条に基づき設置されているバーゼル条約の最高意思決定機関である。2年ごとに開催されている。

2019年4月から5月にかけて開催された第14回バーゼル条約締約国会議ではプラスチック廃棄物に関する二つの決議[17)]が採択された。

---

[b] 決議文等は全て仮訳

[c] なおアメリカは不参加

- 附属書の改正
  - 附属書Ⅱ：特別の考慮を必要とする廃棄物の分類に，条約附属書Ⅷと Ⅸを除く「Y48 プラスチックの混合物を含むプラスチック廃棄物」を追加。2021 年 1 月 1 日より効力発生。
  - 附属書Ⅷ：新たに該当リスト A3210（附属書Ⅲ記載の有害特性を示し，附属書Ⅰの構成成分が含まれているもの，またはそれらで汚染されている廃棄物の混合物を含むプラスチックごみ）を追加。2021 年 1 月 1 日より効力発生。
  - 附属書Ⅸ：既存の非該当リスト B3010 に代わる新たな非該当リスト B3011 を追加。2021 年 1 月 1 日より効力発生。

B3011[d]	プラスチック廃棄物（附属書Ⅱの Y48 及び A リスト A3210 参照） • 環境上適正な方法によるリサイクル目的[e]であり汚染物質やその他の廃棄物[f]がほとんど含まれていない以下にリストされたプラスチック廃棄物 – 単体のハロゲン化されていない重合体のみから構成されているプラスチック廃棄物等 ◦ポリエチレン（PE） ◦ポリプロピレン（PP） ◦ポリスチレン（PS） ◦ ABS 樹脂（ABS） ◦ポリエチレンテレフタラート（PET） ◦ポリカーボネート（PC） ◦ポリエーテル – ほぼ単体の固化樹脂または縮合物のみ[g]から構成されているプラスチック廃棄物等 ◦尿素ホルムアルデヒド樹脂 ◦フェノールホルムアルデヒド樹脂 ◦メラニンホルムアルデヒド樹脂 ◦エポキシ樹脂 ◦アルキド樹脂

[d] B3011 は 2021 年 1 月 1 日から効力が発生。B3010 は 2020 年 12 月 31 日まで有効である。

[e] 溶剤として使用しない有機物の再生利用（附属書Ⅳの B に記載されている R3 作業），または，必要に応じて，契約証明書または関係する公式書類で証明された R3 作業に続く一時的な保管。

[f] 「汚染物質やその他の廃棄物がほとんど含まれていない」に関して，国際的なまたは各国の規格が評価基準となる場合がある。

[g] 「ほぼ…のみ」に関して，国際的なまたは各国の規格が評価基準となる場合がある。

	– 次のいずれかのフッ化重合体[h]からのみ[i]構成されるプラスチック廃棄物 ◦テトラフルオロエチレン / プロピレン（FEP） ◦ペルフルオロアルコキシアルカン ▪パーフルオロアルコキシアルカン（PFA） ▪テトラフルオロエチレン / パーフルオロアルキルビニルエーテル（PFA） ▪テトラフルオロエチレン / パーフルオロメチルビニルエーテル（MFA） ◦ポリフッ化ビニル（PVF） ◦ポリフッ化ビニリデン樹脂（PVDF） • 各物質のリサイクルを目的とした分別[j]または環境上適正な方法のリサイクルを目的とし，汚染物質やそのほかの廃棄物がほとんど含まれていない[f]ポリエチレン（PE），ポリプロピレン（PP），ポリエチレンテレフタラート（PET）のすべてまたはいずれかから構成されている混合されたプラスチック廃棄物

2. 2. 3　G20 大阪サミット

G20大阪サミットに先立ち開催されたG20持続可能な成長のためのエネルギー転換と地球環境に関する関係閣僚会合（2019年6月）においては，G20海洋プラスチックごみ対策実施枠組が合意された[18]。この枠組みはG20各国による自主的な行動促進や情報共有を通じて，プラスチック廃棄物の海洋への流出抑制・削減に向けて，環境上適正な回収やプラスチック廃棄物の発生抑制・削減等に関して包括的に取組むことを目的としている。また，国連環境総会の決議を踏まえて国連環境計画が実施している各種取組との相乗効果を活用し，2017年のG20ハンブルグサミットで採択されたG20海洋ごみ行動計画に沿って，海洋ごみ対策のさらなる行動を促進するものである。

G20大阪サミット（2019年6月）のG20大阪首脳宣言[19]においては，その環境分野において海洋ごみ及びマイクロプラスチック対策が盛り込まれた。同宣言では，「G20海洋プラスチックごみ対策実施枠組」を支持するとともに，さらに踏み込んだ「大阪ブルー・オーシャン・ビジョン」が盛り込まれ，社会におけるプラスチックの重要な役割を認識しつつ，プラスチック管理やプラスチック廃棄物管理等を通じて，2050年までに海洋プラスチックごみによる追加的な汚染をゼロにまで削減することを目指している。

---

h　使用後の廃棄物は除く

i　「いずれかの…のみ」に関して，国際的なまたは各国の規格が評価基準となる場合がある。

j　事前に分別され，溶剤として使用しない有機物の再生利用（附属書IVのBに記載されているR3作業），または，必要に応じて，契約証明書または関係する公式書類で証明されたR3作業に続く一時的な保管。

2.3 各国対策状況

図3に2018年6月時点における使い捨てレジ袋等対策状況[8]を示す。世界では127か国がプラスチック製レジ袋に対して何らかの対策を取っている。プラスチック製レジ袋配布を規制している国は84か国，43か国はプラスチック製レジ袋の製造・輸入規制を実施している。27か国ではプラスチック製レジ袋を含めたプラスチック製容器・食器類を禁止している。また，27か国ではプラスチック製レジ袋に課税し，43か国においてはプラスチック製品類に対して生産者拡大責任が導入されている。

中国におけるプラスチック廃棄物の輸出禁止措置に伴い，プラスチック廃棄物を輸出してきた国や一時的に輸入国となった国において，プラスチック廃棄物の輸出入対策も含め，国内におけるプラスチック廃棄物対策強化が急速に実施された。例えば，アジアにおいては，インドネシア[20]，タイ[21]，マレーシア[22]，ベトナム[23]がプラスチック廃棄物の輸入禁止または規制措置を新たに導入し，マレーシアとフィリピンでは不法に輸入されたプラスチック廃棄物を輸出した国へ強制返送措置[24~27]を実施した。

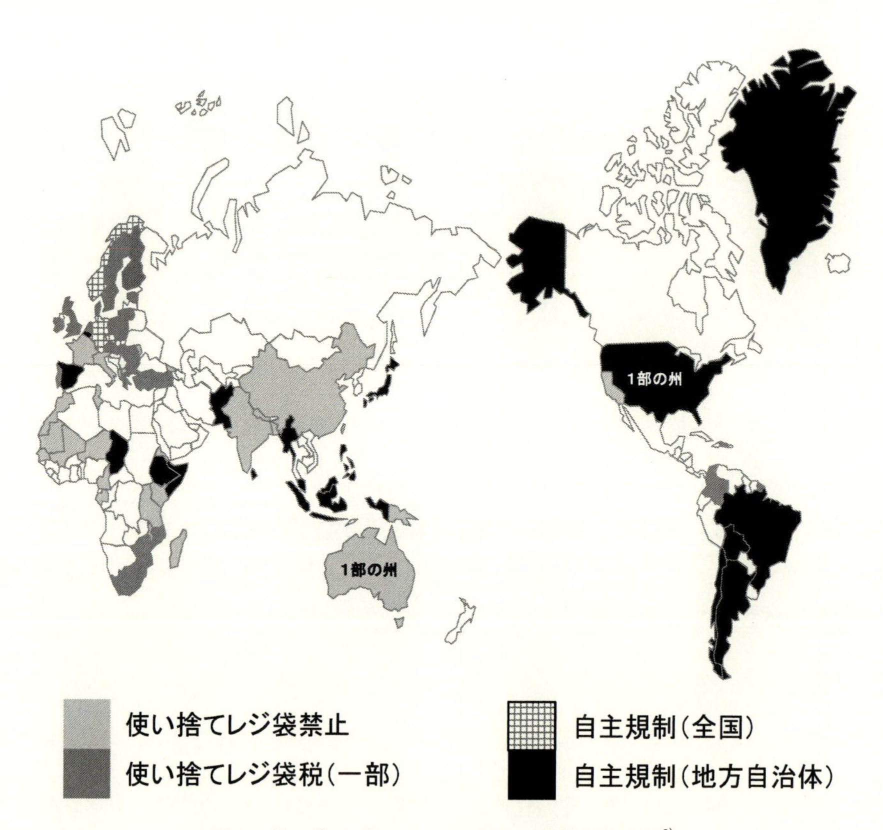

図3 使い捨てプラスチック製レジ袋等対策状況[8]

2.4　民間企業や企業間連携の事例

国連環境総会やバーゼル条約等の国際的な政府間枠組みにおいて国際的なプラスチック管理強化が進む中，プラスチック製品の製造・販売をしている民間企業，特にグローバル企業の自主的な取組も加速度的に実施されている。グローバル企業は，ビジネスを通して社会的課題を解決するために，2015年の持続可能な開発サミットで採択された持続可能な開発目標（SDGs）を活用し，企業の取組を社会貢献に結び付ける企業の社会的責任（CSR）や，社会的な課題に対して本業を通して解決を目指す共通価値の創造（CSV）が長期的な企業戦略として重要な位置づけになっている。以下に，グローバルに展開している日系企業のプラスチックへの対応事例を紹介する。

(1)　㈱ファーストリテイリング[28, 29]

国内外で約3,600店舗を展開している同社は「服のチカラを社会のチカラ」をサステナビリティステートメントと掲げており，社会の課題や環境問題などを解決しながら新しい価値創造に挑戦し続けてきている。一例として，不要になった服を店舗で回収する全商品リサイクル活動を展開しており，回収した服を難民へ寄贈等している。

同社ではプラスチック使用削減に向けた取組として，「サプライチェーン全体で不要な使い捨てプラスチックを原則として撤廃，使わざるを得ないものについては環境配慮型素材に切り替える」を2020年目標と制定した。2020年中をめどに，店舗での使い捨てレジ袋の85%を削減することを目指し，プラスチック製レジ袋の廃止と環境配慮型紙袋への切り替え，エコバックの使用促進，商品パッケージのプラスチック撤廃・代替素材への切り替えの検討を開始している。

(2)　㈱セブン&アイ・ホールディングス[30, 31]

国内外で約67,000店舗を展開している同社は，環境問題等の地球規模課題解決を経営・事業活動に組入れ，社会的な課題解決を目指すとともに，SDGsの実現に向けて社会の経済的な成長を可能にするために事業を実施している。

同社は2019年5月に環境宣言「GREEN CHALLENGE 2050」を定め，2050年の目指す姿として，二酸化炭素排出量削減，プラスチック対策，食品ロス・食品リサイクル対策，持続可能な調達の4テーマを明確にした。プラスチック対策においては，2030年までにプラスチック製レジ袋の使用量ゼロ，オリジナル商品で使用する製品は環境配慮型素材使用を2030年までに50%，2050年までに100%を目標と定めた。同社の1日の総来客数は約6,400万人を数えており，国内外の店舗利用者へのプラスチック対策における意識啓発活動を実施することは，結果としてその地域住民を巻き込んだボトムアップアプローチによるプラスチック対策に波及する。

(3)　廃棄プラスチックを無くす国際アライアンス[32〜34]

2019年1月に発足した廃棄プラスチックを無くす国際アライアンス（Alliance to End Plastic Waste：AEPW）は，プラスチックの製造業者・流通業者・小売業者・廃棄物処理業者等のプラスチックサプライチェーンの横断的・国際的な非営利団体である。参加企業は約40社程度，日本からは㈱三菱ケミカルホールディングス，住友化学㈱，三井化学㈱が参加している。

AEPWはプラスチック廃棄物の発生の最小限化を目指して，循環型社会におけるプラスチック廃棄物問題を解決するために，関連業界を超えた民間企業が連携・支援することを目的としている。活動計画としては，AEPWとしての社会貢献活動やプラスチック廃棄物の環境上適正な管理に向けたインフラ整備や環境技術投資等多岐にわたっている。民間企業間の新たなイニシアティブ・連携による革新的な国際アライアンスにより，国際的なプラスチック廃棄物問題対策の新たな一面になることは確実である。

3　国際的なプラスチック廃棄物問題について

3.1　プラスチック廃棄物問題はなぜ起こったのか？

プラスチック廃棄物問題を含めすべての環境問題に共通することは，共有地の悲劇[35)]の考え方である。共有地の悲劇とは，どの当事者も個人的な管理責任を負っていない共同の資源が枯渇するという現実である。環境問題として言い換えると，どの当事者も個人的な管理責任を負っていない共有の場所“環境”が破壊される，と言うストーリーである。世界において1年間に不法投棄されている一般廃棄物は約10.5億トンであり，そのうち不法投棄されているプラスチック廃棄物は少なくと約14.2％の約1.5億トンである。プラスチック廃棄物を含めたこの約10.5億トンの廃棄物が“共有地”に不法投棄されており，プラスチック廃棄物の環境中への長期間残留・マイクロプラスチック化により環境・生態系への“悲劇”が引き起こされている。

水俣病問題や気候変動問題，そしてプラスチック問題等の全ての環境問題は，この共有地の悲劇，つまり人間が自ら引き金を引いた結果，その負の影響が先ず自然界に現れ，人間がその影響に気が付いた時には既に甚大な環境影響を起こしていると言うのが現実である。環境問題対策には，政策的・技術的・社会的・経済的解決策を組合わせて実施しているが，その根本的な問題，人々が共有地の悲劇を起こさないように人間の思考や行動，経済社会システムそのものが変わらない限りは，プラスチック問題も解決しない。

3.2　プラスチック対策について

国際的なプラスチック管理の主流は，使い捨てプラスチックの使用削減を中心とした政策導入・実施である。プラスチック問題対策における上流管理として位置付けられる使い捨てプラスチック対策，特にプラスチック製レジ袋削減対策に関しては，2018年6月の段階で既に127か国において禁止・課税措置，自主的規制等が実施されている。昨今におけるプラスチックの輸出入に関する諸問題の表面化やバーゼル条約改正に伴い，特に多くの開発途上国においてもリサイクル目的として輸入していたプラスチック廃棄物の輸入規制強化，一部の国では禁止措置の導入に波及している。先進国から途上国へ越境移動している資源性廃棄物の在り方の再検討や，バーゼル条約の原則を改めて再認識するべきという国際的な流れではあるが，各国内で発生しているプラスチック廃棄物の方が量的には圧倒的に多いため，各国国内におけるプラスチック廃棄物の環境上適正な管理の導入・実施を強化する必要がある。

第14回バーゼル条約締約国会議におけるプラスチック廃棄物を該当リストに追加するという条約改正は，有害廃棄物の考え方について新たな見解を示したものとなった。バーゼル条約における有害廃棄物の定義は，条約附属書Ⅰに掲げるいずれかの分類に属する廃棄物（附属書Ⅲに掲げるいずれの特性を有しないものを除く）である。国際的には，長年，化学的に毒性の高い有害物質が含まれている廃棄物が有害廃棄物である，と常識的に理解されていた。しかし，今回の条約改正においては，廃棄物そのものは非有害物質であるが，長期間環境中に残存しそれが環境影響・健康被害を及ぼす物質が含まれる廃棄物も有害廃棄物である，という有害廃棄物の新たな考え方が国際的に明確になった。このため，2019年4月から5月にかけて開催された第14回バーゼル条約締約国会議において，プラスチック廃棄物はバーゼル条約の規制対象であるという条約改正は，有害廃棄物管理の歴史上新たな1ページとなった。

また，プラスチック廃棄物は年間約3億トン排出されているが，レジ袋はそのうち約16%であるため，現在，多くの国においてプラスチック問題対策の主流であるプラスチック製レジ袋管理措置だけでは，ごく一部のプラスチック問題しか対応できていない。プラスチック製レジ袋管理対策は，あくまでもプラスチック問題に対応するための今すぐできる一歩目であると認識し，その他のプラスチック問題対策を実施していく必要がある。

しかし，長年プラスチック製品を使用することに依存してきた現代社会においては，日々の生活においてプラスチック製品を使用しないようにすること自体が難しい。例えば，専用に設計・製造された食品用容器包装プラスチックがあるからこそ，現在の食品流通システムが成り立っており，新鮮・安全な食料品が各地に届いている。また，開発途上国においては，ペットボトルがあるからこそ，水道のない地域に衛生的に安全な飲料水を届けることができる。さらに，低所得国の日常生活においては，日給や週給で購入できる低価格のプラスチック製個包装の生活用品が主力商品である。プラスチック問題を解決するためには，プラスチック製品の禁止・規制の応急措置だけでなく，プラスチックを取り巻く経済的・社会的課題にも対応しなければならない。

4　プラスチック問題解決に向けて

現在，全世界が直面している深刻なプラスチック問題は，一つの組織では解決することが不可能かつ複雑な地球規模課題である。プラスチック問題解決を目指すために，先ず，複雑に絡み合った様々な要素を紐解き，個々の要素のつながり・関係性を理解し，それを過去から現在，現在から未来へのストーリーとして再構築する必要がある。プラスチック問題の原因や要因を把握する過去から現在へのストーリーを構築する場合においては，正面からプラスチック問題と向き合い，人間社会の全ての挙動とその結果としての“悲劇”を明確に理解することが重要である。この悲劇を正直・明確に理解しない場合は，プラスチック問題の解決を目指した現在から未来へのストーリーの中に描く“問題解決策”がプラスチック問題の応急措置しかならず，システム思考が必要となる根本的な解決策には至らなくなる。

プラスチック問題を解決するには，様々な分野の多くの登場人物が必要であり，それぞれの登場人物が持っている技術や知識，経験を新たに組合わせて集合的な社会的変化を実現する統合的思考を取り入れ，現在から未来へのストーリーを構築しなければならない。この未来へのストーリーにおいて重要な役割を果たすのは，普段の暮らしのモノやコトを届けている民間企業である。地球規模課題を直ちに解決するための奇跡の方法はないため，日々の暮らしから一歩一歩プラスチック問題に対応していく必要がある。このためには，我々が普段使用しているモノやコトをプラスチックスマートに変えていかなければならない。また，多くの民間企業の理念には，その分野における社会的課題解決の貢献を目指している場合が多い。少なくともSDGsの目標年である2030年までの社会的課題解決をプラスチック問題解決とし，ビジネスとプラスチック問題解決を一体化させて，経済社会システムをプラスチックスマート社会に変化させていく必要がある。この結果として，普段の暮しそのものが地球にやさしい持続可能なエコシステムとなり，持続可能性を達成できる社会的価値を創り出すことができるであろう。

これを実現するためには，過去に共有地の悲劇を起こしてしまった教訓を活かし，社会の端っこ的な存在であった環境問題・対策を社会の中心の存在として位置付け，我々の普段の暮らしで使用するモノやコトから社会的課題を解決するために経済社会システムを再設計しなければならない。また，人口増加・経済発展に伴う更なる資源需要量の増加が見込まれる中，既に人間社会が使用した廃棄物を確実にリサイクルする完全なる循環型社会，つまり自然資本から完全に脱却した新たな経済社会システムを構築しなければならない。この完全なる循環型社会を構築するためには，リサイクルを目的としたプラスチック素材の最適化，種類の共通化・最小限化，そのシステム構築とプラスチックリサイクルの高度化，マイクロ繊維が発生しない新繊維の開発，環境中にマイクロ繊維を流出させない技術開発，生分解性プラスチックと再生プラスチックの在り方，廃棄物発電の小型化・分散化や途上国仕様の環境技術開発等，プラスチックスマート社会を構築するための大胆な発想と新たな組合せが必要である。我々が引き起こしてしまった地球規模課題を起点として，我々が暮らしに必要な地球にやさしいモノやコトを作り上げていく日常的環境思考を社会に浸透させていかなければならない。

プラスチック問題対策を描く現在から未来へのストーリーに必要な様々な解決方法やアイデア，知識等に関して国境を越えて組合わせていくためには，共通言語としてSDGsを活用できる。また，国境を越えた解決策に必要なストーリーを描いていくためには，民間企業と国連組織の連携が必須である。各民間企業が目的としている社会的課題解決と一体化したモノやコト，国連組織が持っている国際的な政策展開のチカラを組合わせることで，日々の暮らしからボトムアップアプローチ的に地球規模課題を解決できる。

文　　献

1) Edward J. Carpenter1, K. L. Smith Jr., Plastics on the Sargasso Sea Surface, 175, Science (1972)

2) The Basel Convention on the Control of Transboundary Movements of Hazardous Wastes and their Disposal,
http://www.basel.int/TheConvention/Overview/TextoftheConvention/tabid/1275/Default.aspx (Accessed 13 September 2019)

3) 环境保护部，关于发布《进口废物管理目录》(2017年) 的公告，
http://www.mee.gov.cn/gkml/hbb/bgg/201708/t20170817_419811.htm (Accessed 13 August 2019)

4) 国务院办公厅，国务院办公厅关于印发禁止洋垃圾入境推进固体废物进口管理制度改革实施方案的通知，http://www.gov.cn/zhengce/content/2017-07/27/content_5213738.htm (Accessed 13 August 2019)

5) Our World in Data, Plastic Pollution,
https://ourworldindata.org/plastic-pollution (Accessed 21 August 2019)

6) statista, Global plastic production statistics,
https://www.statista.com/statistics/282732/global-production-of-plastics-since-1950/ (Accessed 21 August 2019)

7) United Nations Environment Programme, Global Waste Management Outlook,
https://wedocs.unep.org/bitstream/handle/20.500.11822/9672/-Global_Waste_Management_Outlook-2015Global_Waste_Management_Outlook.pdf.pdf?sequence=3&%3BisAllowed= (Accessed 13 August 2019)

8) United Nations Environment Programme, Single-Use Plastics: A Roadmap for Sustainability,
https://wedocs.unep.org/bitstream/handle/20.500.11822/25496/singleUsePlastic_sustainability.pdf?sequence=1&isAllowed=y (Accessed 13 August 2019)

9) United Nations, UN Comtrade Database, https://comtrade.un.org/ (Accessed 13 August 2019)

10) The Ellen MacArthur Foundation, A New Textiles Economy : Redesigning fashion's future,
https://www.ellenmacarthurfoundation.org/publications/a-new-textiles-economy-redesigning-fashions-future#purchase-options (Accessed 21 August 2019)

11) United Nations Environment Programme, Ministerial declaration of the United Nations Environment Assembly at its fourth session,
http://wedocs.unep.org/bitstream/handle/20.500.11822/28463/K1901029.pdf?sequence=6&isAllowed=y (Accessed 7 August 2019)

12) International Institute for Sustainable Development, Summary of the Fourth Session of the United Nations Environment Assembly,
https://enb.iisd.org/download/pdf/enb16153e.pdf (Accessed 7 August 2019)

13) International Institute for Sustainable Development, 4th Meeting of the Open-Ended Committee of Permanent Representatives to UN Environment Programme (UNEP) and 4th Session of the UN Environment Assembly,
https://enb.iisd.org/unep/oecpr4-unea4/ (Accessed 7 August 2019)
14) United Nations Environment Programme, Marine Plastic Litter and Microplastics,
http://wedocs.unep.org/bitstream/handle/20.500.11822/28471/English.pdf ? sequence = 3&isAllowed = y (Accessed 7 August 2019)
15) United Nations Environment Programme, Addressing single-use plastic products pollution,
http://wedocs.unep.org/bitstream/handle/20.500.11822/28473/English.pdf ? sequence = 3&isAllowed = y (Accessed 7 August 2019)
16) United Nations Environment Programme, Environmentally sound management of waste,
http://wedocs.unep.org/bitstream/handle/20.500.11822/28472/English.pdf ? sequence = 3&isAllowed = y (Accessed 7 August 2019)
17) United Nations Environment Programme, Report of the Conference of the Parties to the Basel Convention on the Control of Transboundary Movements of Hazardous Wastes and Their Disposal on the work of its fourteenth meeting,
http://www.basel.int/TheConvention/ConferenceoftheParties/ReportsandDecisions/tabid/3303/ctl/Download/mid/11506/Default.aspx ? id = 66&ObjID = 22102 (Accessed 7 August 2019)
18) Ministry of the Environment, Government of Japan, G20 Implementation Framework for Actionson Marine Plastic Litter,
https://www.g20karuizawa.go.jp/assets/pdf/G20%20Implementation%20Framework%20for%20Actions%20on%20Marine%20Plastic%20Litter.pdf (Accessed 13 August 2019)
19) Government of Japan, G20 Osaka Leader's Declaration,
https://g20.org/en/documents/final_g20_osaka_leaders_declaration.html (Accessed 13 August 2019)
20) Upik Sitti Aslia, Updates of Indonesia's Regulations and the Implementaiton Status of the Basel Convention: with a Focus on Plastic Wastes and Microplastic, the Workshop 2018 of the Asian Network for Prevention of Illegal Transboundary Movement of Hazardous Wastes,
http://www.env.go.jp/en/recycle/asian_net/Annual_Workshops/2018_PDF/Day1_Session1/14Day1_S1_08_UpdatedIndonesia_ANWS2018.pdf (Accessed 25 September 2019)
21) Sirinart Pongyart, Updates of National Regulations, Implementation Status of the Basel Convention: with a focus on the TBM/ESM of plastic wastes, the Workshop 2018 of the Asian Network for Prevention of Illegal Transboundary Movement of Hazardous Wastes,
http://www.env.go.jp/en/recycle/asian_net/Annual_Workshops/2018_PDF/Day1_Session1/10Day1_S1_04_Thailand_ANWS2018.pdf (Accessed 25 September 2019)

22） Cressida Karen Chung, Nor Iwani Basr, Updates of National Regulations and Implementation Status of the Basel Convention in Malaysia, the Workshop 2018 of the Asian Network for Prevention of Illegal Transboundary Movement of Hazardous Wastes, http://www.env.go.jp/en/recycle/asian_net/Annual_Workshops/2018_PDF/Day1_Session1/17Day1_S1_11_Malaysia_ANWS2018.pdf （Accessed 25 September 2019）
23） Nguyen Thi Hong Ha, Vu Dat Tat, Implementation Basel Convention and Regulations of Plastic Waste Management in Vietnam, the Workshop 2018 of the Asian Network for Prevention of Illegal Transboundary Movement of Hazardous Wastes, http://www.env.go.jp/en/recycle/asian_net/Annual_Workshops/2018_PDF/Day1_Session1/9Day1_S1_03_Vietnam_ANWS2018.pdf （Accessed 25 September 2019）
24） CNN, Plastic waste dumped in Malaysia will be returned to UK, US and others, https://edition.cnn.com/2019/05/28/asia/malaysia-plastic-waste-return-intl/index.html （Accessed 25 September 2019）
25） Business Insider, Malaysia plans to return 3,300 tons of plastic trash to US, UK, Canada, and Australia, https://www.businessinsider.com/malaysia-sending-back-trash-to-countries-2019-5 （Accessed 25 September 2019）
26） Reuters, Philippines sends trash back to Canada after Duterte escalates row, https://www.reuters.com/article/us-philippines-canada-waste/philippines-sends-trash-back-to-canada-after-duterte-escalates-row-idUSKCN1T10BQ （Accessed 25 September 2019）
27） The Guardian, Philippines ships 69 containers of rubbish back to Canada, https://www.theguardian.com/world/2019/may/31/philippines-puts-69-containers-of-rubbish-on-boat-back-to-canada （Accessed 25 September 2019）
28） ㈱ファーストリテイリング, https://www.fastretailing.com/jp/ （Accessed 9 September 2019）
29） 服のチカラ，https://www.uniqlo.com/power_of_clothes/ （Accessed 9 September 2019）
30） ㈱セブン＆アイ・ホールディングス，https://www.7andi.com/ （Accessed 9 September 2019）
31） GREEN CHALLENGE 2050，https://www.7andi.com/csr/g_challenge.html （Accessed 9 September 2019）
32） Alliance to End Plastic Waste, https://endplasticwaste.org/ （Accessed 11 September 2019）
33） AEPW International Forum Tokyo 2019, http://www.aepw-tokyo.jp/download-img/01_AEPW2019-opening-ochi-JP.pdf （Accessed 11 September 2019）
34） 廃棄プラスチックを無くす国際アライアンス, http://www.aepw-tokyo.jp/download-img/02_AEPW2019-keynote-helias-JP.pdf （Accessed 11 September 2019）
35） Elinor Ostrom, Governing the Commons: The Evolution of Institutions for Collective Action, Cambridge University Press, 1990

〈第Ⅱ編〉

合　成

第5章　バイオエタノール由来プロピレンを基幹とする炭素資源循環

岩本正和[*1]，松方正彦[*2]

1　はじめに

近年，二酸化炭素排出量抑制のためバイオエタノール（bEtOH）が燃料へ添加されている[1)]。原料作物の種まきからbEtOH生産まで1～2年が必要であることを考えると，調製したbEtOHを燃料としてすぐにCO_2に戻してしまう（炭素循環方式（図1）の左側サイクル）のは何とももったいない。bEtOHを炭素資源循環のためのプラットフォーム化合物の一つと考え，エチレン（$C_2^=$）やプロピレン（$C_3^=$）等に転換し，種々の化成品の合成に利用すれば（図1の右側サイクル），CO_2をbEtOH経由で長期間固定できたことになる。このプロセスを実現できれば，現行の石油化学工業システムの上流にバイオ由来原料を供給できるので，現在の石油化学工業体系に大きな変化をもたらすことなく部分的なバイオマスコンビナート化を実現できる可能性があ

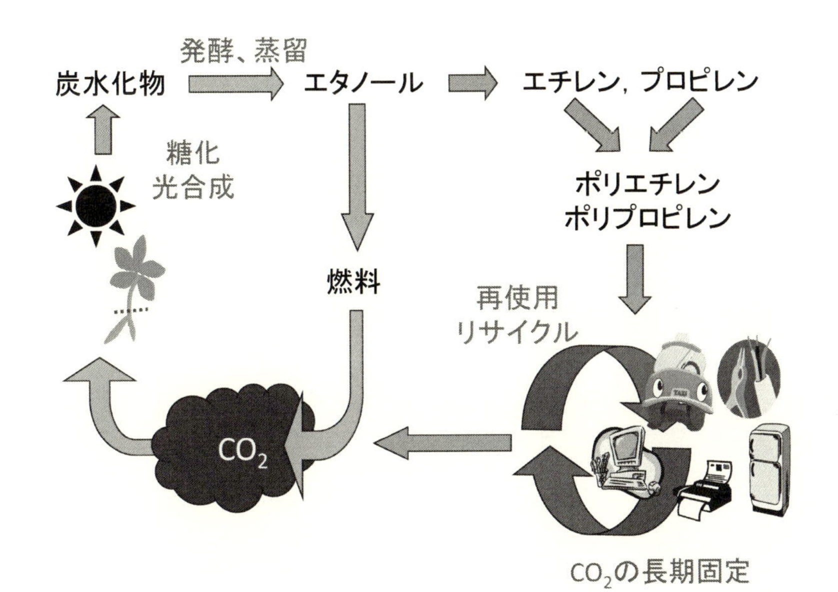

図1　バイオエタノールの生産，燃料化，バイオプラスチック化の炭素循環経路

＊1　Masakazu Iwamoto　早稲田大学　理工学術院応用化学専攻　招聘研究員
＊2　Masahiko Matsukata　早稲田大学　理工学術院応用化学専攻　教授

る。その場合，左側循環サイクルに比べて，右側サイクルではCO_2蓄積量，蓄積期間が格段に増加すると推測されている。

bEtOHを低級オレフィン等へ転換するプロセスについてはこれまでも多くの研究が行われている。その中で，$C_2^=$への転換は単純脱水反応（反応中間体はジエチルエーテルであることが多い）であり，多くの触媒上で90%以上の収率で進行するので，実施は比較的容易である。一方，bEtOHの$C_3^=$への一段変換研究は，ポリプロピレンや酸化プロピレンなどの需要増加から実現が望まれているにもかかわらず，まだそれほど進んでいない。bEtOHをプロピレンに転換するETP（ethanol-to-propene）反応では，ゼオライト系触媒による形状選択的合成が報告されている[2)]。しかし，プロピレン選択性が20～30%と低く，炭素析出による活性劣化が防げないなどの問題がある。これはゼオライトの強い酸触媒作用によってオリゴメリゼーション，炭素-炭素結合切断，骨格異性化等が併発し，コーク生成が進行してしまうためである。最近では，選択性向上や長寿命化を目指してPやFを添加した改良型触媒の開発[3)]や使用法の工夫（炭素焼却工程を定期的に実施等）が報告されているが，抜本的な劣化防止やプロピレン選択性の向上には至っていない。本稿では形状選択的プロピレン合成とは一線を画す，新奇な反応経路のETP触媒を紹介する。

2　開発触媒の活性

2.1　ニッケルイオン担持シリカメゾ多孔体（Ni-M41）

当研究室では，ETP反応に活性な触媒としてこれまでニッケルイオン担持シリカメゾ多孔体（Ni-M41），酸化イットリウム-酸化セリウム固溶体（Y_2O_3-CeO_2）およびスカンジウム担持酸化インジウム（Sc/In_2O_3）を研究してきた。各触媒の収率の代表値を表1にまとめている[4)]。反応温度，ガス流速，反応系への水や水素の添加等で収率は大きく変化するが，表にはそれぞれの触媒上での最大$C_3^=$収率を示している。

表1　Ni-M41，Y_2O_3-CeO_2，Sc/In_2O_3の触媒活性の比較

触媒	S_{BET} m^2/g^{-1}	温度 K	P_{H2O} %	P_{H2} %	炭素基準の収率　% $C_3^=$	ACT	$C_2^=$	$C_4^=$	AcH	CO	CO_2
Ni-M41	850	693	0	0	16	0	67	5	7	0	0
Y_2O_3-CeO_2	54	703	0	0	25	0	52	1	痕跡	2	8
Y_2O_3-CeO_2	54	703	30	0	30	2	37	0	痕跡	3	9
In_2O_3	7	823	0	0	8	18	4	0	45	14	6
Sc/In_2O_3	7	823	8.5	30	62	痕跡	1	15	3	17	10

（注1）S_{BET}表面積，$C_3^=$プロピレン，ACTアセトン，$C_2^=$エチレン，$C_4^=$ブテン，AcHアセトアルデヒド。（注2）反応条件：使用触媒量2.0 g，原料ガス流量12.8 mL/min，エタノール分圧（N_2希釈）30 vol%，全圧1気圧，反応開始45分後のデータ。（注3）添加したYおよびScの原子パーセントはそれぞれ20，3%。（注4）エタノールの転化率はいずれの実験でも100%。収率の合計が100%にならないのは微量副生成物のため。

Ni-M41は我々が最初に取りあげた触媒である。以前，この触媒上で$C_2^=$→$C_3^=$反応が進むことを認めていた[5]ので，EtOHを原料として$C_2^=$を選択的に生成することができれば，ETP反応が実現できると考えたからである。この触媒系では$C_2^=$，$C_3^=$以外に分子間脱水生成物であるジエチルエーテル（DEE），ブテン（$C_4^=$），アセトアルデヒド（AcH）が生成した。まず反応の温度依存性を調べたところ，473～523 KではDEEが主生成物であったが，523 K以上で$C_2^=$生成が急激に増加し，623～723 Kでは$C_3^=$および$C_4^=$の生成もかなり認められた。EtOHの脱水素生成物であるAcHも523～723 Kで生成した。空間速度（SV）に対する依存性も調べた。SVが70,000 h^{-1}程度の高速反応時はEtOH転化率が約50％であったが，20,000 h^{-1}以下ではEtOH転化率は95％超になった。生成物分布はSVとともに大きく変化した。高SVでは$C_2^=$とAcHがほぼ等量生成した。SVの低下とともにAcH選択率は単調に減少した。DEEも生成量は少ないが類似の挙動を示した。$C_2^=$は常に主生成物であった。高SVでは選択率50％程度であったが，SV数千で極大になる山型の依存性を示した。これに対し，$C_3^=$と$C_4^=$の選択率はSV低下とともに単調に増加した。このような生成物分布の理由は第3節で議論しているように二種の反応経路の併発でうまく説明できた。

Ni-M41上ではEtOHの脱水反応に比べて$C_2^=$→$C_3^=$反応がかなり遅いため，$C_2^=$の収率が高くなり，SVを非常に小さくした（＝使用触媒量を非常に多くした）特殊条件下でも$C_3^=$収率は最大30％程度にとどまった[6]。また，高濃度EtOH（実操業条件に近い30～50 vol％）を供給した場合に炭素析出による活性劣化が顕著に認められた。反応系への水添加によって炭素析出をかなり抑えることができたが，全抑制には至らなかった。

2.2　酸化イットリウム-酸化セリウム固溶体（Y_2O_3-CeO_2）

Ni-M41の触媒活性，寿命が不十分であったため我々は$C_3^=$合成触媒の開発戦略を変更した。先行文献でEtOHからアセトン（ACT）が，プロパノールから3-ペンタノンが生成する反応が報告されていた。ACTの代わりに$C_3^=$を生成する，あるいは生成したACTの水素化脱水によって$C_3^=$を生成する触媒系を構築できれば，新しいETP触媒を実現できる可能性があると考え，検討を開始した。酸化物系触媒としてCeO_2系とIn_2O_3系を検討した。CeO_2の触媒活性は第二成分の添加によって大きく変化した[7]。例えば，Feを添加するとACT生成活性が，YやNbを添加するとプロピレン生成活性が向上した。Y添加系では触媒活性の経時変化がほとんど認められなかった（50時間後も活性変化無しだった）ので，この系について活性や触媒構造等を詳細に検討した。Y_2O_3-CeO_2触媒では反応系への水の添加により$C_2^=$収率が低下し，$C_3^=$収率が向上した。収率はそれぞれ約40％，約30％となった（表1）。水素を反応系に供給しても選択性は変化しなかった。これは次項で紹介するSc/In_2O_3触媒上での水素分圧依存性と大きく異なっていた（第3節に詳述）。Yの添加率が20～30 atom％の時，触媒活性は最大になった。X線吸収分光，表面吸着種の赤外線吸収スペクトル等を測定し，最大活性を示すY_2O_3-CeO_2では触媒表面に固溶体が生成していること，酸化イットリウムと酸化セリウムの協奏効果によってプロピレン生成反応が進行していることを結論した。

2.3 スカンジウム担持酸化インジウム（Sc/In_2O_3）

In_2O_3系触媒の研究は上記CeO_2系触媒と同時に開始した。この触媒は比較的高い$C_3^=$収率を与えたが，劣化防止，活性向上に多くの工夫を要した[8)]。まず，経時劣化の原因を探ったところ，酸化インジウムが金属インジウムまで還元されること，炭素析出が激しいことが要因であった。基質がEtOH，生成物がオレフィン，水素が副生，酸素添加なしという反応条件を考えると，相当の還元条件になっているのは確かである。

活性向上および劣化抑制を目的として第二成分の添加効果を調べた。第二成分を10 atom％添加した触媒の773 Kでの活性を比較し，Sc，Zr，V，Cr，Mo，Co，Ni，Cuを添加すると$C_3^=$収率が向上すること，一方Li，K，Ba，Ce，Fe，Sb等を添加するとACTが増加することを明らかにした。WとBiは特異的にAcHを与えた。$C_3^=$生成活性を向上させる第二成分の中でSc，Niが特に効果が高かったので，これらの金属の担持量依存性を検討した。Ni添加触媒は3～20 atom％，Sc添加触媒は1～3 atom％を添加した時，ともに37％程度の$C_3^=$収率を示した（反応開始45 min後。反応条件最適化前）。これらの触媒の活性試験後のXRDパターンからNi添加触媒では金属InおよびNi_3In_2合金の生成が認められた。一方，Sc添加触媒では金属Inの生成は全く見られなかった。短時間反応ではNi添加触媒の活性は見かけ上安定しているが実はInの還元が部分的に進行していること，Sc添加系の耐還元性は大きく向上していることが明らかである。Scの添加量が1～3 atom％と極めて小さいところで添加効果が発現することから，現時点では，In_2O_3の欠陥サイト（In^{3+}欠損点）あるいは還元開始点にSc^{3+}が担持され，還元開始を抑制していると考えている。これは六配位のSc^{3+}のイオン半径0.075 nmが六配位のIn^{3+}のイオン半径0.080 nmと類似していることから支持される。また，Sc_2O_3の酸素原子あたりの酸化物生成熱$-\Delta H_f^0$137 kcal/g-atomOはアルミナのそれとほぼ同等であり，Sc_2O_3はAl_2O_3並の難還元性酸化物であった。これらの物性値は，In_2O_3上に担持されたSc_2O_3が極めて還元されにくく，In_2O_3の還元開始を阻止しているという上記仮説の妥当性を支持している。

次に，Sc/In_2O_3上での炭素析出抑制のため，さらには$C_3^=$の収率向上のため，反応系へ水および水素を添加した。水添加によって炭素析出が抑制されることが多くの反応系で報告されている。また，ACTの水素化脱水を効率的に進めれば$C_3^=$収率が向上するかもしれない（＝反応の進行によって水素は副生するが，それでは足りない）と考えたからである。水と水素を単独で供給したとき，寿命および収率がある程度改善されたが，同時供給によって両者とも大きく改善できた。後に述べるように，水の供給は炭素析出を低下させるだけでなく，水そのものがAcHの酸化剤として作用していることが明らかとなった。さらに，水素の供給によって$C_3^=$の選択率が向上するばかりでなく，種々の中間生成物の炭素化が抑えられているようである。Sc/In_2O_3上の最適反応条件は30 vol％EtOHに対して8～10 vol％の水，30～50 vol％の水素であることを結論した。この条件下で触媒活性は50時間以上も安定していた。結果の一例を表1にまとめている。表に明らかなようにSc添加触媒では，水と水素の共存下で$C_3^=$の平均収率は62%に達した。次章に示すように，$C_3^=$生成はEtOH二分子から生じたACTの水素化脱水によって進行し，EtOHの4個の炭素の一つはCO_2に転換される（式1）。すなわち，本ETP反応の理論上の炭素基準最大収率は75%である。この上限値75%に対して，実測の収率62%は達成率82%になり，本反応系が非常に選択的に進行していることが明らかである。

$$2CH_3CH_2OH \rightarrow CH_2=CHCH_3 + CO_2 + 3H_2 \quad (1)$$

以上，活性劣化の極めて少ない高活性プロピレン生成触媒を開発することができた。ゼオライトの形状選択性に頼らない初めての実用的な触媒系と考えている。水素は次項に示すように反応生成物としてかなりの量が生成するので，分離・再循環の手間はかかるが，自給自足できると期待している。

3　エタノールがプロピレンへ転換する機構

EtOHがプロピレンへ転換する際の推定反応経路を図2にまとめている[4]。触媒によってはもっと複雑な機構を取る場合があるかもしれないが，ここでは省略した。反応経路は大きく分けて4種が想定される。1つ目は$C_2^=$を中間体とする反応（[1]），2つ目と3つ目はAcHを中間体とし（[6]），アルドール反応を経由する場合（[13]）とティシェンコ反応を経由する場合（[7]）である。4つ目は，これまでほとんど報告されていないが，AcH中間体が直接酢酸（AcOH）に転換する機構（[12]）である。

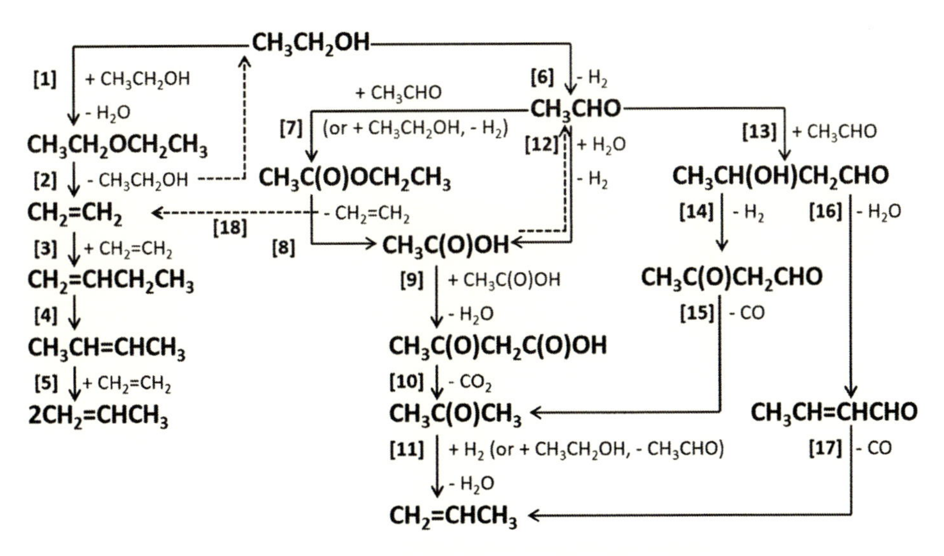

図2　エタノールがプロピレンに転換する反応経路

3.1 Sc/In_2O_3

ここでは前項と異なり，Sc/In_2O_3 の反応経路から紹介する[8]。反応の進み方はパルス法によって検討した。Sc/In_2O_3 触媒上に EtOH をパルスした時の生成物変化を SV の関数として測定し，結果を図 3 に示している。空間速度が大きい場合，すなわち触媒上での接触時間が短い場合，AcH が主生成物であった。空間速度が小さくなるに従い，主生成物は ACT + CO_2，$C_3^=$ + イソブテン（i-$C_4^=$）+ CO と変化した。この変化から，反応経路が EtOH→AcH→ACT→$C_3^=$ となっていることが容易に推測できる。この反応の検討中，窒素と水の混合ガスを触媒部のキャリアーガスとした場合（この検討法実現のため，新しくパルス反応装置を設計購入した），AcH から効率的に AcOH が生成することを見出した。これは，表面水酸基（あるいは吸着水）が存在している触媒表面では水酸基による AcH の酸化が進むことを示している。以前の研究報告では，乾燥窒素あるいは乾燥ヘリウムをキャリアーガスとして酸化物触媒上に AcH と水の混合パルスを打ち込んでも酢酸が生成するとは報告されていない。これは，AcH が触媒上に到達したときに利用できる水酸基あるいは吸着水が準備されていなければ AcOH への酸化は進まないことを示している（パルス法は大変便利で有益な実験法であるが，必ずしも実際の流通系反応を再現できるわけではないことに注意する必要があろう）。一方，IR スペクトル測定でも EtOH から生成したエトキシド吸着種が 473 K 程度でアセテート種に変わることが確認でき，AcOH 中間体説を強く示唆した。以上の結果から，Sc/In_2O_3 触媒上では，図 2 の［6］［12］［9］［10］［11］のルー

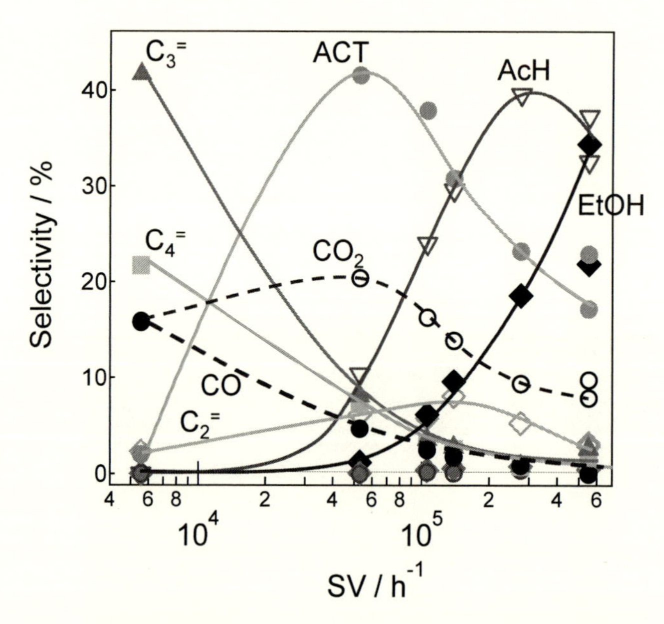

図 3　Sc/In_2O_3 触媒上にエタノールをパルスした時の反応生成物分布の空間速度（SV）依存性
反応温度 773 K，EtOH パルス量 2 μl。図中の略号は本文を参照。

トを通ってETP反応が進行していること，すなわちAcHのAcOHへの酸化反応とAcOHのケトニゼーション反応でACTとCO_2が生成していることを結論した。本触媒系の場合，H_2をキャリアーガスとし，ACTをパルスする実験でACTが効率的に$C_3^{=}$に転換されたので，[11]の反応は水素によって進行していることが明らかである。

種々の中間体候補化合物についても同様の検討を実施した。例えば酢酸エチル（AcOEt）は，本触媒上で1～2%程度生成しているが，以下の結果からACT生成の中間体ではないことを結論した。まず，AcOEtをパルスしたところ，ACT，$C_2^{=}$，$C_3^{=}$，EtOHおよびCO_2が生成した。その生成物分布から，[8]によって酢酸，$C_2^{=}$およびEtOHが生成し，さらに[9][10]でACTが生成していることが示唆された。しかし，AcOEtの反応では，$C_2^{=}$生成量がEtOH流通反応時よりもかなり多いこと，相当量の未反応酢酸エチルが検出され，触媒上での反応が遅いこと等の点でEtOH反応の生成物分布を説明できなかった。現時点で，酢酸エチルはACT生成の中間体ではなく，フィッシャーエステル化によって生成した副生物と考えている。

最後に炭素バランスおよびi-$C_4^{=}$生成について附言する。上記の機構に従って反応が進行する場合，全反応式は式(1)のように書くことができ，$C_3^{=}$とACTの合計収率（A_{C3}）とCO_2収率（A_{CO_2}）の炭素数比は3：1となるはずである。水素共存下ではCO_2の一部がCOへ転換するため（式(2)），A_{CO_2}の値はCO_2とCOの合計収率（A_{CO_x}）で置き換える必要がある。また，別の研究で副生成物i-$C_4^{=}$はACTを中間体として生成し，その総括反応式は式(3)のように書くことができた。このi-$C_4^{=}$生成量（A_{C_4}）も炭素収支に影響するので，結局，式(4)の関係式が得られる。本研究の反応結果について式(4)の当否を検討し，この関係がよく成立していることを確認できた。この結果は，Sc/In_2O_3上での$C_3^{=}$，i-$C_4^{=}$生成がここに述べた機構で進行し，総括反応式がそれぞれ式(1)と(3)で表せることを支持する。

$$CO_2 + H_2 \rightarrow CO + H_2O \tag{2}$$

$$3CH_3CH_2OH + H_2O \rightarrow CH_2{=}C(CH_3)_2 + 2CO_2 + 6H_2 \tag{3}$$

$$A_{C3}/3 + A_{C4}/2 = A_{CO_x} \tag{4}$$

3.2　Ni-M41およびY_2O_3-CeO_2

2.1項で紹介したように，Ni-M41触媒では高SVでAcHと$C_2^{=}$がほぼ等量生成し，SV低下とともにAcH生成量が漸減した。これは，EtOHの反応が大元で脱水ルート[1]と脱水素ルート[6]の2つのルートに分かれ，[1]と[6]がほぼ1：1の確率で起こっているためである[6]。前者の脱水反応では，EtOHの直接脱水ではなく，分子間脱水でDEEが生成し，それがさらに$C_2^{=}$とEtOHに分解していた（経路[2]）。単純な分子内脱水経路を考えていた我々には驚きの結果であった。生成した$C_2^{=}$は図2左側のルートで$C_3^{=}$に転換される。一方，後者の脱水素ルートではAcHのティシェンコ反応で酢酸エチルが生成し，それが$C_2^{=}$とAcOHに分解する。前者は上記の$C_2^{=}$ルートで$C_3^{=}$に転換される。後者は，まだはっきりしないが，水素と反応しAcH

（反応［12］の逆反応）あるいはEtOHに戻ると考えている。以上，Ni-M41上にはEtOHの脱水反応，脱水素反応を進める2種類の活性点が共存しているようであるが，その構造や機能は現時点では全く解明できていない。

最後にY_2O_3-CeO_2触媒上での反応機構である[7]。本触媒上では，［6］［7］［8］を通って生成したAcOHが［9］［10］［11］ルートでプロピレンに転換される。ただし，ACTの水素化反応（イソプロパノールの生成）は共存水素では全く進行せず，EtOHによってのみ可能であった。これは，本触媒上ではメーヤワイン・ポンドルフ・ヴァーレイ（MPV）還元が起こっていることを示している。CeO_2系触媒の水素分子活性化能が乏しいためと考えている。一方，［8］で副生した$C_2^=$は，CeO_2がNi-M41のような触媒能（二量化，メタセシス活性）を備えていないため，そのまま生成物として検出される。つまり，CeO_2系触媒上では$C_2^=$と$C_3^=$の炭素基準収率が理論上4：3になる。この値は2.2項で紹介した触媒活性の結果とよく対応しており，推定反応経路が正しいことを裏付けている。しかし一方では，この結果は本触媒系の触媒改良努力を重ねても，反応経路の変更を伴わない限り，選択性改良は困難であることを示している。$C_2^=$と$C_3^=$の共供給が要請される場合以外，本触媒系の実用化を見通すことは困難である。

最近，$AgCeO_2$-ZrO_2混合触媒系でETP反応が検討され，EtOH 1.0%，H_2O 8%，673 Kの条件下でEtOH転化率約70%，$C_3^=$選択率約50%が報告された[9]。EtOH分圧が極めて小さい条件での活性であり，活性劣化等のさらなる検討が必要であるが，新しい触媒系の提案として注目できる。この触媒上での反応経路は図2の［6］［12］［9］［10］［11］であること，アセトンの水素化はMPV還元で進むことが結論されている。反応［12］の効率的進行が$C_3^=$収率向上に重要であること，水素分子活性化能に乏しい触媒ではMPV還元に頼らざるを得ないこと等がこれまでの研究と共通している。

4　おわりに

本稿ではバイオエタノールから選択的に$C_3^=$を生成する反応についてNi-M41およびY_2O_3-CeO_2，Sc/In_2O_3の触媒特性および反応経路を紹介した。特にIn_2O_3系触媒が，既存触媒を大きく凌駕する$C_3^=$収率を与える点にご注目いただきたい。また，いずれの触媒も形状選択的反応ではなく，反応機構制御により$C_3^=$を生成していることが特徴的である。本稿では，わずかC_2～C_4程度の含酸素化合物の転換反応の世界にこれまで知られていない反応が存在していたこと，それらの反応を既知触媒系の単純拡張ではなく，新しい触媒系で実現できたことを強調したい。本系のさらなる進展が図れれば，従来型のナフサ分解法を代替できる，新世代型$C_3^=$合成法を確立できるものと期待している。

本稿の研究は，科学研究費補助金，新エネルギー・産業技術総合開発機構（NEDO），先端的低炭素化事業（ALCA）の助成を受けて行われました。また，共同研究者である葉石輝樹氏，笠井幸司氏，林文隆博士，水野翔太氏，黒澤美佳氏に心から感謝致します。反応機構に関しては触媒技術組合の高橋収氏，大橋洋氏，柿沼卓宏氏（以上，出光興産㈱），鈴木哲生博士（住友化学㈱）との議論によるところが大きく，ここに記して謝意を表します。

文　　献

1）金子タカシ，*Engine Review*, **8**（1），3（2018）

2）A. K. Talukdar *et al., Appl. Catal. A：Gen.,* **148**, 357（1997）；H. Oikawa *et al., Appl. Catal. A：Gen.,* **312**, 181（2006）；M. Inaba *et al., Green Chem.,* **9**, 638（2007）；Z. Song *et al., Appl. Catal. A：Gen.,* **384**, 201（2010）

3）Y. Furumoto *et al., Appl. Catal. A：Gen.,* **399**, 262（2011）；N. Tsunoji *et al., J. Jpn. Petrol. Inst.,* **56**, 22（2013）；N. Zhang *et al., Fuel Process. Tech.,* **167**, 50（2017）

4）M. Iwamoto *et al., Shokubai,* **55**, 256（2013）；*Catal. Today,* **242**, 243（2015）

5）M. Iwamoto *et al., J. Phys. Chem. C,* **111**, 13（2007）；*Catal. Commun.,* **9**, 106（2008）；*J. Phys. Chem. C,* **116**, 5664（2012）；*J. Phys. Chem. C,* **116**, 22649（2012）

6）M. Iwamoto *et al., Shokubai,* **49**, 126（2007）；*Chem. Lett.,* **40**, 624（2011）；*ChemSusChem,* **4**, 1055（2011）

7）M. Iwamoto *et al., ACS Catal.,* **3** 14（2013）；*J. Catal.,* **316**, 112（2014）

8）M. Iwamoto *et al., Chem. Lett.,* **41**, 892（2012）；*Chem. Eur. J.,* **19**, 7214（2013）；*ACS Catal.,* **4**, 3463（2014）

9）C. R. V. Matheus *ACS Catal.,* **8**, 7667（2018）

第6章　無機固体担持試薬を用いるアクリルアミド類の選択的合成

青山　忠*

1　はじめに

アクリルアミドは1893年，Moureuによってベンゼン溶媒中塩化アクリロイルとアンモニアを反応させることで合成された。その後，アクリル酸誘導体とアンモニアを用いた合成手法や，アクリロイルイソシアナートの加水分解など，予めアクリロイル基を有する原料からの合成法が多く報告されている。アクリロイル基を有さない原料からの合成法では，*β*-シアノアルコールや*β*-アルコキシアミドを用いて，ヒドロキシル基およびアルコキシ基の脱離を利用してアクリロイル基を構築する方法がある[1)]。しかしながら，これらの方法では工業的に安価なプロセスを実現することが困難であったことから，工業的には一貫してアクリロニトリルの水和による方法が用いられている。アクリルアミドの年間需要は国内で約75,000 tと見積もられており，そのポリマーは多岐にわたる分野で応用されている。また，近年ではアクリルアミド誘導体であるポリ*N*-置換アクリルアミドが機能性高分子としても注目されている。本稿では，アクリルアミドの工業的製法および*N*-置換アクリルアミドモノマー誘導体の合成手法について紹介する。

2　アクリルアミド類

アクリルアミドは，水溶性で非極性溶媒には不溶な白色固体である。このアクリルアミドからラジカル重合によって作られるポリアクリルアミド（PAM）は非イオン性の水溶性高分子となり，分子量数万程度のPAMは紙力増強剤として，数百万～数千万のPAMはポリマー中に存在するアミド基の水素結合を利用した高分子凝集剤として用いられている。また，アクリルアミドはアクリル酸ナトリウムやアクリル酸ジメチルアミノエチル・メチルクロリドなどのアクリル系ビニルモノマー（図1）との共重合性に富んでおり，それらの共重合体はアニオン性，カチオン性および両性の水溶性ポリマーとして用いることができる。これら各種ポリマーは，凝集剤，石油回収剤，土壌改良剤，繊維の改質および樹脂加工，また，各種バインダー，塗料原料および化粧品の分散剤など，多岐にわたって応用されている。

近年では*N*-置換ポリアクリルアミドを利用した機能性材料の研究が盛んに行われている。なかでも，ポリ(*N*-イソプロピルアクリルアミド)［poly(*N*-isopropylacrylamide)：PNIPAAm］や

＊　Tadashi Aoyama　日本大学　理工学部　物質応用化学科　准教授

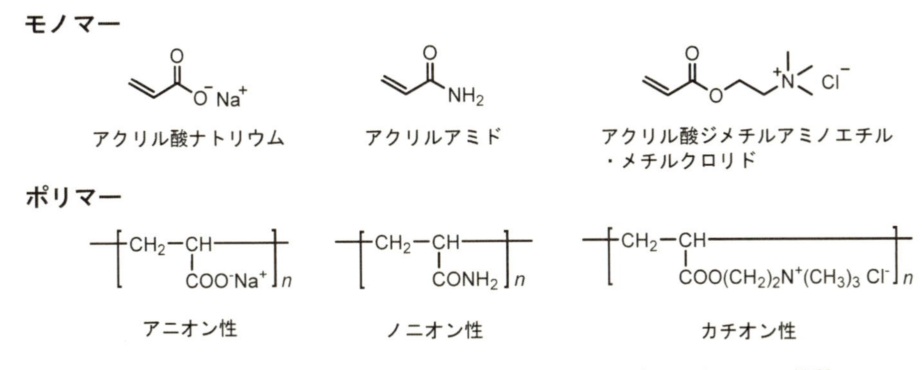

図1　アクリルアミドとアクリル系ビニルモノマーおよびそのポリマーの性質

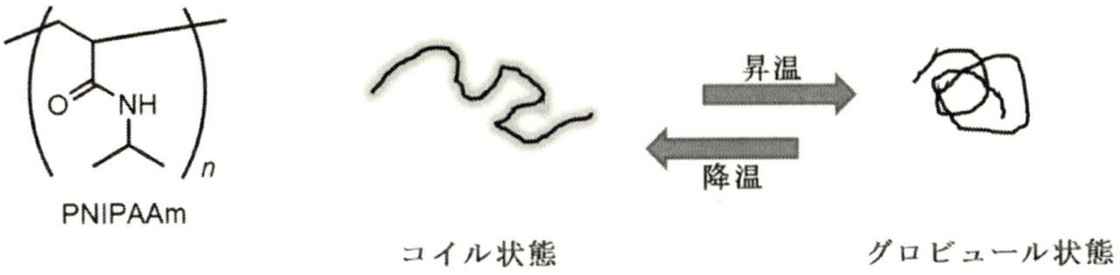

PNIPAAm
昇温
降温
コイル状態
グロビュール状態

図2　PNIPAAmの構造とその温度応答挙動のイメージ（文献3を参考に作成）

その共重合体などが注目されている。水中のPNIPAAm鎖はコイル・グロビュール転移温度以下では水和してコイル状態となり水溶性となるが転移温度以上では脱水和によってグロビュール状態に変化して水溶液は白濁や沈殿が生じ水分散液に転じる，いわゆるゾル・ゲル転移温度応答特性を有している[2]（図2）。この性質を利用して，ドラッグデリバリーシステム，再生医療，選択的分離材など幅広い分野で開発が行われており，スマートマテリアルとしての応用が期待されている[3]。これらの開発は，*N*-置換アクリルアミドモノマー合成が鍵段階となる。

3　アクリルアミドの工業的製法

1954年に工業化されたアクリルアミドの合成は，当初，硫酸存在下アクリロニトリルと水からアクリルアミド硫酸塩を生成させ，次いでこの硫酸塩を中和した後に単離を行う硫酸水和法が一般的であった（図3）[4]。この手法は生成したアクリルアミド硫酸塩を中和しアクリルアミドを単離する過程において，副生した塩の分離が煩雑となりアクリルアミドの純度にも大きく影響を及ぼすものであった。

1970年代になると，硫酸水和法に代わり金属銅を用いた接触水和法が新しい手法として工業的に用いられるようになった。接触水和法は1947年にMahanらがシリカ－アルミナを触媒と

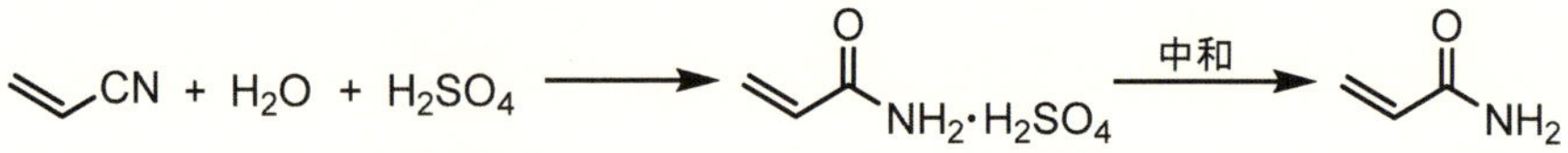

$CH_2=CHCN + H_2O + H_2SO_4 \longrightarrow CH_2=CHCONH_2 \cdot H_2SO_4 \xrightarrow{\text{中和}} CH_2=CHCONH_2$

図3　硫酸水和法によるアクリルアミドの合成プロセス

硫酸水和法

CN → 反応 → 中和 → ろ過 → 濃縮 → 精製 → NH_2 結晶

接触水和法

CN → 反応 → ろ過 → 濃縮 → NH_2 50%水溶液

生体触媒法

CN → 反応 → ろ過 → NH_2 50%水溶液

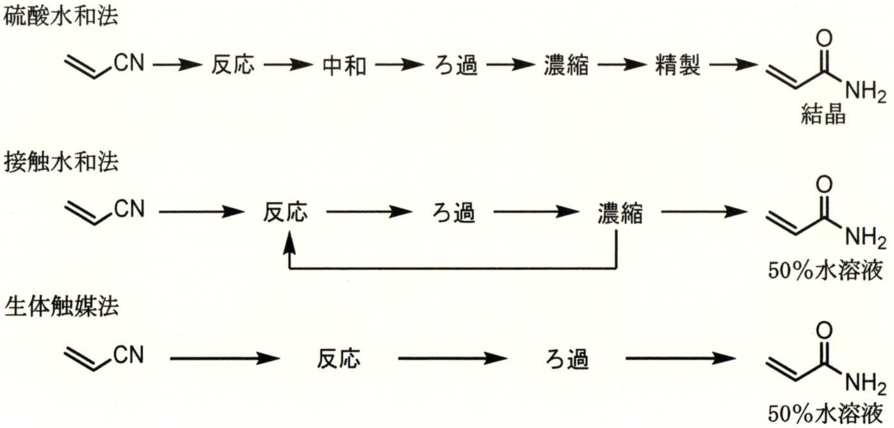

図4　各手法におけるアクリルアミドの合成プロセス

してアセトニトリルと水からアセトアミドを得た報告を起源とする[5)]。以降，様々な金属を用いた類似の研究が報告されるが，1972年に三井東圧化学（現三井化学）が金属銅触媒を用いてアクリルアミドの合成に応用し工業化した。この手法は硫酸水和法に比べ工程が大幅に簡略化され，未反応アクリロニトリルの回収・再使用や触媒の再生処理による長期使用などが可能である（図4）。

また，プロセスのクローズド化，製品粉体を取扱うことなく50%水溶液で販売することができるなどの利点を有することもあって，1975年までに国内のアクリアルアミド製造は接触水和法が用いられるようになった[6)]。接触水和法の出現により，日東化学工業（現三菱ケミカル）は1974年に硫酸水和法によるアクリルアミドの生産中止を余儀なくされたが，1973年に発見されたニトリルヒドラターゼ（ニトリル加水分解酵素）に着目し，1976年より酵素を用いたアクリルアミド合成（生体触媒法）に着手，1985年より工業生産を世界で初めて開始した。以降，ニトリルヒドラターゼのスクリーニングが盛んに行われるようになり，多数のニトリルヒドラターゼが現在までに発見されている。生体触媒法は常温・常圧で反応が進行することから装置の構造設計が容易であるだけでなく，また，反応転化率が高く未反応アクリロニトリルを回収することなく製品とすることができることから接触水和法よりもプロセスの簡略化が可能である。

さらに，酵素を用いるこの手法では，反応の選択性が高く副生成物が産出しない。たとえば，接触水和法によるアクリルアミド合成において，数百ppm程度含まれていたアクリロニトリル，エチレンシアノヒドリンおよびプロピオンアミド誘導体などの不純物は，生体触媒法で得られたアクリルアミド中には検出されない[7]。

我が国のアクリルアミド生産法は，2012年に三井化学が大阪工場の生産手法を接触水和法から生体触媒法に変更したことで，生体触媒法のみとなった。

4 *N*-置換アクリルアミドの合成

4.1 アクリロイルクロリドを用いる手法

近年では，PNIPAAmの特性を生かした多くの研究開発がある一方で，ポリアクリルアミドのペンダント部に糖やアミノ酸をはじめ多種の官能基を結合させた化合物の応用研究がみられる[8]。

これらのモノマーである*N*-置換アクリルアミドは，まずアミノ基を有するペンダント部を数段階の反応によって合成する。アミノ基は反応性に富んでいるので，必要であればペンダント部完成の前段階でニトロ基やアジド基を還元してアミノ基を得る（図5上段）。その後アミノ基を有するペンダント部とアクリロイルクロリドを塩基性条件下で反応させる手法が一般的に行われている（図5下段）。アクリロイルクロリドとの反応はトリエチルアミンや水酸化ナトリウムなど，有機，無機いずれの塩基も用いることが可能であるが，一般的には均一系で反応が行われている。これらの反応では反応後に酸による塩基の中和，生成物の抽出を行った後に目的化合物の精製を行う。

アミン類とアクリロイルクロリドの反応を無機固体塩基存在下，固－液不均一系反応，で行うと反応操作がより簡便になる。たとえばトルエン溶媒中シリカゲル担持炭酸ナトリウム（Na_2CO_3/SiO_2）存在下，アニリンと1.2等量のアクリロイルクロリドを，室温で15分間反応させると定量的に目的物の*N*-フェニルアクリルアミドが得られる（図6）。

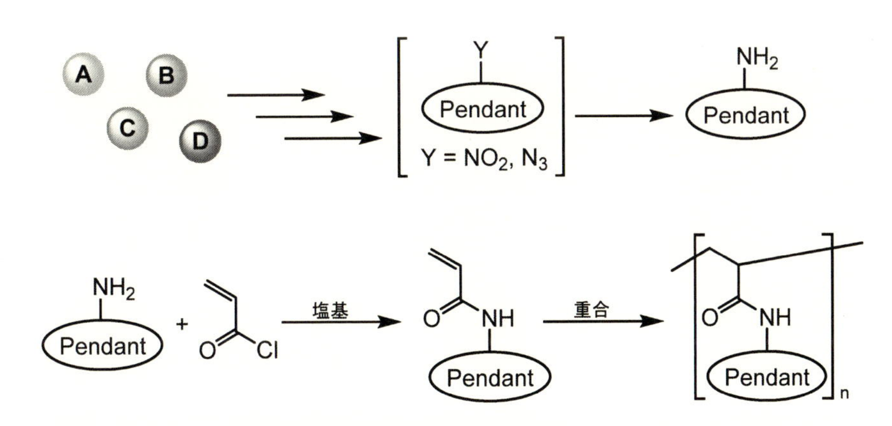

図5　*N*-置換アクリルアミドの合成プロセス例

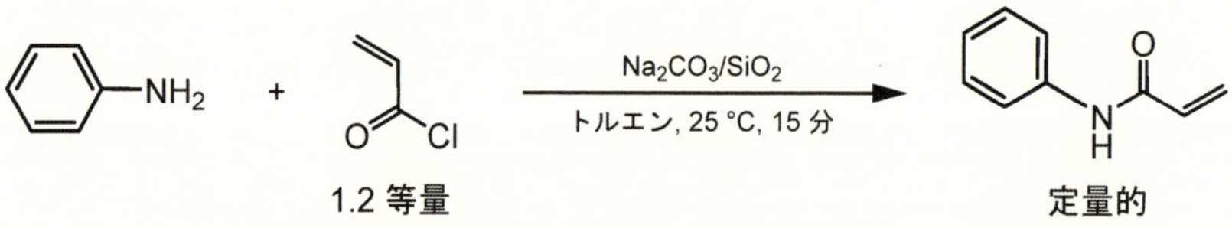

NH_2 + O Cl — Na_2CO_3/SiO_2 / トルエン, 25 °C, 15 分 → O N H

1.2 等量　　　定量的

図6　Na_2CO_3/SiO_2 を用いた *N*-フェニルアクリルアミドの合成

表1　種々のアミンを用いた *N*-置換アクリルアミドの合成

R—NH_2 + O Cl — Na_2CO_3/SiO_2 / トルエン, 25 °C, 15 分 → O NH R

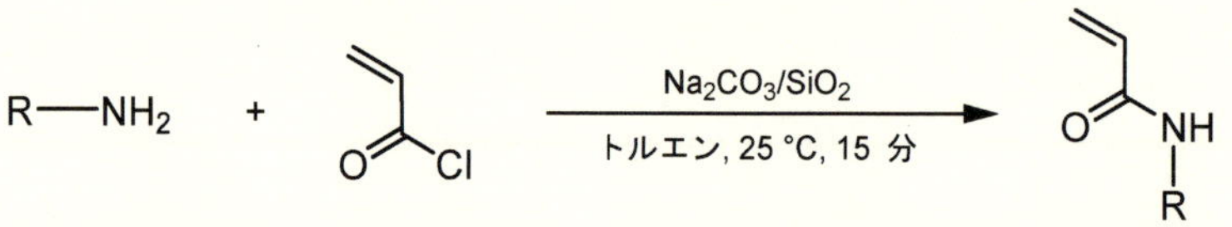

R—NH_2	収率 (%)	R—NH_2	収率 (%)
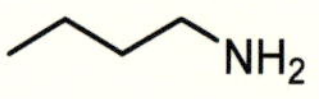 NH_2	96	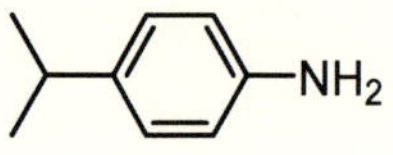 NH_2	96
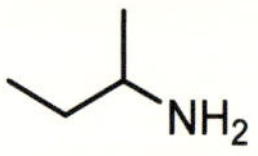 NH_2	90	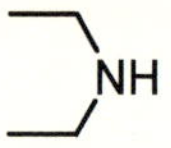 NH	72
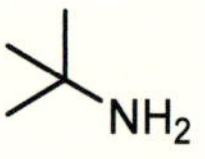 NH_2	57	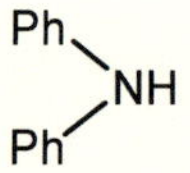 Ph NH Ph	未反応

反応により発生する塩化水素は，担持試薬上の Na_2CO_3 でトラップ（中和）され NaCl 塩が生成するが，反応溶媒であるトルエンに不溶であるために担持試薬上に塩が析出し，反応後ろ過により取除くことができる。また，過剰に存在するアクリロイルクロリドは塩基によって加水分解され，そのカルボン酸塩が担持試薬上に析出し NaCl と同様にろ過によって分離される。本手法ではろ過以外に特別な単離操作を必要とすることなく高い純度で *N*-置換アクリルアミドを得ることができることから，ラボスケールでの様々な *N*-置換アクリルアミド合成に適している。無機固体上に分散させる塩基として，炭酸カリウム，炭酸水素ナトリウム，炭酸水素カリウム，水酸化ナトリウムおよび水酸化カリウムを用いた場合においても同様の結果が得られるが，水酸化ナトリウムおよび水酸化カリウムを用いる場合には無機担体としてアルミナを用いる。

多様なペンダント部を有するアミン類の反応に本手法を適応させるために，種々のアミン類を用いて同様の反応を行ったところ，脂肪族アミンを用いた反応においても高収率で *N*-置換アクリルアミドを合成することが可能であるが，アミノ基に置換したアルキル基の嵩高さが増加するにつれ *N*-置換アクリルアミドの収率が低下する。

また，二級アミンを用いた反応では，ジエチルアミンを用いたときには中程度の収率で目的化合物が生成するが，ジフェニルアミンを用いたときには目的物の生成は確認されずジフェニルアミンが系内に残存していることが確認された。*t*-ブチルアミンやジエチルアミンを用いた反応は反応条件の最適化によって収率の向上が期待できる。

4.2　Ritter 反応を用いる手法

アミド基の構築手法として Ritter 反応がある。Ritter 反応は 1848 年 John J. Ritter らが硫酸存在下，イソブテンとアセトニトリルの反応から *N*-置換アミドを合成した報告を起源とするが，アルコールをカルボカチオン前駆体に用いた派生型の反応も Ritter 反応と呼ばれている（図 7）[9]。

本反応は硫酸存在下，アルコールから生成したカルボカチオンにニトリルの窒素原子が求核攻撃をし，生成したニトリリウムイオンへ H_2O が付加して目的物であるニトリルを生成することから，アトムエコノミーに優れた反応であるといえる。しかし，反応には硫酸を用いる必要があり，硫酸の使用は反応の後処理・精製に手間がかかるだけでなく，装置の腐食，操作の安全性および多量の廃液による環境汚染などに影響を及ぼすことから新しい触媒の開発が行われてきた。近年では，グリーンケミストリーの観点から固体酸触媒の利用が注目されている。固体酸触媒の利用は，反応後にろ過のみで系内から触媒を分離できるために，反応後中和などの処理が不要であり廃液の排出を最小限に抑えることができるだけでなく，再利用することも容易である。現在までに，固体酸触媒を用いた Ritter 反応が報告されており，その中で *N*-置換アクリルアミド類の合成例もいくつか報告されている[10]。これらの反応はオートクレーブ内での加圧反応や無溶媒反応で行われることが多い。

近年では，シリカゲル担持硫酸水素ナトリウム（$NaHSO_4/SiO_2$）存在下，固－液不均一系による，*N*-置換アクリルアミド類の合成を含む Ritter 反応に関する報告がある[11]。$NaHSO_4/SiO_2$ はジフェニルメタノールとニトリル類との反応において，良好な収率で対応するアミド化合物を与える。この $NaHSO_4/SiO_2$ は反応後 150℃で 2 時間減圧乾燥することで繰り返し使用が可能であり，6 回の反応に繰り返し使用しても単位質量当たりの触媒活性に大きな低下は確認されなかった（図 8）。

ニトリル類にアクリロニトリルを用いて同様の反応を行うと，良好な収率で *N*-(ジフェニルメチル)アクリルアミドが生成する。クロロ基やメトキシ基を有するジフェニルメタノール類を用いた反応において，ビス(4-クロロフェニル)メタノールを用いたときには同様に良好な収率で対応する化合物が得られるが，ビス(4-メトキシフェニル)メタノールを用いるとアルコールの二量

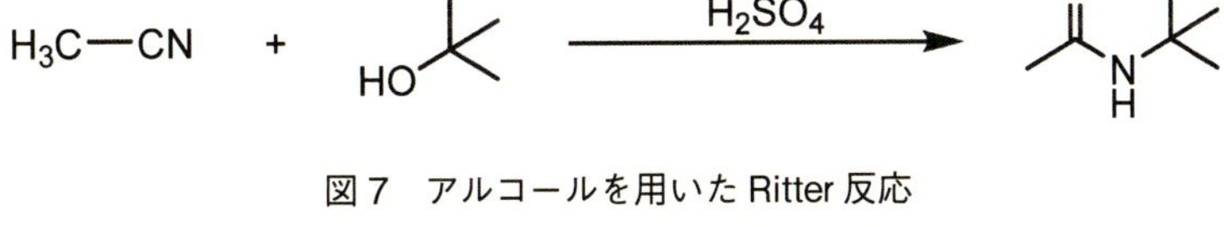

$H_3C—CN$ ＋ HO(*t*-Bu) —(H_2SO_4)→ *N*-*t*-ブチルアセトアミド (O, N, H)

図 7　アルコールを用いた Ritter 反応

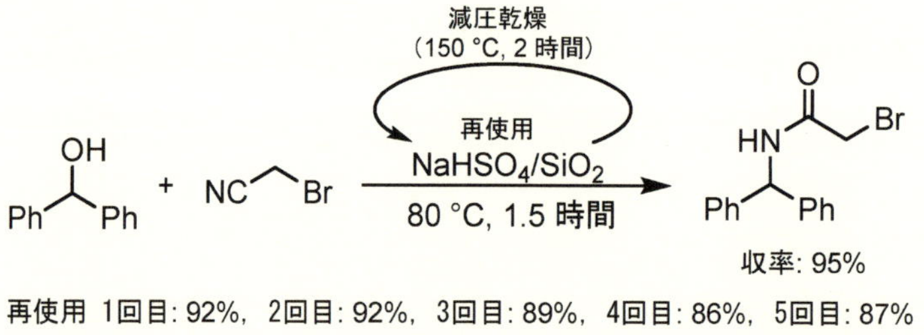

減圧乾燥
(150 °C, 2 時間)
再使用
$NaHSO_4/SiO_2$
80 °C, 1.5 時間
収率: 95%

再使用 1回目: 92%，2回目: 92%，3回目: 89%，4回目: 86%，5回目: 87%

図８　α-ブロモアミドの合成における $NaHSO_4/SiO_2$ の再利用性

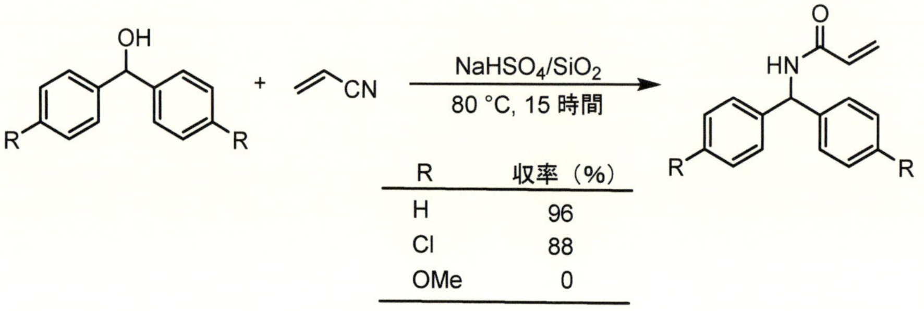

$NaHSO_4/SiO_2$
80 °C, 15 時間

R	収率（%）
H	96
Cl	88
OMe	0

図９　$NaHSO_4/SiO_2$ を用いた *N*-ジフェニルメチル型アクリルアミドの合成

化エーテルとその不均化物が生成することから目的物を得ることができない（図９)。

$NaHSO_4/SiO_2$ を用いる本手法は，*t*-ブチルアルコールを用いた反応においても対応する化合物が得られるが，ベンジル型アルコールや２級アルコールからは *N*-置換アクリルアミドの生成を確認することはできなかった。これは，生成したカチオンが速やかにニトリルと反応せずにオレフィンやエーテルに変換されるためである。副生したこれらの化合物から再びカチオンを発生させる反応環境を作ることで選択的に *N*-置換アクリルアミドを合成することが可能になると考えられるが，反応温度をアクリロニトリルの沸点程度までしか上げられないことが本手法の難点である。*N*-置換アクリルアミドの選択的合成のためには，より強い固体酸の開発が必要である。

5　おわりに

本稿では，アクリルアミドの工業的製法および無機固体担持試薬を用いた *N*-置換アクリルアミド類の合成手法について紹介した。アクリルアミドの工業的製法の歴史は古く，現在では選択的かつ高収率で合成することを実現している。一方，*N*-置換アクリルアミド類の合成においては，無機固体担持試薬を用いる手法は均一系で行う同様の反応よりも操作が簡便になるが，多くの反応は一般的に均一系反応により行われている。これは，新規化合物の機能性を探求する研究者らにとって，ターゲット化合物を合成するまでに数段階の官能基変換を経る必要があり，その過程で個々の反応条件を詳細に検討することが時間的なロスとなることから，官能基変換は過去の論文の手法に則って操作を行うことが一般的になされているためである。さらに，無機固体担持試薬の調製が複雑なものであると考えられ敬遠されているところもその一因である。

本稿で紹介した手法は，試薬の調製も容易にでき，様々な*N*-置換アクリルアミド合成に適応可能であることから，均一系反応に代わる有用な手法として応用できるものである。

文　献

1) 松田藤夫，有機合成化学協会誌，**35** (3), 212 (1977)
2) たとえば，a) Y. Okada *et al.*, *Macromolecules*, **38**, 4465 (2005)；b) F. Tanaka *et al.*, *Macromolecules*, **42**, 1321 (2009)
3) 青柳隆夫，CSJ カレントレビュー，p. 106，化学同人 (2017)
4) 谷本浄，高分子，**20** (5), 397 (1971)
5) 湯山正宏，触媒，**15** (5), 156 (1973)
6) 大塚英二ほか，化学工学，**38** (9), 626 (1974)
7) 龍野孝一郎ほか，有機合成化学協会誌，**61** (5), 517 (2003)
8) たとえば，a) S. Yamamoto *et al.*, *Langmuir*, **34**, 10491 (2018)；b) T. Mimura *et al.*, *Trans. Mat. Res. Soc. Jpn.*, **41** (2), 189 (2016)；c) D. Yu *et al.*, *Polym. Chem.*, **5**, 4561 (2014)；d) K. Yu *et al.*, *Biomacromolecules*, **11**, 3073 (2010)
9) a) J. J. Ritter *et al.*, *J. Am. Chem. Soc.*, **70**, 4045 (1948)；b) H. Plaut *et al.*, *J. Am. Chem. Soc.*, **73**, 4076 (1951)
10) a) K. V. Katkar *et al.*, *Green Chem.*, **13**, 835 (2011)；b) L. Ma'mani *et al.*, *Appl. Catal. A: Gen.*, **384**, 122 (2010)；c) S.-C. Wu *et al.*, *Top. Catal.*, **53**, 1419 (2010)；d) F. Tamaddon *et al.*, *Tetrahedron Lett.*, **48**, 3643 (2007)；e) H. M. S. Kumar *et al.*, *New J. Chem.*, **23**, 955 (1999)
11) M. Hayakawa *et al.*, *Synlett.*, **25**, 2365 (2014)

第7章　ポリオレフィンの接触分解による低級オレフィンおよび芳香族炭化水素の選択的合成

上道芳夫*[1]，神田康晴*[2]

1　はじめに

石油化学工業の基幹原料はナフサの分解・改質で得られるエチレンやプロピレンなどの低級オレフィンと，ベンゼン・トルエン・キシレン（総称してBTX）などの芳香族炭化水素である。これらを出発物質として多種多様な化学品が製造されている。中でもプラスチックは生産量が多く，工業製品から日用品に至るまで広く利用されている。その結果，排出される廃プラスチックも膨大な量になっている。最近，2015年までに世界で生産されたプラスチックの累計は83億トンで，その76%がプラスチックごみとなり，一部はリサイクルおよび焼却処理されたが，埋立てを含む48億トンが環境中へ排出されたとする推計[1)]が発表された。そして現状のままでは2050年に環境中への累積排出量が120億トンに達すると予測し，プラスチックの使い方に警鐘を鳴らしている。現在，プラスチックごみの問題は海洋にも及んでおり，その対策は世界的に喫緊の課題である。

プラスチック廃棄物の量と多様な排出状況を考慮すると，特定の手法だけで処理するのは困難である。排出を抑制するとともに，単純焼却と埋立てを極力減らして，エネルギー利用やリサイクルを組み合わせた総合的な対策が必要であろう。とくに，枯渇性資源の石油から生産されるプラスチックを循環型炭素資源として繰り返し利用することは，環境に配慮した持続可能な社会の形成に寄与する有力な方法になる。そのためには，廃プラスチックを石油化学原料へ効率的に分解するケミカルリサイクル技術の開発が不可欠である。本章では，筆者らが検討している，ポリオレフィン（PO）を有用な化学原料である低級オレフィンと芳香族炭化水素へ選択的に転換する接触分解法について述べる。

2　ポリオレフィンの分解における触媒の効果

プラスチックの分解特性はその主鎖構造に大きく依存する。縮重合系プラスチックと異なり，

＊1　Yoshio Uemichi　室蘭工業大学名誉教授

＊2　Yasuharu Kanda　室蘭工業大学　大学院工学研究科　しくみ解明系領域
物質化学ユニット　准教授

付加重合系プラスチックのポリエチレン（PE）やポリプロピレン（PP）は主鎖を構成する炭素-炭素結合のランダム解裂が起こり易く，分解生成物は多岐にわたる。そのため化学原料化ケミカルリサイクルに資するには生成物選択性の制御が重要である[2~4]。石油精製や化学品合成・環境浄化の分野では重要な反応の多くが触媒プロセスである。同様にプラスチックリサイクルにおいても，触媒は反応の制御に効果的と期待される[5~7]。

炭化水素の分解には結晶性アルミノケイ酸塩のゼオライト触媒[8]が広く用いられている。ゼオライトは細孔径と細孔構造によって，ZSM-5（主な細孔径：0.53×0.56 nm），ZSM-11（0.53×0.54 nm），モルデナイト（MOR：0.65×0.70 nm），β（0.66×0.67 nm），USY（0.74 nm）などに分類される[9]。また，ゼオライトはイオン交換可能なカチオンを有し，プロトン（H^+）を導入すると固体酸性が発現する。細孔構造と固体酸性はゼオライトの触媒機能を支配する重要な因子である。

本研究ではまず，ゼオライトの細孔構造の影響を検討するため，プロトン型のZSM-5(15)，ZSM-11(25)，MOR(10)，USY(6) およびβ(13) を用いる低密度ポリエチレン（LDPE）の分解を行った。ここで触媒名に付した括弧内の数字はゼオライトのSi/Al仕込み比を表しており，分解には二段バッチ式反応器を使用した。LDPE（0.5 g）を充填し455℃に設定した一段目反応器で熱分解を行い，そこで発生した気化成分は触媒（0.1 g）を充填した二段目反応器に導入して525℃で接触分解を行った。図1はLDPEの分解生成物を水素とメタン（H_2+C_1），C_2～C_5オレフィン，C_2～C_5パラフィン，芳香族炭化水素，およびC_6以上（C_6^+）の脂肪族炭化水素に分類して各成分の収率を示している。H/C原子比が2のLDPEの分解において高選択性が期待できる生成物はオレフィン（H/C＝2）と芳香族炭化水素（H/C<2）である。これらの成分に着目すると，HZSM-5とHZSM-11では熱分解でほとんど生成しない芳香族が，他のゼオライトでは低級オレフィンが主生成物であった。次に，触媒の活性持続性と再生に大きく影響するコーキング特性をTGによって検討した。図2はLDPEの分解において触媒上に析出したコーク（炭素様物質）を空気気流中で燃焼除去したときの微分重量減少曲線（DTG）を示しており，ピーク面積がコーク析出量に相当する。細孔径が小さいHZSM-5とHZSM-11は芳香族の多環化が

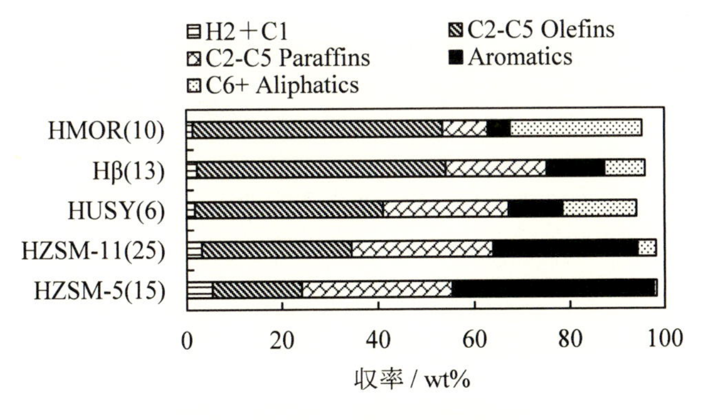

図1　LDPEの分解生成物の組成

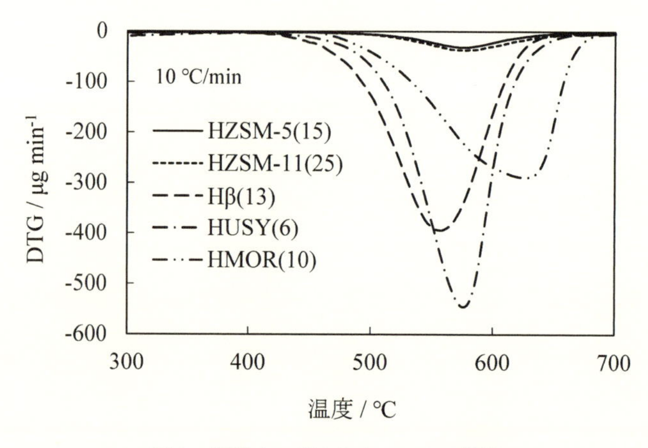

図２　触媒上に析出したコークの燃焼

起こりにくいため，他のゼオライトと比較してコーク析出量が少なく，活性持続性に優れていることがわかった。

3　高選択性触媒の開発

前節の結果より，コーキング抑制効果が高いZSM-5型を主な検討対象として，Alを含まないシリカライト，Si/Al比が15，25，75，150および270のプロトン型ZSM-5，Naイオン交換処理をしたZSM-5(15）とZSM-5(150)，Alの代わりにGa，FeおよびBを導入した金属置換ZSM-5（メタロシリケート)，およびGaとZnを2 wt%含浸担持したHZSM-5(15）を調製した。これらの触媒によるLDPEの分解生成物の炭素数分布は4パターンにまとめることができた。それを図3に示す。Alを含まないため非酸性のシリカライトはLDPEの分解に触媒作用を示さなかった。炭素数分布は熱分解と同様で，生成物は広い炭素数範囲に比較的均等に分布し，炭素数24以上の高沸点成分も多く，特定の成分が選択的に生成することはなかった。これに対して他の触媒は分解を大きく促進した。その結果，炭素数分布は低炭素数側にシフトし，生成物の大部分はC_{12}以下の成分であった。さらに触媒によって分布の形状が異なり，HZSM-5(15）とGa(2)/HZSM-5(15）は炭素数3と7にピークを持ち，NaHZSM-5(150）ではC_3とC_4成分が多く生成した。

図4は各触媒のC_2～C_5低級オレフィンと芳香族炭化水素の収率を比較したものである。HZSM-5(15）では低級オレフィンと芳香族がそれぞれ約19%と42%の収率で得られた。両成分の収率は触媒によって大きく異なり，HZSM-5ではSi/Al比が大きくなると芳香族の生成は抑制され低級オレフィンの生成が優勢になった。Naでイオン交換したHZSM-5でも高いオレフィン収率が得られた。さらに，Alの代わりにGa，FeおよびBを導入したZSM-5では，HBZSM-5(60）で低級オレフィンの収率が増加した。逆にHGaZSM-5(23）では芳香族の生成が支配的で

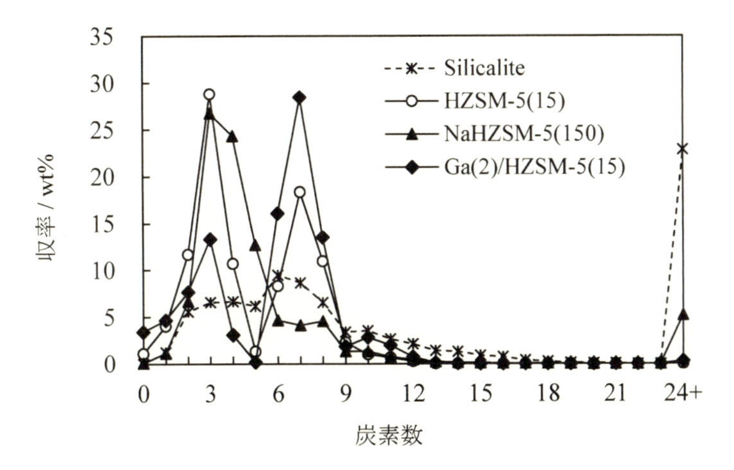

図3　LDPEの分解生成物の炭素数分布

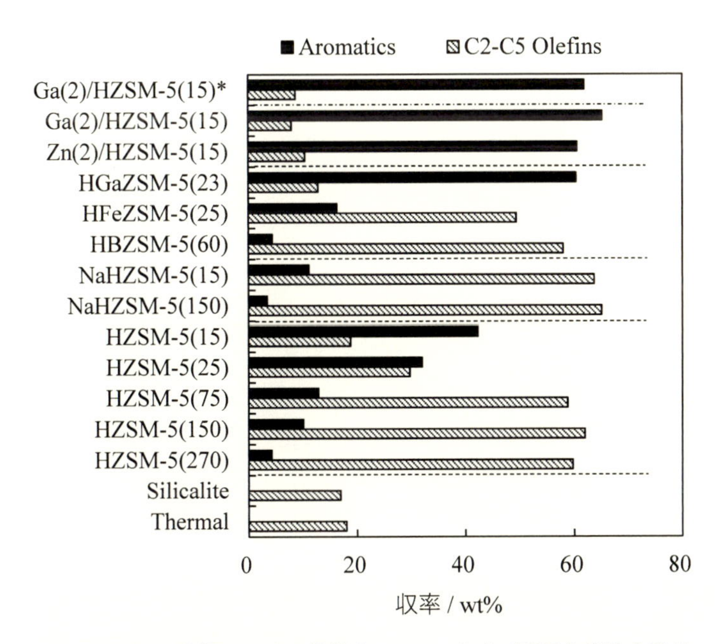

図4　LDPEの分解における低級オレフィンおよび芳香族炭化水素の収率（*PP）

あった。また，HZSM-5(15) にGaやZnを含浸担持しても芳香族収率を高めることができた。なお，ZSM-5以外のUSY，β，およびMORゼオライトではGaやNaの添加効果は小さかった。

以上のように，ZSM-5ゼオライトの修飾によって低級オレフィンと芳香族の選択的合成に有効な触媒が見出された。以下では，それぞれの代表的な触媒について詳述する。

4 低級オレフィン化触媒

図5は低級オレフィン収率が高かったNaHZSM-5(15)，HZSM-5(150) およびNaHZSM-5(150) における炭素数2～5のオレフィンとパラフィンの収率を炭素数ごとに示している。さらにC_2～C_5成分のオレフィン／パラフィン比（O/P）も加えて，HZSM-5およびシリカライトの結果と比較している。HZSM-5(15) はC_3成分の収率が高いが，主成分はプロパンであった。これはHZSM-5(15) 上では芳香族生成過程で発生する水素がオレフィンを水素化することによるものであった。HZSM-5(15) と比較して，HZSM-5(150) やNaイオン交換ZSM-5触媒では芳香族化が起こりにくくパラフィンの生成は抑制され，オレフィンが高収率で得られた。炭素数成分ごとに触媒の効果を見ると，C_2成分は触媒を用いても収率の増減が小さく，いずれの場合もオレフィンが多く生成した。このことは触媒存在下でもC_2成分は主に熱分解で生成することを示唆している。一方，C_3～C_5成分は主に接触分解で生成し，Si/Al比が大きいHZSM-5およびNaイオン交換HZSM-5はC_3およびC_4オレフィンの生成に有効なことがわかった。とくにNaHZSM-5(150) はO/P比が高く選択的低級オレフィン化に優れた触媒であった。

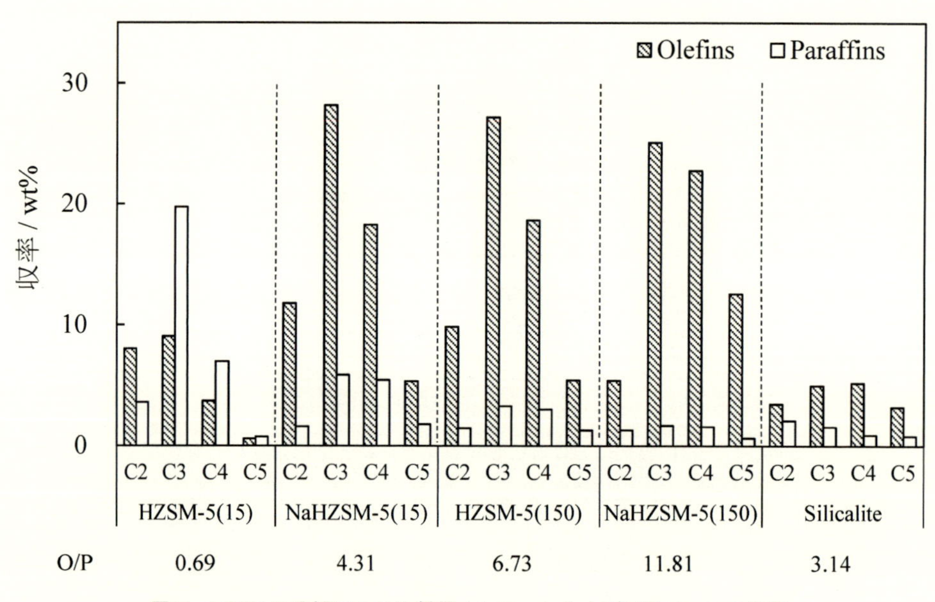

図5 LDPEの分解における低級オレフィンおよびパラフィンの収率

5　触媒活性と酸性質

すでに述べたように，ゼオライトの触媒性能は酸性質と密接に関連する。一般に固体酸性はアンモニアの昇温脱離法（NH_3-TPD）[10]によって測定されるが，TPDでは弱酸点の評価が難しかった。そこで以下の3つのモデル反応を用いて酸特性を評価した。

$$CH_3CH(OH)CH_3 \rightarrow CH_2=CH-CH_3+H_2O \tag{1}$$

$$C_6H_5C_3H_7 \rightarrow C_6H_6+C_3H_6 \tag{2}$$

$$n\text{-}C_8H_{18} \rightarrow C_1{\sim}C_5+\text{芳香族} \tag{3}$$

(1)式の2-プロパノール（2-PA）の脱水は弱酸点上でも起こる反応であり，転化率は触媒の全酸量を反映すると考えられる。(2)式のクメンの脱アルキル化は強い酸点を，(3)式のn-オクタンのクラッキングはより強い酸点を必要とする反応であり，強酸性の評価に利用できる。表1はこれらのモデル反応に対するゼオライト触媒の活性を示している。HZSM-5(15)はn-オクタンの分解が可能な強酸点を有する触媒であった。一方，Al含有量を減らしさらにプロトンをNaでイオン交換したNaHZSM-5(150)では，オクタンとクメンはほとんど反応せず2-PAの脱水だけが進行した。よってこの触媒の酸性は非常に弱いことが明らかになり，この弱酸性が低級オレフィンの選択的生成の理由であると考えられる。これまでPOの分解では強酸性触媒が多く検討されてきた。ここでは従来の研究とは逆に，弱酸性化を図ることで高選択性触媒を開発した。なお，ZSM-5のプロトンを全てNaでイオン交換すると酸性は消失するので適度にプロトンを残すことが肝要である。

弱酸性触媒が分解を促進することは次のように説明できる。本研究ではまずLDPEの熱分解がラジカル連鎖機構で進行し，二重結合を有するオレフィンが生成する。この熱分解オレフィンは二段目の触媒層でさらに低分子化されるが，その反応は二重結合へのプロトン付加で開始される。生成した第2級カルベニウムイオン中間体がβ-切断すると直鎖オレフィンが形成され，第3級カルベニウムイオンへ骨格異性化した後にβ-切断した場合は分岐オレフィンが得られる。このようなイオン機構で生成する最小の直鎖および分岐オレフィンはそれぞれC_3およびC_4成分

表1　モデル反応に対する触媒の活性

触媒	転化率／% a)			
	2-プロパノール		クメン	n-オクタン
	200 ℃	250 ℃	250 ℃	250 ℃
HZSM-5(15)	98.6	100	89.0	37.7
HZSM-5(150)	-	-	16.4	-
NaHZSM-5(150)	33.7	99.8	1.2	0
Ga(2)/HZSM-5(15)	-	-	82.7	-
Zn(2)/HZSM-5(15)	-	-	75.2	-

a) パルス法，触媒：10 mg，リアクタント：0.5 μL

である。したがって，分解が進行するにつれてプロピレンとブテンの生成が顕著になる。プロトン付加によるオレフィンの活性化は弱酸点上でも容易に生起し，弱酸ゆえに生成したカルベニウムイオンの水素移行や環化は起こりにくい。その結果，β-切断が支配的になり低級オレフィンの選択性が高くなるものと理解される。

6　芳香族化触媒

HZSM-5(15) はLDPEからの芳香族合成に活性な触媒であるが（図1），Gaあるいは Znを添加するとより高い芳香族収率が得られた（図4）。図6は，GaとZnを担持したHZSM-5(15) によるLDPEの分解生成物を炭素数ごとにパラフィン，オレフィンおよび芳香族に分類した詳細な組成を示している。両触媒による生成物組成は大差なく，ガス成分よりも液体成分が主に生成した。そしてC_6以上の脂肪族炭化水素はほとんど生成せず，液体生成物の大部分は芳香族炭化水素であり，とくに炭素数6〜8のBTXは芳香族全体の約90%を占めた。芳香族化に伴って水素も生成した。GaおよびZn含有ゼオライト触媒での水素収率は重量基準で3.0〜3.5%，ガス生成物中の水素の割合は50〜70 vol%であった。なお，HGaZSM-5(23) でもGa(2)/HZSM-5(15) と同様の生成物組成が得られた。

低級オレフィン化と異なり，芳香族化には強酸性触媒が有効である。GaおよびZn担持HZSM-5触媒が優れた芳香族化活性を示すのは，GaとZnを担持しても触媒の強酸性は維持され（表1），加えて担持金属自身が脱水素能を有するためと推測される。さらに，ZSM-5の細孔径はベンゼン環より少し大きい程度であり，BTXよりも分子サイズが大きい芳香族は細孔の制限により生成しにくくなる。これら2つの要因によりBTXの高選択性が発現すると考えられる。

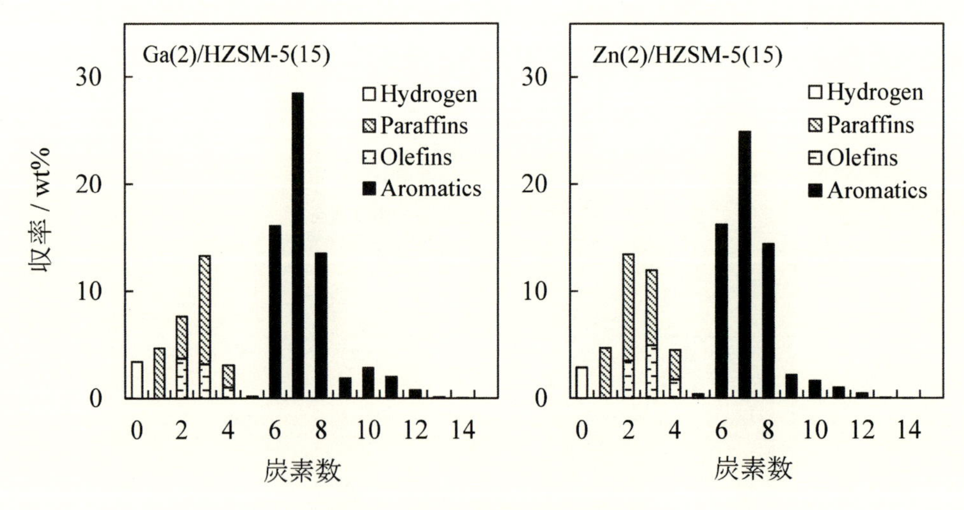

図6　LDPEの分解生成物の収率

7　ポリプロピレンの分解

LDPEとともに高密度ポリエチレン（HDPE）とPPも廃プラスチックの主要成分である。PEとPPは骨格構造が異なるので熱分解生成物の組成も異なり，前者からは直鎖炭化水素が，後者からは分岐炭化水素が生成する。したがって，ポリオレフィン系廃プラスチックの熱分解では廃プラスチックの組成の変動がそのまま生成物の組成に反映されることになり，好ましいことではない。ところが，固体酸触媒を用いるとPEとPPから同組成の生成物が得られた（図4のGa(2)/HZSM-5(15)*参照）。これは固体酸触媒上でカルベニウムイオン中間体の二重結合異性化および骨格異性化反応が容易に起こり，反応物の骨格構造が異なっても同じ反応中間体を経由して分解反応が進行するためである。PO構造の差異が吸収され，PEとPPの分別が不要になることは固体酸触媒を使用する大きなメリットといえる。

8　化学工業の変遷とケミカルリサイクル

冒頭で述べたように，現行の有機化学工業は石油ベースである。しかし今後，シェールガスや再生可能資源のバイオマスへの依存度が高まるにつれて，化成品製造プロセスにも変化が予想される[11~13]。図7に示したように，基礎化学原料のうちエチレンはバイオマスからバイオエタノールを経て，またシェールガスの場合は随伴して産出するエタンから製造可能であろう。したがって，PEは引き続き主要なプラスチックとして大量に生産されるものと予測され，そのリサイクル技術の開発は一層重要になる。一方，プロピレンやBTXは新しい化学原料供給システムから直接大量に生産されることはなく，他の新規合成法の開発が必要となろう。本章で紹介したポリオレフィンの接触分解による低級オレフィンおよび芳香族の合成は，単に廃プラスチックのケミカルリサイクル技術としてだけでなく，化学原料製造プロセスとしても興味深いと考えられる。

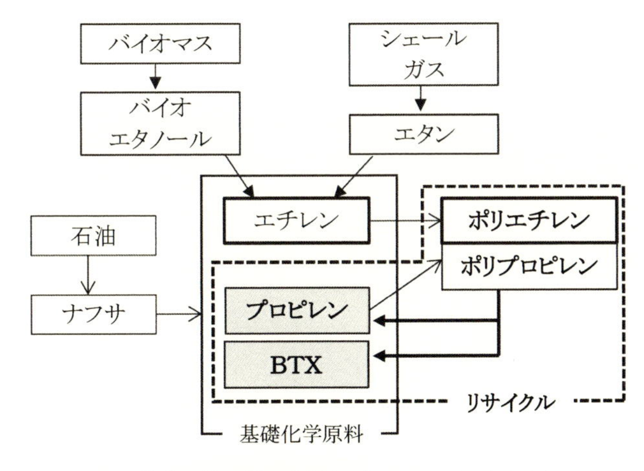

図7　化学工業原料の変遷とプラスチックリサイクル

9 おわりに

弱酸性のNaHZSM-5はPOからの低級オレフィン合成に，GaあるいはZnを担持したHZSM-5は芳香族合成に優れた触媒であることを明らかにして，廃プラスチックの接触分解は有望なケミカルリサイクル技術の一つに成り得ることを示した。当該技術だけでなく，あらゆるリサイクル関連技術の高度化を図り，プラスチックリサイクルが着実に進展することを期待したい。

文　献

1) R. Geyer *et al., Science Advances,* **3**, e1700782 (2017)
2) 高分子学会グリーンケミストリー研究会編，プラスチックの資源循環のための化学と技術，(2010)
3) T. Sawaguchi *et al., Polym. Degrad. Stab.,* **72**, 383 (2001)
4) H. Nishida, *Polym. J.,* **43**, 435 (2011)
5) G. Lopez *et al., Renew. Sustain. Energy Rev.,* **73**, 346 (2017)
6) D. P. Serrano *et al., ACS Catalysis,* **2**, 1924 (2012)
7) A. Marcilla *et al., Appl. Catal. B : Environ.,* **86**, 78 (2009)
8) 小野嘉夫ほか，ゼオライトの科学と工学，講談社サイエンティフィク (2000)
9) Database of Zeolite Structures, http://www.iza-structure.org/database/
10) 菊地英一ほか，新版新しい触媒化学，三共出版 (2013)
11) P. P. Van Uytvanck *et al., ACS Sustainable Chem. Eng.,* **2**, 1098 (2014)
12) 室井高城，第3回CSJ化学フェスタ2013講演予稿集，76 (2013)
13) 島田広道，ケミカルエンジニアリング，**57**, 249 (2012)

第８章　精密熱分解による末端反応性オリゴマーの選択合成に関する新機構

澤口孝志*

1　はじめに

本稿ではシーエムシー出版によって2019年6月に刊行された「月刊ファインケミカル」特集「連鎖重合系プラスチックの資源循環のためのグリーンケミストリー」[1a]における拙著「汎用プラスチックの精密熱分解を基盤とした新規重合体の開発」[1b]をベースにした，重合や通常の有機合成で容易に合成できない高付加価値物質：末端反応性オリゴマーの選択合成に関する新しい熱分解機構[2]について解説する。

2　精密熱分解法の特徴と末端反応性オリゴマー生成機構

H. Staudingerは，モノマーが数多くの共有結合によって繋がった巨大分子が生成する高分子説を証明する実験として，高分子の熱分解反応を行った[3]。その後ビニルポリマーの熱分解機構解明に関する数多くの研究は酸素ラジカルによる酸化反応と鎖切断による生成物（揮発成分）の二次反応を抑制するため，高真空下で可能な限り小量試料（～μg）を用い，反応温度への急速加熱による試料内の均一な温度分布を確保する条件で行われた。ポリマーの熱分解反応はメルト系での高分子反応であり，その特徴は反応場（相）である溶融ポリマーの重量（体積）と分子量の減少を伴うことにある。三田は1974年にビニルポリマーの熱分解における揮発成分の構造解析，ポリマーの残存率や分子量変化からラジカル連鎖機構における素反応【開始（ランダム開始と末端開始），逆成長（解重合，分子内および分子間連鎖移動とβ切断），停止】の熱力学的および速度論的解説を行った[4]。注目すべきは，とくに揮発成分は溶融ポリマー相中での拡散移動や気相での還流中の二次反応によって熱分解初期（一次）生成物の構造が変化するので，熱分解機構解析には十分な注意を払う必要があると指摘したことである。さらにラジカル重合における2分子停止が拡散律速反応であることから，熱分解反応における末端マクロラジカルR・の2分子停止も拡散律速反応であることを示唆した。しかしながら，揮発成分の二次反応を抑制するために高真空下で小量試料を用いるので，生成物【揮発成分と非揮発成分（残存溶融ポリマー）】は当然極少量しか得られず，各種分析（NMRやGPCなど）や利用（例えば，重合への応用）が難しいことを意味する。

＊　Takashi Sawaguchi　元 日本大学（㈱エクステクス）

これらの問題を解決するために，筆者は精密熱分解法を考案した[5)]。減圧下，溶融ポリマーの効果的な撹拌によって大量試料であっても小量の場合と同様に均一な温度分布を保ち，揮発性生成物の溶融ポリマー相中の拡散移動が容易になり気相で迅速に移動し二次反応が抑制される。その結果，熱分解による一次生成物としての揮発性生成物が非揮発性生成物（溶融ポリマー）相から高効率に分離され反応系外で捕集される。これによって，各生成物とラジカル連鎖機構（含ポリマー鎖のダイナミックスの影響）との整合性が良好になり，また2分子停止が拡散律速反応であること，さらに高付加価値である精密熱分解生成物【片末端二重結合の揮発性オリゴマー（モノケリックス）と両末端二重結合の非揮発性オリゴマー（テレケリックス）】が高効率・選択的に得られることが明らかになった[6)]。

ポリスチレン（PS）[7)]の場合，揮発性生成物中の片末端にビニリデン基（TVD）を有するモノケリックスチレンオリゴマー（とくに，ダイマーとトリマー）は，モノマーを生成する直接β切断より活性化エネルギーΔEが低いR・の分子内水素引き抜き（Back-biting）反応によって低温度側で選択的に生成する。310℃では10 wt%のモノマーに対し，主成分は90 wt%のモノケリックスである[7)]。すなわちトリマー63 wt%，ダイマー22 wt%に加えて5 wt%のテトラマー～デカマーから成る。トリマーが第一成分であり，さらに揮発性生成物中に芳香族飽和炭化水素がほとんど存在しないことから，Back-bitingは疑似6員環遷移状態の形成が優位であり，続くβ切断が専ら主鎖内部側で起こることが示唆された。一方，ポリプロピレン（PP）においては非揮発性生成物中の両末端にTVDを有するテレケリックプロピレンオリゴマー【PP試料の立体規則性を高く保持した狭い分子量分布（M_w/M_n）値の数平均分子量（M_n）値千～数万】が選択的に生成する[8)]。このようなテレケリックスの選択的な生成に対し，溶融ポリマー相内でのR・と揮発性のスモールラジカルS・の競争的分子間水素引き抜きと続くβ切断による機構を提唱した[9)]。S・は溶融ポリマーから分子間でHを引き抜き，揮発性生成物中にSHを持つ主にアルカン成分を与える。つまり非揮発性生成物の両末端のTVD濃度を上回るアルカンSHが揮発性生物中に存在することが重要である。速度論的統計解析によれば，S・とR・の分子間水素引き抜き速度比（R_{SH}/R_{RH}）が10程度であれば全ての非揮発性生成物がテレケリックスとなる。

これらのモノケリックスとテレケリックスのTVDが重合性を有し，新規重合体を合成できることは既に報告した[10)]。

3　選択合成のための新熱分解機構

ここではモノケリックスとテレケリックスの選択生成に関わるR・の各素反応に与えるポリマー鎖のダイナミックスの影響[11)]に焦点を当てる。すなわち①コンホメーションに依存する直接β切断（解重合）によるモノマーの生成反応[11a)]，②コンフィギュレーション（疑似6員環遷移状態形成）に依存する逐次Back-bitingと続くβ切断による立体異性化揮発性オリゴマーの生成反応[11b)]，③絡み合った溶融ポリマー鎖の主鎖切断によって低分子量化し絡み合い束縛が解放された孤立鎖の分子サイズに依存する分子間水素引き抜き反応[11c]，および④重心拡散に依存する2分子停止反応[11d]の中から，モノマー生成に関わる①に加えて，モノケリックス生成に関わる②，およびテレケリックス生成に関わる③が溶融ポリマー鎖の絡み合いおよび非絡み合い状態に強く依存する[2]ことについて概説する。

図1に反応場である溶融ポリマー相の分子モデルを示す。分子量 M に対するゼロ剪断溶融粘度 η_0 の両対数プロットにおける変曲点，すなわち臨界分子量 M_c は絡み合い点間の分子量 M_e の2～3倍であることが知られている。$M>M_c$ システムにおける1本の溶融ポリマー鎖は他のポリマー鎖の絡み合い束縛によって形成されたチューブ（管）内にランダムコイルとして存在しReptation鎖として振る舞う。一方，熱分解が進行し全てのポリマー鎖がランダム分解によって M_e 以下の分子量（$M<M_e$）になると全てのポリマー鎖には絡み合いが存在せず孤立鎖（Rouse鎖）として振る舞う。$M<M_c$ システムはそれらの中間状態であり，絡み合い鎖と孤立鎖が相分離せず均一に混在している。主なビニルポリマーの M_c および M_e 値を表1にまとめた。表中括

図1　反応場のモデル：溶融ポリマー相における絡み合い鎖システム（$M>M_c$），絡み合い鎖と非絡み合い鎖（孤立鎖）の混合システム（$M<M_c$），および孤立鎖システム（$M<M_e$）

表1　主なビニルポリマーの絡み合い点間分子量 M_e および臨界分子量 M_c の一例

Vinyl polymer	R'/R"	M_e	M_c
Polyethylene	H/H	828（150℃）	3,800（150℃）
Polypropylene	H/CH_3	6,900（190℃）	$2M_e$ ≒ 14,000
Polyisobutylene	CH_3/CH_3	7,288（140℃）	15,200（217℃）
Polystyrene	H/C_6H_5	18,100（70～230℃）	38,000（70～230℃）
Poly(methyl methacrylate)	CH_3/$COOCH_3$	10,013（140℃）	27,500（217℃）

a) J. D. Ferry, "Viscoelastic Properties of Polymers", John Wiley Sons, New York (1961)
b) 小野木重治，高分子，**20**，254（1971）
c) W. W. Graessly, *Adv. Polym. Sci.*, **16**, 1（1974）；ibid., **47**, 67（1987）
d) L. J. Fetters, D. J. Lohse, D. Richter, T. A. Witten, A. Zirkel, *Macromolecules*, **27**, 4639（1994）
e) A. Eckstein, J. Suhm, C. Friedrich, R.-D. Maier, J. Sassmannshausen, M. Bochmann, R. Mülhaupt, *Macromolecues*, **31**, 1335（1998）

弧内の数値は測定温度である。M_c/M_e 値はポリマーによって異なるが，イソタクチック PP（*i*-PP）の M_c 値は $2M_e$ を採用した。

上述した精密熱分解の条件を満たしている論文から揮発成分の生成割合（揮発率：volatilization, V）と反応容器に残存する溶融ポリマーの数平均分子量 M_n を引用して，V 値が急激に増加する M_n 値を求めた。PS の精密熱分解[7a, 12]に対する解析例として，図 2 に V 値 *vs.* M_n 値プロットを示す。アニオン重合によって合成された単分散 A-PS[12]は $M_n = 17.1 \times 10^4$，$M_w/M_n = 1.06$ であり，ラジカル重合によって合成された多分散 R-PS[7a]は $M_n = 9.14 \times 10^4$，$M_w/M_n = 6.74$ である。また A-PS の熱分解温度は 300℃であり，R-PS は 310℃である。図 2 には M_c と M_e 値（表 1）が破線と一点破線でそれぞれ示されている。図 2 から明らかなように V 値は M_c 値付近から増加し始め，その後急激に上昇する。V-M_n 曲線に著しい変化が現れる変曲点を接線の交点から求め M_n 値の高い方を $M_{v\,max}$，そして低い方を $M_{v\,min}$ とした。A-PS に関し $M_{v\,max} = 46{,}000$ と $M_{v\,min} = 28{,}750$，そして R-PS では $M_{v\,max} = 44{,}500$ と $M_{v\,min} = 23{,}000$ が得られ，それらは共に $M_c = 38{,}000$ および $M_e = 18{,}100$ とほぼ一致した。PS の主鎖は head-to-tail（頭尾）結合から成るものの，R-PS には head-to-head（頭頭）結合や末端二重結合などの結合解離エネルギーが低く熱切断が起こりやすい weak links（弱い結合）が存在するが，A-PS にはそれらは存在しない。A-PS と R-PS において，R・を発生する開始反応が全く異なるにも関わらず，上述した熱分解温度（300〜310℃）で優位に起こる Back-biting と続く β 切断による片末端 TVD のスチレンオリゴマーの生成によって V 値が上昇する M_n 値はほぼ同等である。これは Back-biting が

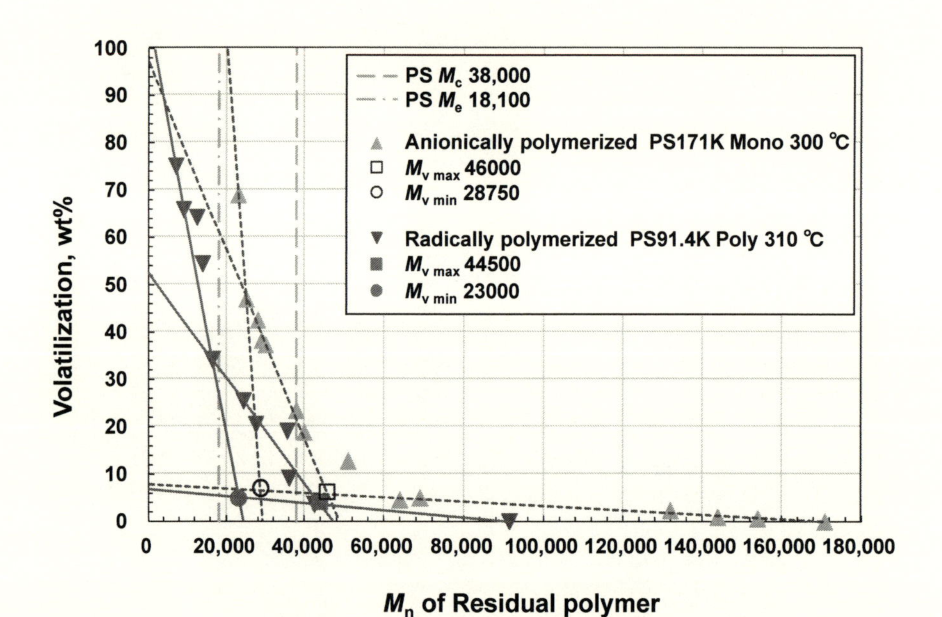

図 2　リビングアニオン重合 PS とラジカル重合 PS の精密熱分解における V 値 *vs.* M_n 値プロットにおける $M_{v\,max}$ 値および $M_{v\,min}$ 値の決定

M_c 以上では起こらず，M_c 付近あるいはそれ以下，さらには M_e 以下で圧倒的に優位に生起していることを意味する。

図3に PS[7a, 12] に加えて，精密熱分解条件を満たしている論文：PMMA[13]，ポリイソブチレン (PIB)[11ad, 14]，*i*-PP[15] および PE（線状高密度 PE，LHDPE）[16] における V 値 *vs.* M_n 値プロットを示す。各ポリマーの M_c 値は破線で，また試料の分子量特性と熱分解温度は凡例に示した。PMMA を除いて PIB，*i*-PP および LHDPE における V 値は PS と同様に M_c 付近で増加し始め，それ以下で急激に上昇している。図2と同様の手法によって解析した結果，PIB では $M_{v\ max}$ = 10,500 と $M_{v\ min}$ = 4,750，*i*-PP では $M_{v\ max}$ = 9,500 と $M_{v\ min}$ = 7,400，さらに LHDPE では $M_{v\ max}$ = 1,850 と $M_{v\ min}$ = 1,300 が得られた。図4にこれらの $M_{v\ max}$ および $M_{v\ min}$ 値と M_c あるいは M_e 値の相関プロットを示す。図から明らかなように概ね良好な関係が得られている。

専らモノマーが生成する PMMA を除いて，これらの熱分解条件における PS，PIB，PP および PE の主揮発性生成物はオリゴマーであり，モノマーの生成割合は解重合の ΔE 値に依存し PS ≈ PIB≫PP＞PE の順で減少する。これらの結果は揮発性生成物の大部分を占める揮発性オリゴマーを生成する R・の逐次 Back-biting と続く β 切断が $M<M_c$，さらには $M<M_e$ 領域で優位に生起することを明示している。換言すると Back-biting は $M>M_c$ 領域では生起しないと結論される。以上，モノケリックスのさらなる選択合成を目指すためにはポリマー試料の分子量 M は $M_e<M<M_c$ であれば良いことを示唆している。

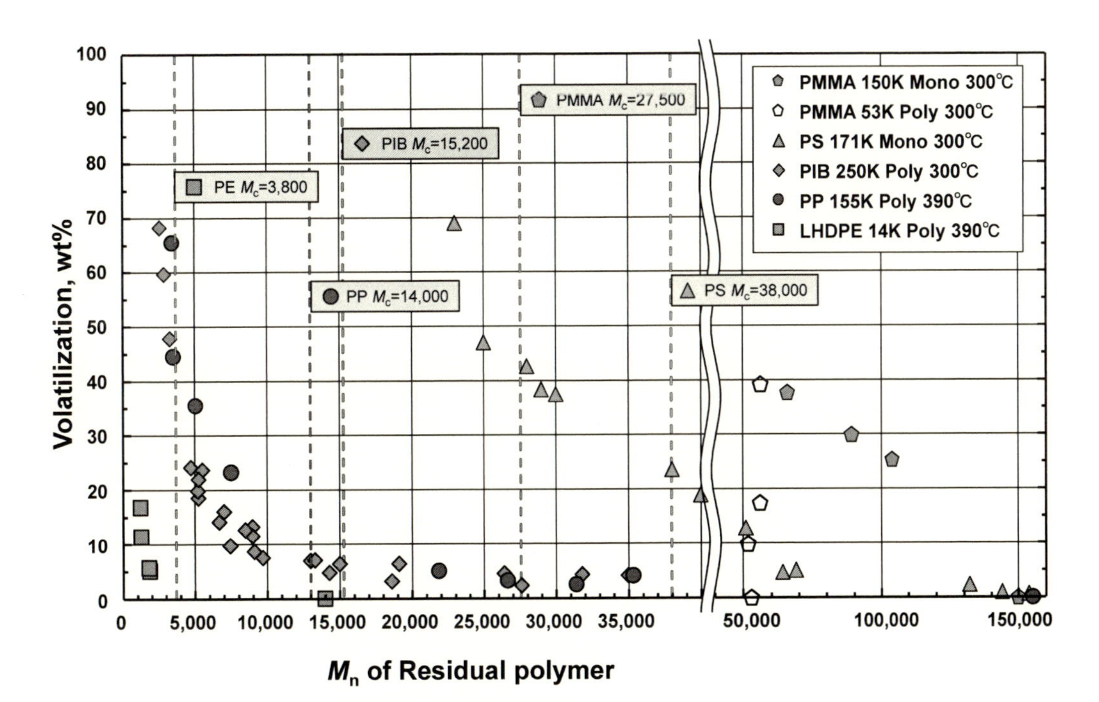

図3　主なビニルポリマーの精密熱分解における V 値 *vs.* M_n 値プロットの一例

翻って，$M>M_c$ 領域では如何なる素反応が生起しているのであろうか？図2と3に示されるように，$M>M_c$ における熱分解初期では，PMMA を除き，どの場合も反応場の M_n 値は急激に低下している。この領域において末端二重結合のアリル位切断による末端開始や主鎖のランダム切断によるランダム開始によって生成したR・は，ポリマー鎖の絡み合いによって形成されたチューブ（管）によって束縛されているため，重心拡散運動のみならず局所運動も抑制されている。これが束縛管内で疑似6員環遷移状態を形成して分子内で水素を引き抜く（Back-biting）疑似2分子反応のために必要な反応空間が確保できず，活性化エネルギー ΔE 値が分子間水素引き抜き反応とほぼ同値の約8 kcal/mol[4]にも拘らず，Back-biting 反応が進行しない重要な理由と考えられる。一方，分子間水素引き抜き反応において，束縛管内のR・は管を形成しているポリマー鎖の多くの活性水素と容易に衝突し，分子間で水素を引き抜く2分子反応（$\Delta E \fallingdotseq 8$ kcal/mol）[4]が優位に進行し，続くβ切断によって主鎖のランダム分解が起こる。このβ切断によって末端二重結合と末端マクロラジカルが再生するので，その二重結合の末端開始によって生成したアリルラジカルの束縛管内でのかご（cage）効果[16]として分子間水素引き抜きと続くβ切断がテレケリックス[9]の選択合成を促すと考えられる。

さて，解重合型ポリマーであるPMMA における主揮発性生成物のモノマーはR・の1分子直接β切断（解重合：$\Delta E \fallingdotseq 20$ kcal/mol）[5]反応によって生成する。その反応はラジカル部位のコンホメーションに依存する[12a]が，この運動は管内のスペースで十分可能であると考えられる。

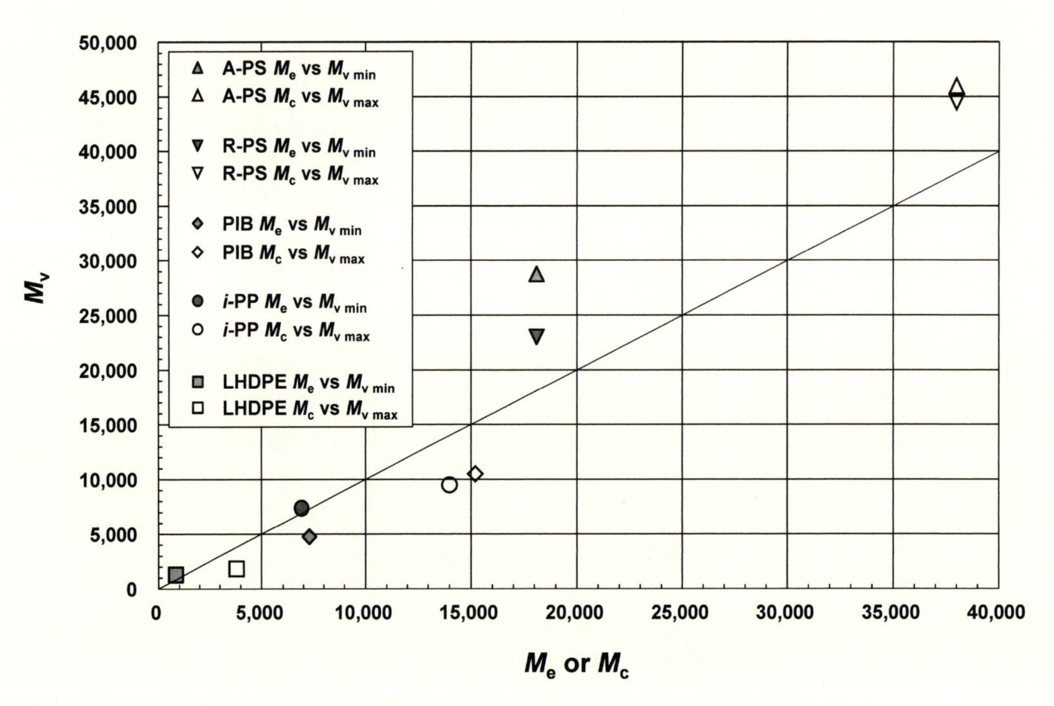

図4　$M_{v\,max}$ 値と $M_{v\,min}$ 値に対する M_c あるいは M_e 値の相関プロット

図3に示されるようにM_c以上の多分散PMMA（$M_n=5\times10^4$）[14]の場合，M_n値は低下することなくほぼ一定値を保ったままV値が急激に上昇しており，このV値の上昇は専ら解重合によるモノマーの生成による。つまり生成したR・は連続的解重合（Unzipping）反応[4]によって消滅したと考えられる。単分散高分子量PMMA（$M_n=15\times10^4$）[13]におけるV値の増加に伴うM_n値の低下もこのUnzippingによって説明可能である。

4　まとめ

本稿では主鎖切断型ビニルポリマーの精密熱分解による高付加価値物質である重合性PSモノケリックスおよびPPテレケリックスの選択合成に関する最新の研究動向を概説した。熱分解は絡み合いの効果が顕著に現れるM_c以上の高分子鎖の絡み合いによって形成されたチューブ（管）内で生成したR・の各素反応によって進行する。分解が進行すると反応場の分子量は低下し絡み合いが解れ，絡み合いを形成できないM_e以下の孤立鎖となる。図5に示されるように，$M>M_c$領域における運動束縛管内では，R・の分子間水素引き抜きと続くβ切断を繰り返し急激な分子量低下（ランダム分解）を引き起こし，テレケリックスの選択生成を促す。これによって$M<M_c$，さらに$M<M_e$領域になると管による運動束縛が解放され，Back-biting反応を可能にする運動（疑似6員環遷移状態形成のためのコンフィギュレーション）スペースが確保できるため，逐次Back-bitingと続くβ切断が優位に起こり，モノケリックスの選択生成を促す。一方，コン

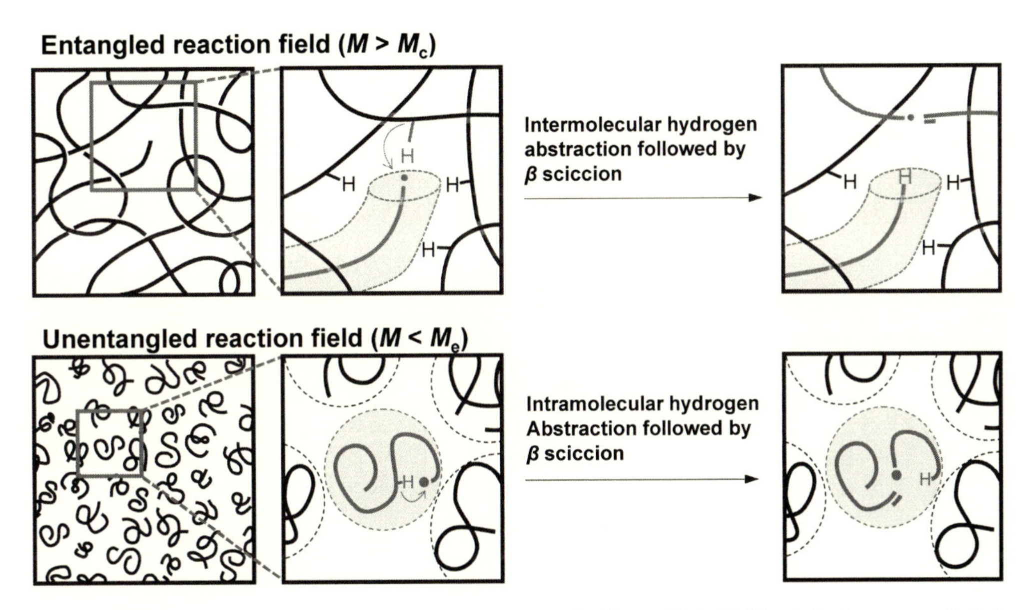

図5　反応場$M>M_c$における末端マクロラジカルの水素引き抜きと続くβ切断，および$M<M_e$における分子内水素引き抜き（Back-biting）と続くβ切断の反応モデル図

ホメーションに依存する直接β切断（解重合）によるモノマー生成反応は絡み合いによる運動束縛の影響を受けない。

第3項で説明した熱分解機構において，SH基を持つアルカンの含有量はPE>PP，ポリ-1-ブテン>PIB>PS[7b]の順であり，PEが最も多い。また揮発性生成物の重合度分布もこの順に狭くなる。LHDPEの非揮発性生成物の一分子当たりのTVD値は1程度[16]であり，表1におけるM_c値（3,800）とM_e値（828）はかなり低いことから，PEの熱分解機構に関してはこの分子量領域での揮発性生成物および非揮発性生成物の詳細な構造解析データに基づく再構築が必要である。さらに上述した揮発性生成物の重合度分布は，Back-biting反応が側鎖の嵩高さに依存することを示唆しており興味深いことを指摘しておく。

文　献

1) (a) 澤口孝志，“特集　連鎖合系プラスチックの資源循環のためのグリーンケミストリー”，澤口孝志・監，p. 5，シーエムシー出版（2019）；(b) 澤口孝志，ファインケミカル，**48** (6)，33 (2019)

2) (a) 澤口孝志，第68回高分子学会年次大会　予稿集，2Pc021 (2019)；(b) T. Sawaguchi *et al.*, *Polym. Degrad. and Stab.*, (2019) 印刷中，DOI: 10. 1016/j. polymdegradstab. 2019. 108990

3) H. Staudinger *et al.*, *Ann. der Chem.*, **517**, 35 (1935)

4) (a) 三田達，“高分子の熱分解と耐熱性“，神戸博太郎・編，p. 217，培風館 (1974)；(b) I. Mita, "Aspects of Degradation and Stabilization of Polymers “, H. H. G. Jellinek, Ed., p. 247, Elsevier (1978)

5) (a) 澤口孝志，特開昭55-84302；(b) T. Sawaguchi, *et al.*, *Polymer Preprints*, **20** (1), 924 (1979)

6) (a) 例えば，ポリイソブチレンを初めとするポリマーの熱分解機構などに関する一連の論文の一部が高分子学会の高分子科学技術史 (1995) に掲載されている；(b) T. Sawaguchi, “Polymer Reaction in Melt and Applications to Polymer Synthesis”, Doctoral Thesis (The University of Tokyo, 1996)

7) (a) T. Sawaguchi *et al.*, *J. Polym. Sci. Polym. Chem.*, **36**, 209 (1997)；(b) 澤口孝志，高分子加工，**54** (6), 31 (2005)

8) (a) T. Sawaguchi *et al.*, *Macromolecules* **28**, 7973 (1995)；(b) T. Sawaguchi *et al.*, *Polym. J.*, **28**, 817 (1996)；(c) 澤口孝志，高分子，**45** (9), 671 (1996)；(d) 澤口孝志，高分子加工，**46** (8), 375 (1997)；(e) 澤口孝志，機能材料，**17** (10), 5 (1997)；(f) T. Sawaguchi *et al.*, *Recent Res. Devel. In Macromol. Res.*, **3**, 385 (1998)；(g) T. Sawaguchi *et al.*, *Polym. Int.*, **49**, 921 (2000)；(h) 澤口孝志，マテリアル学会誌，**14** (2), 63 (2002)；(i) 澤口孝志，“高分子の架橋・分解技術-グリーンケミストリーへの取り組み-”，角岡正弘，白井正充　監修，

p. 269, シーエムシー出版（2004）
9) T. Sawaguchi *et al.*, *Polymer*, **37**, 5411（1996）
10) （a）澤口孝志，第7回高分子学会グリーケミストリー研究会シンポジウム　第21回プラスチックリサイクル化学研究会研究討論会　合同発表会　講演要旨集，22（2018）；（b）佐々木大輔，同誌，1（2018）
11) （a）T. Sawaguchi *et al.*, *Polym. Degrad. Stab.*, **54**, 23（1996）；（b）T. Sawaguchi *et al.*, *Macromol. Chem. Phys.*, **197**, 3995（1996）；（c）T. Sawaguchi *et al.*, *Polymer*, **39**, 4249（1998）；（d）T. Sawaguchi *et al.*, *Polymer*, **37**, 5607（1996）
12) L. A. Wall *et al.*, *J. Res. Natl. Bur. Stand. Sect. A*, **77**, 157（1973）
13) G. Bagby *et al.*, *Makromol. Chem.*, **119**, 122（1968）
14) T. Sawaguchi *et al.*, *Macromol. Chem. Phys.*, **197**, 215（1996）
15) 佐々木大輔，“両末端反応性オリゴオレフィンを用いた機能性共重合体の合成とその応用”博士論文（日本大学），p.80（2009）
16) T. Kuroki *et al.*, *Macromolecules*, **15**, 1460（1982）

第9章　重合技術によるポリプロピレンの高性能化・高機能化

塩野　毅*

1　はじめに

経済産業省の工業統計によると，国内合成樹脂生産量は2011年から約11百万トン（Mt）前後で大きな変化は無く，2016年は10.75 Mt，うち7.86 Mtが五大汎用樹脂（低密度ポリエチレン（LDPE，16%），高密度ポリエチレン（HDPE，8%），ポリプロピレン（PP，23%），塩化ビニル樹脂（PVC，15%），ポリスチレン（PS，11%））で70%以上を占め，熱硬化性樹脂は90万トン弱と10%以下である[1)]。一方，Geyerらの報告によれば[2)]，樹脂と繊維を合わせた世界生産量は1950年に2 Mtであったものが2015年には380 Mtと年平均成長率8.4%で増加している。この間の累計生産量は7,800 Mtでその半分の3,900 Mtは直近の13年間で製造されている。非繊維用途プラスチックの添加剤含有量を平均7%と見積り，添加剤を含めた累計プラスチック生産量を7,300 Mtとし，これに繊維用途の1,000 Mtを加えた8,300 Mtが1950～2015年に出荷されたプラスチック・合成繊維の総量としている。非繊維用途プラスチックの内訳はPE（36%），PP（21%），PVC（12%），PET，ポリウレタン，PS（<10%）であり，これまでに製造されたプラスチックの92%がこれらのポリマーであるとしている。このような大量使用によるプラスチックの廃棄ならびに流出による環境負荷が問題となっている。

一方で，省エネルギーが要求される今日，軽量で優れた強度を発揮するプラスチックの重要性については疑う余地はない。環境流出については道徳・教育・システムによるところが大きく，資源循環型社会が究極の理想であるとするならば，安全でシンプルな少数のモノマーから，さまざまな用途に適用しうる耐久性に優れたリサイクルの容易な高分子材料を合成できることが望ましい。

PEやPPを代表とするポリオレフィンは，エチレンやプロピレンという最もシンプルなビニルモノマーから製造されているにもかかわらず，立体規則性や共重合組成を制御することにより，エラストマーから高融点のプラスチックに至るまで，幅広く用いられている。中でもイソタクチック(*iso*)PPは軽量，安価であるにもかかわらず耐熱性，機械物性バランスに優れることから幅広く使われている。*iso*PPを高性能化・高機能化し，その用途をさらに拡大するとともに長寿命化することができれば，省エネルギー社会，循環型社会に寄与するところが大きい。

メタロセン触媒の発見を契機に発展した金属錯体重合触媒，いわゆるシングルサイト触媒の研

＊　Takeshi Shiono　広島大学　大学院工学研究科　応用化学専攻　教授

究は，PPやPSの立体規則性の自在な制御を可能にするとともに，オレフィン系ランダム共重合体の高性能化をもたらした。ポリオレフィンをさらに高性能化・高機能化し，新たに展開するための課題として，連鎖構造（ブロック共重合体）の精密制御ならびに極性官能基の導入が挙げられる。本稿では，*iso*PPに絞りこれらに関連する主要な手法について紹介する。

2　*iso*PP連鎖を有するブロック共重合体の合成と性質

シングルサイト触媒によりプロピレンの立体特異的リビング重合が実現し，*iso*PPやシンジオタクチック(*syn*)PP連鎖を有する“真の”オレフィンブロック共重合体の精密合成が可能となった[3,4]。ここでは，工業的に重要な*iso*PP連鎖を含む共重合体の合成と物性について触媒別に紹介する。

2.1　ビス(フェノキシケチミン)チタン錯体

Coatesらは，イミン炭素上にシクロヘキシル基などの嵩高い置換基を導入したフェノキシケチミン錯体**1**をメチルアルミノキサン（MAO）で活性化した系がプロピレンの*iso*特異的リビング重合を進行させることを見いだした。**1a**を用いて*iso*PPとエチレン/プロピレンランダム共重合（EPR）連鎖からなる一連のブロック共重合体を合成しその物性を評価している（表1）[5]。

2.2　ジアミンビス(フェノキシ)ジルコニウム錯体

Kolらは Zr錯体**2a**を$B(C_6F_5)_3$で活性化した系が1-ヘキセンの*iso*特異的リビング重合を進行させることを報告した[6]。Busicoらは**2a**を$^{i}Bu_3Al$/2,6-di-*tert*-butylphenol共存下［$PhNMe_2H$］［$B(C_6F_5)_4$］で活性化した系がエチレン重合ならびにプロピレンの*iso*特異的重合（$[mmmm]=0.80$）を擬リビング的に進行させることを見いだし，同系を用いてエチレン，プロピレンの逐次重合を行うことにより*iso*PP-*block*-PEを合成している（$M_n=6500$，$M_w/M_n=1.2$）[7]。^{13}C NMR

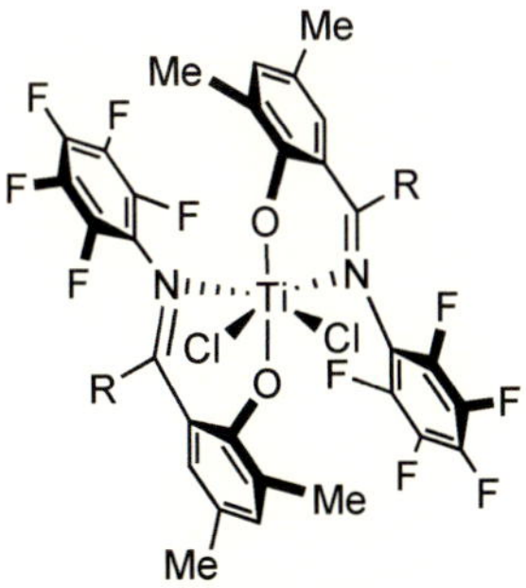

1a: R = cyclohexyl
1b: R = cycloheptyl
1c: R = 1-naphthyl

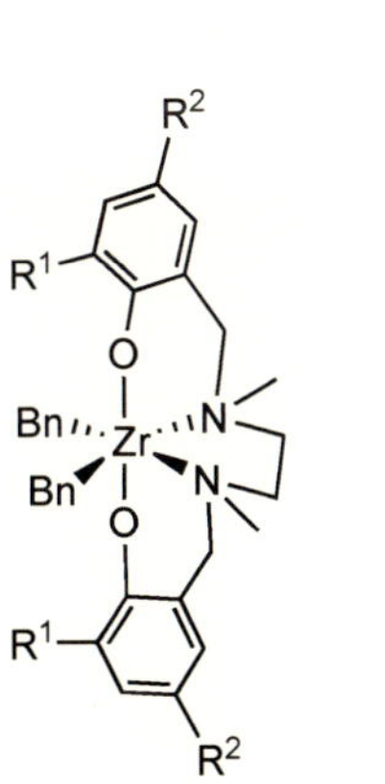

2a: R^1 = ^{t}Bu, R^2 = ^{t}Bu
2b: R^1 = 1-adamantyl, R^2 = Me

表1　1a-MAO による *iso*PP と EPR 連鎖からなるブロック共重合体の合成と性質[5)]

サンプル A：*iso*-PP B：EPR	M_n, total (kg/mol)[b]	M_w/M_n[b]	ブロック長[c] (kDa)	A[d] (wt. %)	F_e[e] (mol%)	T_g[f] (℃)	T_m[f] (℃)	ΔH (J/g)	ヤング率[g] (MPa)	破断伸び (%)	破断強度 (MPa)	弾性回復[h] (%)
A-B-A	102	1.13	12-75-15	26	16	−35	115	14.3	10.9	~1000	120	80
A-B-A	144	1.18	14-117-13	17	17	−33	107	11.8	6.9	~800	64	81
A-B-A	235	1.30	14-206-15	12	15	−39	95	16.1	12.0	~950	112	68
A-B-A-B-A	195	1.15	14-74-15-78-14	22	20	−40	94	16.8	11.7	~790	84	79
A-B-A-B-A	227	1.13	13-74-7-51-32-44-6	26	18	−33	88	13.1	9.0	~830	100	85

[a]重合条件：**1a**, 10 μmol/5 mL トルエン，プロピレン飽和 PMAO-IP トルエン溶液（100 mL，［Al］/［Ti］= 150），0 ℃。所定時間重合後エチレン供給。エチレン供給を止め反応容器内を 0 psig まで排気後，30 psig のプロピレンを再度供給。[b]GPC（1，2，4-$C_6H_3Cl_3$，140 ℃）にてポリスチレン換算で測定。[c]各ブロックを形成後サンプリングし決定。[d]ハードブロックの重量分率。[e] ^{13}C NMR により求めたエチレン分率。[f]DSC により決定（second heating）。[g]15%変形時。[h]750%延伸後。

解析により，それぞれの平均重合度をエチレン130±30，プロピレン120±30と求めている。このポリマーのDSC曲線には，昇温時にPEの T_m がブロードな *iso*PPの融解に重なって120℃に観測（全融解エンタルピー（ΔH_m）= 136 J/g）され，降温時にはそれぞれのセグメントの結晶化が観測（PE，結晶化温度（T_c）= 107℃，結晶化エンタルピー（ΔH_c）= −91 J/g；*iso*PP，T_c = 87℃，ΔH_c = −25 J/g）された。なお，同一条件で得られたホモポリマーの融解パラメーターは，PE（T_m = 124℃，ΔH_m = 244 J/g），*iso*PP（T_m = 123℃，ΔH_m = 72 J/g）であった。Busicoらは，さらに配位子の置換基効果について検討し，フェノキシ配位子の *o*-位にアダマンチル基を有する **2b** が高 *iso*PP（[*mmmm*] = 0.985，T_m = 151℃）を与えることを見いだし，*iso*PP-*block*-PE（M_n = 22,000，M_w/M_n = 1.3）を合成している[8]。^{13}C NMRにより求めたそれぞれの連鎖の平均重合度は，エチレン240，プロピレン290であり，このブロックコポリマーはそれぞれの連鎖に由来する2つの T_m（PE，126℃，ΔH_m = 65 J/g；*iso*PP，152℃，ΔH_m = 62 J/g）を示す。

2.3　(シクロペンタジエニル)アミジナートジルコニウム(ハフニウム) 錯体

Sitaらは C_1 対称性を有するZr錯体 **3a** を1当量の［$PhNMe_2H$］［$B(C_6F_5)_4$］（**A**）で活性化した系がクロロベンゼン中−10℃で1,5-ヘキサジエンの *trans*-選択的環化重合（methylene cyclopentylene（MCP）構造を与える）ならびに1-ヘキセン（H）の *iso* 特異的重合をリビング的に進行させることを見いだした。*iso*PH-*block*-poly(*trans*-MCP)，*iso*PH-*block*-poly(*trans*-MCP)-*block*-*iso*PHを合成し（式1），後者がミクロ相分離構造を形成することをAFMにより確認している[9]。

3a を0.5当量の **A** で活性化した場合には，開始剤効率は変わらずに非立体特異的リビング重合が進行する[10]。*iso* 特異性の消失は，成長反応より速い活性なZrカチオン種と不活性な中性Zr種間のメチル基交換反応と中性Zr種のエピメリ化に起因する。より嵩高い錯体 **3b** を添加すると非可逆的に **3a** 由来のZrカチオン種に Me^- を供与し，**3b** から生成したカチオン種は重合活性を示さないことを利用して，**A**/**3a** = 0.5（モル比）でプロピレンの非立体特異的リビング重合を開始し，0.5当量の **A** と **3b** の逐次添加を繰り返すことにより（式2），連鎖構造のみ異なり M_n がほぼ同一である一連のステレオブロックPPが合成され，物性が評価されている[11]：*ata*PP-*block*-*iso*PP（M_n = 164,200，M_w/M_n = 1.19，[*mmmm*] = 0.33，*iso*：*ata* = 60：40），*ata*PP-*block*-*iso*PP-*block*-*ata*PP（M_n = 167,500，M_w/M_n = 1.19，[*mmmm*] = 0.38，*iso*：*ata*：*iso* = 30：40：30），*ata*PP-*block*-*iso*PP-*block*-*ata*PP-*block*-*iso*PP（M_n = 172,400，M_w/M_n = 1.19，[*mmmm*] = 0.32，*iso*：*ata*：*iso*：*ata* = 30：20：30：20）。その結果，トリブロックコポリマーが最大の破断伸長度（1,530%）を示すこと，ならびに，テトラブロックコポリマーは伸長度300%の範囲内で優れた形状回復性を示すことが報告されている。また，**3a** によるプロピレンのリビング重合において段階的に **A** を加え最終的に1当量とすることで，*ata* 構造から徐々に *iso* 構造に変化するステレオグラジエントPPも得られている[12]。

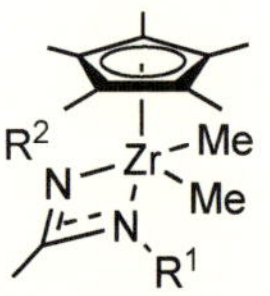

3a: R^1 = ^{t}Bu, R^2 = Et
3b: R^1 = R^2 = ^{t}Bu

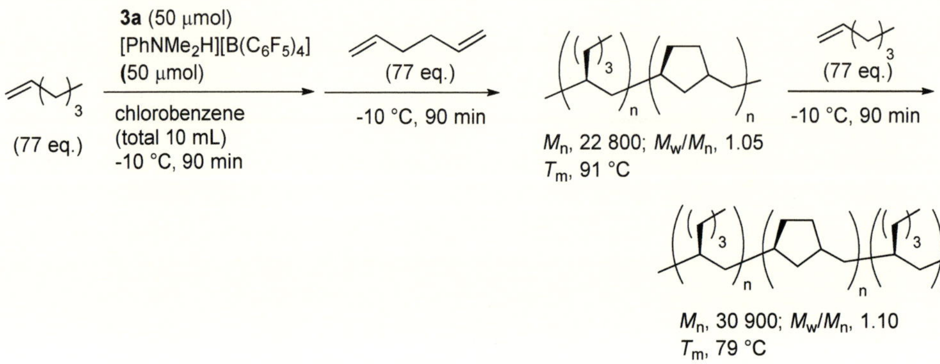

(1)

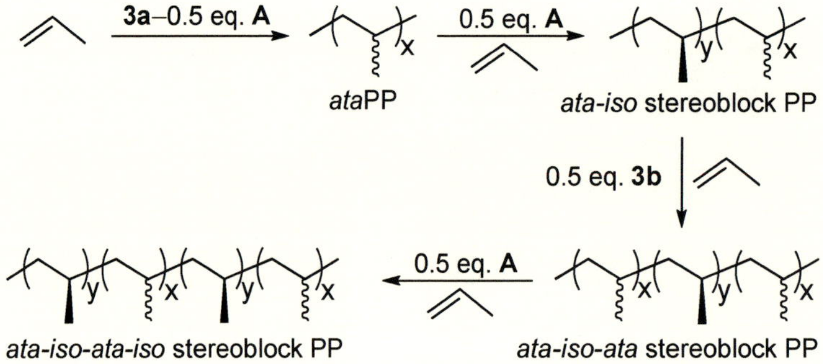

(2)

配位リビング重合では，単分散ポリマーやブロックポリマーを合成するためにポリマー鎖と当量の遷移金属錯体が必要である。Gibson らはビス(イミノ)ピリジン Fe 錯体-MAO-Et_2Zn 系によるエチレン重合において，すべての Zn-Et 結合にエチレンが挿入し Poisson 分布に従うエチレンオリゴマーが生成することを報告している[13]。リビング重合系に典型金属アルキルを添加し可逆的な連鎖移動反応を利用することで触媒的に単分散ポリオレフィンを合成する手法（Living Coordinative Chain Transfer Polymerization, LCCTP）が開発されている。LCCTP では，成長反応に比べ成長鎖と典型金属アルキルとのアルキル交換が十分速いため，見かけ上すべての金属アルキルから同じ速度でポリマーが成長する[14]。*rac*-**3a**-**A** によるプロピレン重合において Et_2Zn を添加すると対掌体間のアルキル鎖の交換により *iso* 特異性が消失するが[15]，複核錯体 **4** を用いるとステレオブロック PP が得られる[31]。

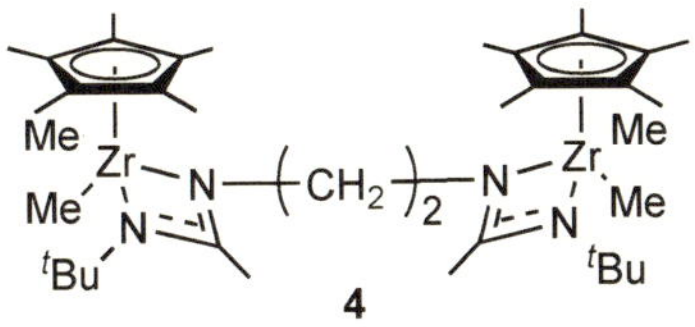

4

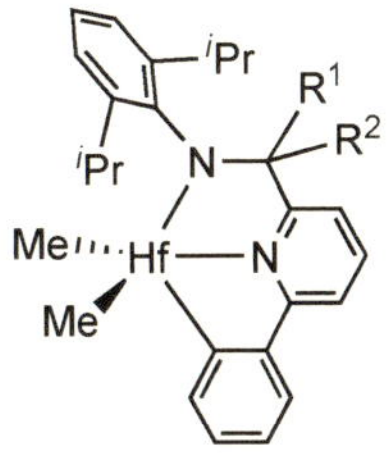

5a: R^1 = Ph, R^2 = H
5b: R^1 = R^2 = H

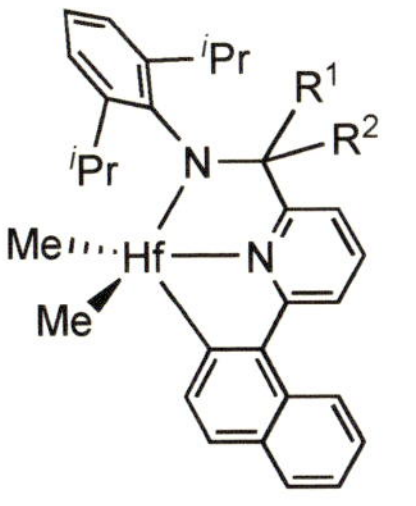

6a: R^1 = Ph, R^2 = H
6b: R^1 = R^2 = Me
6c: R^1 = 2-^{i}PrPh, R^2 = H

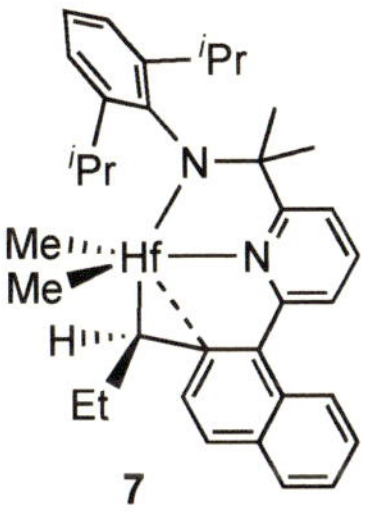

7

2.4　ピリジルアミドハフニウム錯体

プロピレンの溶液重合に適用可能な高温で *iso*PP を与えるピリジルアミド配位子を有する Hf 錯体 **5a**，**6a** がコンビナトリアルケミストリーの手法により開発されている[16]。Coates らは，**5b** を $B(C_6F_5)_3$ で活性化した系が，20℃でプロピレンのリビング重合を進行させ *iso* 構造に富む PP を与えることを報告している（$M_n = 68{,}600$，$M_w/M_n = 1.05$，[*mmmm*] = 0.56）[17]。さらに，**5b** は C_s 対称であることから Hf-アリール結合にプロピレンが1分子挿入した C_1 対称錯体が活性種前駆体であると予想し，新たに合成した錯体 **7** を用いリビング *iso*PP（$M_n = 124{,}400$，$M_w/M_n = 1.05$，[*mmmm*] = 0.80，$T_m = 120$℃）を得ている[18]。

さらに，彼らは **5b**-$B(C_6F_5)_3$ 系を用いて逐次モノマー添加法により，*iso*PP 連鎖長は添加したモノマー量，PE 連鎖長は反応時間を変えることで制御し，一連のブロック共重合体を合成している（表2）[19,20]。得られたブロック共重合体の PE/*iso*PP ブレンドへの添加効果を調べた結果，同程度の連鎖長を有するジブロック体（$PP_{73}PE_{50}$，下付数字は連鎖長 kDa）とテトラブロック体（$PP_{36}PE_{20}PP_{34}PE_{24}$）では，相溶化剤として後者が著しく優れていることを明らかにした（図1）。また，テトラブロック体では，連鎖長が長くなるほど相溶化能が低下することを認めている。さらに，ブロック共重合体を中間層とした PE/*iso*PP 積層フィルムの剥離試験を行い，ジブロック体で十分な接着強度を出すためには長い連鎖が必要（$PP_{103}PE_{113}$）であるのに対し，テトラブロック体（$PP_{36}PE_{20}PP_{34}PE_{24}$）はブロック連鎖長が短くとも同等の接着強度を示すことを明らか

表２　5b-B $(C_6F_5)_3$ による *iso*PP と PE 連鎖からなるブロック共重合体の合成条件[20)]

ブロック共重合体[a]	触媒 (μmol)	プロピレン (g)	エチレン (atm)	t_{rxn}[b] (min)	収量 (g)	M_n(theo)[c] (kg/mol)	M_n[d] (kg/mol)	M_w/M_n[d] (kg/mol)	T_m (℃)
$PP_{24}PE_{31}$	75	1.5	2	3	3.3	44	55	1.32	132
$PP_{60}PE_{80}$	30	2	2.7	4	4	134	139	1.40	126
$PP_{73}PE_{50}$	30	2.3	2.7	5	3.9	130	123	1.29	131
$PP_{103}PE_{113}$	20	1.5	5.4	2	3.8	191	217	1.43	132
$PP_{36}PE_{20}PP_{34}PE_{24}$	25	1.0, 1.0	1.4	4, 4	3	120	113	1.38	124
$PP_{60}PE_{80}PP_{75}PE_{90}$	30	2.0, 2.0	2.7	4, 4	8.5	283	306	1.29	126
$PP_{73}PE_{120}PP_{167}PE_{141}$	50	4.0, 4.0	5.4	1.5	15.8	316	502	1.58	108, 129
$PP_{100}PE_{81}PP_{113}PE_{108}$	25	2.5, 2.5	2.7	4	9.2	368	402	1.64	103, 130
$PP_{52}PE_{70}PP_{37}PE_{114}PP_{34}PE_{36}$	30	1.0, 1.0, 1.0	5.4	1, 1, 1	6.2	207	345	1.84	74, 127

[a]下付の数字は各ブロックの連鎖長（kg/mol），$PP_{kg/mol}PE_{kg/mol}$。[b]エチレンの反応時間。[c]収量と触媒量から求めた計算値。[d]SEC により求めた値。

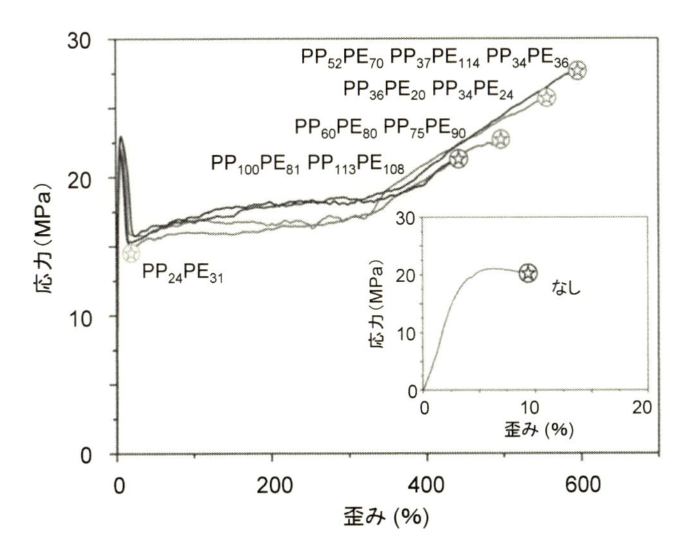

図 1　HDPE/*iso*PP 70/30 ブレンドの応力-歪み曲線に及ぼすブロック共重合体の添加効果[20)]

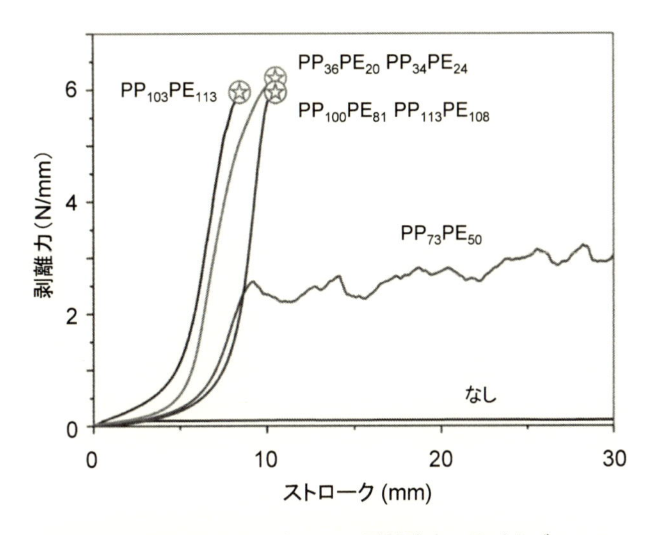

図 2　*iso*PP/HDPE ラミネートの剥離強度に及ぼすブロック共重合体層の効果[20)]

にしている（図 2）。これらの結果から，テトラブロック体が PE と *iso*PP の相間を縫い糸のようにつなぎ合わせるモデルを提案している（図 3）。

2. 5　C_2 対称ニッケルジイミン錯体

C_2 対称を有する Ni 錯体 **8**-MAO 系は重合温度（T_p）−60℃以下でリビング *iso*PP を与える（T_p = −60℃，T_m = 129.7℃，T_g = −14.3℃；T_p = −78℃，T_m = 137.3℃，T_g = −0.5℃）[21)]。T_p を

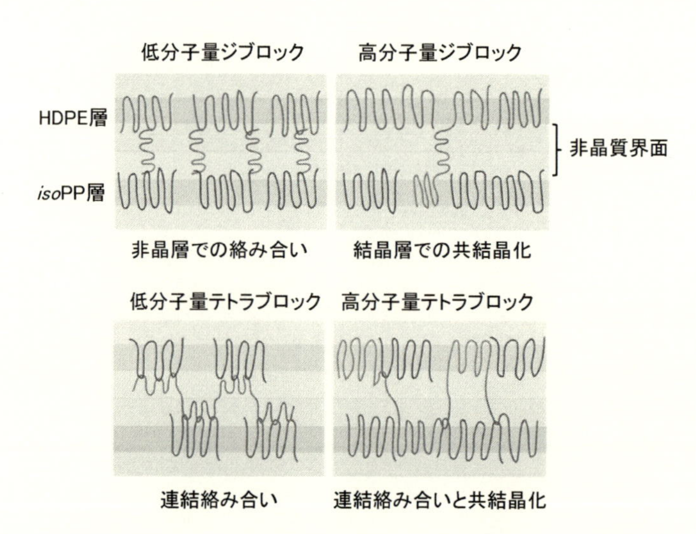

図３　*iso*PP/ブロック共重合体/HDPE 層分離構造における接着力向上のメカニズム[20]

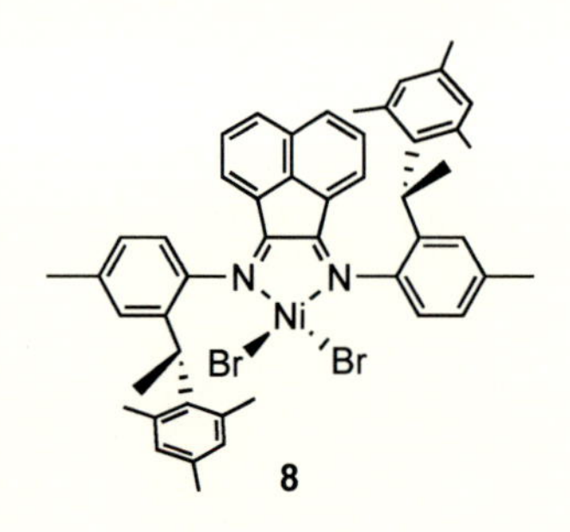

上げるとプロピレンの 3,1-挿入が起こるため T_m は消失し EPR と類似の構造を有するレジオイレギュラー（*rir*）なリビング PP が生成する（$T_p=0$℃，$T_g=-54.4$℃；$T_p=22$℃，$T_g=-59.9$℃）。−60℃で 7 時間，0℃で 7 時間プロピレン重合を行うことで *iso*PP-*block*-*rir*PP が得られている（$M_n=47{,}400$，$M_w/M_n=1.12$，$T_m=118.6$℃，$T_g=-45.5$℃）。さらに−60℃で重合を行い得られる *iso*PP-*block*-*rir*PP-*block*-*iso*PP はエラストマー性を示すことが確認されている。

3　官能基化 *iso*PP の合成と応用

ポリオレフィンは炭素と水素のみからなるため，異種材料，例えばクレイ，ガラスファイバー，顔料，極性を有する高分子（アクリル樹脂など）などとの親和性に劣るという問題点がある。この欠点を克服する方法として極性を有するモノマーとの共重合がある。ラジカル重合が可能なエチレンでは，極性ビニルモノマーとの共重合体が製造されている。また，最近では後周期金属のシングルサイト触媒（Brookhart 触媒など）により，極性モノマーとの配位共重合が可能となってきた[22]。しかし，高立体特異性重合が進行する第4族遷移金属触媒でのみ製造可能な *iso*PP では，活性種が極性基により被毒されるため，極性モノマーとの共重合は困難である。

工業的には *iso*PP 系の材料に極性を付与するために，様々な後処理を施すことにより表面改質することが行われている[23]。しかし，一般にこれら後処理法では，条件が温度・圧力面で過酷である，導入部位の制御が困難である，得られる材料の物性が限られるという欠点がある。

これらの欠点を解消するために，重合反応を利用し *iso*PP に極性を付与する方法が検討されてきた。本稿ではこれらの手法の中から，①保護処理を施した極性モノマーとの共重合による極性基の導入，②非極性官能基を有するコモノマーとの共重合による反応部位の導入について解説する。

3.1　保護処理を施した極性モノマーとの共重合による極性基の導入

プロピレンの *iso* 特異的重合に用いられる第4属遷移金属（Ti，Zr）触媒は，極性モノマーの極性部位が配位し失活するため，プロピレンと極性モノマーを直接共重合することは困難である。筆者らは極性基を有機アルミニウムにより保護した極性モノマーとの共重合を検討した。

一連のアリルモノマー（$CH_2=CH-CH_2-X$；X＝OH，SH，NH_2）の極性基を Me_3Al および $^iBu_3Al$ と反応させた後，3種類の *iso* 特異的ジルコノセン触媒を用いてプロピレンとの共重合を行った。その結果，用いる触媒によりアリルモノマーの導入位置を制御できることを明らかにした（表3）[24]。すなわち，インデニル基の4位にフェニル基を有する嵩高い錯体 **11** ではアリルモノマーは内部と末端いずれにも導入されるのに対し，**9** や **10** では末端のみに選択的に導入される。生成ポリマーの ^{13}CNMR 解析は，後者ではアリルモノマー挿入末端の極性基が分子内配位により Zr を不活性化し，その後 R_3Al による連鎖移動により賦活することを示している[25]。これらの触媒系を用いて $^iBu_3Al$ で保護した 5-ヘキセン-1-オール（5HeOH）を加え三元共重合を行うことで，側鎖に水酸基，末端にアミノ基やチオール基を有する *iso*PP が合成できる（式3，4）[24]。

萩原らは，本手法によりプロピレン/5HeOH 共重合体とプロピレン/1-ヘキセン共重合体を合成し，水酸基が力学物性に与える影響を調べている（表4）[26]。ヘキセン共重合体では引張伸度の向上に伴い破断強度が減少するのに対し，5HeOH 共重合体では，いずれの値も増加することを明らかにしている。

Chung らはトリメチルシリル化した 10-ウンデセン-1-オールと 1-デセンをコモノマーに用い $TiCl_3-Et_2AlCl$ を用いてプロピレンとの共重合を行い，得られたポリマーを加水分解することにより，側鎖に水酸基を有する *iso*PP を合成している（式5）[27]。得られたポリマーのキャパシター材料としての特性を調べ，4.2 mol% 水酸基含有 *iso*PP を用いた薄膜コンデンサのエネルギー密度は従来の二軸延伸 *iso*PP を用いたものに比べ 2～3 倍となることを報告している。

Chung らは，さらに **11**-MAO 触媒を用いて同様の手法により得られた水酸基化 *iso*PP を原料

表３　*iso* 特異的ジルコノセン触媒による極性アリルモノマーとのプロピレンの共重合[24)]

X in CH=C–C–X	(mmol)	R in R_3Al	Zr 触媒	MAO (Al/Zr)	重合時間 (min)	収量 (g)	M_n[a] (kg/mol)	M_w/M_n	mm[b] (%)	コモノマー含率（mol%）[d] 内部	末端
–SH	43.2	Me	**9**	300	80	0	—	—	—		
–SH	43.2	Me	**11**	800	60	0	—	—	—		
–SH	43.2	^iBu	**9**	800	60	0.11	11.6	1.73	94.7	n.d.	0.11
–SH	43.2	^iBu	**10**	800	60	0.13	22.8	2.00	96.7	n.d.	0.17
–SH	43.2	^iBu	**11**	800	60	0.09	17.1	2.22	96.4	0.36	0.17
–OH	48.0	Me	**9**	300	30	0.15	7.4	1.96	(84.0)[c]	0.04	
–OH	48.0	Me	**11**	300	30	0.24	9.9	2.10	—	0.20	0.36
–NH2	48.0	Me	**9**	300	30	0.19	7.4	1.65	(83.3)[c]	n.d.	0.65
–NH2	48.0	Me	**11**	300	90	0.09	3.3	1.88	—	1.08	0.72

重合条件；プロピレン 0.1 MPa；Zr 0.01 mmol；温度 25℃；溶媒 トルエン（30 mL）。[a]GPC により PS 標準サンプルを用いたユニバーサル法により決定。[b] ^{13}C NMR より求めた *iso* トリアド。[c] ^{13}C NMR より求めた *iso* ペンタド。[d] ^{1}HNMR より求めた極性モノマー含率。

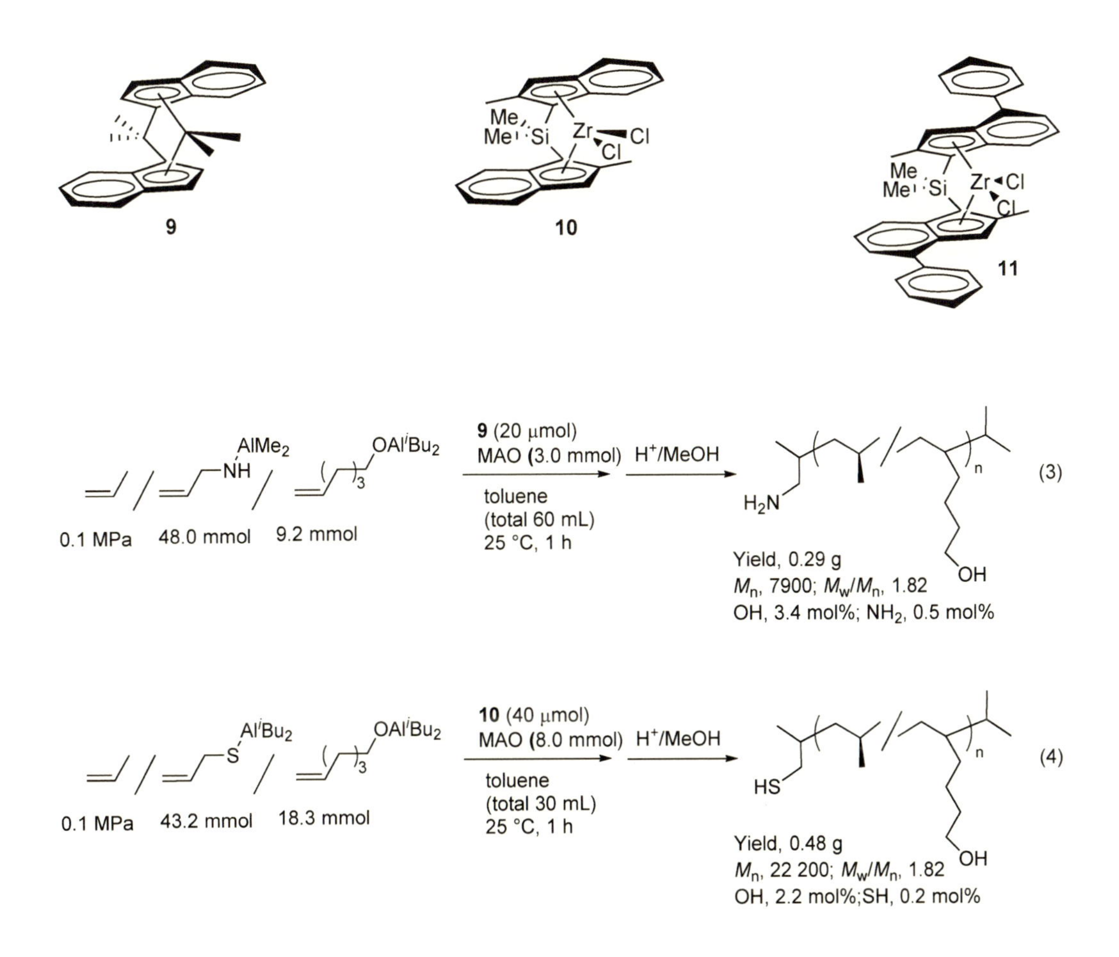

に用いて，酸化防止剤として機能するヒンダードフェノール（HP）を側鎖に有する *iso*PP（PP-HP）を合成している（図4）[28]。その耐熱性を評価した結果，4.7 mol%HP を含有した PP-HP は，分子内に4つの HP を有する酸化防止剤 IRGANOX 1010 を1 wt%弱含有する市販の *iso*PP に比べて，高い熱安定性を示すことを明らかにしている（図5）。また，PP-HP が *iso*PP の安定剤として有効であることも確認している（図6）[29]。

カルボキシ基とフェノキシ基を2つのメチレンで介した HP は酸化反応を経て二量化する（図7）。この反応により PP-HP は容易に架橋する（図8）[30]。HP を1 mol%含有する PP-HP の架橋反応に及ぼす温度ならびに時間の影響が調べられている（図9）。HP を1 mol%有する PP-HP は，空気中 210℃で24時間加熱するとほぼ100%架橋する。

野崎らは，最近，ニッケル触媒 **12** を用いることでプロピレンと極性アリルモノマーとの *iso* 特異的共重合が進行することを報告している（式6）[31]。プロピレンと極性モノマーを直接共重合しうる触媒系として，今後の発展が期待される。

表4　水酸基含有PPの物性[27)]

サンプル	コモノマー	コモノマー含率 (mol%)	M_w[a]	M_w/M_n[a]	mm[b] (%)	T_m[c] (℃)	ΔH[c] (J/g)	結晶性[d] (%)	弾性率[e] (MPa)	破断強度[e] (MPa)	破断伸び[e] (%)	衝撃強度[f] (%)
iPP	なし	0	905000	2.15	98.6	160.8	78.6	47.7	619	43	950	95
PPOH1.3	5-ヘキセン-1-オール	1.3	503000	2.04	98	142.5	62.3	37.8	419	50	1334	246
PPOH6.4	5-ヘキセン-1-オール	6.4	146000	1.9	98.4	111.1	38.6	23.4	342	48	1539	803
PPH1.6	1-ヘキセン	1.6	207000	2.62	98.4	131.9	30.7	18.6	280	33	1290	308
PPH6.5	1-ヘキセン	6.5	227000	1.95	97	132.5	21.7	13.1	113	33	1390	779

[a]重量平均分子量，分散度（SEC）。[b]イソタクチックトリアド（^{13}CNMR）。[c]融点，融解エンタルピー（DSC）。[d]ΔHとΔH_m(iPP，164.9 J/g）より推定。[e]引張試験。[f]シャルピー衝撃試験。

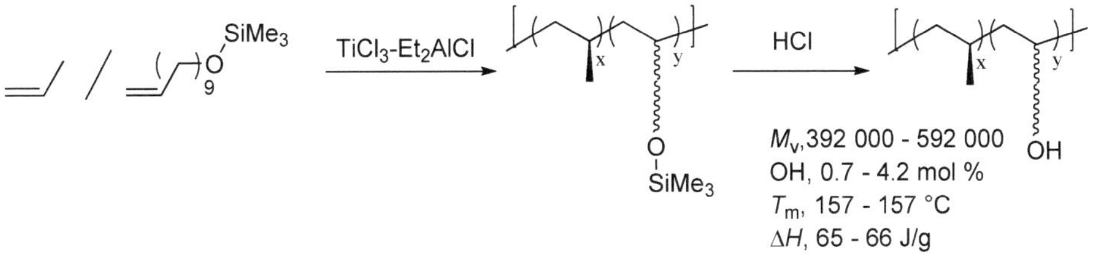

SiMe3
TiCl3-Et2AlCl
HCl
x
y
9
O
SiMe3
OH
Mv,392 000 - 592 000
OH, 0.7 - 4.2 mol %
Tm, 157 - 157 °C
ΔH, 65 - 66 J/g

(5)

(i) cat.
(ii) HCl
EDC cat.
DMAP
n
+
9
SiMe3
O-H
C=O
(CH2)m
tBu
OH
11-MAO
Mv,181~446 kg/mol; Tm, 82~143 ℃; ΔH, 6~86 J/g
OH含有率, 1.5~6.0 mol%; ランダム共重合体
TiCl3-AlEt2Cl
Mv, 392~902 kg/mol; Tm, 157~158 ℃; ΔH, 46~66 J/g
OH含有率, 0.8~4.2 mol%; テーパード共重合体

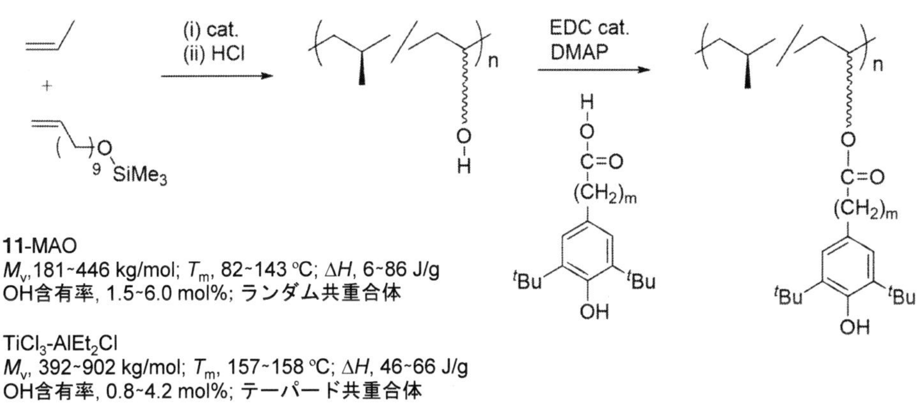

図4　側鎖に酸化防止剤を有する *iso*PP の合成[28]

100
80
60
40
20
0
50
150
250
350
450
550
重量（%）
温度（℃）
PP-HP
(HP 4.7 mol% 含有)
市販PP
(IRGANOX 1010含有)
PP-OH
(OH 4.7 mol% 含有)
PP（添加剤なし）

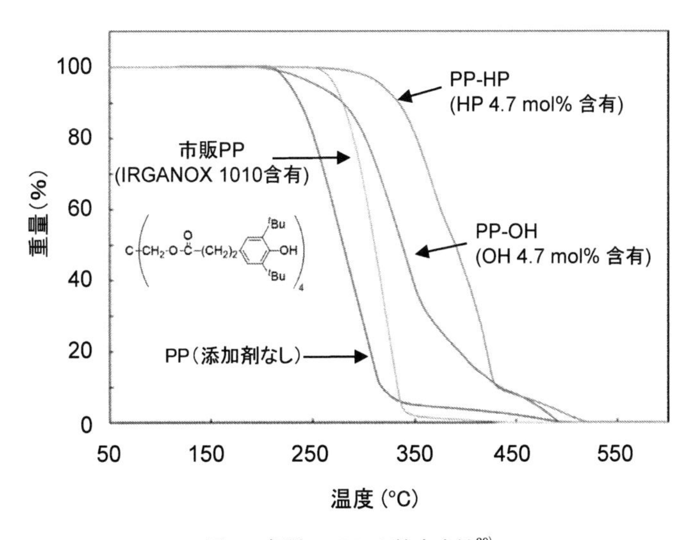

図5　各種 isoPP の熱安定性[29]

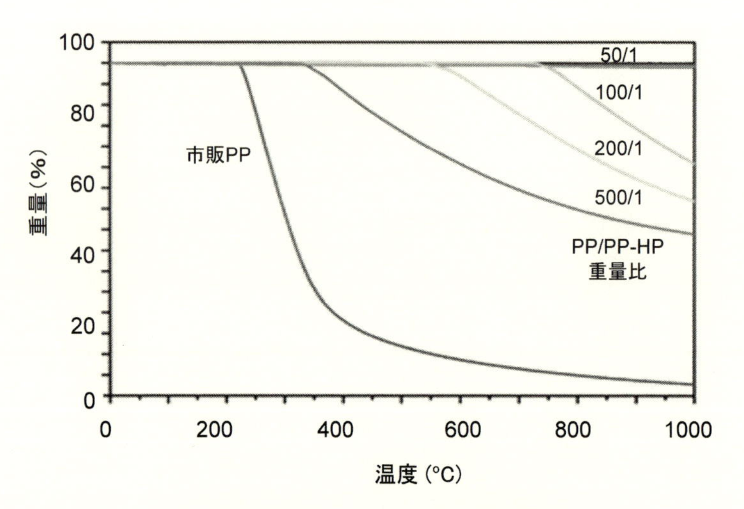

図６　*iso*PP/PP-HP ブレンドの熱安定性：
PP-HP の HP 含率 1 mol%（9 wt%）[29]

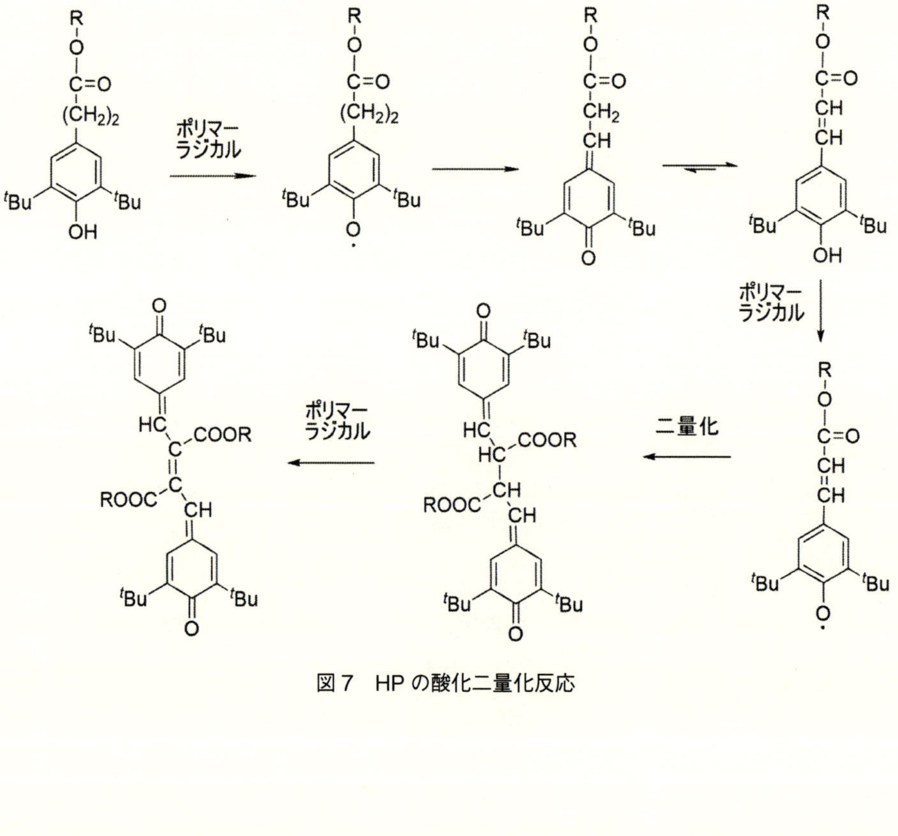

図７　HP の酸化二量化反応

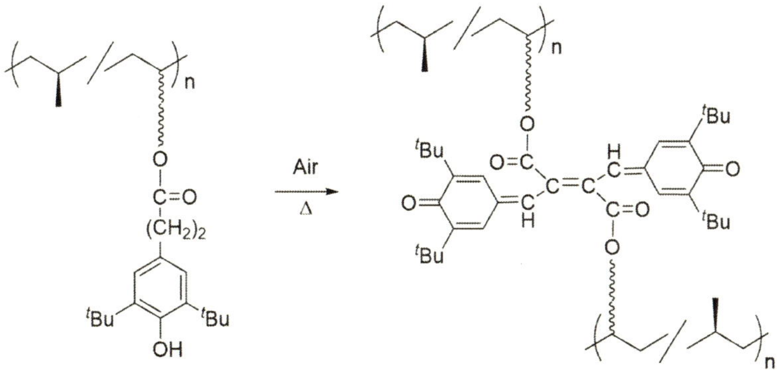

図８　HP の酸化二量化反応を利用した PP-HP の架橋[30)]

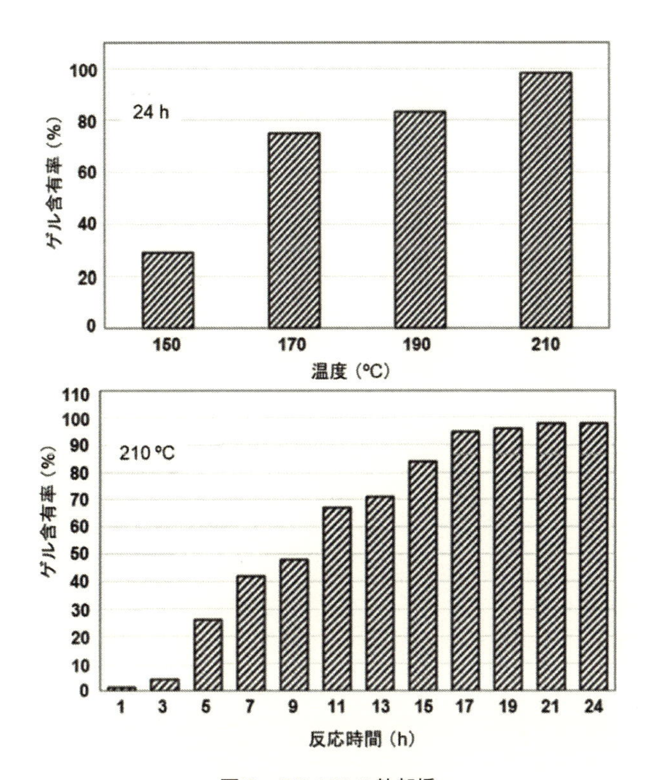

図９　PP-HP の熱架橋

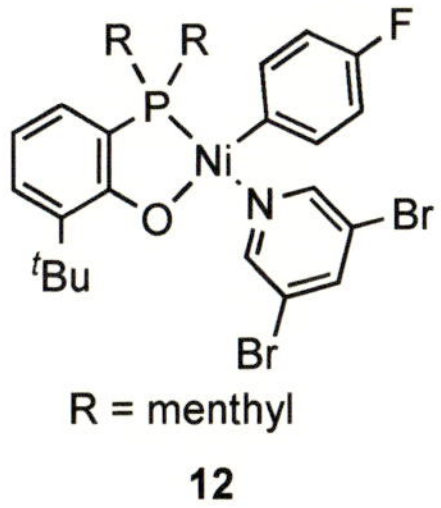

R = menthyl

12

Me
C=O
O
10 g　0.1 mL
12 (20 μmol)
toluene
(total 10 mL)
50 °C, 12 h
50-mL autoclave
n　(6)
O
O
Activity, 1.8 g/mmol-Zr/h
M_w, 9 100; M_w/M_n, 1.5
-OC(O)Me,0.49 mol%
mm, 61 %; T_m, 55 °C 43 °C

3. 2 非極性官能基を有するコモノマーとの共重合

重合時に非極性の反応部位を導入後，ポストリアクター反応により極性基に変換する手法も有効である。Chung らはホウ素化合物を側鎖に持つコモノマーとの共重合を検討している[32]。プロピレンとコモノマーの反応性が大きく異なるため，プロピレンの導入量を制御することで，コモノマー分布の狭い共重合体を得ている。共重合体中の側鎖の炭素-ホウ素結合を酸化することで，M_v 180,000，水酸基を 3～5% 有する *iso*PP の合成に成功している（式 7）。

また著者らは，1,7-オクタジエン一方の二重結合をヒドロアルミ化したコモノマーを合成し（式 8），*iso* 特異的ジルコノセン（**10**）を［Ph_3C］［$B(C_6F_5)_4$］で活性化した触媒系を用いてプロピレンとの共重合を行った。共重合体側鎖の有機アルミニウムを酸素酸化することで，*iso*PP の側鎖に水酸基が導入できる（式 9）[33]。

さらに，筆者らは *iso* 特異的な一連の C_2 対称ジルコノセン触媒（**9**，**10**，**11**）によりプロピレンとブタジエンの共重合を検討した結果，**10** を用いた場合に 1,4-ブタジエン単位が選択的に導入されることを見いだした（式 10）[34]。この共重合体をエチレンによりメタセシス分解することで，両末端にビニル結合を有する *iso*PP を得た（表 5）。

また，著者らは **11**-MAO によるプロピレン/ブタジエン共重合を水素共存下で行うことで，側鎖に二重結合を選択的に有する *iso*PP 系共重合体が高活性で得られることを見いだしている（式 11）[35]。

ブタジエンの 2,1 挿入により形成される π-アリル末端（図 10，A）が水素化されアルキル末端に変換した後に次のモノマーが挿入するため，2,1-挿入したブタジエンはテトラメチレン単位として主鎖に取り込まれ，側鎖にのみ二重結合を有する共重合体が得られる（図 10，A～C）。このように，本系では，オレフィンと共役ジエンの共重合で活性低下の原因となる π-アリル成長末端がアルキル成長末端に変換されるため，高活性で側鎖ビニル化 *iso*PP が得られる。本系は気相重合へも展開可能である。

iso 特異的シングルサイト触媒において，スチリル基の重合反応性がアルケニル基に比べて著しく低いことを利用した *iso*PP の側鎖官能基化が報告されている。Chung らは，*p*-(3-ブテニル) スチレン（BSt）を合成し，**13**-MAO を用いてプロピレンとの共重合を行い，側鎖にスチリル基

を有する *iso*PP（PP-BSt）を合成している（式12）[36]。BStを0.42 mol%有するPP-BStは200℃で3時間加熱すると95%架橋（ゲル化）する（式13）。

Wangらは Hf 錯体 **6c** を用いプロピレン /BSt 共重合体を合成し（式14），チオール-エン反応により *iso*PP に官能基を導入している[37]。

4.6 g　15.477 g
$TiCl_3$-Et_2AlCl (toluene (80 mL)
hexane (200 mL)
r.t., 1 30 min
4.1 g 3.6 g 3.2 g 2.8 g 2.0 g
30 min interval
H_2O_2/NaOH
Yield, 62 %
M_v, 183 000
OH, 3 mol%
T_m, 160 °C
OH
(7)

+ $^iBu_2AlH$ → 60 °C, 6 h → Al^iBu_2　(8)

1 atm　31 - 124 mM　Al^iBu_2
10 (12 μmol)
$[Ph_3C][B(C_6F_5)_4]$
Zr/B = 1
toluene (100 mL)
40 °C, 30 min
O_2 / H^+
C_6H_{13}　$(CH_2)_6$ OH
Activity, 214 - 747 g/mmol-Zr/h
M_n,23 000 - 94 000; M_w/M_n, 2.6 - 3.1
OH, 0.8-9.6 mol %
C_6H_{13}, 0.4 - 2.4 mol %
T_m, 99 - 133 °C; ΔH, 25 - 57 J/g
(9)

1.80 M　0.09 M
9 (5 μmol)-MMAO
Al/Zr = 2000
toluene (40 mL)
0 °C, 24 h
0.23 mol %　0.06 mol %
Yield, 2.33 g; M_n,49 000; M_w/M_n, 2.1
T_m, 150 °C; ΔH, 102 J/g
(10)

表5　ポリ(プロピレン-*ran*-ブタジエン) のエチレンによるメタセシス分解[34)]

サンプル	M_n[a]	M_w/M_n[a]	T_m (℃)	C=C 含率[b] 1,4BD	C=C 含率[b] 1,2BD	C=C 含率[b] 末端ビニル基	ポリマー鎖当たりの C=C 含率[c] 1,4BD	ポリマー鎖当たりの C=C 含率[c] 1,2BD	ポリマー鎖当たりの C=C 含率[c] 末端ビニル基
I, 分解前	49000	2.1	150	0.23	0.06	0	2.7	0.6	0
I, 分解後	24000	1.9	151	0.03	0.05	0.38	0.2	0.3	2.1
II, 分解前	66000	2	147	0.47	0.20	0	7.5	3.1	0
II, 分解後	12100	2.7	148	0.09	0.18	0.63	0.3	0.5	1.8

メタセシス分解条件：100-mL 耐圧反応管；共重合体 0.3 g；エチレン 11.5 g；クロロベンゼン 20 mL；温度, 140℃；時間 48 h；WCl_6 0.3 mmol；$SnMe_4$ 0.6 mmol；酢酸プロピル 3 mmol。[a]GPC 測定により決定。[b] ^{1}H NMR により決定。[c]分子量とコモノマー組成より計算。

11 (1 μmol)-MMAO
Al/Zr = 10000
toluene (40 mL)
H_2, 0.1 MPa
0 °C, 1 h

1.80 M　0.23 M

2.5 mol %　2.8 mol %

Yield, 2.29 g; M_n,26 400; M_w/M_n, 2.0
T_m, 125 °C

(11)

Zr−L2
1,2-挿入
1,4-挿入
Zr−L2
(A)
(B)
H
H2
水素化
(C)
(D)

図10　11-MAO による水素共存下でのプロピレン / ブタジエン共重合[35)]

^{t}Bu
Me
Me Si Zr Cl
Cl
^{t}Bu
13

13 (4 μmol)
solid MAO (0.23 g)
toluene
(total 50 mL)
35 °C, 3 min

170 psi　0.5 - 20 mL

n

(12)

Activity,18 - 48 kg/mmol-Zr/h
M_v,23 - 285 kg/mol
St, 0.16 - 8.6 mol %;
T_m, 140 -154 °C; ΔH, 45 61 J/g

x　y

0.42 mol%

200 °C, 3 h

PP
PP

(13)

6c (5 μmol)
$[Ph_3C][B(C_6F_5)_4]$
(10 μmol)
solvent
(total 40 mL)
25 °C, 10 min

1 atm　0.03 - 0.07 M

n

(14)

Activity, 0.84 - 1.35 kg/mmol-Hf/h
M_n, 59 - 102 kg/mol; M_w/M_n, 1.8 - 2.5
T_m, 99 -127 °C; ΔH, 45 - 61 J/g
St, 3.5 - 8.3 mol %;

4　おわりに

シングルサイト触媒の発展により，プロピレンの *iso* 特異的リビング重合が可能となり，*iso*PP 連鎖を有するブロックポリマーの精密重合が可能となった。連鎖長を制御したテトラブロックポリマー，*iso*PP–PE–*iso*PP–PE，が *iso*PP/PE ブレンドの相溶化剤として有効であることが明らかになるなど，*iso*PP の高性能化だけでなくポリオレフィンのリサイクル技術に繋がる成果が得られている。また，*iso*PP への水酸基の導入は，単に親水性を付与するだけでなく，力学物性が向上することが示されている。側鎖水酸基化 *iso*PP を前駆体として合成した側鎖に酸化防止剤を有する *iso*PP は，低分子の酸化防止剤に比べて優れた性能を有することも明らかにされている。また，適切な側鎖官能基を導入することで，熱架橋が可能な *iso*PP も開発されている。このように *iso*PP の高性能化・高機能化に関する技術は着実に進歩してきた。最近，カチオン重合において，キラルな対アニオンを設計することで，*iso*–ポリ(ビニルエーテル）の合成が可能であることが報告された。得られたポリ(イソブチルエーテル）($(M_n = 25{,}000$，$M_w/M_n = 1.4$，$T_m = 138℃$，$T_g = -20℃$）の *iso*–ダイアド（m）は 93%と *iso*PP（$m > 99\%$）と比べれば低いものの，市販の直鎖状ポリエチレンより優れた力学物性を示すことが明らかにされている[38)]。極性基を有する立体規則性ポリマーの可能性を示すものとして，PP 官能基化技術のさらなる展開に期待したい。

文　　献

1） 石油工業協会ホームページ：http://www.jpca.or.jp/4stat/02stat/y7gousei.htm（2019.3.31）
2） R. Geyer *et al.*, *Sci. Adv.*, **2017**, 3, e1700782
3） J. B. Edson *et al.*, "Controlled and Living Polymerizations" A. H. E. Müeller and K. Matyjaszewski eds., p.167, Wiley-VCH（2009）
4） 塩野毅，田中亮，"第 10 章　配位重合によるオレフィンブロック共重合体の合成"，in「ブロック共重合体の構造制御と応用展開」，p.141-156，シーエムシー出版（2018）
5） J. B. Edson *et al.*, *J. Am. Chem. Soc.*, **130**（14），4968（2008）
6） E. Y. Tshuva *et al.*, *J. Am. Chem. Soc.*, **122**（43），10706（2000）
7） V. Busico *et al.*, *Macromolecules*, **36**（11），3806（2003）
8） V. Busico *et al.*, *Macromolecules*, **37**（22），8201（2004）
9） K. C. Jayaratne *et al.*, *J. Am. Chem. Soc.*, **122**（5），958（2000）
10） Y. Zhang *et al.*, *J. Am. Chem. Soc.*, **125**（3），9062（2003）
11） M. B. Harney *et al.*, *Angew. Chem., Int. Ed.*, **45**（15），2400（2006）
12） M. B. Harney *et al.*, *Angew. Chem., Int. Ed.*, **45**（37），6140（2006）
13） G. J. P. Britovsek *et al.*, *Angew. Chem., Int. Ed.*, **41**, 489（2002）

14) J. Wei *et al., J. Am. Chem. Soc.*, **135** (6), 2132 (2013)
15) J. Wei *et al., Angew. Chem., Int. Ed.*, **49**, 1768 (2010)
16) T. R. Boussie *et al., Angew. Chem. Int. Ed.*, **45** (20), 3278 (2006)
17) G. J. Domski *et al., Macromolecules*, **40** (9), 3510 (2007)
18) G. J. Domski *et al., Chem. Commun.*, 6137 (2008)
19) J. M. Eagan *et al., Science*, **355**, 814 (2017)
20) J. Xu *et al., Macromolecules*, **51** (21), 8585 (2018)
21) A. E. Cherian *et al., J. Am. Chem. Soc.*, **127** (40), 13770 (2005)
22) B. P. Brad, K. Nozaki, *Macromolecules*, **47** (8), 2541 (2014) ; A. Nakamura *et al., Acc. Chem. Res.*, **46** (7), 1438 (2013)
23) 特許公開 昭 60-223831；特許公開 2003-183336
24) H. Hagihara *et al., J. Polym. Sci., Part A : Polym. Chem.* **46** (5), 1738 (2008)
25) H. Hagihara *et al., Macromolecules*, **37** (14), 5145 (2004)
26) H. Hagihara *et al., Macromolecules*, **42** (7), 2321 (2009)
27) X. Yuan *et al., Macromolecules*, **43** (9), 4011 (2010)
28) G. Zhang *et al., Macromolecules*, **48** (9), 2925 (2015)
29) G. Zhang *et al., Macromolecules*, **51** (5), 1927 (2018)
30) G. Zhang *et al., Macromolecules*, **50** (18), 7041 (2017)
31) Y. Konishi *et al., ACS Macro Lett.*, **7** (2), 213 (2018)
32) T. C. Chung and D. Rhubright, *Macromolecules*, **26** (12), 3019 (1993)
33) Y. G. Nam *et al., Macromolecules*, **35** (18), 6760 (2002)
34) T. Ishihara *et al., Macromolecules*, **36** (19), 9675 (2003)
35) T. Ishihara and T. Shiono, *J. Am. Chem. Soc.*, **127** (16), 5774 (2005)
36) W. Lin *et al., Macromolecule*, **42** (11), 9675 (2009)
37) X.-Y. Wang *et al., Macromolecules*, **48** (11), 1991 (2015)
38) A. J. Teator and F. A. Leibfarth, *Science*, **363**, 1439 (2019)

第10章　両末端反応性ポリプロピレンを用いた新規共重合体の開発

佐々木大輔*

1　はじめに

ポリプロピレン（PP）は世界で年間6,000万トンを超える生産量[1,2]であり，最も多く生産されているプラスチックである。国内では250万トン程度の生産量で推移しているが，アメリカおよびヨーロッパではそれぞれ750万トンおよび1,000万トンの生産量を保っている。その一方で，シンガポール，中国，インド，中東ではここ10年で生産量が2倍程度まで伸びている[3]。世界的にその伸び率は年間約5%と予測され，今後も需要は増えていく素材である。

その用途は自動車や家電用の射出成形品が50%を占めている[4]。次いでフィルムが20%であり，これは食品用途や雑貨などが含まれている。他に食品トレイなどの押出成形が10%，不織布などの繊維が5%となっており，実に様々な製品に展開されている素材であるといえる。

近年では炭素繊維やセルロース（ナノ）ファイバーといった最先端素材による強化プラスチック開発のマトリックスとしてPPが最も盛んに研究されている。これはPPが軽量でコストパフォーマンスに優れたプラスチックであり，さらには長年の成形加工技術の蓄積によるものである。

PPは炭素と水素から成る代表的な非極性高分子である。化学的に安定なことは長所でもある一方，他の素材との親和性に乏しいという短所でもある。本稿における機能性PPとは主に極性基を導入することで他素材との親和性を高めることを目的としたものを指す。PPに極性基を付与する方法はいくつか挙げられる。①重合時に極性モノマーと共重合，②PPを化学的に変性，③成形したPPの表面処理が代表的である。①では重合触媒の選択によってはシンジオタクチックPPとなり，通常のイソタクチックPPとは異なるPPとなってしまう。また，リビング重合系での極性基の導入ではコスト高になるなど課題はあるが，様々な極性基が付与できる利点もある。②の代表的な例はマレイン酸変性PPや塩素化PPであり，市販されているほど技術は確立されている。しかしながら，PPの主鎖をランダムに変性するので極性基の導入量を増やすとPPの結晶性や強度を損なう。そのため，極性基の導入量は低い。③は成形したPPにコロナ放電，プラズマ処理や紫外線照射などによって極性基を付与する方法で，フィルムの表面処理などは既に確立されている方法である。また，自動車部材などのプライマー処理も確立された表面処理法である。

---

* Daisuke Sasaki　㈱三栄興業　研究開発室　チーフ

これらの方法は現在でも様々な開発が行われているが，実用化されている新しい機能性PPは近年では例がない。しかしながら，炭素繊維やセルロース（ナノ）ファイバーといった最先端素材を用いた強化PPの開発においてはさらなる高強度化が求められており，新しいタイプの機能性PPの出現が待たれている。新しいタイプの機能性PPによって最先端素材だけでなく，既存のガラス繊維強化PPやフィラー強化PPなども高強度化や機能化も可能になると期待できる。

ここでは，新しいタイプの機能性PPの商品化を目指した両末端反応性ポリプロピレンを用いた様々な新規共重合体の合成とその応用の一部について紹介する。

2　両末端反応性ポリプロピレンについて

2.1　イソタクチックポリプロピレンの特性の本質

新しい機能性PPの分子設計において，まずはPPの耐熱性・耐薬品性・力学的物性の本質であるPPの結晶部分と非晶部分を正しく理解する必要がある（図1)。結晶部分は常温では溶媒不溶，融点165℃，低化学反応性であり，それに対して非晶部分は溶媒可溶，常温でゴム状，ラジカルなどに容易に攻撃される。そのため，使用時には酸化防止剤などの添加剤が必要不可欠である。結晶部分はプロピレンのイソタクチック連鎖のみから成り，非晶部分は結晶鎖のループ分子・タイ分子のほか，立体不規則鎖や末端基などから成る。当然ながら導入された極性基は非晶部分に含まれる。マレイン酸変性PPなどにおいては変性度を高くすると結晶性が低くなり，耐熱性と強度の低下の原因となる。まず，効果的な結晶性（融点）を保つためにイソタクチック連鎖長として，50～70程度必要である。これは結晶厚が一般的に50～200 Åとされていることに基づく[5]。これを下回ると低融点化のために耐熱性が低下する。強度を保つためには，非晶部分によって結晶部分が強固に繋がれている必要がある。さらに非晶部分は衝撃を吸収するなど，強度維持においては非常に重要である。つまり，新しい機能性PPを得るために，分子量換算2千～3千程度のイソタクチック連鎖を維持した変性度と非晶部分が存在しなければならない。

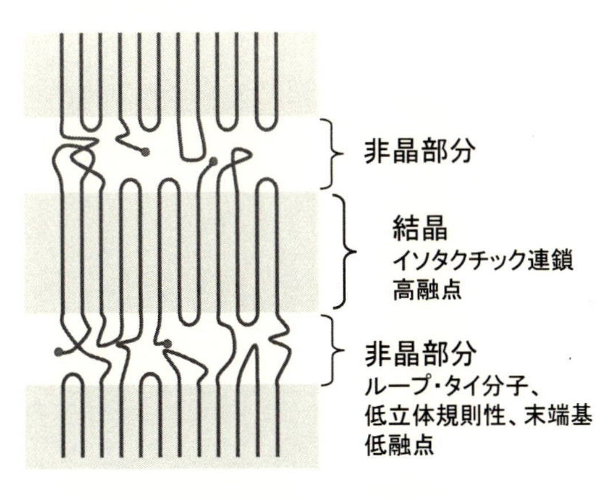

図1　PPの結晶部分と非晶部分について

2. 2　精密熱分解による両末端二重結合ポリプロピレンの合成

本書第2編8章において，澤口はPPなどの汎用ビニル系ポリマーの熱分解において，1次揮発生成物の2次反応を抑制できる精密熱分解技術について述べた。ここではPPの精密熱分解によって得られる両末端二重結合PPについて詳しく述べる。両末端二重結合PPは1分子当たりの二重結合の平均数が1.8，分子量は数千から数万，分子量分布は2.0程度，原料PPの立体規則性を維持している[6]。加えていわゆるホモPPの他に，α-オレフィンを含むランダムPPやブロックPPにも適用可能であり，モノマー組成をほぼ保つことも明らかとなっている[7]。弊社と澤口はグラムスケールのガラス製装置を基にして，2キロ/回の回分式装置を開発[8]し，その後，全く異なる装置メカニズムに展開することで3キロ/時の連続式装置の開発[9]に成功した。それぞれの装置開発において，再現性良くスケールアップできている。

精密熱分解により得られる両末端二重結合ポリプロピレンの分子特性を表1にまとめる。分子量数千程度では原料からやや融点が下がり，フィルム状に成形しても容易に破断するので，これらはプレポリマーとして用い，高分子量化などが必要である。分子量2万以上では融点は原料と同程度，フィルム状に成形はできるが脆い。PPへの添加剤として数%用いても，物性の低下はほとんどない。分子量がそれ以上になると導入できる極性基の量が少なくなるため，極性基の効果が薄れてしまう。

表1　iPPの精密熱分解（回分式，390℃）により得られた非揮発性ポリマーの分子特性

Degradation time (h)	Yield of residue (wt%)	Nonvolatile oligomer							
		M_n (×10^3)	M_w/M_n	Microtacticity			T_m (℃)	f_{TVD}	Processability
				mm	mr	rr			
-	-	155	3.5	97	2	1	165.9	-	++
1.0	97.5	31	3.5	96	2	2	164.0	-	+
1.5	96.8	27	3.4	96	2	2	163.3	-	+
2.0	95.9	25	2.9	96	2	2	160.6	1.71	+
2.5	92.0	21	1.7	94	4	2	158.0	1.74	+
3.0	76.8	7.5	1.7	92	5	3	149.3	1.78	-
3.5	64.5	5.1	1.6	91	5	3	144.3	1.80	-
4.0	55.5	3.5	1.6	88	7	5	140.8	1.64	-
4.5	34.5	3.4	1.3	88	7	6	137.1	1.67	-
Purified volatile oligomer	ca.10	1.0	<1.1	85	11	4	90	1.80	-

2. 3　両末端官能基化ポリプロピレン

両末端二重結合PPの末端ビニリデン二重結合はそのままでは反応性は低いが，有機合成反応には十分に利用できる。その一例を図2に示す。ヒドロキシル基は二重結合のヒドロホウ素化と

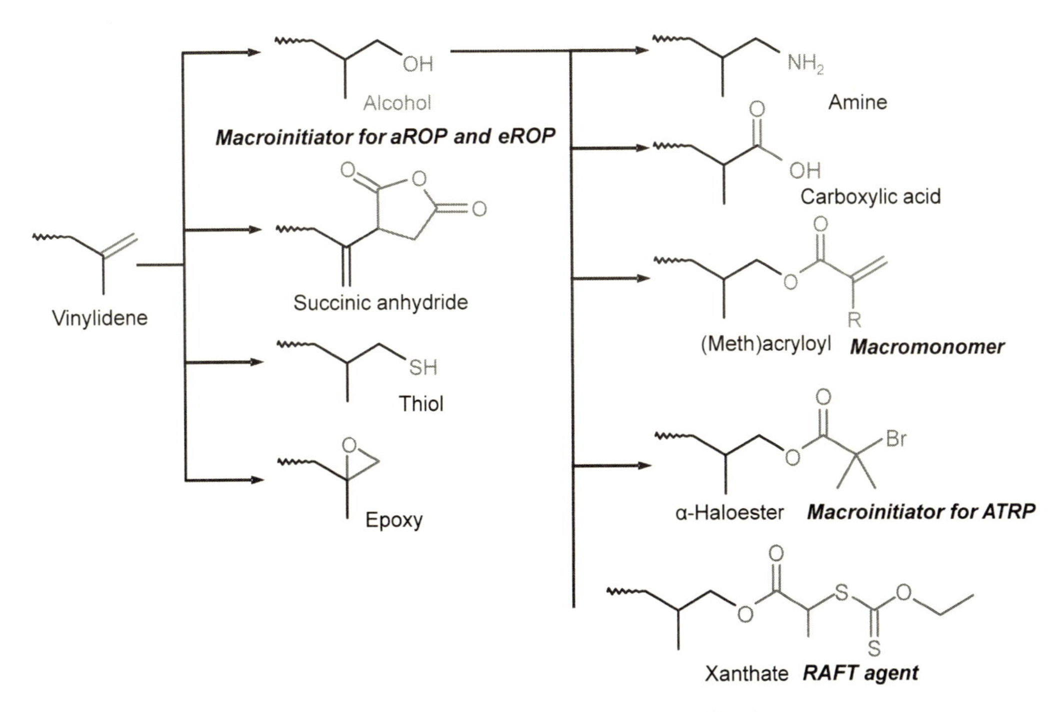

図2　両末端反応性ポリプロピレンの官能基変換

続く酸化反応をスラリー状で行うことによって合成できる[10]。エポキシ基は *m*-クロロ過安息香酸などの過酸によって得られ，さらに開環することで1,2-ジオール体が得られる。また，二重結合のエン反応を利用するとマレイン酸のようなジカルボン酸の導入も可能である[11]。

一般的な有機合成反応条件ではPPは溶媒不要な場合が多いが，これはPPの結晶部分が溶解していないだけで，二重結合を含む非晶部分が溶媒に溶解もしくは膨潤していれば反応は進行する。このようなノウハウの蓄積によってほとんどの有機合成反応が利用でき，今までに様々な官能基をPP末端に導入してきた[12]。

3　新規共重合体の合成

3.1　逐次重合による共重合体の合成

末端ヒドロキシル化PP（iPP-OH）と末端にマレイン酸を導入したPP（iPP-MA）の逐次エステル化によって，PP同士をエステル結合で繋いだ共重合体が得られる。一例としてiPP-OH（M_n＝2,100）とiPP-MA（M_n＝2,400）の逐次エステル化によってPPとPPブロック共重合体（iPP-*b*-iPP）（M_n＝10,000）が得られた結果をまとめる（図3）[11]。このiPP-*b*-iPPの加水分解によって原料とほぼ同じ分子量の生成物が回収された。つまり，重合-分解が可能なケミカルリサイクル性ポリオレフィンを示す共重合体が得られた。

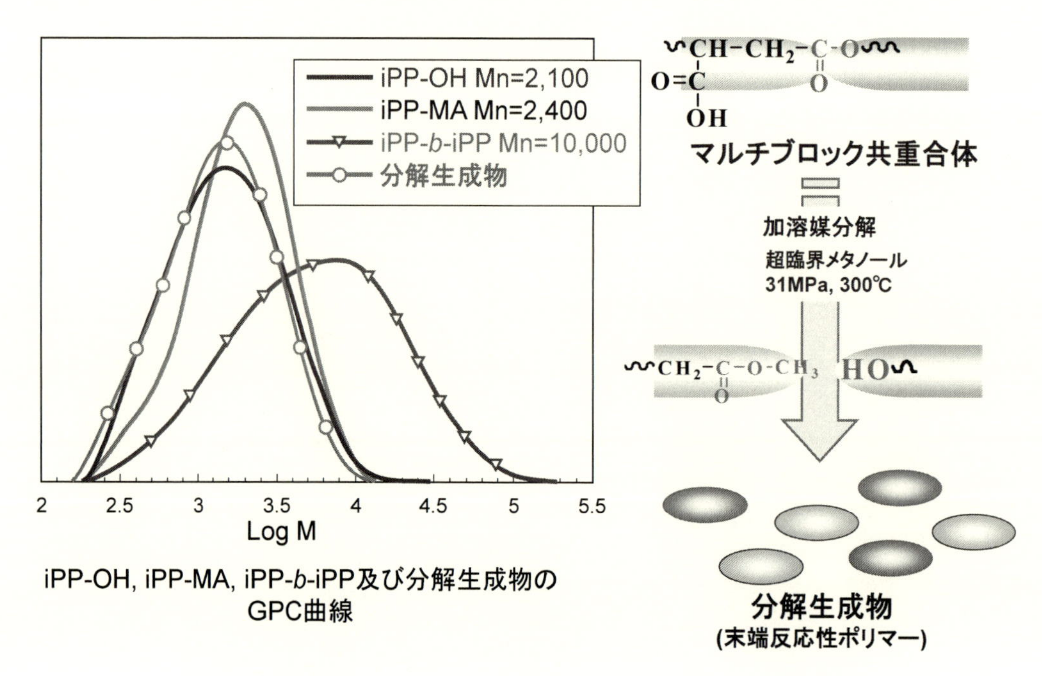

図3　iPP-OH と iPP-MA との逐次重合及び iPP-*b*-iPP の加溶媒分解
～ケミカルリサイクル性ポリオレフィンの合成～

このような逐次重合系への末端反応性ポリプロピレンの応用例としては，ポリオレフィン-ポリオレフィン共重合体だけでなく，ポリエチレンテレフタレートなどのポリエステルやポリカーボネートなど多様な逐次重合系ポリマーとの共重合体への展開が可能である[13)]。エンジニアリングプラスチックと PP との共重合体は PP の高付加価値化の観点としてだけでなく，エンジニアリングプラスチックの低コスト化や軽量化を可能にする技術である。

3.2　リビングアニオン開環重合による共重合体の合成

末端ヒドロキシル化 PP を用いたアルキルアルミニウム触媒のラクチドの開環重合によりポリ乳酸-PP-ポリ乳酸トリブロック共重合体（PLA-PP-PLA）を得ることができる[14)]。ポリ乳酸はそのままでは耐熱性や強度に課題があり，PP とのポリマーブレンドによる改善が行われている。末端ビニリデン二重結合のヒドロキシル化によりマクロ開始剤（iPP-OH，$M_n = 1{,}700$）とし，トリエチルアルミニウム存在下でラクチドのリビングアニオン開環重合を行うと分子量分布の狭い PLA-iPP-PLA トリブロック共重合体（$M_n = 4{,}800$）が得られた（図4）。さらに高分子量体の PP-OH を原料として iPP/PLA ポリマーブレンドを行った。図5にポリマーブレンド破断面から溶媒で PLA を除いた SEM 像を示す。iPP/PLLA は単純ブレンドであり，PLLA が除去されたあとの PP の大きなドメインが観察される。それに対して，相溶化剤として PLA-PP-PLA を 10 wt%加えると，PLLA が除去された部分は細かくなり，ほぼ均一となっているのが分かる。

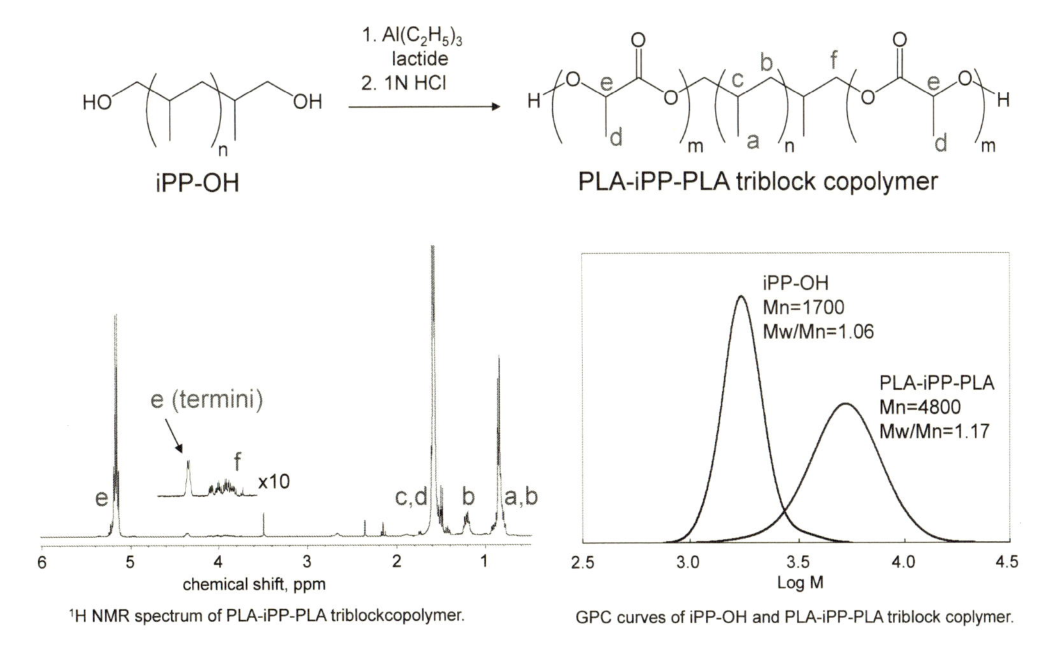

1H NMR spectrum of PLA-iPP-PLA triblockcopolymer.　GPC curves of iPP-OH and PLA-iPP-PLA triblock coplymer.

図4　ポリプロピレン-ポリ乳酸トリブロック共重合体の合成

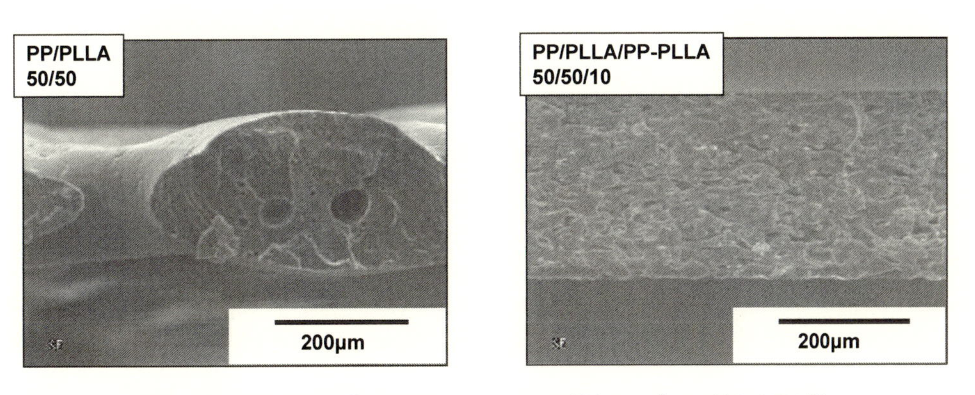

図5　PP/PLLA および PP/PLLA/iPP/PLLA ポリマーブレンドの SEM 像

3.3　リビングラジカル重合による共重合体の合成

可逆的付加開裂連鎖移動（RAFT）重合や原子移動ラジカル重合（ATRP）などのリビングラジカル重合における重合開始点を PP 鎖に導入することで，それぞれ対応した重合を開始できる PP マクロ開始剤が合成できる（式1）[15]。

末端ヒドロキシル化 PP のエステル化によって末端に臭素基を導入することで ATRP のマクロ開始剤として利用できる。開始点は ATRP 開始剤の一般的な化学構造なので，通常の ATRP 触媒にてラジカル重合性モノマーの重合が可能である。図6にその条件と結果をまとめる。典型

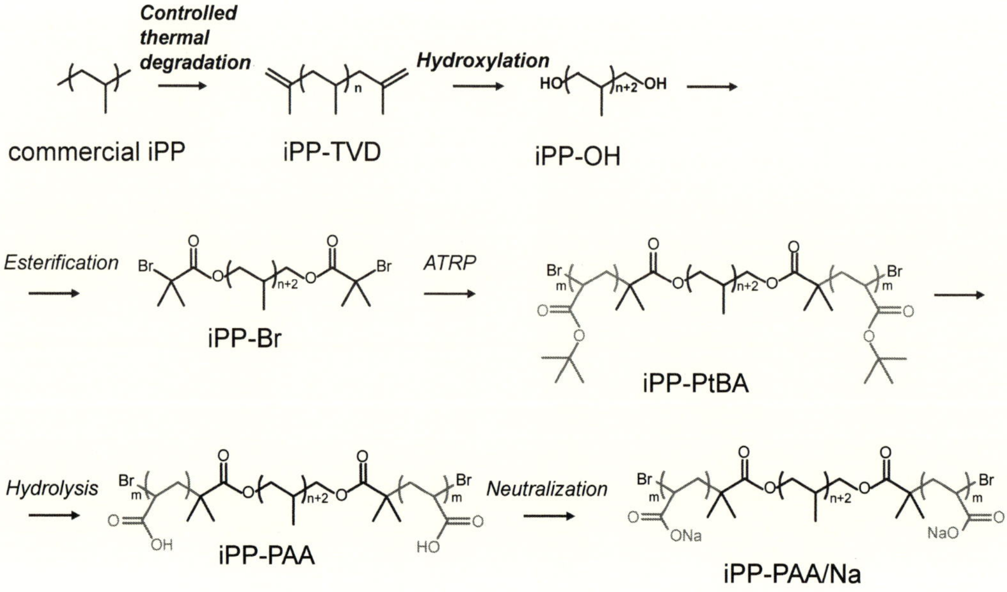

Controlled thermal degradation / Hydroxylation / Esterification / ATRP / Hydrolysis / Neutralization

commercial iPP → iPP-TVD → iPP-OH → iPP-Br → iPP-PtBA → iPP-PAA → iPP-PAA/Na

式１　PP マクロ開始剤を用いた *t*-BA の原子移動ラジカル重合による
ポリプロピレンアイオノマーの合成経路

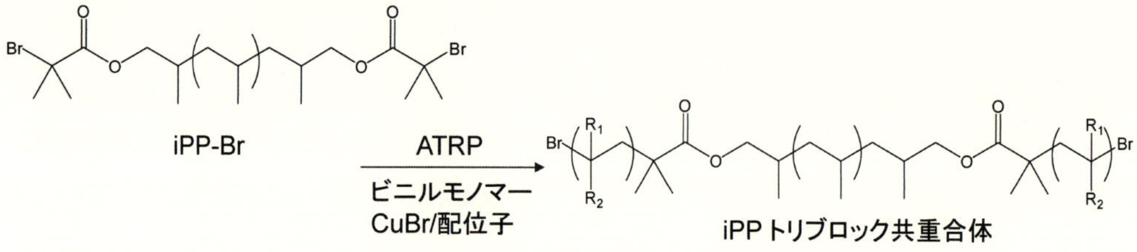

iPP-Br

ATRP
ビニルモノマー
CuBr/配位子

iPP トリブロック共重合体

モノマー	Mn	Mw/Mn	ホモポリマーの特徴	
メタクリル酸メチル	11,000	1.60	Tg=105℃	ガラス状
アクリル酸エチル	10,100	1.57	Tg=-22℃	ゴム状
アクリル酸n-ブチル	10,400	2.25	Tg=-56℃	ゴム状
アクリル酸t-ブチル	12,100	1.63		親水性（加水分解後）
スチレン	8,600	1.24	Tg=100℃	ガラス状

$[I]_0$=0.05mmol, $[CuBr]_0$=0.10mmol, $[PMDETA]_0$=0.1mmol, $[M]_0$=10.0, toluene=3ml, time=3h, temperature=120℃, theoretical Molecular weight=ca. 13,000, monomer conversion=60～80%

図６　iPP をマクロ開始剤とした様々なビニルモノマーの原子移動ラジカル重合（ATRP）

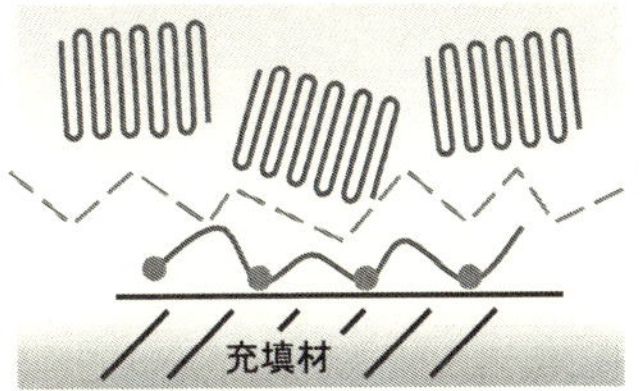

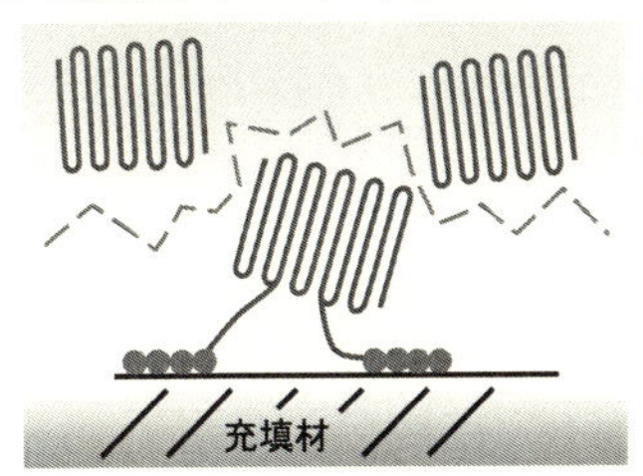

図7　PP アイオノマーの効果

的なアクリル系モノマーとスチレンの重合はリビング的に進行し，狭い分子量分布を保ったまま高分子量化した。この手法により，構造の制御されたPP–ラジカル重合性モノマーとの共重合体の合成が可能となった。ラジカル重合性モノマーの付加量は仕込み量により調整することができ，分子量千以上で合成が確認できている。

ここで最も注目すべきはアクリル酸*t*–ブチルとの共重合後，*t*–ブチル基の加水分解により得られるポリアクリル酸–PP–ポリアクリル酸トリブロック共重合体（PP アイオノマー）である。精密熱分解により得られた末端反応性 PP をセンターブロックとしてアクリル酸を末端に重合できることから，高カルボン酸含量の新しい機能性 PP として期待されている。その添加剤としての効果は，PP マトリックスで一体となり結晶化し，充填剤と面で接着することで高接着力を実現できることが確認されている（図7）。

4　おわりに

新しいタイプの機能性 PP の出現が望まれている中，実用化に至っている例はほとんどない。弊社では精密熱分解による両末端二重結合 PP から PP 系共重合体，さらにはそれらを用いた新しい PP 材料を含めて「ポリプロピレン 2.0」として展開を行っている（図8）。様々な補助金を活用しながら東大柏ベンチャープラザ内にて精密熱分解の連続式装置の開発に成功し，試作量の拡大を進めている。一方で，官能基化や共重合体合成においてはスケールアップやコストダウンを含めて課題も多い。この精密熱分解技術はポリプロピレンだけでなく，透明材料として利用が進んでいるシクロオレフィンポリマーへの適用も可能である。接着や塗装，他の材料との親和性

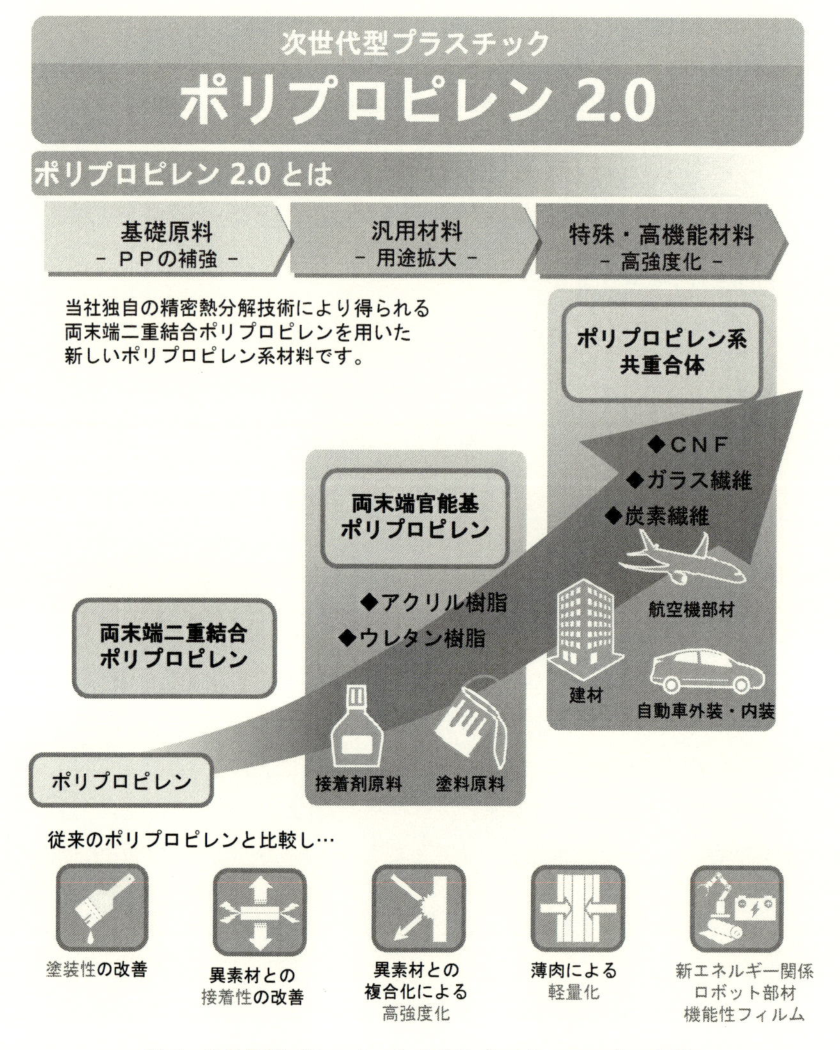

図８　次世代型プラスチック「ポリプロピレン 2.0」の開発

改善に応用展開を行っている。今後は様々な企業や大学，研究機関との協力を国内外問わず進めることで精密熱分解技術の実用化を早期に実現したい。

文　　献

1) Plastics-the Facts 2016, Plastic Europe
2) プラスチック工業連盟，世界のプラスチック生産量（http://www.jpif.gr.jp/5topics/conts/

world3_c.htm）
3）経済産業省製造産業局素材産業課，世界の石油化学製品の今後の需給動向（2018年10月），p.153
4）経済産業省，平成29年　経済産業省生産動態統計年報　紙・印刷・プラスチック製品・ゴム製品統計編
5）N. Pasquini Ed, 横山裕，坂本浩基　翻訳監修，新版ポリプロピレンハンドブック，p.185, 日刊工業新聞社（2012）
6）T. Sawaguchi, T. Ikemura, M. Seno, *Macromolecules*, **28**, 7973（1995）
7）（a）D. Sasaki, Y. Okada, Y. Suzuki, T. Hagiwara, S. Yano, T. Sawaguchi, *Polym. Degrad. Stab.*, **92**, 271（2007）；（b）D. Sasaki, Y. Suzuki, T. Hagiwara, S. Yano, T. Sawaguchi, *J. Anal. Appl. Pyrolysis*, **80**, 312（2007）
8）日本大学，三栄興業，JPA2002-145931
9）化学工業日報1面，2016年11月25日付
10）T. Hagiwara, H. Saitoh, A. Tobe, D. Sasaki, S. Yano, T. Sawaguchi, *Macromolecules*, **38**, 10373（2005）
11）T. Hagiwara, S. Matsumaru, Y. Okada, D. Sasaki, S. Yano, T. Sawaguchi, *J. Polym. Sci. Part A: Polym. Chem.*, **44**, 3406（2006）
12）（a）澤口孝志，三栄興業，JPA2002-220413；（b）澤口孝志，三栄興業，JPA 2004-107508；（c）澤口孝志，三栄興業，JPA2004-277600；（d）澤口孝志，三栄興業，JPA2004-339445；（e）澤口孝志，三栄興業，JPA2005-132760；（f）日本大学，三栄興業，JPA 2013-100390
13）（a）澤口孝志，三栄興業，JPA2005-132920；（b）日本大学，三栄興業，JPA2010-202768
14）日本大学，三栄興業，JPA2009-209174
15）D. Sasaki, Y. Suzuki, T. Hagiwara, S. Yano, T. Sawaguchi, *Polymer*, **49**, 4094（2008）

第11章　ポリスチレンの2サイクルケミカルリサイクル：ポリスチレン熱分解物スチレンダイマーとスチレントリマーからなるポリマーの熱分解

橋本　保[*1]，池田凌麻[*2]，
漆﨑美智遠[*3]，阪口壽一[*4]

1　緒言

四大汎用高分子の一つであるポリスチレンは，日本だけでも現在年間約80万トンの量が生産され，それに伴って多量のポリスチレンが廃棄されている。そこで近年，リサイクルの一つとして，ポリスチレンの熱分解によるケミカルリサイクルが検討されている。しかし，熱分解で得られるスチレンモノマーの収率は約60％であり，すべてをスチレンモノマーに戻すことは困難である[1)]。このとき生じる主な副生成物は末端ビニリデン二重結合を有したスチレン二量体（スチレンダイマー；2,4-ジフェニル-1-ブテン；SD）やスチレン三量体（スチレントリマー；2,4,6-トリフェニル-1-ヘキセン；ST）である。ポリスチレンの熱分解では，スチレンモノマーは二級末端ラジカルによる解重合によって生じるが，副反応として二級末端ラジカルが三位や五位炭素上で水素引き抜きのバックバイティングを起こし，その後主鎖中に生じたラジカルによるβ切断でSDおよびSTを生成すると考えられる[2～4)]。我々は，これらの反応性のSDおよびSTのカチオン重合[5)]とラジカル重合[6,7)]を研究してきた。その中で，SDとは二重結合の電子密度が大きく異なる無水マレイン酸とのラジカル共重合では，高分子量体が生成した[8)]。さらに，様々な置換基の導入が可能な*N*-置換マレイミド（NMI）とのラジカル共重合でも，高分子量体が生成することがわかった[9)]。一方，これらのSDやSTからなるコポリマーのケミカルリサイクルは，まだ実現していない。SDやSTからなるコポリマーのケミカルリサイクルが実現すると，ポリスチレンの材料資源が2度リサイクルされたことになる（2サイクルリサイクル）。そこで本研究では，様々な置換基の導入が可能なNMIとSDまたはSTのコポリマーを合成し，それらを熱分解によって再度モノマーに戻し回収できるかどうか検討を行った。特に，NMIの*N*-置換基の種類がコポリマーの熱分解挙動に与える影響を観察した（Figure 1）。

＊1　Tamotsu Hashimoto　福井大学　大学院工学研究科　材料開発工学専攻　教授
＊2　Ryoma Ikeda　福井大学　大学院工学研究科　材料開発工学専攻　大学院生
＊3　Michio Urushisaki　福井大学　大学院工学研究科　材料開発工学専攻　技術補佐員
＊4　Toshikazu Sakaguchi　福井大学　大学院工学研究科　材料開発工学専攻　准教授

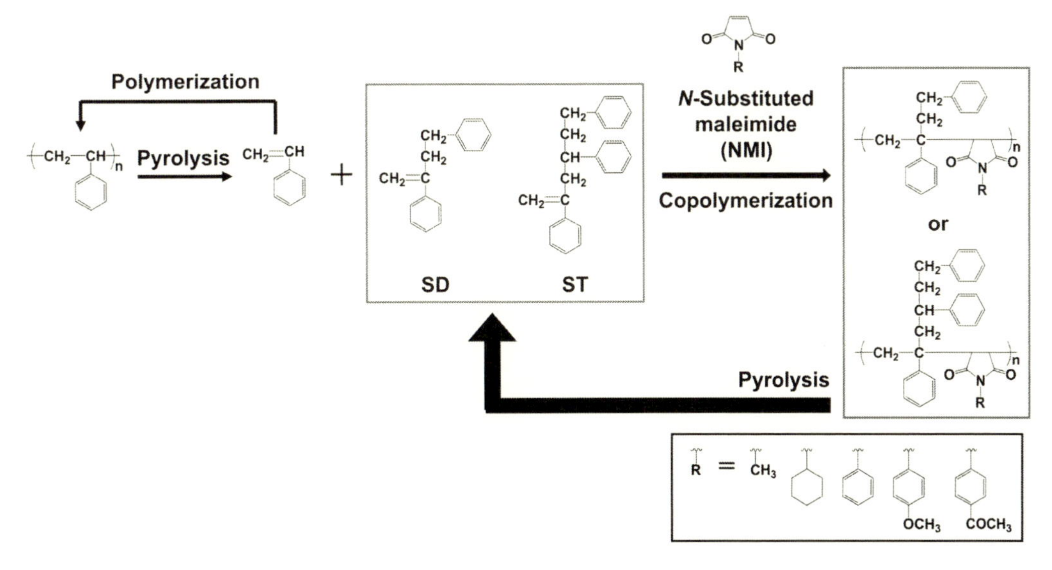

Figure 1　Chemical recycling of polystyrene and styrene dimer- and styrene trimer-based copolymers.

2　実験

2.1　試薬

SDとSTは㈱三栄興業によりポリスチレンの熱分解により製造され，精製されたものをそのまま使用した。スチレン（St；富士フイルム和光純薬工業㈱製，特級）は10 wt％水酸化ナトリウム水溶液，イオン交換水で各3回洗浄後，無水硫酸ナトリウムで一晩乾燥させ，水素化カルシウム上で2回減圧蒸留して使用した。*N*-メチルマレイミド（MMI；東京化成工業㈱製）はメタノール中で再結晶して使用した。2,2-アゾビスイソブチロニトリル（AIBN；富士フイルム和光純薬工業㈱製，特級）はエタノール中で再結晶して使用した。テトラヒドロフラン（THF；キシダ化学㈱製，1級）はモレキュラーシーブスで一晩乾燥させ，水素化リチウムアルミニウム上で2回蒸留して使用した。ベンゼン（富士フイルム和光純薬工業㈱製，特級）は濃硫酸，次いで水で洗浄後，塩化カルシウムで脱水し，水素化カルシウム上で2回蒸留して使用した。*N*-シクロヘキシルマレイミド（CHMI），*N*-フェニルマレイミド（PMI），*N*-メトキシフェニルマレイミド（MPMI）および*N*-アセチルフェニルマレイミド（APMI）は，文献を参考に合成した[10]。そのほかの試薬は，市販品をそのまま使用した。

2.2　操作

2.2.1　SDとMMI，CHMI，PMI，MPMIまたはAPMIとのラジカル共重合，STとPMIとのラジカル共重合とStとPMIとのラジカル共重合による各コポリマーの合成

必要量の開始剤とモノマーおよび溶媒をガラスで作製した重合管に入れた。その後真空ライン

に接続し，凍結-脱気-解凍サイクルを3回行い，重合管を熔封した。重合は，あらかじめ定めた温度のオイルバスに重合管を浸すことで開始した。重合の停止は重合管を氷水で急冷して行った。反応溶液にTHFを加えて希釈し，その溶液をジエチルエーテルに注ぎ，生成ポリマーを沈殿させて精製した。得られたコポリマーはガラスフィルターを用いて回収した。重合率は回収されたポリマーの重量をもとに求めた。

コポリマーの数平均分子量が10,000以上となるように，重合条件を以下の条件に設定した。SDとMMIの塊状重合では，開始剤にAIBNを用いて60℃で行った。モノマー濃度は $[SD]_0=[MMI]_0=3.4$ Mとした。SDとCHMIの溶液重合では，開始剤にAIBNを用いて，THF中，60℃で行った。モノマー濃度は $[SD]_0=[CHMI]_0=1.0$ Mとした。SDとPMIの溶液重合では，開始剤にAIBNを用いて，THF中，60℃で行った。モノマー濃度は $[SD]_0=[PMI]_0=2.0$ Mとした。SDとMPMIの塊状重合では，開始剤にAIBNを用いて60℃で行った。モノマー濃度は $[SD]_0=[MPMI]_0=2.7$ Mとした。SDとAPMIの溶液重合では，開始剤にAIBNを用いて，THF中，60℃で行った。モノマー濃度は $[SD]_0=[APMI]_0=1.0$ Mとした。STとPMIの溶液重合では，開始剤にAIBNを用いて，THF中，60℃で行った。モノマー濃度は $[ST]_0=[PMI]_0=2.0$ Mとした。StとPMIの溶液重合では，開始剤にAIBNを用いて，ベンゼン中，60℃で行った。モノマー濃度は $[St]_0=[PMI]_0=2.0$ Mとした。

2.2.2 poly(SD-*co*-MMI)，poly(SD-*co*-CHMI)，poly(SD-*co*-PMI)，poly(SD-*co*-MPMI)，poly(SD-*co*-APMI)，poly(ST-*co*-PMI) とpoly(St-*co*-PMI) の熱分解

ポリマーの熱分解は昇温速度や系内の圧力，実験装置の形状によって得られる分解生成物が大きく異なってくる[11]。そこで，今回熱分解を行うポリマーの熱分解温度が300～350℃程度と想定し，分解反応温度を300℃とし，Figure 2に示す装置を利用し，約2gのポリマー試料を用いて熱分解実験を行った。反応系内を窒素雰囲気中減圧下にし，反応管内に錠剤状に固めた試料を入れて電気炉で加熱し，300℃で4時間熱分解反応を行った。分解生成物が気化していくが，ニクロム線を巻いている部分（130℃）で還流し，再度電気炉へ戻した。熱分解を充分に進行させ，沸点の低くなった分解生成物を湯煎（80℃）しているトラップ1または液体窒素（－196℃）で冷やしているトラップ2にて回収し，沸点の異なる物質に分けて回収した。

2.3 測定

コポリマーの分子量分布は，ゲルパーミュレーションクロマトグラフィー（GPC）を用いて測定し，標準ポリスチレンにより作成した検量線を基に数平均分子量（M_n）と重量平均分子量（M_w）と多分散度（M_w/M_n）をポリスチレン換算で求めた。溶媒にクロロホルムを用いて測定する場合は，GPC本体には㈱島津製作所製LC-10AD，示差屈折計には㈱島津製作所製RID-6A，プレカラムには昭和電工㈱製Shodex K-G，カラムには昭和電工㈱製Shodex K-807L 1本，Shodex K-805L 1本，Shodex K-804L 1本を直列につないで使用し，カラム測定温度40℃で流速1.0 mL/minで測定し，溶媒にTHFを用いて測定する場合は，GPC本体に㈱島津製作所製

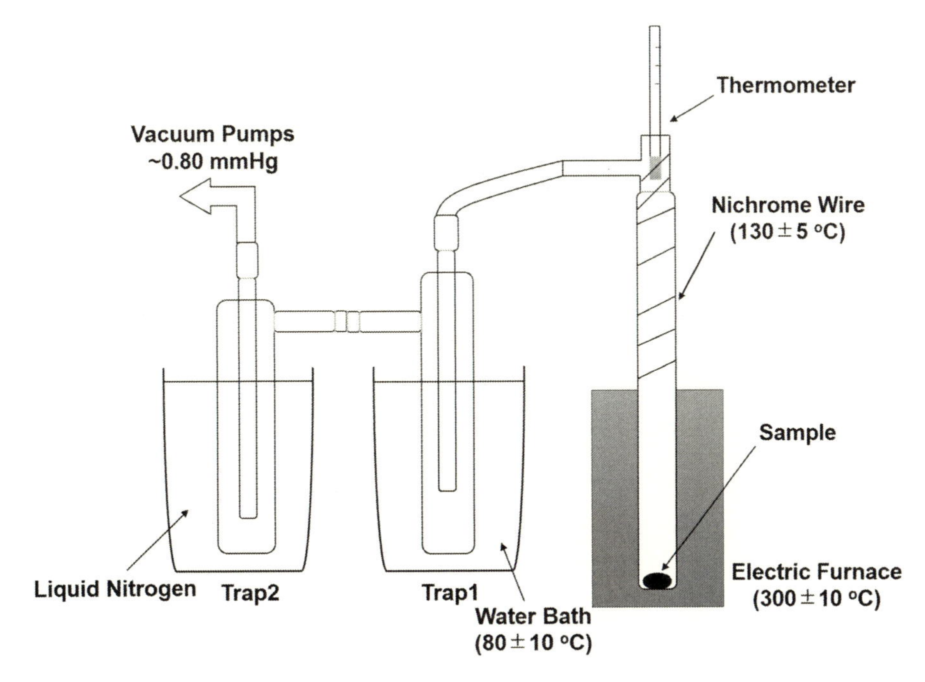

Figure 2　Simplified drawing of the apparatus for pyrolysis of the SD- and ST-based copolymers.

LC-10AD，ゲルプレカラムには昭和電工㈱製 Shodex A-800P，カラムには昭和電工㈱製 Shodex A-80M 2本，Shodex KF-802.5 1本を直列につないで使用し，カラム温度は40℃で流速1.0 mL/min で測定した。プロトン核磁気共鳴（^{1}H NMR）スペクトル測定には，日本電子㈱製 AL-300FT-NMR スペクトロメーターを使用した。内部標準にテトラメチルシラン（TMS），溶媒にクロロホルム-*d* またはジメチルスルホキシド-d_6 を用いて，室温で測定した。

3　結果と考察

3.1　SD と MMI，CHMI，PMI，MPMI，または，APMI とのラジカル共重合，ST と PMI とのラジカル共重合，および St と PMI とのラジカル共重合による各コポリマーの合成

まず熱分解実験に用いるポリマーの合成を行った。各共重合の結果を Table 1 に示す。生成した各コポリマーの組成は，両モノマー単位についてほぼ1：1であった。poly(SD-*co*-MMI) の M_n は 17,500，M_w/M_n は 3.07，poly(SD-*co*-CHMI) の M_n は 21,600，M_w/M_n は 1.44，poly(SD-*co*-PMI) の M_n は 29,800，M_w/M_n は 2.19，poly(SD-*co*-MPMI) の M_n は 21,100，M_w/M_n は 2.30，poly(SD-*co*-APMI) の M_n は 16,100，M_w/M_n は 2.14，poly(ST-*co*-PMI) の M_n は 15,300，M_w/M_n は 1.76，poly(St-*co*-PMI) の M_n は 218,000，M_w/M_n は 1.79 であった。これらのコポリマーを熱分解実験のポリマー試料として用いた。

Table 1 Synthesis of SD-, ST- and St-based copolymers[a]

Copolymer	[Monomer]$_0$, M				[AIBN]$_0$, mM	Solvent	Time, h	Conv., %	M_n[b]	M_w/M_n[b]	Polymer Composition[c]
	SD	ST	St	NMI[b]							SD or ST or St : NMI[d]
poly(SD-*co*-MMI)	3.4	–	–	3.4	20	–	240	69.9	17,500	3.07	1.00 : 1.03
poly(SD-*co*-CHMI)	1.0	–	–	1.0	10	THF	144	60.2	21,600	1.44	1.00 : 1.03
poly(SD-*co*-PMI)	2.0	–	–	2.0	10	THF	120	72.0	29,800	2.19	1.00 : 1.31
poly(SD-*co*-MPMI)	2.7	–	–	2.7	20	–	144	50.2	21,100[e]	2.30[e]	1.00 : 1.07
poly(SD-*co*-APMI)	1.0	–	–	1.0	10	THF	120	76.5	16,100	2.14	1.00 : 0.97
poly(ST-*co*-PMI)	–	2.0	–	2.0	10	THF	144	52.7	15,300	1.76	1.00 : 1.00
poly(St-*co*-PMI)	–	–	2.0	2.0	10	Benzene	144	52.8	218,000	1.79	1.00 : 1.08

[a] Copolymerizations were carried out at 60℃.
[b] Measured by GPC with polystyrene calibration in $CHCl_3$.
[c] Based on ^{1}H NMR peak intensity ratio, SD or ST or St unit : NMI unit.
[d] NMI : *N*-methylmaleimide (MMI), *N*-cyclohexylmaleimide (CHMI), *N*-phenylmaleimide (PMI), *N*-methoxyphenylmaleimide (MPMI) and *N*-acethylphenylmaleimide (APMI).
[e] Measured by GPC with polystyrene calibration in THF.

3.2　poly(SD-*co*-MMI)，poly(SD-*co*-CHMI) と poly(SD-*co*-PMI) の熱分解

poly(SD-*co*-MMI) の熱分解実験の結果を Table 2 に示す。トラップ1からは粘性の高い黄色の樹脂を回収し，トラップ2からは無色の液体と白色の固体を回収した。黄色の樹脂にはSDに加え，不完全分解物が多く含まれていた。無色の液体には，Stに加え，トルエンなどの低分子が含まれており，白色の固体はMMIであった。^{1}H NMRスペクトルの積分比を基に求めた両モノマーの収率を Table 3 に示す。収率［Yield (mol%)］と重量収率［Weight Fraction (%)］は以下の式(1)，式(2)により求めた。

$$Y_{\mathrm{SD}} = \frac{\dfrac{M_{\mathrm{dp}} \times R_{\mathrm{SD}}}{W_{\mathrm{SD}}}}{N_{\mathrm{SD}}} \qquad (1)$$

$$WF_{\mathrm{SD}} = \frac{M_{\mathrm{dp}} \times R_{\mathrm{SD}}}{M_{\mathrm{polymer\ sample}}} \qquad (2)$$

Y_{SD} はSDの収率［Yield (mol%)］，N_{SD} はポリマー試料に含まれるSDの物質量 (mol)，MW_{SD} はSDの分子量 (g/mol)，W_{dp} はSDを含んでいる分解生成物の重量 (g)，R_{SD} は分解生成物に含まれるSDの重量分率 (wt%)，WF_{SD} はSDの重量収率［Weight Fraction (%)］，$W_{\mathrm{polymer\ sample}}$ は熱分解に使用したポリマー試料の重量 (g) である。ほかのポリマーサンプルから生成した各モノマーの収率も同様に求めた。MMIは*N*-置換基がメチル基であり，ポリマーの繰り返し単位間の立体障害が比較的小さくて解重合があまり起こらず，連鎖移動などの副反応が多く起こったことでStや不完全分解物が生じ，モノマー収率が低かったと考えられる。

そこで，解重合が進行しやすくするために，NMIの*N*-置換基をメチル基よりもかさ高いシクロヘキシル基やフェニル基に変更し，ポリマーの繰り返し単位間の立体障害が大きくなるようにした poly(SD-*co*-CHMI) と poly(SD-*co*-PMI) の熱分解の結果を Table 2 に示す。poly(SD-*co*-CHMI) の熱分解で生じた黄色の樹脂内にはSDとCHMIに加え，不完全分解物が含まれていた。無色の液体にはStに加え，トルエンなどの低分子が含まれていた。一方，poly(SD-*co*-PMI) の分解生成物の ^{1}H NMRスペクトルを Figure 3 に示す。poly(SD-*co*-PMI) の熱分解で生じた黄色の液体にはSDとPMIが約1：0.33で含まれており，不完全分解物は含まれていなかった。無色の液体にはStに加え，トルエンなどの低分子が含まれていた。熱分解によるモノマーの収率を Table 3 に示す。NMIの*N*-置換基をメチル基よりもかさ高いフェニル基に変更したことでポリマーの繰り返し単位間の立体障害が大きくなり，そのため解重合が起こりやすくなり，モノマーの収率が上がったと考えられる。また，poly(SD-*co*-CHMI) と poly(SD-*co*-PMI) の熱分解において，poly(SD-*co*-PMI) の熱分解の方がSDモノマーの収率が高く，不完全分解物の有無について違いがあった。この違いは解重合ラジカルの共鳴安定化によると推定される。SDはStのα位にエチルベンゼンが置換している構造をしているため，ラジカル化学種により

Table 2 Pyrolysis Reaction of SD-, ST- and St-based copolymers[a)]

Copolymer	Sample (g)	Reactor	Trap 1[b)]		Trap 2[c)]	
		Residue (g) (Weight Fraction %)	Yellow Resin (g) (Weight Fraction %)	Yellow Liquid (g) (Weight Fraction %)	Colorless Liquid (g) (Weight Fraction %)	White Solid (g) (Weight Fraction %)
poly(SD-*co*-MMI)	1.7716	0.8693 (49.1)	0.4672 (26.4)	-	0.1068 (6.0)	0.1467 (8.3)
	1.8241	0.7132 (39.1)	0.6573 (36.0)	-	0.2113 (11.6)	0.0726 (4.0)
poly(SD-*co*-CHMI)	1.7209	0.9265 (53.8)	0.4573 (26.6)	-	0.2089 (12.1)	-
	1.7144	0.7508 (43.8)	0.5649 (33.0)	-	0.2134 (12.4)	-
poly(SD-*co*-PMI)	1.7561	0.9143 (52.1)	-	0.4567 (26.0)	0.2511 (14.3)	-
	1.8387	0.9193 (50.0)	-	0.5964 (32.4)	0.2295 (12.5)	-
poly(SD-*co*-MPMI)	2.0261	1.2839 (63.4)	-	0.3801 (18.8)	0.2005 (9.9)	-
	1.4872	0.9729 (65.4)	-	0.2901 (19.5)	0.2016 (13.6)	-
poly(SD-*co*-APMI)	1.9349	1.1660 (60.3)[d)]	-	0.3672 (19.0)	0.2964 (15.3)	-
	1.9612	1.1222 (57.2)[d)]	-	0.3611 (18.4)	0.2727 (13.9)	-
poly(ST-*co*-PMI)	1.7854	0.6990 (39.2)	-	0.6754 (37.8)	0.2426 (13.6)	-
	1.7595	0.8194 (46.6)	-	0.5566 (31.6)	0.2917 (16.6)	-
poly(St-*co*-PMI)	1.9428	0.9389 (48.3)	0.4405 (22.7)	-	0.2839 (14.6)	-
	1.9480	0.8285 (42.5)	0.6131 (31.5)	-	0.3651 (18.7)	-

[a)] Pyrolysis at 300℃ for 4h.
[b)] at 80℃ by water bath.
[c)] at −196℃ by liquid nitrogen bath.
[d)] Some of residues were insoluble.

Table 3　Yield of each monomer in Pyrolysis of SD-, ST- and St-based copolymers[a)]

Copolymer	M_1 Yield (mol%) [Weight Fraction (%)]			M_2 Yield (mol%) [Weight Fraction (%)]
	SD	ST	St	NMI[b)]
poly(SD-*co*-MMI)	9 [6]	-	7～12 [4～8]	11～23 [4～8]
poly(SD-*co*-CHMI)	12 [6]	-	15 [8]	3 [1]
poly(SD-*co*-PMI)	42～53 [20～25]	-	18～20 [9]	11～13 [6～7]
poly(SD-*co*-MPMI)	31～34 [15～17]	-	13～17 [7～9]	6～7 [3～4]
poly(SD-*co*-APMI)	20 [10]	-	11～14 [5～7]	7～9 [4]
poly(ST-*co*-PMI)	39～56 [17～24]	13～16 [8～10]	16～18 [10～12]	13～14 [5]
poly(St-*co*-PMI)	-	-	30～41 [11～15]	10～13 [6～8]

a) Yield of each monomer on the basis of content of each monomer in the copolymers.
b) NMI：*N*-methylmaleimide (MMI), *N*-cyclohexylmaleimide (CHMI), *N*-phenylmaleimide (PMI), *N*-methoxyphenylmaleimide (MPMI) and *N*-acethylphenylmaleimide (APMI).

様々な副反応が進行し，純粋なモノマーの回収を困難にしている。しかし，poly(SD-*co*-PMI) の熱分解では Figure 4 に示すように，PMI 末端上に生じる解重合ラジカルが多くの共鳴構造[12)]をとるので安定化し，解重合以外の反応が起こりにくくなり，SD モノマーの収率が上がったと考えられる。

poly(SD-*co*-MMI)，poly(SD-*co*-CHMI) と poly(SD-*co*-PMI) の熱分解の結果の全体像を Figure 5 に示す。NMI の *N*-置換基がかさ高いとモノマー収率が高く，また，ラジカルが *N*-置換基により共鳴安定化するとモノマー収率が高くなった。

3. 3　poly(SD-*co*-MPMI) と poly(SD-*co*-APMI) の熱分解

N-フェニルマレイミドのベンゼン環に電子供与基または電子吸引基を導入し，熱分解におけるその影響を観察した。poly(SD-*co*-MPMI) の熱分解の結果を Table 2 に示す。熱分解後の残渣の量は比較的多かった。熱分解による両モノマーの収率を Table 3 に示す。poly(SD-*co*-PMI) の熱分解のモノマー収率に比べ，SD モノマーの収率は同等であったが，NMI の収率が低かった。これは，フェニル基に加え，メトキシ基が有する酸素原子の非共有電子対が解重合ラジカルの共鳴安定化に寄与し，解重合ラジカルがより安定なラジカルとなったためと考えられる。すなわち解重合以外の副反応が起こりにくくなるが，特に MPMI 単位の末端ラジカルの解重合が進行しにくくなったと考えられる。また，poly(SD-*co*-APMI) の熱分解の結果を Table 2 に示す。

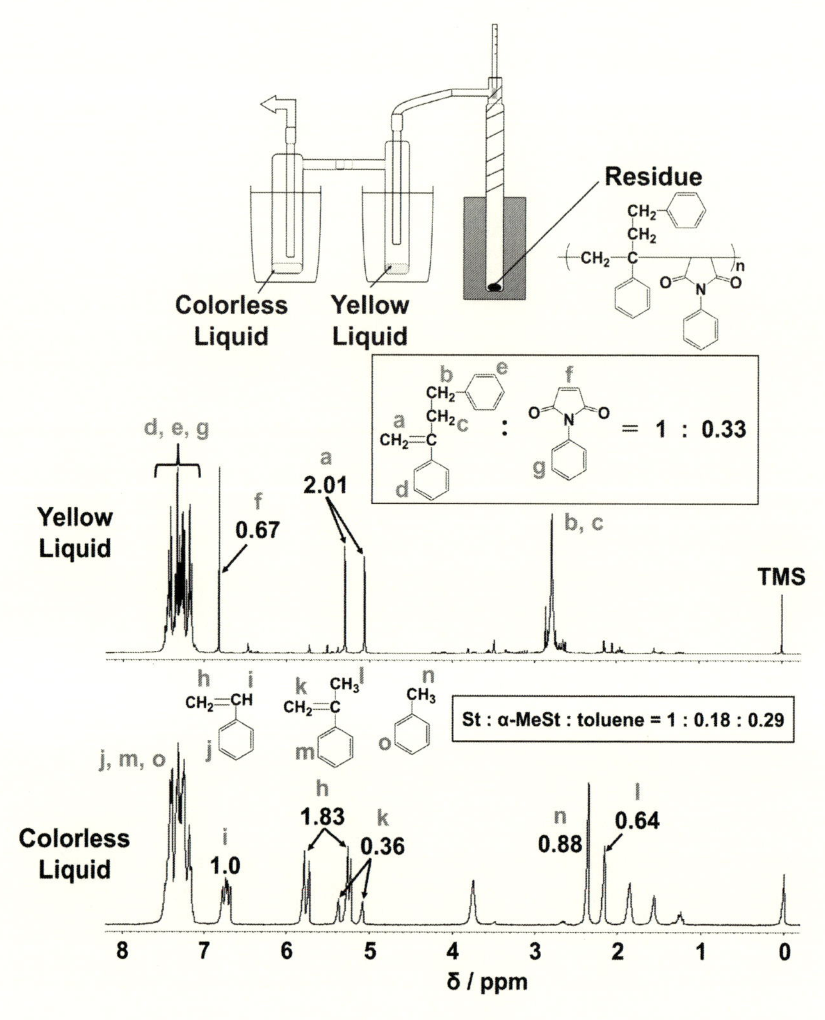

Figure 3 ^{1}H NMR spectra of the thermal degradation products of poly(SD-*co*-PMI).

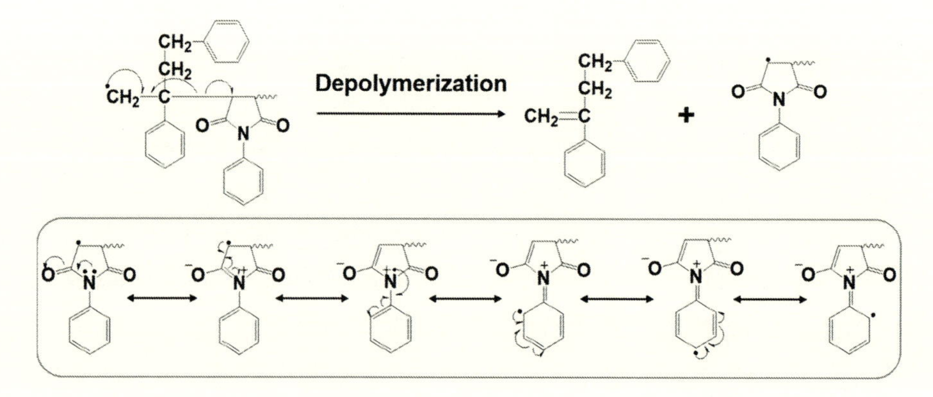

Figure 4 Possible resonance stabilization of the radical derived from pyrolysis of poly(SD-*co*-PMI).

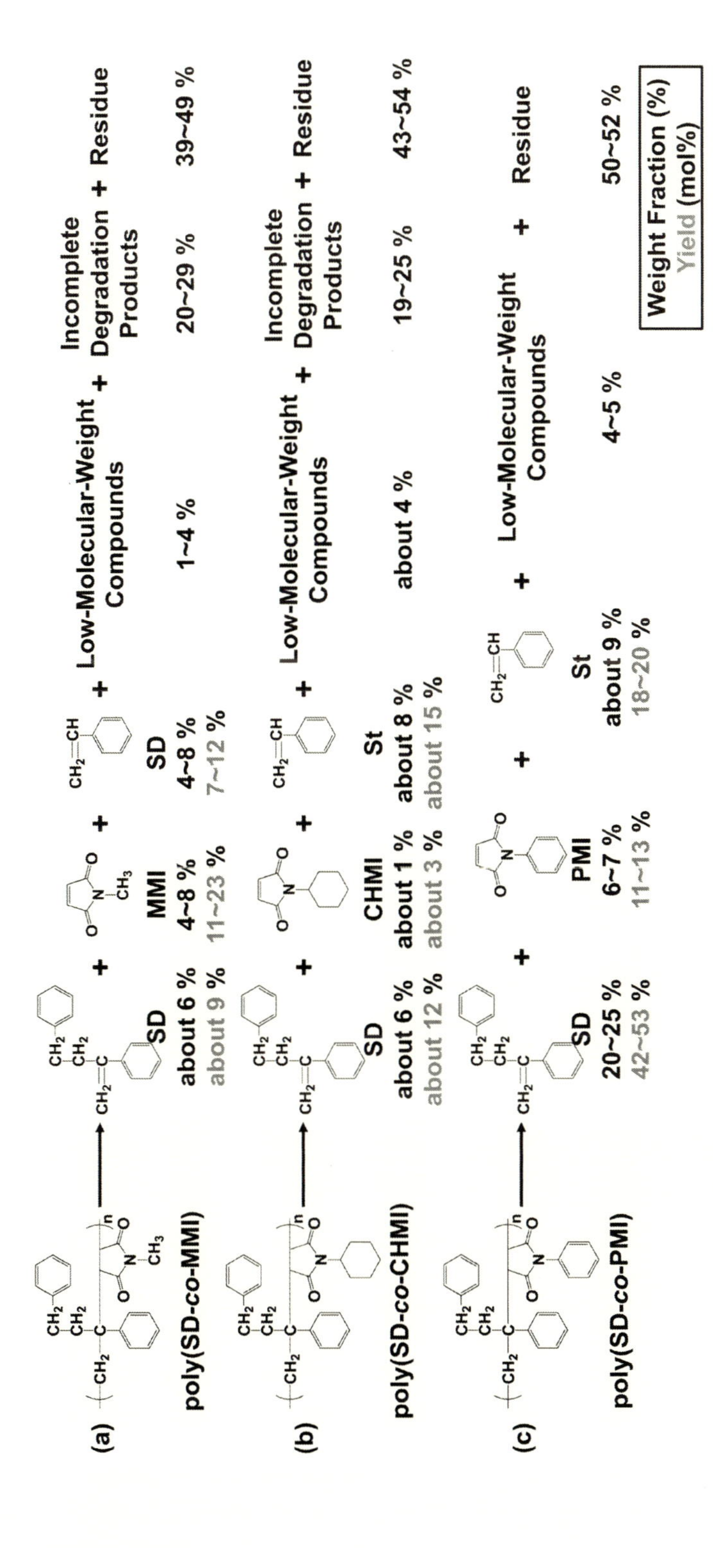

Figure 5　Thermal degradation products by pyrolysis of (a) poly(SD-*co*-MMI), (b) poly(SD-*co*-CHMI) and (c) poly(SD-*co*-PMI).

熱分解後の残渣の量が比較的多く，あらゆる溶媒に溶けない不溶部が混ざっていた。poly(SD-*co*-APMI) の熱分解で生じた黄色の液体にはSDとAPMIに加え，PMIと*p*-アミノアセトフェノンが混ざっており，PMIが生じていることがわかった。すなわち，熱分解中にアセチル基が分解していることがわかった。また，アセチル基が分解し橋かけ反応が起こったことが残渣内に不溶部が生じた原因と考えられる。熱分解による両モノマーの収率をTable 3に示す。SDモノマーの収率はpoly(SD-*co*-PMI) の場合よりも低くなり，APMIの収率も低かった。分解生成物内に*p*-アミノアセトフェノンが混ざっていたことから，アセチル基の電子吸引性により，マレイミドの窒素原子の電子密度が低下することで，マレイミドの窒素原子とカルボニル基の共役が弱まりC-N-C結合が切断して*p*-アミノアセトフェノンが生じたと考えられる。

poly(SD-*co*-MPMI) とpoly(SD-*co*-APMI) の熱分解の結果の全体像をFigure 6に示す。poly(SD-*co*-MPMI) とpoly(SD-*co*-APMI) はどちらもフェニル基を有しているため，poly(SD-*co*-PMI) の熱分解と同様にNMI上に生じる解重合ラジカルが共鳴効果により安定化し，解重合反応以外の反応が起こりにくく，SDモノマーの収率が比較的高かったが，poly(SD-*co*-PMI) の熱分解におけるSDモノマーの収率を上回ることはなかった。

3.4 poly(ST-*co*-PMI) とpoly(St-*co*-PMI) の熱分解

コポリマー中のスチレン誘導体単位のα位の置換基の違いが熱分解に与える影響を観察するため，poly(ST-*co*-PMI) とpoly(St-*co*-PMI) の熱分解実験を行った。結果をTable 2に示す。poly(ST-*co*-PMI) の熱分解で生じた黄色の液体には，モノマーであるSTとPMIに加え，SDが含まれていた。無色の液体にはStに加え，トルエンなどの低分子が含まれていた。分解生成物のモノマーの収率をTable 3に示す。回収した全モノマーの収率は高かったが，モノマーであるSTの収率が低く，代わりにSDの収率が高かった。これはFigure 7に示すように，解重合ラジカルがST単位の置換基に連鎖移動を起こし，安定な第三級の炭素ラジカルが生じ，このラジカルによるβ切断でSDが多く生じたためであると考えられる。また，poly(St-*co*-PMI) の熱分解で生じた黄色の樹脂にはPMIに加え，不完全分解物も含まれていた。無色の液体にはStに加え，トルエンなどの低分子が含まれていた。両モノマーの収率をTable 3に示す。poly(St-*co*-PMI) の熱分解では，poly(SD-*co*-PMI) の熱分解と同様に，PMI末端上に生じる解重合ラジカルが共鳴効果により安定化し，解重合以外の反応が起こりにくいが，St単位のα位にかさ高い置換基が存在しないため解重合が起こりにくく，St末端上のラジカルが分子内への連鎖移動を起こしやすく，連鎖移動で生じた分子鎖中のラジカルによる主鎖切断によって，不完全分解物が多く生じたと考えられる。

poly(ST-*co*-PMI) とpoly(St-*co*-PMI) の熱分解の結果の全体像を，poly(SD-*co*-PMI) の熱分解の結果とともにFigure 8に示す。poly(ST-*co*-PMI) は，ST単位がかさ高い置換基を持っているが，構造中に連鎖移動を起こしやすい部位があるため，STモノマーの収率は高くなかった。poly(St-*co*-PMI) は，St単位にかさ高いα位が存在しないため，Stモノマーの収率は高く

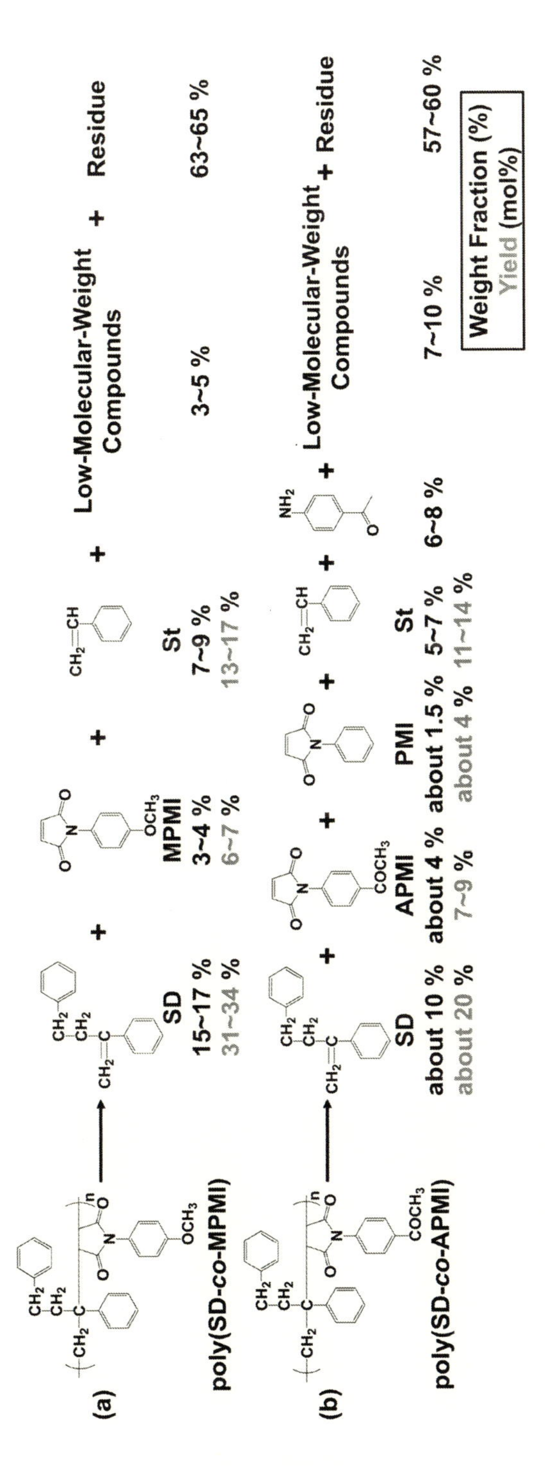

Figure 6 Thermal degradation products by pyrolysis of (a) poly(SD-*co*-MPMI) and (b) poly(SD-*co*-APMI).

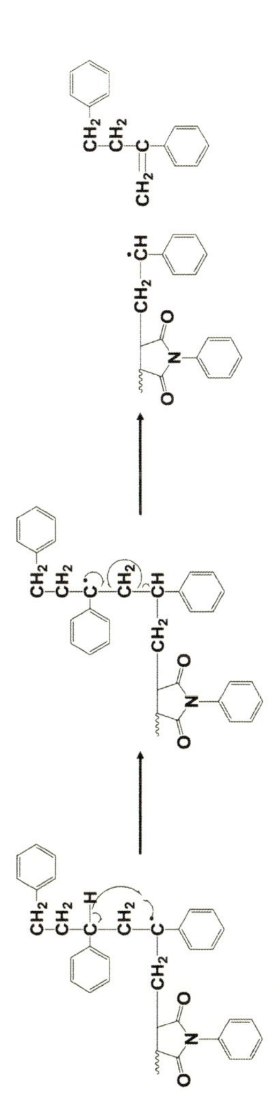

Figure 7 Possible chain transfer reaction of the radical derived from pyrolysis of poly(ST-*co*-PMI).

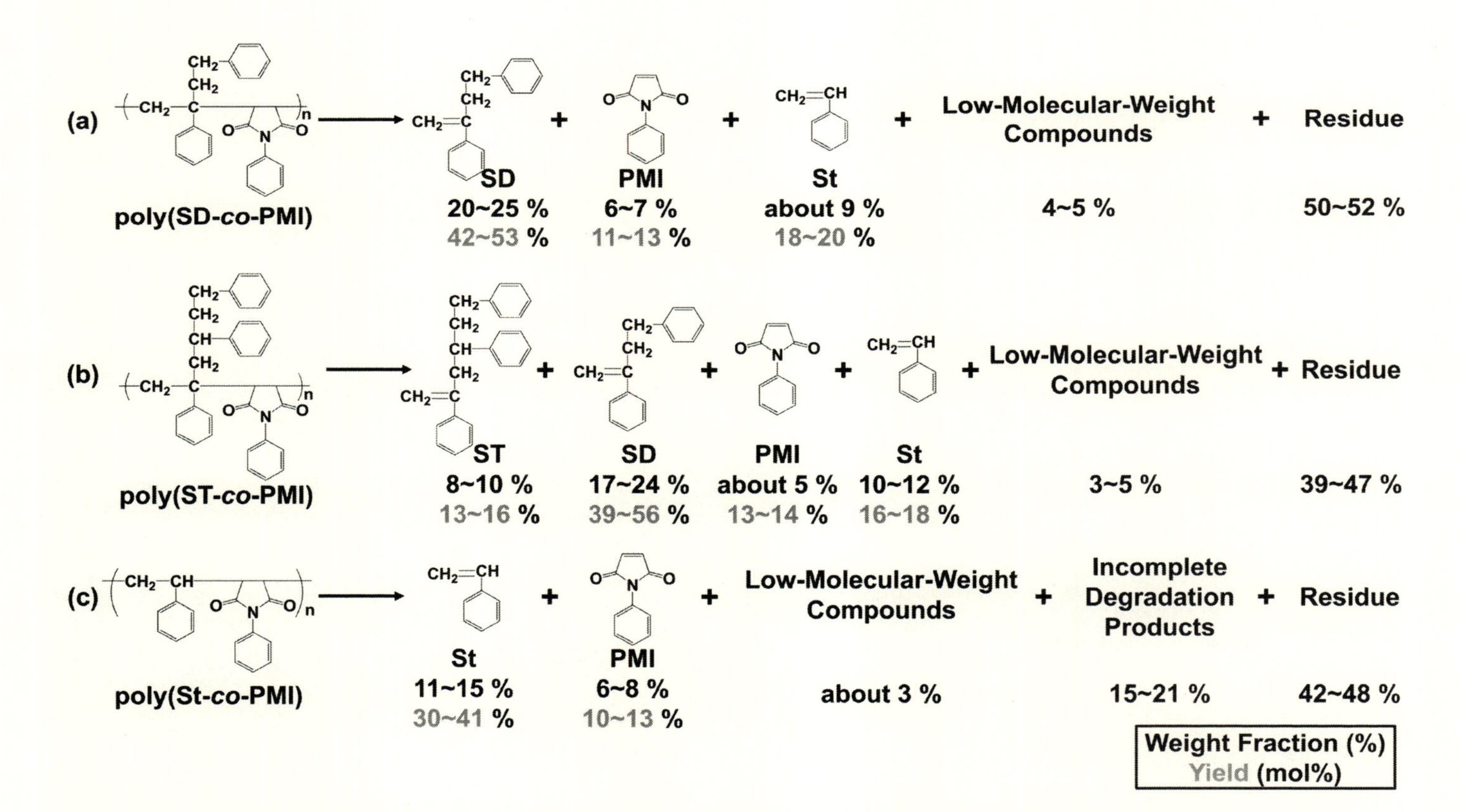

Figure 8　Thermal degradation products by pyrolysis of (a) poly(SD-*co*-PMI), (b) poly(ST-*co*-PMI) and (c) poly(St-*co*-PMI).

なかった。poly(SD-*co*-PMI) は，コポリマー中のスチレン誘導体単位の α 位の置換基に連鎖移動を起こしやすい部位はなく，SD モノマーの収率が高かった。

4　結論

ポリスチレンの熱分解で生じる副生成物であるSDまたはSTと5種類のNMIとをそれぞれ共重合させ，熱分解ポリマー試料poly(SD-*co*-MMI)，poly(SD-*co*-CHMI)，poly(SD-*co*-PMI)，poly(SD-*co*-MPMI)，poly(SD-*co*-APMI)，およびpoly(ST-*co*-PMI) を合成し，それらの熱分解によるモノマーの再生と回収を検討した。熱分解によるモノマーの収率が最も高かったのは，poly(SD-*co*-PMI) であった。これは，このコポリマーが，*N*-置換マレイミド単位にかさ高い置換基と解重合ラジカルを共鳴安定化できる置換基を持ち，なおかつ，スチレン誘導体単位中に解重合ラジカルが連鎖移動を起こしやすい部位を持たないためであることがわかった。したがって，ビニルポリマーの解重合によるモノマーの収率を上げるためには，末端の解重合ラジカルが共鳴安定化して解重合以外の反応を起こしにくくすることと，末端ラジカルにかさ高い置換基が存在してその立体障害により β 位の結合の切断を促進することがまず重要である[1,13]。加えて，ポリマー分子鎖中に末端ラジカルが連鎖移動を起こしやすい部位を持たないことが必要である。

文　献

1)　高分子学会編，“基礎高分子化学”，7.4節　高分子の分解とリサイクル，東京化学同人 (2006)
2)　黒木　健，本田　孟，関口優紀，小川太一，澤口孝志，池村　糺，日本化学会誌，**1977**, 894-901 (1977)
3)　澤口孝志，黒木　健，磯野達男，池林信彦，池村　糺，日本化学会誌，**1977**, 1056-1062 (1977)
4)　澤口孝志，高分子加工，**46**, 375-380 (1997)
5)　M. Ohara, T. Hashimoto, M. Urushisaki, T. Sakaguchi, T. Sawaguchi, and D. Sasaki，高分子論文集，**66**, 483-490 (2009)
6)　M. Ohara, T. Hashimoto, M. Urushisaki, T. Sakaguchi, T. Sawaguchi, and D. Sasaki，高分子論文集，**66**, 498-502 (2009)
7)　M. Ohara, T. Hashimoto, M. Urushisaki, T. Sakaguchi, T. Sawaguchi, and D. Sasaki，高分子論文集，**67**, 143-146 (2010)
8)　T. Kimura, T. Hashimoto, M. Urushisaki, T. Sakaguchi, T. Sawaguchi, and D. Sasaki，高分子論文集，**72**, 155-164 (2015)
9)　T. Kimura, T. Hashimoto, M. Urushisaki, T. Sakaguchi, T. Sawaguchi, and D. Sasaki，高

分子論文集，**73**, 124-133 (2016)
10) Y. - L. Liu, Y. - J. Chen, and W. - L. Wei, *Polymer*, **44**, 6465-6473 (2003)
11) 神戸博太郎　編，高分子の熱分解と耐熱性，6 高分子の熱分解機構，pp. 217-251，培風館 (1974)
12) M. Urushisaki, H. Aida，高分子論文集，**36**, 447-453 (1979)
13) 橋本　保，高分子，**57**, 350-353 (2008)

第12章　求核体を用いたポリ塩化ビニルの化学修飾

吉岡敏明*

1　はじめに

海洋プラスチック問題と中国の廃プラスチック輸入規制など，プラスチックを取り巻く様々な社会状況が激変している。これらの対策として，プラスチックの使用を限定するとともに3R（リデュース，リユース，リサイクル）を促進させることで，環境保全と資源循環を両立させる取り組みが戦略的に提唱されている。

現時点で市場に出回っているプラスチック樹脂は230種類を越えるが，なかでもPVC樹脂は安価であること，耐久性があること，加工・成型性に優れること，難燃性であることなど多くの特性を有している。さらに，可塑剤，充填剤，安定剤，および改質剤などの添加剤を加えることで，硬質から軟質品まで多岐に渡って使用できるため，他のプラスチックでは代替不能な用途が多く，ポリエチレン，ポリプロピレン，ポリスチレンと並んで代表的な樹脂のひとつである。塩ビ管・継手，農ビフィルムなどの一部の製品は，集荷体制が確立されていること，材料の劣化が少ないこと，再生品の用途展開が比較的進んでいることによりマテリアルリサイクル比率が28%に達する樹脂でもある[1]。

塩ビ製品を組成から分類すると，パイプや波板，農ビなどのように塩ビと添加剤のみからなる製品（単体製品）と，壁紙，タイルカーペットなど繊維，紙，木などの異種の素材と複合したもの（複合製品）とに大きく分かれる[2]。単体製品はマテリアルリサイクルしやすいが，複合製品は異種材料の分離技術がないとマテリアルリサイクルは困難である。また単体製品でも汚れの激しいものや，他の廃棄物と混合して排出されたものは，選別してマテリアルリサイクルすることが困難な場合が多い。容器包装，家電製品，自動車などの分野では，廃棄されるものの中に塩ビ製品が混入した場合のリサイクル市場がなく，現実的には焼却によるエネルギー回収が選択されるが，塩ビの混入は塩化水素の発生による装置腐食の観点から埋立処分されるのが実情である。

これまで様々なPVCの脱塩素が行われてきたが，その脱塩素生成物は高炉還元剤などとしてカスケード利用を念頭に入れているが，特に有効利用はされていない。そのため，今後PVCの資源循環や排出抑制を進めるためには，汎用性の高いケミカルリサイクル技術の発展および新たなリサイクル技術の開発も不可欠である。

これまで著者らは，PVCホモポリマーをNaOH/EG中において処理した場合，高度に脱塩素可能であることを明らかにしてきた[3~10]。脱塩素の際にはHClの脱離以外にも求核置換反応も進

＊　Toshiaki Yoshioka　東北大学　大学院環境科学研究科　教授

むため，この置換反応を進めることによってPVCに他の官能基を導入し，新たな機能を付与できれば，その後の有効利用の広がりが期待できる。

PVCの置換反応に関してはさまざまな研究がなされているが，PVCの脱塩素反応において置換反応を選択的に進行させるのは難しく，目的とする機能を付与できる求核体，反応溶媒，温度や求核体の濃度などさまざまな視点からのアプローチが必要である。またPVCに機能付与するにあたって，例えばPVCの性質を残しつつ一部のClのみを置換することやPVCの表面のみを反応させることなど，目的に応じて置換反応を進めるアップグレードリサイクルの観点から試みた例がほとんどない。ここでは，この脱塩素技術を応用して，PVCそのものに化学修飾することによってリサイクル製品の付加価値を高める新しいリサイクル技術としての求核置換反応について紹介する。

2 PVCの脱塩素反応と置換反応

2.1 PVCの脱塩素反応

PVCは200～250℃の比較的低温でラジカル的Zipper反応によりポリ塩構造を生成する脱塩化水素が進行することが知られており[11]，樹脂，電線被覆材[6]や硬質PVC[7]の熱分解挙動についても非常に多くの研究がなされている。

一方，溶液中ではイオン的Zipper反応が進行し[12,13]，OH^-のE2反応により脱塩化水素する[14,15]。この他，*n*-ブチルアミン[18]，カリウムメトキシド，エトキシド，*n*-ブチルオキサイド[19]等の有機塩基も無機塩基と同様に求核脱離反応で脱進行する。また，PVCの溶剤としてジメチルスルホキシド（DMSO）を用いて水とアルカリを添加することで，比較的穏やかな条件でほぼ置換反応（S_N2）のみで脱塩素が進行する[16,17]。

湿式法による脱塩素技術に高温NaOH水溶液を用いる方法がある[3~10]。NaOH水溶液中ではPVCの脱塩素速度は乾式熱分解よりも大きく，実際の廃プラスチックにおいても高度に脱塩素できる。一方，NaOH/エチレングリコール（EG）中でPVC粉末を処理した場合，大気圧下，NaOH水溶液の場合より穏やかな条件で高度に脱塩素できる[9]。EGは水よりもPVCとの相溶性がよく，粒子の内部まで浸透することができるためである。また，NaOH水溶液およびNaOH/EG中において乾式の場合より穏やかな条件で高度に脱塩素可能なのは，脱離反応のみではなくOH^-による置換反応も起きているためである。この方法については実際の廃プラスチック（自動車のシュレッダーダスト）を用いて検討されている[10]。

2.2 PVCの置換反応

PVCは高分子のハロゲン化アルキルであるため，低分子のハロゲン化アルキルの求核置換反応のように，求核体と反応させることでPVC主鎖にClとは異なる置換基を導入することができる。しかしながら，PVCの求核置換反応は副反応として脱離反応が起きること，置換率や脱離反応率が求核体や反応溶媒の種類，その他実験条件に大きく影響されることなどから，目的に合う結果を得ることが難しく，今日でもさまざまな研究がなされている。

PVCを多量のアニリンと100℃以上に加熱すると脱離およびN置換も伴うが，置換体の70%以上が核置換した可溶性のアニリン誘導体を与える[18]。ジチオカルバメートはDMF中でPVCに対して高い反応性を示す[19]。ナトリウムジアルキルジチオカルバメートとPVCとをDMFに溶解し，50～60℃に加熱すると～35%のジアルキルジチオカルバメートが導入される。チオフェノールもDMF中でPVCと反応し，置換率は78%にも達する。亜硝酸ナトリウムもDMF中，低温で反応し約10%のニトロ基を導入するが，同時にC≡Cを副生するという報告がある[20]。PVCをDMF中でアジ化ナトリウムと反応させると60℃で30%以上のアジド構造が導入できる[21]。

3　KSCNを用いたPVCの化学修飾[22,23]

求核置換反応によってPVCに他の官能基を導入により，新たな機能が付与できる。例えば，チオシアン酸イオン（SCN^-）はラクトペルオキシターゼと過酸化水素の共存によりブドウ球菌などの細菌を殺菌する性質がある。また，チオシアン酸エステル（R-SCN）は抗菌剤，防虫剤，防カビ剤として用いられており[24～26]，チオシアン酸エステルの異性体のイソチオシアン酸エステル（R-NCS）のひとつであるイソチオシアン酸アリルも細菌の増殖を阻害することが知られている。特にイソチオシアン酸アリルは別名からし油と呼ばれ，ワサビに含まれる辛味成分で抗菌・防虫・防カビ作用があり，それらが抗菌剤，防カビ剤として応用されつつある。以上のことから，置換反応によりPVCにSCN由来の置換基を導入できれば，PVCそのものに対して抗菌性付与が期待でき，付加価値をつけることができるため，アップグレードリサイクルの観点からもその意義は大きい。著者らはPVCにSCN由来の置換基の導入を検討し，数%置換するだけで，PVC表面への細菌の付着を抑制できることを見出した[23]（Fig. 1）。しかし，この場合，抗菌性の発現はSCNそのものの効果にあるのか，あるいはまたSCNの導入によってPVC表面の物性変化による効果であるかは，今後精査する必要があるとみている。

溶媒をTHFとした場合，PVCは溶媒に溶解し，均一系で反応可能なため，添加剤を含んだ軟質および硬質PVCを用いた場合，THFに溶解しない添加剤とPVCとを分離できる。また，THFは非プロトン性溶媒であるためアニオンを溶媒和しにくく，S_N2反応に有利に働く。さらに最近では，THF/ポリエチエングリコール系で水酸化カリウムを用い，室温下，1 hで98%の脱塩素率が得られること[21]や，THF/DMSO系で亜硝酸ナトリウムを用いて，室温下，24 hで73%の置換率が得られること[27]などが報告されており，THF溶媒を用いたPVCの置換反応は室温下の比較的穏やかな条件でも進行することが明らかになってきた。

一方，求核体として用いるKSCNはTHFには溶解しないため，KSCNは予め別の溶媒に溶解しておき，その後それらを混合するという方法で反応を行う。KSCNを溶解させる溶媒には，混

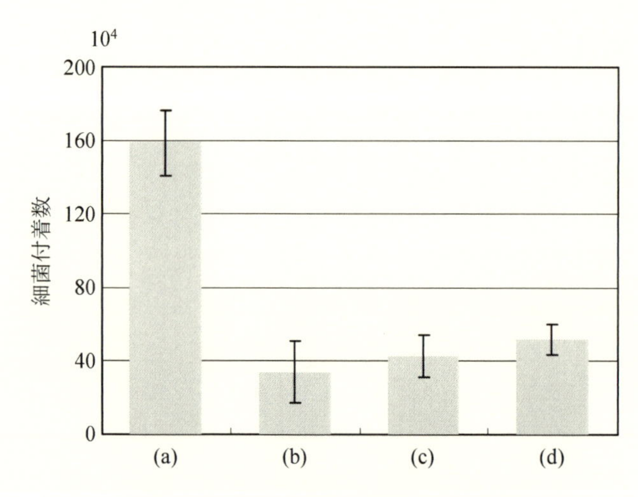

Fig.1 Result of bacterial adhesion study.
(a) PVC；(b) SCN-PVC, Substitution-3.8%, Elimination-0.4%；
(c) S-18.7%, E-10.2%；(d) S-3.8%, E-1.0%.

Table 1 Solubility parameter.

	δ [$MPa^{1/2}$]
PVC	19.8
THF	18.6
DMSO	29.7
EG	29.9
水	47.9

合後PVCが析出しないことが課題であり，DMSOを用いることで解決できる。つまり，THF/DMSO混合溶媒系である。DMSOは60℃程度でPVCを溶解することが知られており，THFほどではないがPVCとの相溶性が高いことが原因と考えられる。なお，DMSOもTHFと同様に非プロトン性溶媒であるためS_N2反応が起こる際に有利である。また，THFやDMSOは水と比較するとPVCとの溶解度パラメータ（Table 1）の差が非常に小さい。この差が小さいほどPVCと溶媒との固液界面が活性化されPVC内部まで溶媒が浸透でき，より均一系となり反応性が向上すると考えられる。

3.1 FT-IRによる構造解析

THF/DMSO混合溶媒系における反応生成物の構造を分析結果から考察する。Fig. 2にPVCおよびSCN置換PVCのFT-IRスペクトルを示す。(a)は反応前のPVCのスペクトル，(b)は本研究で用いたTHF/DMSO混合溶媒系で，室温で反応させたときのSCN置換PVCのスペクトルである。さらに比較対象として(c)にDMF溶媒を用いて100℃で反応させたときのSCN置換PVCのスペクトルを示した。

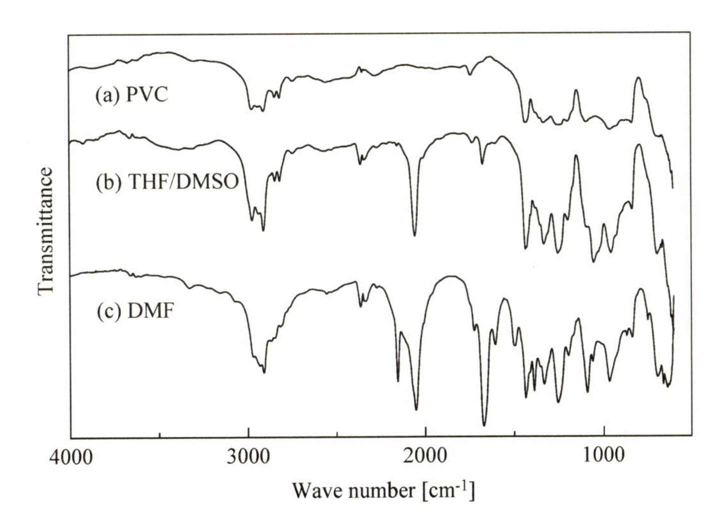

Fig.2　FT-IR spectra.
(a) PVC；(b) PVC reacted in THF/DMSO；(c) PVC reacted in DMF.

(a)のPVCのスペクトルでは特徴的な吸収として2,913および2,917 cm^{-1}のC-H伸縮振動の吸収および700 cm^{-1}付近のC-Cl伸縮振動による吸収が確認できる。(c)ではこのC-Cl伸縮振動による吸収は減少し，脱塩素が進行していることがわかる。実際に(c)の脱塩素率は約30%であった。しかし，(b)では(c)ほどの減少は確認できず，脱塩素率が極端に低いことが予測される。

SCN由来の吸収としては，2,155 cm^{-1}にチオシアネート構造（-S-C≡N伸縮振動），2,065 cm^{-1}にイソチオシアネート構造（-N=C=S逆対称伸縮振動）が確認できることがわかっている。(c)ではこれら2本の吸収が見られ，-S-C≡N，-N=C=Sの2つの構造が存在しているが，(b)では2,065 cm^{-1}の吸収のみが確認できるため，本研究のTHF/DMSO混合溶媒系では-N=C=Sを選択的に置換できたと言える。理由として，チオシアン酸エステル（R-S-C≡N）は加熱されたり，紫外線照射されたりすることで熱力学的により安定な異性体であるイソチオシアン酸エステル（R-N=C=S）に異性化することが挙げられる。またシアン化物イオン（CN$^-$）は求核反応の際に，反応系によっては溶媒和や触媒の影響でイソシアン化物イオン（NC$^-$）の方が安定となり異性化して基質に攻撃するという報告もあり，同様にTHFやDMSO溶媒の溶媒和の影響でチオシアン酸イオン（SCN$^-$）がより安定なイソチオシアン酸イオン（NCS$^-$）に異性化したとも考えられる。

他に顕著なピークとして，大きさは異なるものの，(b)，(c)の1,600～1,730 cm^{-1}にC=C伸縮振動による吸収が見られた。これは置換反応の副反応として脱離反応が起きたことを示している。

3.2 脱離反応の進行

Fig. 3にPVC(a)およびTHF/DMSO混合溶媒系で反応させたSCN置換PVC(b)のUVスペクトルを示す。(b)のスペクトルでは224 nmに大きな吸収が見られた。UVスペクトルでは現れる吸収は炭素の共役二重結合に由来するため，本反応系ではScheme 1で示したようなE2脱離反応が起きたことがわかる。また，吸収が現れる波長は炭素の共役二重結合の長さで決まり，共役二重結合が長くなるにつれて長波長領域に吸収が現れる。よってTHF/DMSO混合溶媒系で反応させた置換PVCにはジエン程度の長さの共役二重結合構造が存在すると考えられる（Scheme 2）。

溶液中における脱塩素反応はイオン機構で進行するが[12)]，これもZipper反応であることが報告されている[13)]（Scheme 3）。しかしながら本反応の生成物の共役二重結合はジエン程度の長さで非常に短いためZipper反応は起こっていないということになる。これはPVCを溶解する溶媒を用いたことで置換反応がポリマー鎖において均一的に起こり，その置換基のところで連鎖反応がブロックされたためと考えられる。

1.0
0.0
Abs
(b)
(a)
200
250
300
350
Wave length (nm)

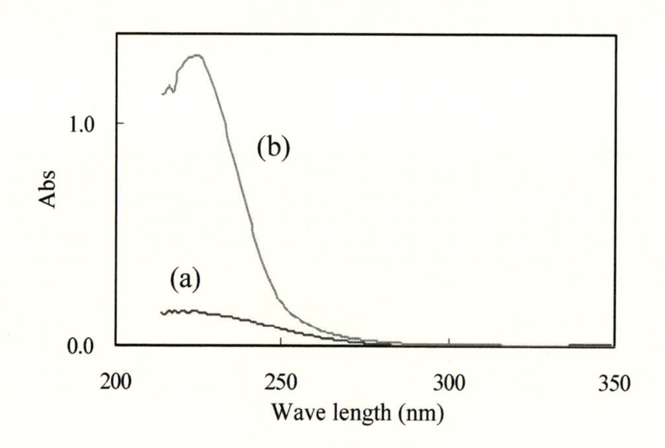

Fig.3 UV spectra.
(a) PVC；(b) PVC reacted in THF/DMSO.

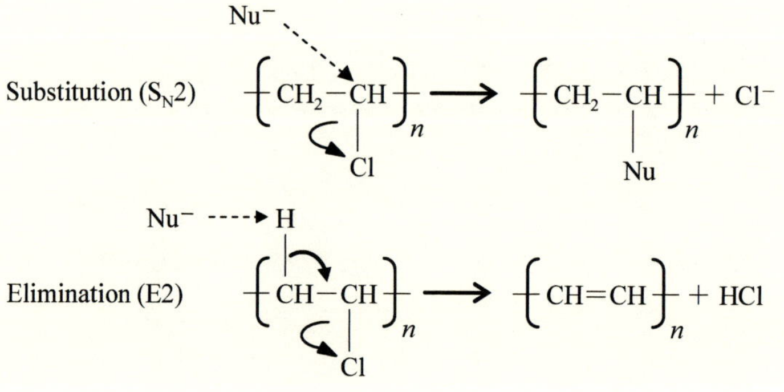

Nu⁻
Substitution (S_N2)
CH₂−CH
n
Cl
CH₂−CH
n
Nu
+ Cl⁻
Nu⁻
H
Elimination (E2)
CH−CH
n
Cl
CH=CH
n
+ HCl

Scheme 1 Mechanism for the dechlorination of PVC in a Nu solution.

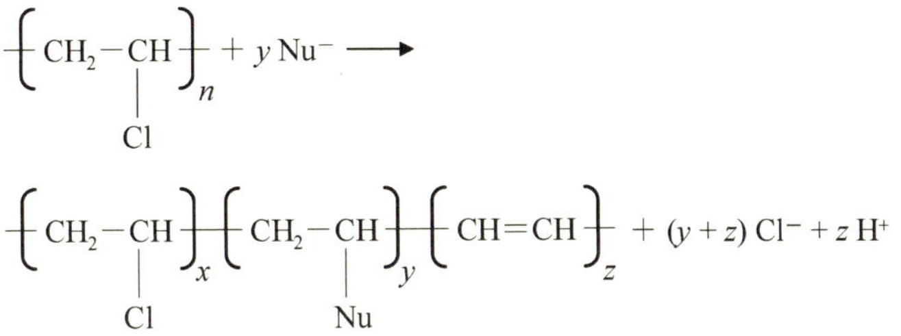

$$-\!\left[CH_2-\underset{\underset{Cl}{|}}{CH}\right]_n\!- + y\,Nu^- \longrightarrow$$

$$-\!\left[CH_2-\underset{\underset{Cl}{|}}{CH}\right]_x\!\!-\!\!\left[CH_2-\underset{\underset{Nu}{|}}{CH}\right]_y\!\!-\!\!\left[CH{=}CH\right]_z\!- + (y+z)\,Cl^- + z\,H^+$$

Scheme 2　Reaction formula of the reaction of PVC in Nu solution.

$$R^- + -CH_2-CHCl-CH_2-CHCl- \longrightarrow RH + -{}^-CH-CHCl-CH_2-CHCl-$$
$$RH + -{}^-CH-CHCl-CH_2-CHCl- \longrightarrow Cl^- + -CH{=}CH-CH_2-CHCl-$$
$$Cl^- + -CH{=}CH-CH_2-CHCl- \longrightarrow HCl + -CH{=}CH-{}^-CH-CHCl-$$
$$-CH{=}CH-{}^-CH-CHCl- \longrightarrow Cl^- + -CH{=}CH-CH{=}CH-$$

Scheme 3　Ionic zipper reaction of PVC.

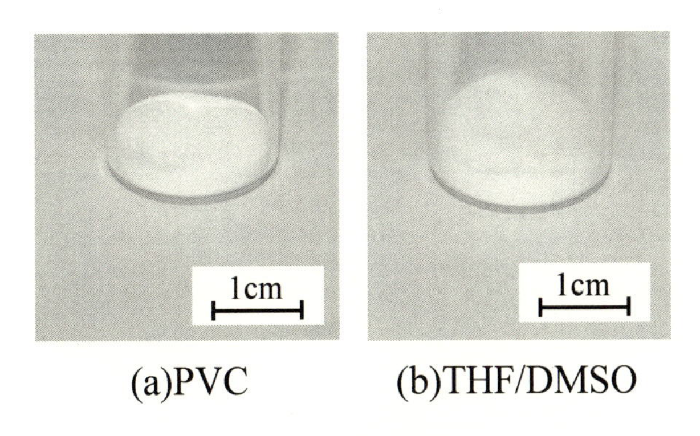

Fig.4　Photographs.
(a) PVC ; (b) PVC reacted in THF/DMSO.

一般に，PVCの脱塩素反応においては，炭素の共役二重結合が長くなるにつれて生成物の色調は白，黄，橙，赤，茶，黒と変化していくが，本法による生成物の色は白色で反応前からの色の変化はなく（Fig. 4），本反応の生成物の共役二重結合がジエン程度の長さであることを支持している。

3.3　反応温度の影響

Fig. 5に室温または50℃で反応させたPVCの置換率および脱離反応率を示す。室温の場合には置換率1.6%に対し脱離反応率2.8%，50℃の場合には置換率2.6%に対し脱離反応率2.0%であった。50℃で反応した場合の方が置換率，置換反応選択性がともに若干上昇したが，さほど大

きな変化ではない。なお，室温および50℃の場合でともに生成物の色は白で，置換基はFT-IRによりイソチオシアネートのみが確認されている。

3. 4 THFとDMSOの混合比の影響

Fig. 6にTHFとDMSOの混合比を変えた場合，THF：DMSO＝1：2の時には置換率1.6%に対し脱離反応率2.8%，1：1では置換率4.1%に対し脱離反応率0.9%，2：1では置換率1.8%に対し脱離反応率3.4%であった。このようにTHFとDMSOの混合比によって各反応率の違いが顕著に現れることから，THFとDMSOを適切な比率で混合することによって，優先的に置換反応を起こすことが可能であることが示された。

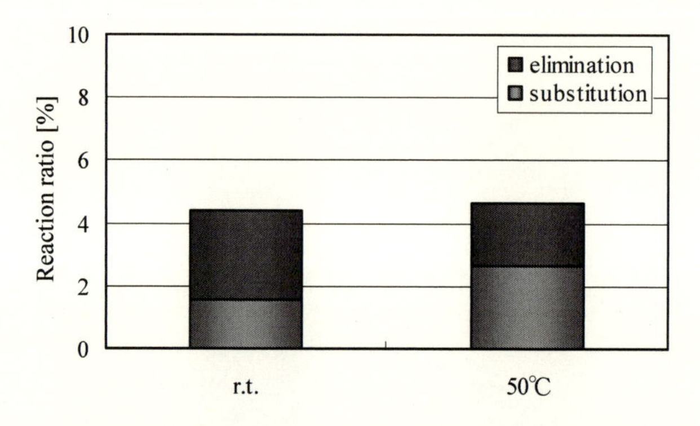

Fig.5 Effect of temperature on the reaction of PVC with KSCN in THF/DMSO solution.
Condition：[KSCN]/[Cl]＝4.0；THF：DMSO＝1：2；Time：24h.

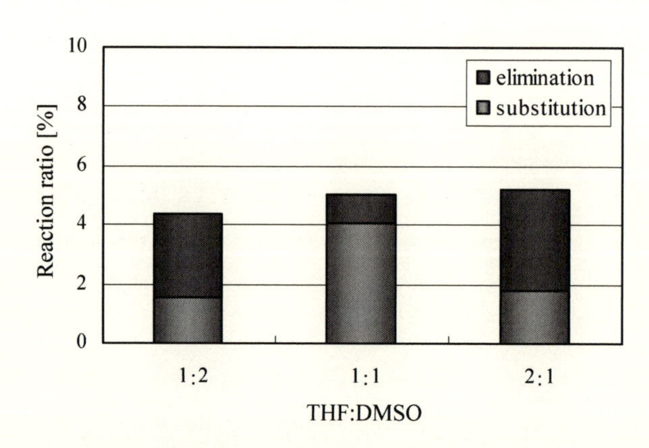

Fig.6 Effect of solvent mixing ratio on thereaction of PVC with KSCN in THF/DMSO solution.
Condition：at r.t.；[KSCN]/[Cl]＝4.0；Time：24h.

3. 5　KSCN 濃度の影響

KSCN 濃度を変えた場合の PVC の置換率および脱離反応率を示す（Fig. 7）。ここでは KSCN 濃度を，加えた KSCN のモル量と PVC に含まれる Cl のモル量の量論比で表している。[KSCN]/[Cl]＝1.0 では元素分析結果からは置換反応，脱離反応ともに起きたことが確認できなかった。4.0 では置換率 1.6％に対し脱離反応率 2.8％，6.0 では置換率 1.2％に対し脱離反応率 10.6％であった。[KSCN]/[Cl]＝6.0 では 4.0 の時に比べ置換率，置換反応選択性がともに減少した。さらに [KSCN]/[Cl]＝6.0 以上になると，2 つの溶液を混合する過程において，少量の PVC が溶解しきれずに析出し，結果として収率は減少する。

Fig. 8 にその時の FT-IR スペクトルを示した。置換基はすべてイソチオシアネートの構造をとっていることが確認できる。また，(b)から [KSCN]/[Cl]＝1.0 でもわずかにイソチオシアネートのピークが見られたため，元素分析で測定可能な置換率以下ではあるが置換反応が起きていることがわかる。

生成物はすべて白色を呈している（Fig. 9）。特に [KSCN]/[Cl]＝6.0 の場合は，EG などの他の溶媒を用いた脱塩素 PVC と比べ，脱離反応率が数％以上であるにもかかわらず，白色を呈している。これは共役二重結合によるポリ塩構造の連鎖長が短いことを示している。

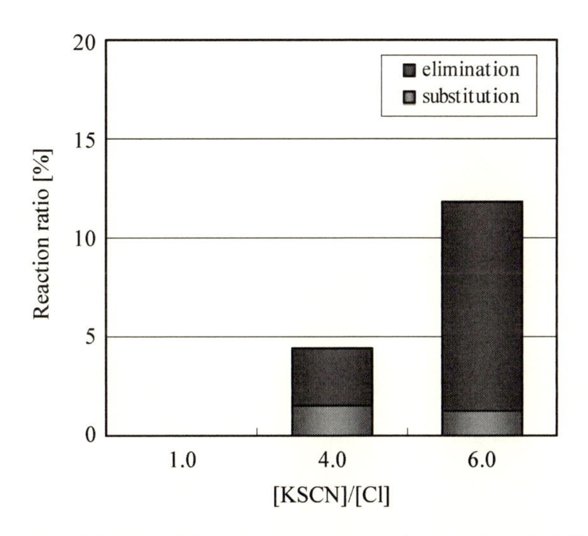

Fig.7　Effect of KSCN concentration on the reaction of PVC with KSCN in THF/DMSO solution.
Condition：at r.t.；THF：DMSO＝1：2；Time：24h.

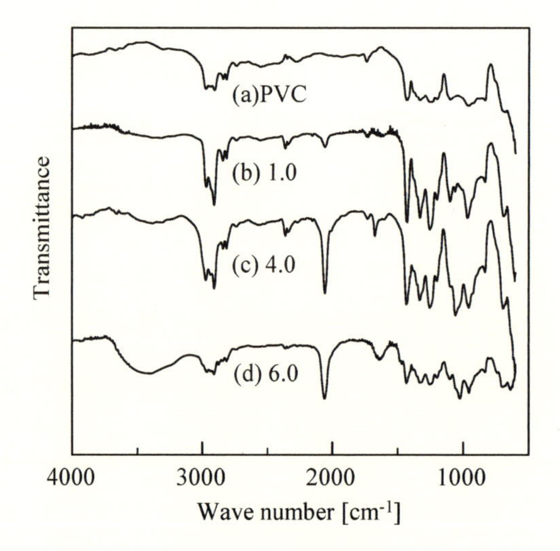

Fig.8　FT-IR spectra.
(a) PVC；(b)［KSCN］/［Cl］= 1.0；(c) 4.0；(d) 6.0.

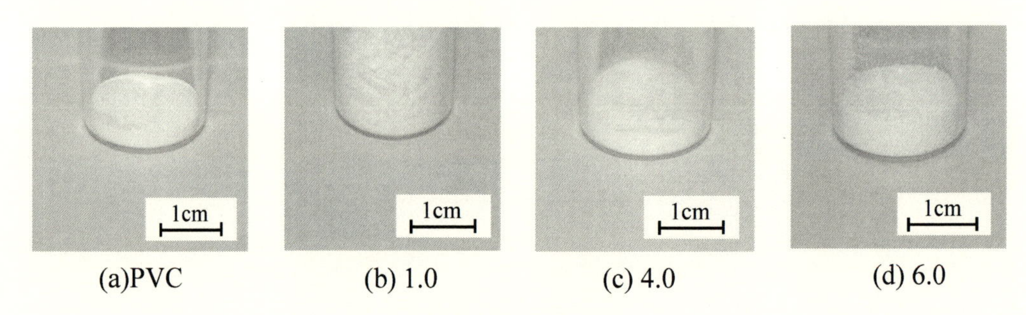

Fig.9　Photographs.
(a) PVC；(b)［KSCN］/［Cl］= 1.0；(c) 4.0；(d) 6.0.

3. 6　反応時間の影響

Fig. 10に反応時間を変えて実験を行った場合の置換率の変化を示す。4時間で2.2%，8時間で3.7%と，時間経過とともに上昇するものの，24時間でも4.1%と大きく上昇する傾向は認められない。Fig. 11にその時のFT-IRスペクトルを示す。置換基はすべてイソチオシアネートの構造をとっていた。反応時間4時間においてもすべての置換基がイソチオシアネートの構造をとっていたことから，反応溶液中でSCN^-がNCS^-に異性化した後に置換反応したと考えられる。つまり，溶媒和の影響でチオシアン酸イオン（SCN^-）よりもイソチオシアン酸イオン（NCS^-）の方が構造的に安定となり，異性化した後にPVCに攻撃した可能性が高い。

3. 7　TBAB添加の影響

この置換反応を促進するための有効な手法してTBABを用いた。一般に，TBABは相間移動

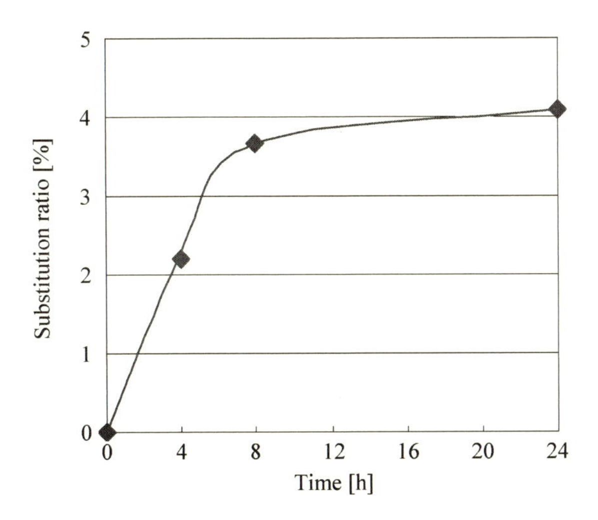

Fig.10　Temporal change on degree of substitution of PVC with KSCN in THF/DMSO solution.
Condition：at r.t.；[KSCN]/[Cl]=4；THF：DMSO=1：1.

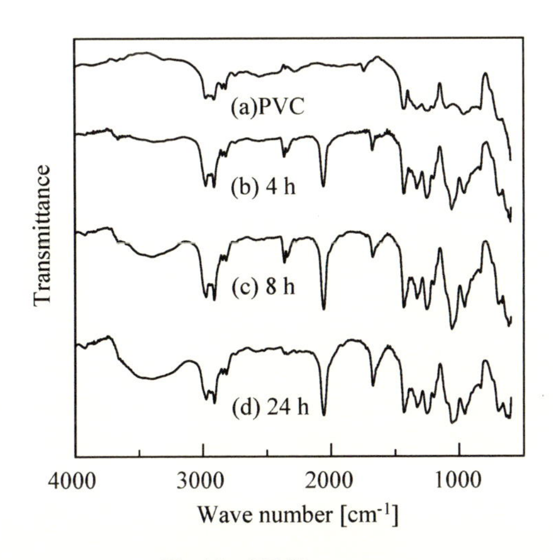

Fig.11　FT-IR spectra.
(a) PVC；(b) Reaction time=4 h；(c) 8 h；(d) 24 h.

触媒としてよく用いられる[28,29]が，本反応系ではTHFとDMSOは互いに溶解するため相間移動触媒としては機能しない。したがって，本系におけるTBABの反応挙動をFig. 12のように模式化した。

つまり，NCS^-がDMSOによって溶媒和されているところ（A）にTBABを加えることで，TBABの第四級イオンが電気的中性を保つために，NCS^-とイオン対となる（B）。このとき

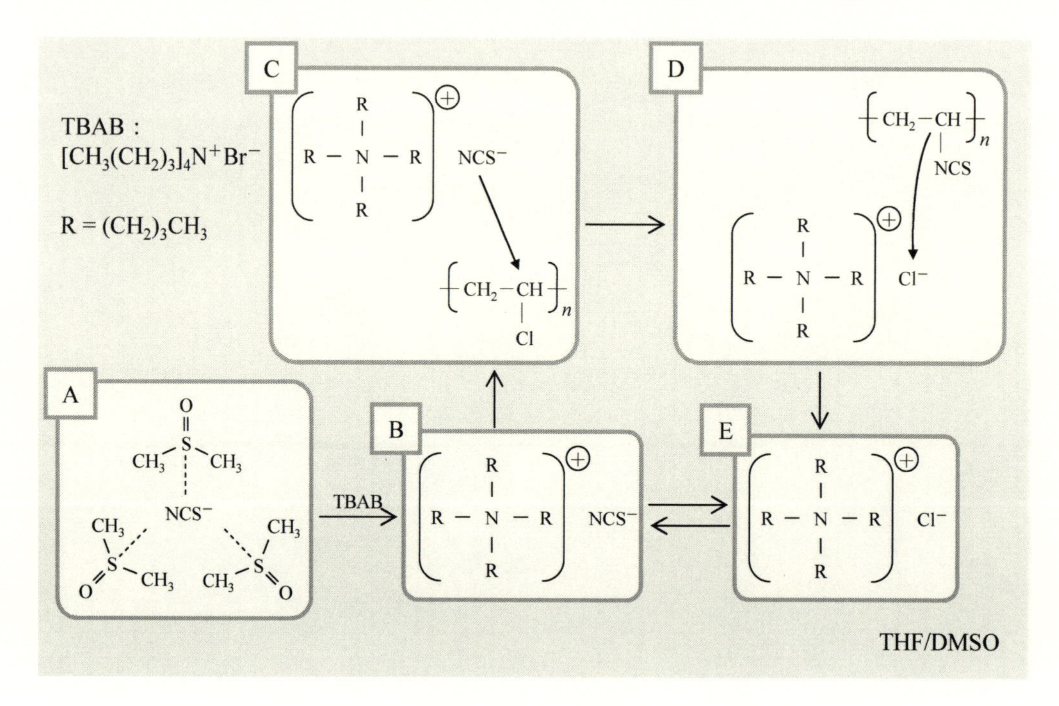

Fig.12　Effect of TBAB.

NCS^-はほとんど溶媒和されていない状態となり，求核体の活性が増加しPVCとの接触効率が向上することが考えられる（C)。さらに反応後Cl^-を速やかにPVCから離すため（D，E)，置換されたCl^-によってさらに脱離反応が進行することを防ぎ，置換反応の選択性を向上させる効果があると予想される。

Fig. 13にTBABを添加したTHF/DMSO混合溶媒系で反応させたPVCの置換率および脱離反応率を示す。TBABを加えなかった場合の置換率は1.6%，脱離反応率は2.8%であったのに対して，TBABを加えた場合の置換率は5.4%，脱離反応率は0.2%であった。置換反応の選択率（置換率/脱塩素率）はそれぞれ0.36，0.96であり，置換反応の選択性が飛躍的に向上した。

E2脱離反応では，基質（ここではPVC）の反応性は第三級＞第二級＞第一級の順序であるが，S_N2置換反応はこれとは反対で第一級＞第二級＞第三級である。そのため，一般的に第一級ではS_N2反応が選択的に起き，第三級ではE2反応が選択的に起きると考えられており，第二級ではE2反応とS_N2反応が競争的に起こる。よって第二級であるPVCはE2反応とS_N2反応が競争的に起こるのが一般的である。DMF溶媒でKSCNを用いて100℃で置換反応を行った結果，置換率18.7%，脱離反応率10.2%であり置換率/脱塩素率＝0.65となったが，TBABを添加することで，置換率26.2%，脱離反応率10.8%，置換率/脱塩素率＝0.71と，置換選択性が向上することから[23]，本系における置換反応の選択性は高いと言える。

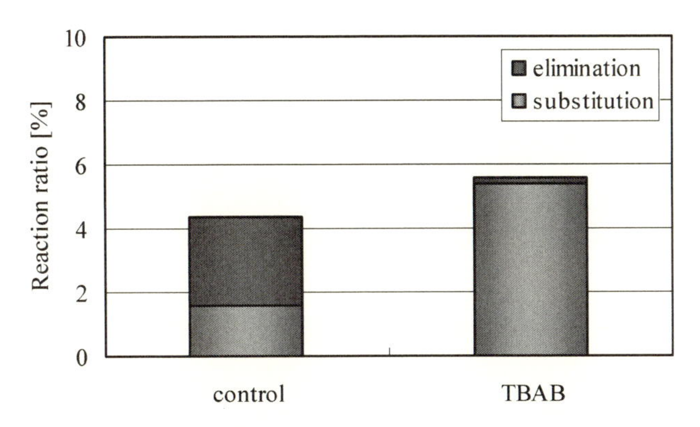

Fig.13　Effect of TBAB on the reaction of PVC with KSCN in THF/DMSO solution.
Condition：at r.t.；[KSCN]/[Cl]＝4；[TBAB]/[Cl]＝0.25；THF：DMSO＝1：2.

4　おわりに

PVCのリサイクルは水平リサイクルあるいはカスケードとしてのマテリアルリサイクルが一般的である。ここでは，湿式の脱塩素反応から，さらには求核置換反応による新機能の付与の可能性について，KSCNを求核体として例示した。これは，PVCの特徴的な従来の機能を残しつつ，新たな機能が付与できるという点では，これまでにないPVCの新たなアップグレードリサイクル手法として期待できるものと思われる。ただし，化学反応の側面からは非常にハードルの高い反応である。触媒の開発やプロセス的なアプローチにより，さらには求められる機能を従来よりも低いコストで実現することが必要であろう。官能基によっては，親水性や撥水性，可塑性，あるいは，架橋性の付与など，今後，様々な展開を期待したい。

文　　献

1）塩化ビニル環境対策協議会，塩ビ工業・環境協会，「リサイクルビジョン―私たちはこう考えます―」，(2012)
2）塩化ビニル環境対策協議会，塩ビ工業・環境協会，「よくわかる塩ビ」(2018)
3）吉岡敏明ほか，「塩化ビニリデン-塩化ビニル共重合体の液相酸素酸化法によるケミカルリサイクル」，エネルギー・資源，**16**，165，(1995)
4）申宣明ほか，「高温アルカリ水溶液中における農業用ポリ塩化ビニル系ポリマーフィルム中の脱塩素挙動」，日化誌，**64**，(1997)
5）奥脇昭嗣ほか，「プラスチック混合廃棄物の処理方法」，特許第3002731（1999）

6) 奥脇昭嗣ほか「プラスチック混合廃棄物の処理方法」, 特許第 3273316 (1999)
7) S. M. Shin *et al., J. Appl. Polym. Sci.,* **67**, 2171, (1998)
8) T. Yoshioka *et al., J. Appl. Polym. Sci.,* **70**, 129, (1998)
9) T. Yoshioka *et al., Polym. Degrad. Stab.,* **93**, 1979, (2008)
10) T. Kameda *et al., Chemosphere,* **74**, 287, (2009)
11) D. E. Winker, *J. Polym. Sci.,* **35**, 3, (1959)
12) W. H. Starnes Jr., *Developments in Polymer Degradation,* **Vol. 3**, N. Grassie, ed., Applied Science Publishers, London, 135, (1981)
13) J. Behnish, *J. Polymeric Mater.,* **16**, 143, (1992)
14) Y. Shindo *et al., Makromol. Chem.,* **118**, 272, (1968)
15) B. Ostensson, P. Flodin., *J. Macromolec. Sci. Chem. A,* **12**, 249, (1978)
16) T. Yoshinaga, *Polym. Degrad. Stab.,* **86**, 541, (2004)
17) 竹村一也, 特許出願公開, 特開 2002-363332
18) 金子正夫, 土田英俊, 有機化学合成誌, **27**, 111, (1969)
19) 大河原信ほか, 工化, **69**, 761, (1966)
20) A. E. Kulikova *et al., Tr. Khim. Tech.,* 215, (1967)
21) M. Takeishi, M. Okawara, *J. Polym. Sci. B,* **7**, 201, (1969)
22) T. Kameda *et al., Polymer Engineering & Science,* **51**, 1108-1115 (2011)
23) T. Kameda *et al., Journal of Polymer Research,* **18**, 945-947 (2011)
24) 高谷健, 特許出願公開, 特開 2006-124345
25) 横内秀行, 鈴木恭治, 小役丸孝俊, 志水基修, 日本木材学会大会研究発表要旨集, **44**, 508, (1994)
26) 似内清明ほか, 特許出願公開, 特開昭 54-89039
27) N. Bicak, D. C. Sherrington, H. Bulbul, *Eur. polym. J.,* **37**, 801 (2001)
28) S. Lakshmi, A. Jayakrishnan, *J. Biomed. Res. PartB, Appl. Biomater.,* **65B**, 204, (2003)
29) S. Lakshmi, A. Jayakrishnan, *Biomater.,* **23**, 4855, (2002)

第13章　新規相溶化剤を用いたリグノセルロース繊維複合材料とリサイクル炭素繊維複合材料の開発

附木貴行[*1]，山下　博[*2]

1　はじめに

近年，世界のエネルギー需要と利用量は増加をたどり，それに伴いCO_2排出量の増加と地球温暖化の影響が顕在化している。その中で，2015年にCO_2削減目標が掲げられたパリ協定，国連サミットで人類の持続可能な社会を構築するため「持続可能な開発目標（Sustainable Development Goals：SDGs）」が採択された[1)]。SDGsには，環境に関することはむろん，貧困や不平等，平和と公正など，私たちが直面するグローバルな課題を解決するために17の目標が掲げられ，各セクターが世界中で実現に向け取り組んでいる[2)]。日本では，2016年に関係行政機関相互の緊密な連携を図り，総合的かつ効果的に推進するために「SDGs推進本部」が設置された。目標の一つとして，気候変動の対策が掲げられている。気候変動は，天然資源の減少，砂漠化，干ばつ，土壌悪化，淡水の欠乏，生物多様性の喪失など世界中の国々に深刻な影響を与え，人々の生活を脅かしている[3)]。要因の一つとして，人間活動に伴うCO_2などの温室効果ガスの増加が挙げられる。全世界のCO_2排出量は1990年以来50％近く増大し，史上最高水準に達した。CO_2の増加は，世界の平均気温の上昇につながるため，対策が急務である。

2　バイオマス繊維とリサイクル炭素繊維

2.1　バイオマス繊維

バイオマスは再生可能資源で低環境負荷であることから石油に代わる資源として期待されており，環境問題対策としてこれらを有効活用していくことが求められている。バイオマスをプラスチックと複合させたバイオマスプラスチックコンポジット（以下，BPC）はバイオマスの特徴である寸法安定性とプラスチックの特徴である成形性の両方を備え合わせた素材として近年注目を集めており，自動車部品や建築材料としての利用が期待されている[4)]。バイオマスを直接ナノ単位まで解繊することによって得られるナノファイバーは，高い強度を持つためプラスチックの強化材として期待されている。その中でもバイオマスからセルロース成分のみを取り出してナノ

＊1　Takayuki Tsukegi　金沢工業大学　革新複合材料研究開発センター　研究員
＊2　Hiroshi Yamashita　金沢工業大学　革新複合材料研究開発センター　研究員

ファイバー化したセルロースナノファイバーは大変高強度であり，その特性から現在世界的に注目されている新素材である。しかし，バイオマスからセルロースのみを取り出すには多くの工程を踏む必要があり，費用と手間がかかる。また，セルロース同士の強固な水素結合による凝集が著しく，材料としての利用が困難であることが問題となっている。本研究では全ての成分を含んだまま，直接バイオマスをナノファイバー化したリグノセルロースナノファイバーに着目した[5)]。リグノセルロースナノファイバーはセルロースを取り除く工程を省くことができ，セルロース以外の成分による凝集緩和が期待される。

2.2　リサイクル炭素繊維

炭素繊維（Carbon Fiber：CF）は軽くて丈夫で錆びないため，サスティナブルな材料として注目されている。しかし単体での利用は難しいため，樹脂と複合化したCF強化複合材料（Carbon Fiber Reinforced Plastic：CFRP）として，航空機や自動車，建築補強材など様々な分野に活用されている。特に，ボーイング787型機は機体重量の約50%にCFRPを使用して機体重量を軽減することで，燃費を同クラス比で約20%改善した[6)]。機体の軽量化は燃費の向上に繋がるため，低CO_2化に貢献することが可能である。しかし，PAN系CF製造には，原料のポリアクリロニトリル（Polyacrylonitrile：PAN）繊維を完全な黒鉛化を行うために200～3,000℃の高温処理を必要とする。また，PANを加熱することで，人体に悪影響を及ぼすシアン化水素が発生するため化学処理も必要となる。このように製造過程で多くのエネルギーを要するため，高価格につながっている。また，CFは1トン製造する際に，鉄の約10倍にあたる20トンのCO_2を排出する[7,8)]。その上，CFRPは燃え難いのが大きな利点であるが，反面，焼却処理には膨大な燃料費が嵩むため，埋め立て処理されているなど，製造エネルギー低減技術およびリサイクルなどによる環境負荷低減に関する研究開発が課題とされている[9)]。そこで注目されているのが，熱可塑性樹脂を母材に用いたCF強化熱可塑性複合材料（Carbon Fiber Reinforced Thermoplastic：CFRTP）である。熱可塑性樹脂は幾度も成形が可能であり，この特性を活かして，CFRTPを粉砕して再成形するカスケード型のマテリアルリサイクルや樹脂を高温で分解してCFを回収する様々なリサイクル法が確立されている[10,11)]。CFRPは『軽くて強い』特性に加え，リサイクル性をさらに付与することが可能であり，需要拡大が地球温暖化対策に寄与することは間違いない[12)]。CFを使いこなすには幾つか解決することがある。その一つとして，CFの表面には，繊維束を収束するため炭素繊維強化熱硬化性複合材料（Carbon Fiber Reinforced Thermosetting Plastics：CFRTS）の主要な母剤であるエポキシ樹脂と相性が良いサイジング剤が塗布されている。サイジング剤中のヒドロキシ基は，エポキシ樹脂と水素結合や共有結合することで物性が保持される。しかし，熱可塑性樹脂であるポリプロピレン（Polypropylene：PP）は非極性であるため，界面接着性が乏しい。それゆえ，CF本来の物性を引き出すことができない。これを解決する方法として，相溶化剤[13)]がある。

3　相溶化剤

現在，CFとPPの界面接着性を向上させる方法として，既存の相溶化剤である無水マレイン酸化ポリプロピレン（Maleic Anhydride Grafted Polypropylene：MAPP）を用いる方法が先行されている。MAPPは，PPオリゴマーに無水カルボン酸を付加して得られる変性PPである。MAPPの五員環オキソランが開環し，CF表面のヒドロキシ基とエステル結合することで，界面せん断強度が向上すると推測される。しかし，CFが持つ官能基との結合が少ないため界面破壊が生じ，力学物性の向上に寄与しないと考えられ，これ以上の物性は見込めない。そこで，今後の用途拡大や性能向上のために，MAPPの機能性を越える新規相溶化剤の開発が望まれている。

3.1　新規相溶化剤（アイソタクチックポリプロピレン-ポリアクリル酸）

アイソタクチックポリプロピレン-ポリアクリル酸（Isotactic Polypropylene Polyacrylic acid：iPP-PAA）（㈱三栄興業製：Mn：4,000-23,000-4,000）の化学構造を図1に示す。アイソタクチックポリプロピレン（iPP）を精密熱分解することで，両末端二重結合アイソタクチックポリプロピレン（iPP-TVD）が生成される[14]。iPP-TVDから両末端臭素化オリゴプロピレン（iPP-Br）を合成後，iPP-Brをマクロ開始剤とした原子移動ラジカル重合（ATRP）によって得られるポリプロピレン-ポリアクリル酸*t*-ブチル（iPP-P*t*BA）を加水分解することでiPP-PAAは合成された。両末端は反応性極性ポリマーであるためCFと強く結びつき，PP/CF界面接着力の向上が期待できる。

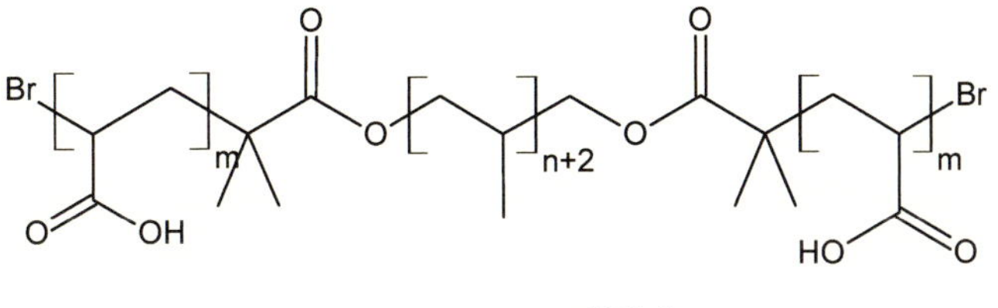

図1　iPP-PAAの構造式

4　繊維強化複合材料

資源循環型社会への移行が進む中，自動車産業において，燃費の向上に寄与する車体の軽量化および軽くて丈夫な材料としてFRPが注目され，金属やガラスの代替として様々な部材への応用が検討されている。複雑な形状を必要とし応力があまりかからない部材や意匠性が求められる部材には，射出成形性に優れた強化材料が検討されている。たとえば，短径が数nmから数百nm，アスペクト比が10から100程度であるセルロースナノファイバー（CNF）や，1mmから6mmの炭素短繊維（short Carbon fiber：sCF）を射出成形，押出成形といった汎用的な成形方法を用いることができる。CNF および sCF で補強したプラスチックは，自動車の内外装部品だけでなく，住宅用建材や家電，3D プリンター，航空宇宙産業などにおいて，ハイサイクルな成形加工が求められる用途への展開が図られている。

4.1　二軸押出機を利用したバイオマス繊維のワンポットプロセスの開発[15)]

ハイサイクル成形が求められるプラスチック製部材のために，射出成形可能なバイオマスナノ複合材料の開発を目指し，反応押出機（リアクティブプロセッシング）を用いて，バイオマスからリグノセルロースナノファイバー（Ligno-Cellulose Nanofiber：LCNF）へと直接解繊し，連続してプラスチックとの複合化によるナノ複合化（ワンポットプロセス）を行う方法について検討した。さらに，得られたバイオマス由来の LCNF/ 汎用樹脂複合化の機械的物性の評価を行った。非相溶性なポリマーとフィラーを組み合わせて複合化するには，ポリマーとフィラーの界面張力を小さくし，フィラーを微分散させる必要がある。反応押出機は，各種ポリマーと充填剤や繊維強化剤などのフィラーとのコンパウンディングに用いられているが，この高粘度溶液の混合撹拌機能を化学反応促進機能として利活用する。

解繊に用いられる二軸押出機は，スクリュー長さ/スクリュー直径比（L/D）が 20 程度で，脱気用のベントを装着している必要がある。シリンダーの上流側のホッパーからバイオマスと相溶化剤が投入され，スクリュー回転とともに，内容物は下流側に向かって移動しながらせん断応力によって解繊されて LCNF へと変化する。二軸押出機の処理条件：温度，圧力，スクリュー回転速度は，装置によって適宜決定されるものであるが，処理時間 60 分程度で LCNF が得られる。また，図 2 のようなスクリューによって効率よく解繊され，短径約 100〜500 nm，アスペクト比 40 以上の LCNF が収率 60 〜 80%で得られる。

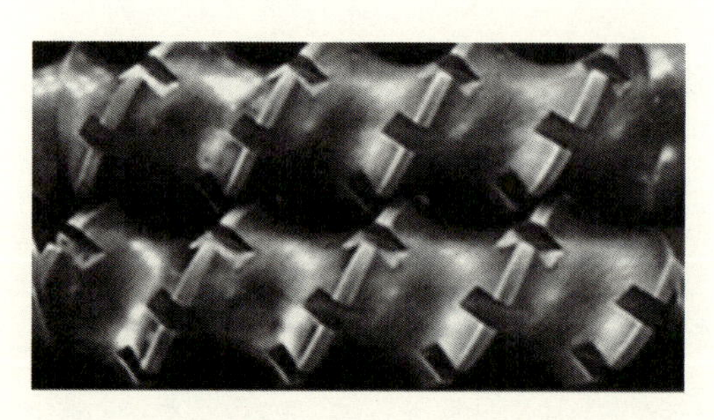

図２　リグノセルロースナノフィブリル化のための
二軸押出機のスクリュー要素

4.2　LCNF/プラスチック複合化

新規相溶化剤とバイオマス繊維を配合し二軸押出機のシリンダー内で解繊されたLCNFは，シリンダーから外部に取り出すことなく，連続的に次のポリマーとのコンポジット化プロセスに進めることができる。マトリックスポリマーの種類は，PPやポリエチレン（PE）などの熱可塑性樹脂が一般的に用いられ，LCNFに対してポリマーをかなりの広範囲で配合することが可能である。本研究ではPPをマトリックスとし，新規相溶化剤を適切な温度を加えて加熱溶融し，次に，ベントから相溶化剤を溶解した水分や共存する気化成分を除去しながら，スクリュー回転によるせん断応力を負荷することによって効果的にLCNFの再凝集を抑制しながらマトリックスポリマーとの接触面積を広いままで維持し，界面での密着性を高めることができる。以上の一連の操作により，PPマトリックス中にLCNFが高分散し，その界面密着性により高い力学的特性を備えるLCNF/PP複合材料が得られる（図3参照）。具体例を示すと，バイオマス繊維を相溶化剤と重量比1：1で混合し，二軸押出機（㈱井元製作所製：二軸混練押出機160B型，同方向回転，スクリュー直径20 mm，L/D＝25，ベント数2）を用いて，上流側の解繊部において乾式で解繊処理を行い，ベント1からPPを投入する。下流側の溶融混練部においてせん断加熱下にPPを溶融混合しながら，ベント2より気化成分を吸引脱気し，最終的にダイスよりLCNF/相溶化剤/PP（5/5/95 wt/wt/wt）コンポジットをストランド状に押出した。

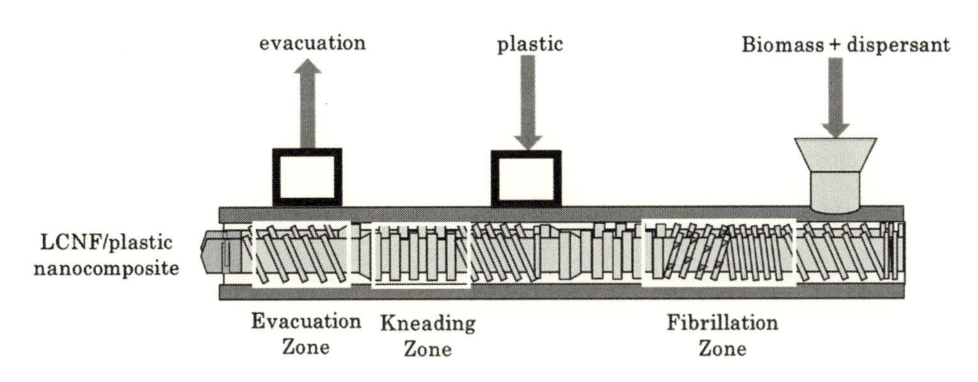

図3　二軸押出機を用いたLCNF / iPP-PAA / PPナノ複合材料の調整

4.3　LCNF/PP複合材料の力学物性

各コンポジットフィルムの力学物性を引張試験で評価した結果，LCNFの添加量が5 wt%にもかかわらず，PP単体に比べLCNF/iPP-PAA/PP（5/2.5/95 wt/wt/wt）は，引張強度172.2%，引張弾性率192.7%と高い物性を示した。一方，LCNF/MAPP/PP（5/2.5/95 wt/wt/wt）は，引張強度155.7%，引張弾性率145.5%と向上はしているが，iPP-PAA系には及ばなかった（表1）。新規相溶化剤であるiPP-PAAは，LCNFが顕著に再凝集することなくナノサイズでの分散状態を維持し，LCNFとPPとの界面に存在して相溶性を効果的に高めた結果である。

表1　PP，LCNF/iPP-PAA/PP（5/2.5/95 wt/wt/wt）およびLCNF/MAPP/PP（5/2.5/95 wt/wt/wt）の引張強度および引張弾性率

	Tensile Strength / MPa	Elastic Modulus / GPa
PP	18.6	0.55
LCNF/iPP-PAA/PP（5/2.5/95 wt/wt/wt）	32.0	1.06
LCNF/MAPP/PP（5/2.5/95 wt/wt/wt）	28.9	0.80

5　CF/PP複合材料の新規相溶化剤iPP-PAAの界面接着性の効果

熱可塑性樹脂であるPPは，樹脂と繊維の付着に関与できる表面官能基が存在しないため，複合材料強度に寄与する界面特性が乏しい。そこで，樹脂と繊維の相溶性を向上させるために相溶化剤を添加し，CF/PP複合材料の界面特性の向上について検討した。ここで，CFはダブルベルト用CFクロス（東レ製T700/12K）の端材を再利用（Recycle CF：RCF）した。

5.1　相溶化剤/PP複合化

PP，PP/MAPPおよびPP/iPP-PAAの複合材料を作製した。相溶化剤の割合を表2に示した。PPに各相溶化剤を加え，キシレンにて130℃で溶融混練を行った。パレットに流し込み，ドラフト内で24h放置し，キシレンを揮発させた。常圧乾燥機を用いて50℃で5h乾燥後，更に，減圧乾燥機を用いて常温で24h乾燥した。その後，二軸押出機（㈱テクノベル社製：KZW20TW-45MG-NH）を用いて，（成形条件：ノズル190℃，ダイス180℃，スクリュー回転数150rpm）ストランドを作製し，ペレタイザーにてペレットに加工した。

表2　相溶化剤の配合割合

	PP / wt%	MAPP / wt%	iPP-PAA / wt%
Entry1	100	–	–
Entry2	100	3	–
Entry3	100	–	3

5.2　マイクロドロップレット（Micro droplet：MD）法

1本のRCF（直径7μm）に表2の条件で調整した各樹脂を付着させ樹脂玉を作製した。MD法として，樹脂玉をブレードで引くことで界面せん断強度の評価を行った（図4）。また，CFをPPに挟み込み，樹脂と繊維の2つを同時に引張り，任意の点において繊維の臨界繊維長を測定するフラグメンテーション試験（FT）の2種類の測定法を用いて界面せん断強度の評価を行った。また，使用するRCFは，表面に塗布されているサイジング剤をアセトンにて除去した。X線光電分光法（X-ray Photoelectron Spectroscopy：XPS）（サーモフィッシャーサイエンティ

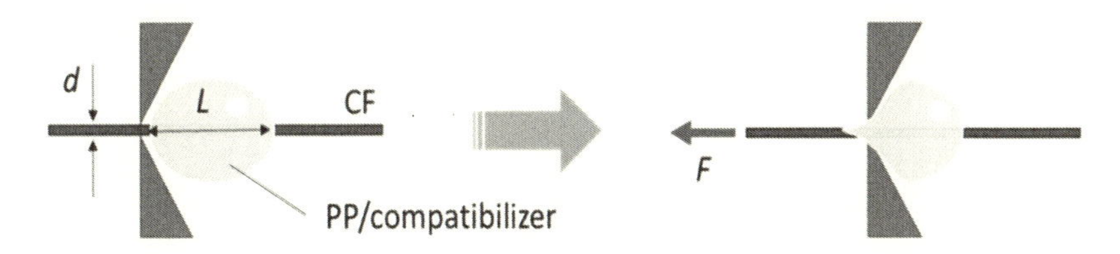

図4　MDによる界面せん断強度の計測方法

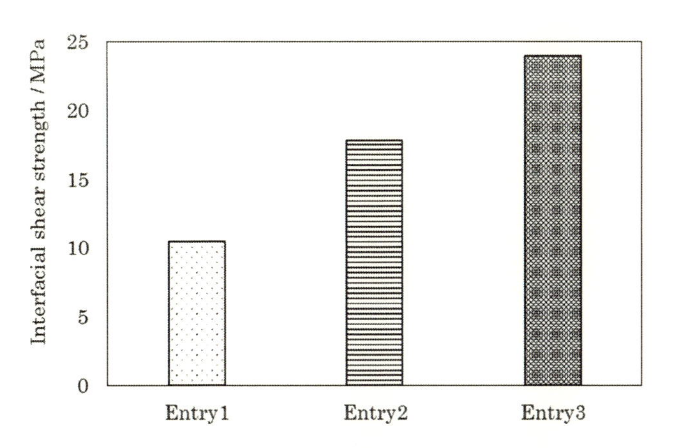

図5　PP，PP/MAPPおよびPP/iPP-PAAのMDによる界面せん断強度

フィック㈱製：K-ALPHA KA1148）より，サイジング剤除去前のCF表面にはサイジング剤由来のOH基が22%なのに対し，除去後は4%に減少したことを確認した。

測定に用いた樹脂玉の大きさは100 μm前後とした。RCFに付与した樹脂玉をブレードで把持し，RCFを樹脂玉が抜けるまで一方向に引き抜いた。界面接着強度評価の試験速度は0.06 mm/分とした。樹脂玉が引き抜けたときの荷重（F）から，式(1)を用いて界面せん断応力を算出した。測定結果を図5に示す。

$$\tau = F/(\pi DL) \tag{1}$$

D：RCFの直径，L：樹脂玉とRCFが接する界面の長さ

Entry1と比較しEntry2，3ではそれぞれ70%，129%の界面せん断強度の向上が確認された。また，Entry2と比較しEntry3は34%の界面せん断強度の向上が確認された。よって，MAPPと比較し，iPP-PAAを用いることでより高い界面接着性を確認した。

5.3　フラグメンテーションテスト（Fragmentation test：FT）法

ホットプレス機（㈱井元製作所製：IMC-180）を用いて，PP/各相溶化剤のフィルムを作製した。成形条件は，溶融180℃・5 min，圧縮50 kN・180℃・3 minとした。作製した2枚のフィ

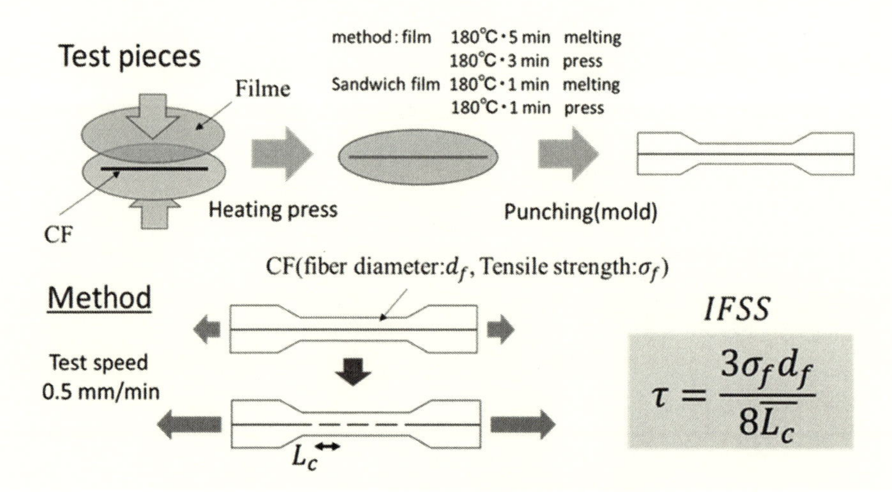

図６　FT による界面せん断強度の測定過程

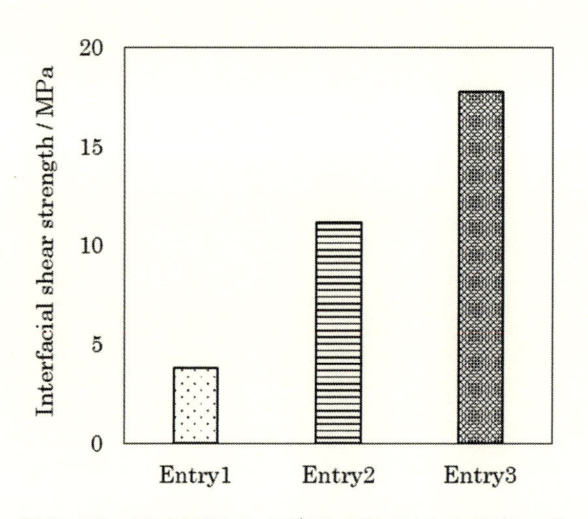

図７　PP，PP/MAPP および PP/iPP-PAA の FT による界面せん断強度

ルムの間に CF のモノフィラメントを挟み，溶融 180℃・1 min，圧縮 50 kN・180℃・1 min の条件で加工した。図６に FT の過程を示す。引張試験機は（㈱島津製作所製：AG-5kN Xplus）を用い試験速度は 0.5 mm/min とした。破断繊維長はカメラ（NOW JAPAN 製）で撮影し，破断した CF の繊維長から界面せん断強度を次式⑵を用いて評価した。

$$Lc = 4Laf/3 \qquad \pi = D\sigma f/2Lc \tag{2}$$

τ：界面せん断強度（MPa），d：繊維径（μm），Lc：CF の臨界繊維長，
Laf：CF の平均破断繊維長，σf：CF の引張強度

図7にFTによる界面せん断強度の結果を示す。Entry1とEntry2および3を比較するとそれぞれ165%および366%の界面せん断強度の向上が確認された。また，Entry2とEntry3を比較した場合，76%の界面せん断強度が確認された。よって，MDと同様にMAPPを用いるよりもiPP-PAAを用いることでより高い機械的物性の向上が期待できる。

6　おわりに

国内に膨大な賦存量を有し形状・組成ともに均質なバイオマス繊維や生産量が世界の7割を生産するCFを工業素材として利活用することを目的に，樹脂と繊維の界面接着性の向上について研究開発を進めた。その結果，既存相溶化剤MAPPと比較しiPP-PAAをPP/LCNFおよびPP/CFの相溶化剤として使用することで界面接着性および機械的物性の向上の付与を行うことが可能である。

文　　献

1)　堀田裕司，樹脂系複合材料における低次元粉体フィラーの添加効果，The Micromeritics, **62**, p. 51（2019）
2)　長岡延孝，SDGs時代の社会科教育の課題を検討する-グローバル・スタンダードへの反省的発展プロセス-，同志社女子大学教職課程年報，**1**, p. 98（2018）
3)　外務省仮訳，我々の世界を変革する持続可能な開発のための2030アジェンダ，国際連合広報センター，https://www.mofa.go.jp/mofaj/files/000101402.pdf（accessed2019.2.6）
4)　遠藤貴士，シンセシオロジー，**2**（4），p. 310（2015）
5)　千田咲良，附木貴行ほか，バイオマス由来のナノ/マイクロファイバーを用いたプラスチック複合材料の高強度化，Polymer Preprints, **67**（2），(2018)
6)　中西祥智，ボーイング787のつくりかたは東レの繊維を“オーブンでチン”!?，月刊アスキー，11（2007）http://ascii.jp/elem/000/000/068/68955/（accessed2019.2.1）
7)　西野誠，一貫製鉄プロセスにおける二酸化炭素排出理論値に関する調査報告，ふぇらむ，**3**（1），(1998)
8)　本田史郎，CO_2排出削減に貢献するCFRP「ネットワークポリマー」，**32**（3），(2011)
9)　牛来真也，基礎からわかるFRP—繊維強化プラスチックの基礎から実用まで—，コロナ社，p.19（2016）
10)　I. Okajima *et al.*, Recycling of carbon fiber reinforced plastic containing amine-cured epoxy resin using supercritical and subcritical fluids, *J. Supercrit. Fluids*, **119**, 44（2017）
11)　柴田勝司，常圧溶解法によるCFRPリサイクル技術，廃棄物資源循環学会誌，**24**（5），358（2013）
12)　寺田幸平，炭素繊維強化熱可塑性プラスチック 現状，応用分野および課題，精密工学会誌，

81 (6), 488 (2015)
13) T. Tsukegi *et al.*, Mechanical and antistatic properties of hybrid fiber-reinforced composites with lignocellulosic and recycled carbon fibers, *Koubunshi Ronbunshu*, **73** (3), 238 (2016)
14) 佐々木大輔ほか, PPの精密熱分解生成物を用いたPPアイオノマーの合成と物性, FSRJ 討論会予稿集, **15**, 33 (2012)
15) H. Nishida *et al.*, Biomass Composites from Bamboo-based Micro/Nano Fibers, Handbook of Composite from Renewable Materials, Volume 7, Nanocomposites : Science and Fundamentals, Wiley-Scrivener, 339 (2017)

〈第Ⅲ編〉

マテリアルリサイクルの実際

第14章　家電系廃ポリプロピレンの自己循環型マテリアルリサイクル技術

福嶋容子[*1]，隅田憲武[*2]

1　はじめに

循環型社会の構築に向けた法整備が進み，各方面で省資源を目指した取り組みが行われてきている。家電業界においても2001年4月に「特定家庭用機器再商品化法」（以下，家電リサイクル法）が本格施行され，家電4品目（エアコン，テレビ，冷蔵庫，洗濯機）のリサイクルが開始した。今年で施行から18年が経過し，2017年度には対象機器廃棄物の累計取引台数が2.2億台を突破するなど，家電リサイクル法は社会システムとして定着している。

家電リサイクル法は埋立処分場の逼迫の課題から施行され，廃棄物の適正処理・削減および再生資源の有効利用を図るべく“再商品化率”が規定されている。同法では，再商品化は「対象機器廃棄物から部品及び材料を分離し，これを製品の部品又は原材料として利用する者に有償又は無償で譲渡できる状態にすること」と定義され，法施行当初の再商品化率は有償で売却されていた金属の重量比率をもとに設定された。一方，プラスチックは逆有償で燃料や埋立処理されていたため再商品化の扱いとされていなかった。このような状況を踏まえ，筆者らはポリプロピレンなどの連鎖重合系プラスチック成形品はその化学的特性から，可能な限りマテリアルとしてリサイクルすることを提案し，家電製品から回収したプラスチックを家電新製品の部材として繰り返し再生・使用する「自己循環型マテリアルリサイクル技術」の研究に着手，実用化してきた[1~3]。

本稿では筆者らが開発した資源循環に繋がるプラスチックのマテリアルリサイクル技術について解説する。

2　廃プラスチックマテリアルリサイクルの概要

2.1　資源循環型マテリアルリサイクル

廃プラスチックのリサイクル方法は，高温で焼却してエネルギーを回収するサーマルリサイクル，モノマー化あるいは油化・ガス化・高炉還元剤などのケミカルリサイクル，材料として再生するマテリアルリサイクルに分類される。

＊1　Yoko Fukushima　シャープ㈱　Smart Appliances & Solutions 事業本部
CS・リサイクル推進部　課長

＊2　Yoshitake Sumida　元 シャープ㈱

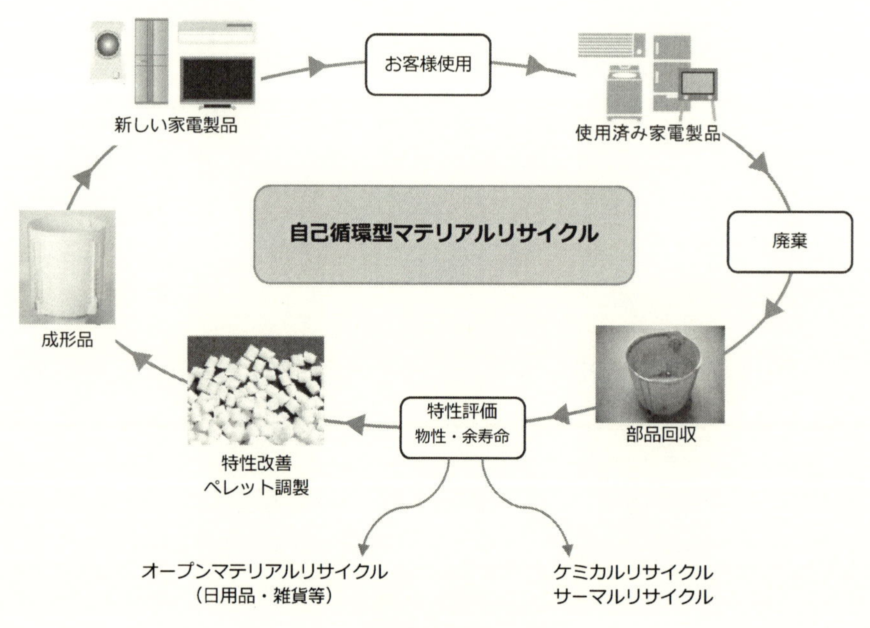

図１　資源循環利用の模式図

これらのリサイクル方法の中で，マテリアルリサイクルおよびモノマー化はプラスチック廃棄物を物質回帰する方法であることから，資源循環利用の視点で高品位なリサイクル方法として注目されている。

資源循環型利用を目指したリサイクルを進める方策のひとつとして，家電製品の部材へ再使用する方法が挙げられる。図１は使用済み家電製品から分離回収したプラスチックを資源再利用する視点でみたリサイクルの模式図である。回収ルートが確立した製品，例えば家電製品に再利用することによって資源循環のループが形成され，クローズドなマテリアルリサイクルのシステムが成立する。特性評価の結果から耐久消費財の部材への用途が困難となった素材は，オープンマテリアルリサイクル，ケミカルリサイクル（モノマー化），油化・ガス化・高炉還元剤，サーマルリサイクルへと移行する構図が描ける。

2.2　プラスチックの劣化と安定化

プラスチック成形品は成形時や製品使用時に物理的・化学的な作用を受けて劣化し，特性の低下を生じる。劣化の要因は熱，薬品，応力，紫外線などがあり，これらの要因が単独あるいは相互に作用してプラスチックの分子内にラジカルを生成し劣化反応が開始する。一旦ラジカルが生成すると酸素を介して化学反応が連鎖的に進行する自動酸化を生じ，プラスチック成形品に白化，黄変，クラックなどの劣化現象が生じる。このような劣化反応による特性の低下を抑制するためにプラスチックには各種の添加剤を加えて安定化が図られており，なかでも酸化防止剤の役

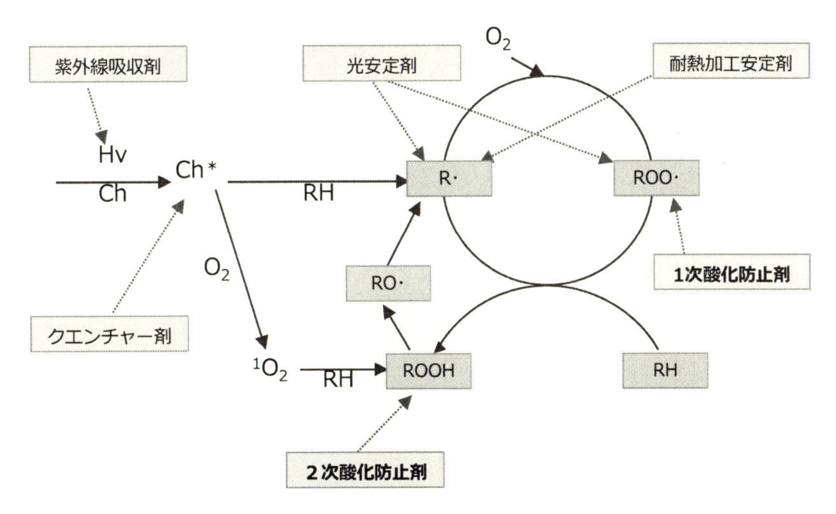

図2　プラスチックの劣化機構と安定化処方

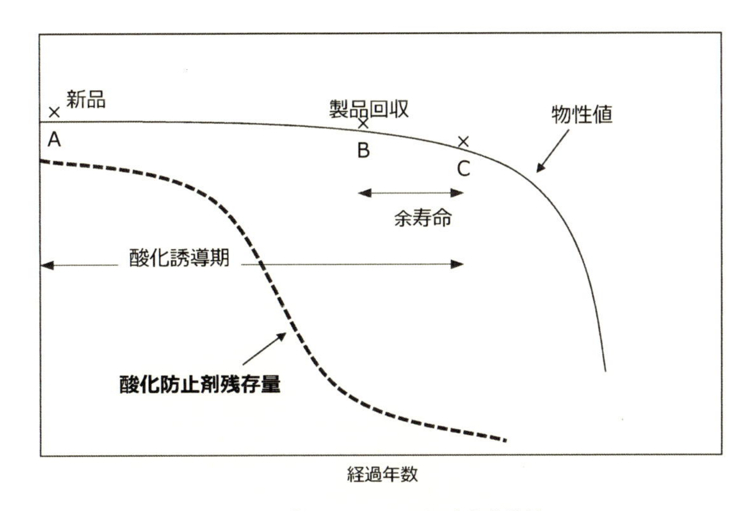

図3　プラスチックの経時劣化特性

割は重要である（図2）。

図3は安定化されたプラスチック成形品の経年的な物性低下の傾向を示したものである。添加剤が有効に作用し消費されている期間（酸化誘導期）は物性の低下は緩やかであるが，その期間を経ると劣化は急速に進行し急激な物性低下を示す[4]。このように製品回収時のリサイクル材料の物性低下はそれほど大きなものではない。

2.3　自己循環型マテリアルリサイクルの課題

図3のように，廃家電製品から回収したプラスチック材料は長期間の使用によって酸化防止剤

表1　回収材料の酸化防止剤残存量

種類	化合物名	酸化防止剤量		
		試料1	試料2	試料3
フェノール系	テトラキス[メチレン-3-(3',5'-ジ-t-ブチル-4-ヒドロキシフェニル)プロピオネート]メタン	0.01%	0.01%	0.03%
	ブチルヒドロキシトルエン	0.01%		
リン系	トリス-(2,4-ジ-t-ブチルフェニル)フォスファイトほかの分解物(フォスフェート化合物)を検出			

が消費されているため余寿命はB–C間であり，耐久消費財の部材としては十分ではなく，再生使用するにはA点まで回復させる必要がある。

表1に使用済み洗濯機から回収したポリプロピレン（PP）部材の酸化防止剤残存量の一例を示す。1次酸化防止剤（ラジカル捕捉剤：フェノール系）はバージン材料での添加量の1/10程度残存しているが，2次酸化防止剤（過酸化物分解剤：リン系）はすべて消費されており，回収材料の寿命はバージン材料と比較して大きく劣っていた。

このように，家電系廃プラスチックの自己循環型マテリアルリサイクルにおける課題は，添加剤（酸化防止剤）の消費に伴う寿命の低下であり，回収材料の的確な余寿命評価と寿命改善が重要となる。そのほか，ポリマー主鎖の切断や異物の混入による機械物性の低下や異物を起点とした局所的な劣化などが課題として挙げられる。また，これらの課題を考慮したリサイクル材料に即した品質管理方法も重要である。

3　自己循環型マテリアルリサイクル技術

3.1　余寿命評価と寿命改善

プラスチック成形品の寿命予測は，疲れ試験，熱的試験，耐候性試験，使用環境を想定した試験法を適宜選択，あるいは複合化して行われる。本稿では酸化防止剤の消費に伴うリサイクル材料の余寿命評価と寿命改善処方，品質管理を目的とするため，熱的評価による酸化劣化について述べる。

熱的評価による寿命予測法としては，3温度帯域で熱酸化劣化試験を行いアレニウス則による外挿法，小沢の手法[5]による熱分析で測定した活性化エネルギーから算出する方法などがある。いずれの手法も単一の化学反応系を対象とした寿命予測法であり実使用とは異なるが，概略を把握する方法として広く用いられている。しかしながら，これらの寿命予測法は数百時間を要するためリサイクル材料の量産時に適用できるものではない。

自己循環型マテリアルリサイクルでは，回収材料の余寿命を評価し，その評価結果をもとに再使用する部材の要求特性に応じた寿命改善処方を決定する必要がある。さらに，調製したリサイクル材料の寿命を管理する必要があり，短時間で寿命評価する方法が求められる。

筆者らはプラスチック材料の簡易寿命評価法として酸化誘導期（Oxidation Induction Time, 以下OITと略記）による余寿命評価と寿命改善について検討を行った。

(1)リサイクル材料の調製

使用済み洗濯機から手解体にて水槽を回収し12 mm以下に破砕した。この破砕品を洗浄・脱水乾燥し，添加剤を加え均一混合したのち押出加工にてペレット化し，射出成形にて試験片を作製した。

(2)酸化誘導期の測定

上記(1)のプロセスで調製した試験片から厚さ1 mmの試料を作製し，熱分析装置を用いてOITを測定した。測定方法は，試料を窒素雰囲気中で所定の温度まで昇温し10分間保持した後，酸素雰囲気に切り替え試料が発熱反応を開始するまでの誘導時間を測定し，酸化誘導期とした。また，必要に応じて強制循環型熱老化試験機内で熱酸化劣化試験を行い，引張強度などで寿命を評価した。

(3)酸化誘導期による余寿命評価

上記(1)のプロセスにおいて，フェノール系酸化防止剤Pentaerythritol tetrakis[3-(3,5-di-tert-butyl-4-hydroxyphenyl)propionate]（㈱ADEKA アデカスタブAO-60，以下AO-1と略記），およびリン系酸化防止剤Tris(2,4-ditert-butylphenyl)phosphite（㈱ADEKA アデカスタブ2112，以下AO-2と略記）をそれぞれ所定量添加し，OITを測定した（図4）。

図のように，AO-1の添加量とOITはほぼ線形で推移するが，AO-2は概ね一定である。先に述べたように廃家電製品からの回収材料にはリン系酸化防止剤は残存しない（表1）。したがって，リサイクル材料においてはOITとフェノール系酸化防止剤残存量は相関すると考えられる。

次に，熱酸化劣化試験による寿命評価とOITの関係を検討した。図5はAO-1を0.1%添加したリサイクル材料の140℃熱酸化劣化試験の経過時間と物性およびOITの関係をプロットした

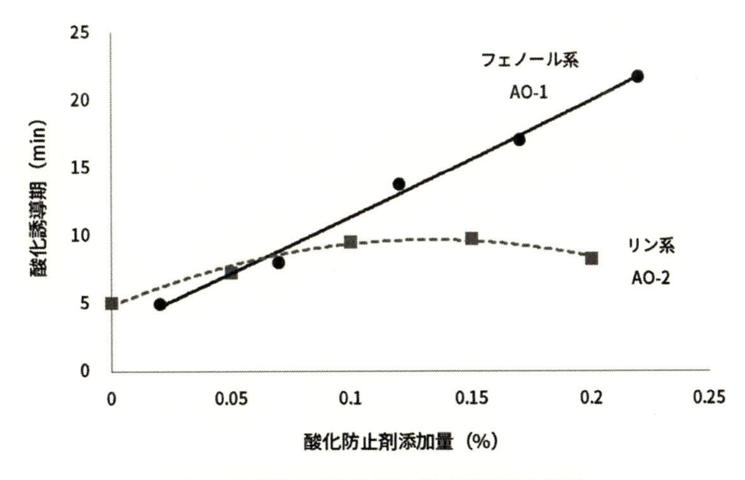

図4　酸化防止剤添加量と酸化誘導期の関係

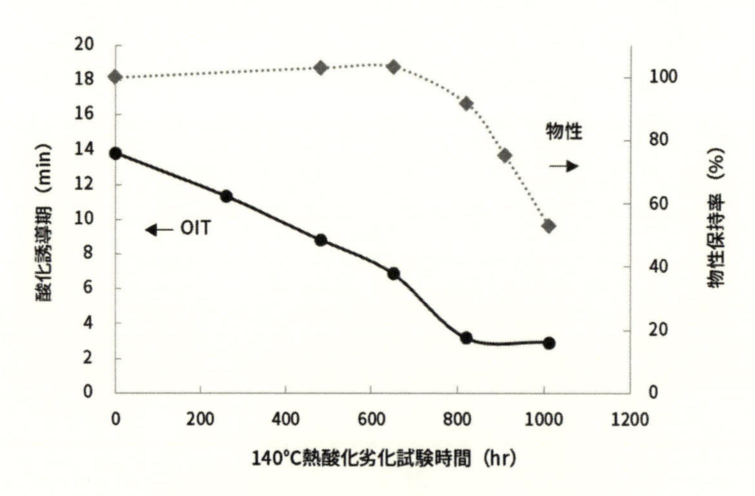

図５　酸化誘導期と物性の関係（AO-1：0.1％）

ものである。物性は酸化誘導期を経て急激に低下するがOITは漸減の傾向にあり，OITを測定することによってリサイクル材料の余寿命を概ね推定することが可能である。

(4)リサイクル材料の寿命改善

自己循環型マテリアルリサイクルを行うには，回収材料の余寿命を評価するとともに，その評価結果にもとづいて用途展開する部材の要求特性に応じた寿命改善処方を決定する必要がある。さらに，調製したリサイクル材料の寿命改善が適切に行われているかを短時間で評価する方法も必要となる。ここでは，廃洗濯機水槽回収材料による事例を紹介する。

水槽回収材料に酸化防止剤を所定量添加した試験片を作製し，熱酸化劣化寿命（クラック発生時間）とOIT，酸化防止剤量の関係を求め（図6），図にもとづいて回収材料の寿命改善を行いリサイクル材料を調製した。寿命約20年（酸化劣化寿命1,000時間）のリサイクル材料の調製を例にとると，回収材料のOITから酸化防止剤の残存量（約0.02％）を求めたのち，熱酸化劣化寿命1,000時間に見合った追加添加量（0.11％）を算出し，処方を行っている。さらに，調製したリサイクル材料のOITを測定し14分以上あることを確認することで，酸化劣化安定性（寿命評価）のロット管理を短時間で行うことが可能となる。

3.2　リサイクル材料の品質管理

バージン材料の納入品質はMFRなどの流動特性のほか，引張強度などの機械的特性で管理するのが一般的である。しかし，2.3項で述べたように，リサイクル材料では寿命や異物の混入による影響などを考慮した管理項目が重要となる。

廃洗濯機水槽から調製したリサイクル材料を例にとると，水のスケール，洗剤，錆，異組成のプラスチック類などの異物が混入する。これら異物を起点としたノッチ効果による機械物性（破断伸び）の低下や局所的な酸化劣化がみられ，異物の混入の影響は顕著である。

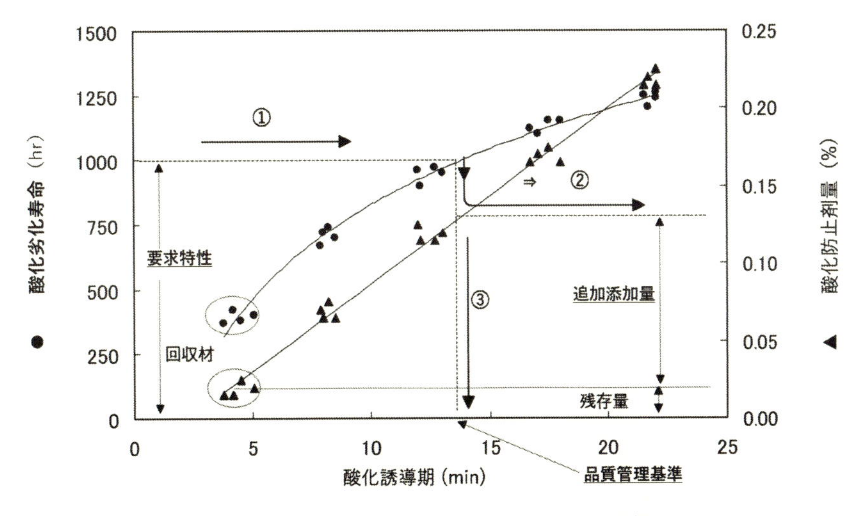

図6　酸化誘導期と寿命，酸化防止剤量の関係

このような内容を踏まえ，リサイクル材料を耐久消費財の部材として再利用する際には，新たに異物混入量や酸化安定性などの管理項目を追加した。このほか，洗浄工程管理・押出加工時のスクリーンメッシュの管理，さらに射出成形加工時にバージン材料と混合し再利用する場合にはペレット形状・かさ密度の管理も必要となる。

4　繰り返しマテリアルリサイクルの検証

自己循環型マテリアルリサイクルを実用化した初期（2001年製）の洗濯機は，現在では3巡目のリサイクル材料として採用されている。市場で数回のリサイクルを経て家電リサイクルプラントに回収された製品について，リサイクル材料を採用した部材が家電新製品の部材として繰り返し再生・使用することが可能であるかを検証した。図3のように，回収材料に一定量の添加剤の残存があれば初期の物性を概ね確保していると推測され，繰り返し再生・使用が可能と判断できる。

表2に2001年出荷時の洗濯機水槽成形品への酸化防止剤添加量と2016年回収の水槽成形品に残存する酸化防止剤量を示す。

一般的な酸化防止剤の消費の傾向として，リン系酸化防止剤は押出・射出成形時に数百ppm消費されたのち，実使用中に漸減の傾向を示す。一方，フェノール系酸化防止剤は成形加工時に100～200 ppm消費されたのち，リン系酸化防止剤が一定量以下になると徐々に減少する。

表のように，回収材料にはリン系酸化防止剤が残存していることから，回収材料の酸化防止剤は機能を発揮していると考えられ，回収材料はリサイクルに十分耐えうるものと判断される。また，組成，分子量分布とも変化はみられないこと，および酸化誘導期が10分以上であることか

表2　回収リサイクル材料の酸化防止剤残存量

種類	化合物名	酸化防止剤量	
		出荷時	回収時
フェノール系	テトラキス[メチレン-3-(3',5'-ジ-t-ブチル-4-ヒドロキシフェニル)プロピオネート]メタン	0.124%	0.066%
リン系	トリス-(2,4-ジ-t-ブチルフェニル)フォスファイト	0.170%	0.060%

ら，この後十数年洗濯機を使用された場合においても，適正な酸化防止剤の追加配合と異物管理によって廃家電から回収されたPPを繰り返し再生・使用可能であることが示唆される。

5　異樹脂の相容化技術

5.1　PP純度による物性の変化

プラスチックの再資源化率向上，二酸化炭素削減等のためには，素材の回収量拡大は必須である。プラスチックの回収方法としては，手選別による回収のほか，雑多なプラスチックが混在したシュレッダーダスト（混合プラスチック）から目的とするプラスチックを回収する方法が採られる。

家電リサイクルプラントから回収される混合プラスチックは，PP，PS，ABSが大半を占め，その他重比重プラ，発泡体，金属で構成される。発泡体を風力選別で除去した後，水比重分離するとPP（比重：0.90）が浮上物として回収されるが，PS，ABS（比重：1.05）は微量の気泡が付着すると浮上し，PP回収物に異物として混入する。また，発泡ポリウレタンなどが貼り付けられた部材も混在しており，単純に水比重分離をおこなうとPP回収物にPS，ABSなどの異樹脂が異物として混入することは容易に推察できる。

表3にPP純度と諸特性の関係を示す。PP純度が向上するに伴い剛性と粘性のバランスが改善する傾向にあるが，異樹脂の混入による層間剥離のため純度の低下に伴い衝撃特性が低下する傾向がみられ，耐久消費財の部材に供するには相容化，物性改善は必須である。

5.2　SEBSの配合効果

水添スチレン系熱可塑性エラストマー（SEBS：スチレン-エチレン・ブチレン-スチレン共重合体）による混合プラスチック分離回収PPの物性改善を検討した。SEBSを配合することにより，異物であるPS，ABSのPPマトリックス相への相容化，およびエラストマーによる衝撃特性の改善効果が期待される。

スチレン(St)/エチレン・ブチレン(EB)比の異なるSEBS（St/EB＝67/33(A)，18/82(B)）について配合量と物性の関係を検討した。図7，8は各SEBSの配合量と物性の関係を示したものである。

表３　PP 純度と諸特性の関係

	単位	PP 純度（FT-IR 吸光度比より算出）100%	98%	95%	92%	85%
引張強度	MPa	25	24	24	23	23
曲げ強度	MPa	35	33	32	31	33
曲げ弾性率	MPa	1060	1090	1040	990	1140
Izod 衝撃強度	kJ/m^2	4.5	4.0	3.8	3.5	2.7
面衝撃強度	cm（50%破壊高さ）	150	28	23	22	15
異物混入量	個（220×220 mm）	0	7	30	48	>100
熱酸化劣化寿命	時間（140℃）	670	360	240	180	110

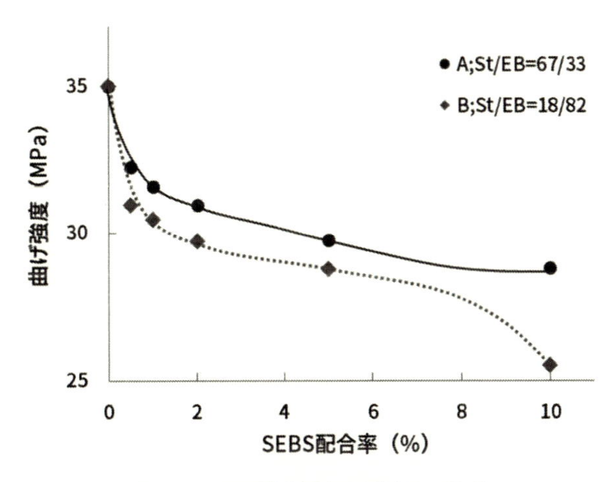

図７　SEBS 配合量と曲げ強度の関係

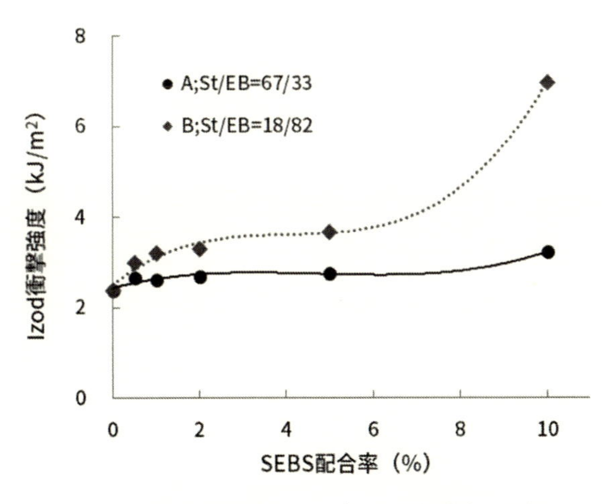

図８　SEBS 配合量とアイゾット衝撃強度の関係

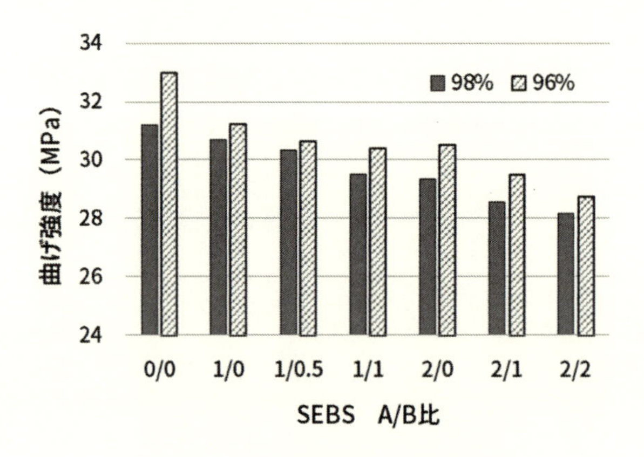

図9　SEBSの併用効果（曲げ強度）

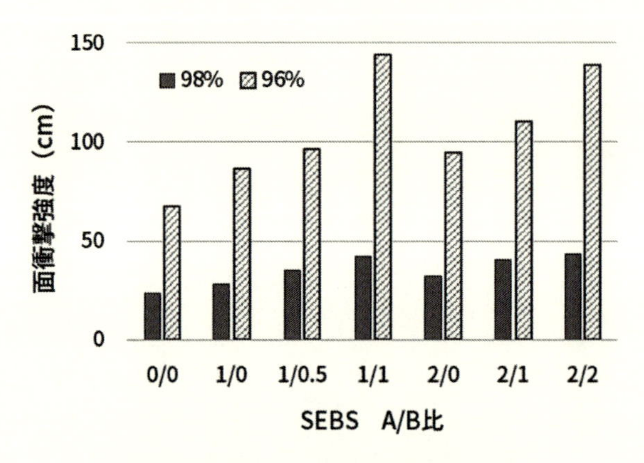

図10　SEBSの併用効果（面衝撃強度）

いずれのSEBSにおいても配合量の増加に伴い衝撃特性が向上し，剛性が低下する傾向にあった。したがって，剛性-粘性の物性バランス，および経済性を考慮すると，2%程度の配合で物性改善をする必要がある。

高StのSEBSでPS，ABSをPPマトリックスに相容化し，高EBのSEBSで衝撃特性を改善できる可能性がある。本項ではPP純度98%，96%品について，A/Bの配合比を変化させ物性改善効果の検討を紹介する。図9は曲げ強度，図10は面衝撃強度を比較したものである。図のように，A/B＝1/0.5と2/0でほぼ同等の物性が得られており，組成の異なるSEBSを併用することで物性バランスを保ちながら配合量を25%削減することができた。

一方，PP純度で比較すると，曲げ強度は純度による差は小さいが，面衝撃強度は純度が高いほど併用効果は顕著であった。

以上の結果をもとに，PP純度98%回収品にSEBS（A/B＝1/0.5）を配合すると，バージン材料に近似した物性のリサイクル材料が得られ（表4），耐久消費財の部材として再使用が可能となった。

表4　混合プラスチック分離回収PPリサイクル材料の特性

		リサイクル材料	バージン材料
《基本特性》			
引張強度	MPa	24	25
曲げ強度	MPa	32	34
曲げ弾性率	MPa	1000	1050
Izod 衝撃強度	kJ/m^2	4.7	4.4
面衝撃強度	cm	70＜	70＜
熱酸化劣化寿命	時間	700＜	700＜
《実機評価》			
低温放置試験		白化・クラックなし	白化・クラックなし
高温放置試験		↑	↑
ヒートサイクル試験		↑	↑
製品吊り下げ試験		↑	↑

6　おわりに

循環型社会の構築に向けて，化石資源依存型のパラダイムから持続可能な新しいパラダイムへの変革を求められてきている中，リサイクル材料の利用は化石資源使用量の削減という観点から注目されており，なかでも，使用済み製品から回収したプラスチックを繰り返し再生使用する自己循環型マテリアルリサイクルは資源小国のわが国において重要な位置づけにある。本稿で紹介したリサイクル技術は他社の家電リサイクルプラントにも波及しており，家電リサイクル業界ではプラスチックのマテリアルリサイクルは恒常化し2015年の家電リサイクル法の見直しでは再商品化率は20～30ポイント向上している。

プラスチックのマテリアルリサイクルは他の産業分野でも取り組みが始まりつつあり，最近では自動車業界でも自動車シュレッダーダスト（ASR；Automobile Shredder Residue）中のプラスチックのマテリアルリサイクルが検討され始めており，Car to Carを目指した実証事業も行われている[6,7)]。

本技術を家電業界や自動車，建築，包装容器業界のほか，素材産業にも展開すると年間数百万t規模のマテリアルリサイクルが可能となる。また，行政等と連携して日本のリサイクル技術を海外へ波及展開することによって，新たなビジネスモデルの創出となり，サーキュラー・エコノミーの実現に向けた戦略のひとつになることが期待される。

新興国市場の拡大による資源需要の急激な増加に伴い，国内市場への素材の供給不安が懸念されるなか，モノづくりをするうえで資源・素材の安定確保は重要な課題である。

家電業界から始まった自己循環型マテリアルリサイクルが業界を超えて波及することにより省資源国の構築に向けた一助になれば幸いである。

文　献

1) 福嶋容子, 隅田憲武ほか, 成形加工, **14** (12), 794 (2002)
2) 福嶋容子, 隅田憲武ほか, 成形加工, **15** (8), 567 (2003)
3) 隅田憲武, 福嶋容子, 成形加工, **17** (8), 532 (2005)
4) 春名徹, 日本ゴム協会誌, **70** (1), 18 (1997)
5) T.Ozawa, *Bull. Chem. Soc. Japan*, **38**, 1881 (1965)
6) 平成27年度 低炭素型3R技術・システム実証事業 https://www.env.go.jp/recycle/car/pdfs/h27_report01_mat05.pdf
7) 平成28年度 低炭素型3R技術・システム実証事業 http://www.env.go.jp/recycle/car/pdfs/h28_report01_mat03.pdf

第15章　事務機器製品における資源循環促進とマテリアルリサイクルの現状と課題

徳植義人[*1]，関口良隆[*2]，鈴木　明[*3]

1　はじめに

複写機・複合機・デジタル印刷機，プリンターなどのOA機器は廃棄物処理法や資源有効利用促進法の法規制への対応と合わせ，エコマークなどの環境ラベルへの対応など，環境性能要求が年々厳しくなっている。その環境性能要求に対して，各社の自主的な取り組みも加速しており，OA機器においては省エネ性能やリユース／リサイクルへの取り組みなど環境に配慮した製品作りが行われている。

複写機やプリンターなどのOA機器製品はリースやレンタルでの利用が主となっており，ユーザーでの使用後に製造者であるメーカーに戻ってくる割合が多い。回収された使用済み製品は，リユースやリサイクル，再資源化対応が進んでおり，単純焼却や埋め立ての最終処分となるのは全体の1％未満である。OA機器の業界団体であるビジネス機械・情報システム産業協会（JBMIA）では製品アセスメントマニュアル作成のための3R設計ガイドライン（非公開：以下ガイドラインと略す）を2000年に発行し，会員企業で活用しており，2016年には本ガイドラインの全面的な改定を行っている。また，ガイドライン活用拡大を図るためのガイドラインの個別評価項目を要約した「個別評価項目一覧表」を2008年より公開し，各企業で活用されている[1)]。

リコーにおいては，上記ガイドラインに先駆けて1993年にリサイクル対応設計方針による3R推進の製品設計がスタートし，1994年発売の機種から適用されており，ユーザー使用後のリユース，リサイクルを可能とする製品となっている。

各社，再資源化拠点を構築し，使用済製品の回収・再資源化を行ってきた。他社からの自社機返却率の低さや，返却しきれない他社機処理により再資源化効率向上の弊害となっていた。1999年に東京交換センターを設立し，回収機交換システムを本格稼動。2002年には回収機交換システムを支える情報システム「Jr-Links」を工業会と共同開発し，運用を開始することにより，交換対象機の返却業務効率化や輸送効率向上，自社機再資源化への集中による高度再資源化が実現された。全国9ヵ所の交換センターと全国34ヵ所の回収デポの物流網により効率的に他社機回

＊1　Yoshihito Tokuue　リコーテクノロジーズ㈱　第二設計本部　新規開発室　副室長
＊2　Yoshitaka Sekiguchi　リコーテクノロジーズ㈱　第二設計本部　新規開発室　スペシャリスト
＊3　Akira Suzuki　リコーテクノロジーズ㈱　第二設計本部　新規開発室　スペシャリスト

収を行い，2016年3月現在で累計1,418,753台の交換実績により，再資源化質量累計170,250 tとなっている。回収機交換システムの導入効果としては，2015年実績輸送量に対して，回収機交換システム導入前からは27,368 t-CO_2/年の輸送によるCO_2排出削減量の達成と，45,333t-CO_2/年の再資源化によるCO_2排出削減量を達成している。2016年12月現在，複写機参加企業10社とデジタル印刷機参加企業2社の合計12社の参加により回収機交換システムが運用されている。

リコーにおいては，全国12ヵ所に分散していたOA機器のリユース・リサイクル機能を3ヵ所に統合し，最適化を図り，2016年4月に開所したリコー環境事業開発センターはリコーグループの中心的な回収拠点となり，技術開発を主導している。同センターには日本全国から回収されたリコー製品を，①リコンディショニング機（RC機）として再生，②リユース可能部品を抜き取り，交換部品などに再利用，③マテリアルリサイクルなどでの活用，といった回収された製品の状態に応じた活用がされている。

そのような取り組みの背景として，リコーグループでは長期環境ビジョン（2050年ビジョン）と中長期環境負荷削減目標（2030年目標，2020年目標），3ヵ年ごとの中計計画に基づく環境行動計画，といった環境目標を設定している。中長期環境負荷削減目標のうち，省資源に関する目標としては，2007年度比で2020年の新規投入資源を25%削減する目標を掲げ，2030年には省資源化率50%，さらに2050年には省資源化率93%削減する1/8ビジョンを掲げている。

本稿では，複写機・プリンターなどのOA機器の省資源化／再資源化の取り組みとして，リコーが掲げるコメットサークルの考え方にそって，リユース，リサイクルの取り組み，OA機器製品の設計段階での環境適合設計方針の取り組み，製品回収～分解～再生のリユース・リサイクル技術と，製品に搭載された最新のプラスチックリサイクル技術の開発状況と今後の展開，方向性について述べる。

2　環境適合設計技術の取り組み

前述した，JBMIAにて発行されている「製品アセスメントマニュアル作成のための3R設計ガイドライン（複写機・複合機）」のうち，公開されている「個別評価項目一覧表」でOA機器における環境適合設計方針の一例を紹介する。「個別評価項目一覧表」はJBMIAのプリンター・複合機部会3R推進WGより公開されており，ガイドラインの前面改定に合わせて2016年に改定されている。

一覧表内には，評価目的として，1. リデュース，2. リユース，3. リサイクル，4. 安全性，5. 情報提供，6. 物流，7. 包装，8. その他，の8分類を評価目的とし，それぞれ，評価項目の例，評価基準の例，評価方法の例が示されている。主にOA機器のリユース・リサイクルを推進する製品の環境適合設計方針としてリユース目的では，①再使用性，②製品の分解の容易性，③部品・ユニットの分解・分離性，の3つの項目がある。製品を回収し，リユース・リサイクルを行うためには設計の段階から分解の容易性を確保した製品設計であることが重要である。またリサイクル目的としては，(1) マテリアルリサイクル性，(2) 分解・分離性，(3) 分離・分別性，(4) 材料の識別容易性，の4つの項目がある。特にリサイクルを行う上で重要な単一素材への分離・分別性が可能な設計となっていることと，プラスチック製品の材料表示を行っていることが重要である。

リコーの環境適合設計の事例として，リサイクル対応設計について紹介する。プラスチック部品に用いる素材を統一し，2016年12月現在では外装カバーに用いる素材はPC/ABSの3グレードの材料のみである。また，分離・分別性の項目では，部品と異材質の商品名デカルなどは容易に剥がせる「穴」を設けている（図1）。また，貼り付けたままでリサイクル可能な，貼り付け対象部品と同材質の「相溶性ラベル」（図2）や，紙詰まり対処の操作説明書などは差し込みタイプとし，容易に取り外すことが可能である。材料表示に関しては，ISOに基づく材料表示だけでなく，メーカーグレード名称まで部品に表示している。グレード名称まで表示している理由は製品回収・分解時にグレード／色別で選別し再び材料に同様の材質に戻すプラスチッククローズドマテリアルリサイクルを実現させるためである。上記以外にネジ締結の削減など，分解分別性の向上を図り，リサイクル対応設計で設計された従来の機械と比較すると，分解・分別が約半分の工数で可能となっている。

リコーでは持続可能な社会の実現のためのコンセプトとして，コメットサークル（図3）を1994年に制定している。製品メーカー，販売者としての領域だけでなく，その上流と下流を含

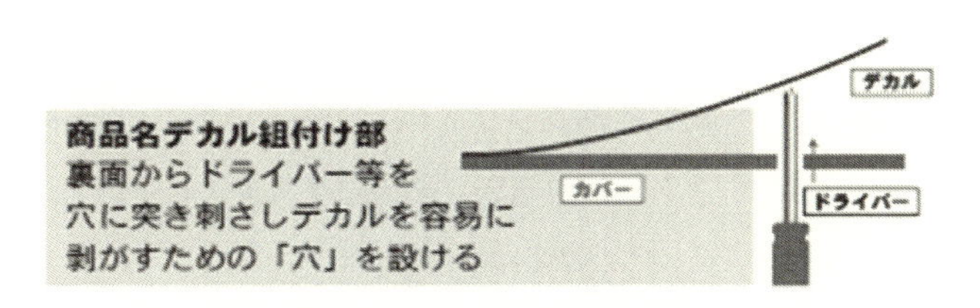

図1　商品名デカル組付け部

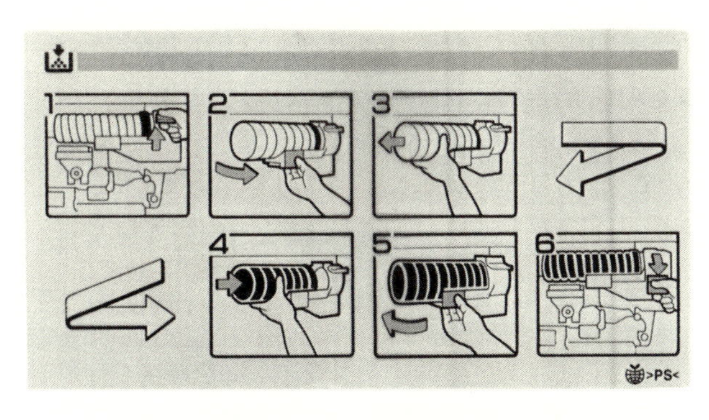

図2　相溶性ラベル（PS部品に貼り付け）

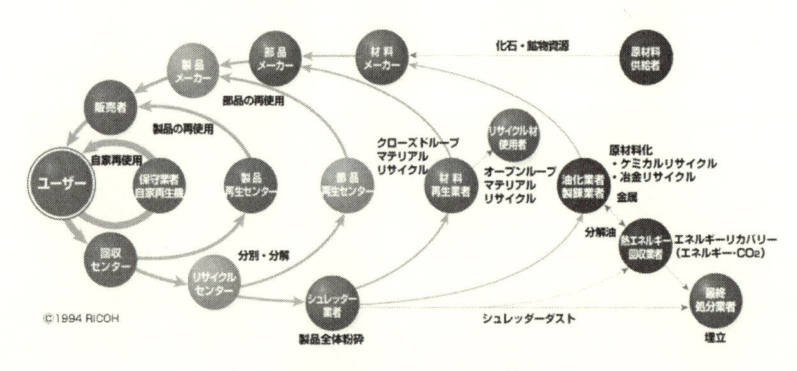

図３　コメットサークル™

めた製品のライフサイクル全体で環境負荷を減らしていく考え方を示したものである。環境適合設計を行うことにより，このコメットサークルの狙いであるリユースやリサイクルの推進に繋げていくことが可能となる。

3　回収プロセスを効率化するシステム技術

市場から回収された複写機・プリンターなどの回収製品は回収センターで外観品質のみのチェックを行い，リユースのための分解を行う再生センターや再資源化処理を行うリサイクルセンターに入庫された後，回収製品の状態をチェックし，再生工程が進んだ後にリユース対象から外れるなどの非効率な状態が起こっていた。リコーでは御殿場のリコー環境事業開発センターへ機能集約したことにより，回収センター／再生センター／リサイクルセンターの従来別の場所にあった機能・情報を一括で管理し，工程反映することが容易となったため，各機能において，適切な用途で素早く活用できるようにコントロールするためのシステム「SMS：Stock Management System」を導入した。その管理システムにより，回収された製品の使用状況や品質，オプション機器の装着有無やその種類，保守履歴や稼動時の品質，交換部品の履歴など，製品リユース／部品リユースするために必要な情報が管理でき，入庫された回収機のレベルに応じた再生工程への反映を即座に行うことが可能となった。その結果，再生工程の無駄がなくなり，リユースを行うための回収費用と再生費用を大幅にコストダウンすることが可能となった。市場での様々な使用状態であっても情報の一元管理・工程反映を行うシステム化技術を採用することで，より効率的な再生工程を構築することができた。さらに，再生機の生産計画に大きく寄与する回収予測技術[3]により，再生機の企画・開発から適切な生産・販売計画の立案が可能となった。製品の回収予測技術はリコーの顧客データベースから，従業員規模やコピー枚数など予測に有用な項目を抽出し，予測するデータマイニング技術の応用により実現した技術である。

4　リユース向け再生技術

前述した①リコンディショニング機として再生するための技術と，②リユース可能部品を抜き取り，交換部品などに利用するための技術として，「リユース向け再生技術」を紹介する。従来製品の生産組立工程では発生しないリユース・リサイクル特有の工程として，以下の工程がある。

- 回収機の選別／分別工程
- 分解／清掃／洗浄工程

上記の工程に応じたリユース向け再生技術のうち，代表的な技術を以下に紹介する。

4.1　消去技術の開発（セキュリティ技術）

回収された複写機・複合機にはハードディスクが搭載されており，回収時にはお客様で使用された情報がデータとして残された状態で回収されている。製品リユースで再利用するためにはデータの復元が不可能な状態までデータ消去をする必要があり，リコーでは自社開発の専用ソフトを用いてデータ消去を実現している。また，ハードディスクはどの回収機から取り出し，いつデータ消去をしたかの情報とともに，製品リユース機へ搭載されるとその機番情報のトレーサビリティ管理を行っている。製品リユースに使用しないハードディスクは穴開けによる物理的破壊を行い，読み込み不可能な状態にしている。

4.2　ドライ洗浄技術

回収された製品にはトナーが溶融し固着した部品がある。主に金属ローラなどの部品であり，従来は特殊な溶剤でトナーを溶融させ洗浄し，金属ローラを再利用していた。その際には，洗浄溶剤の廃液が発生し，産業廃棄物として処理していた。廃液が出ない洗浄技術として，薄片メディアを用いたドライ洗浄技術[4]を活用した洗浄工法を採用し，廃液の出ないプロセスで金属ローラの再生が可能となった。ドライ洗浄技術は水や溶剤を使用せずに，薄片メディアのエッジや面の接触作用により効率よく汚れを除去でき，薄片メディアを循環させ繰り返し利用するため，消耗品の環境負荷やランニングコストを抑制できる特徴がある。

4.3　循環型エコ包装の活用

完成した再生機製品は従来のダンボール箱包装から，繰返し使用できる樹脂性の包装材「循環型エコ包装」[5]を活用している。循環型エコ包装の管理・改修にRFID技術を導入し，動脈～静脈物流の一連の流れを管理し，確実な回収・再利用を実現している。

4.4　余寿命診断の評価技術

日本全国から多くの回収機が集まることにより，市場での使用履歴としてのコピー／プリント枚数，稼動時間，使用環境などの様々な因子のデータと，その回収製品／ユニット／部品の劣化状態や破損モードなどの固有の情報とを結びつけることにより，余寿命予測が可能となった。従来の印字枚数情報と稼動時間だけの情報からの判断から，より正確な余寿命を予測でき，部品リユース範囲を拡大することが可能となった。

4. 5　保守部品リユースへの展開

回収された製品は，製品として再利用するリユースだけでなく，市場での保守部品としてのリユース活用も行っている。保守用部品としては，429 品種 10,500 部品／月，保守用ユニットとして 120 機種 50,000 台／月のリユース活用を行っている。特に，生産打ち切りとなった PCB 基板に対しては実装されている寿命部品を手はんだ作業により，取り外し交換を行い，リユースしている。社内において，「手はんだ技能認定制度」を設け，技能レベルに応じた実装部品の交換作業を行っている。

4. 6　リユース製品（再生機）による効果

再生機へのリユース部品の使用率は質量比で平均 80％を達成している。再生機である imagio MP C4001RC（図 4）で製造工程における CO_2 の排出量を新造機と比較すると，約 79％削減した（図 5）。

図 4　再生機（imagio MP C4001RC）

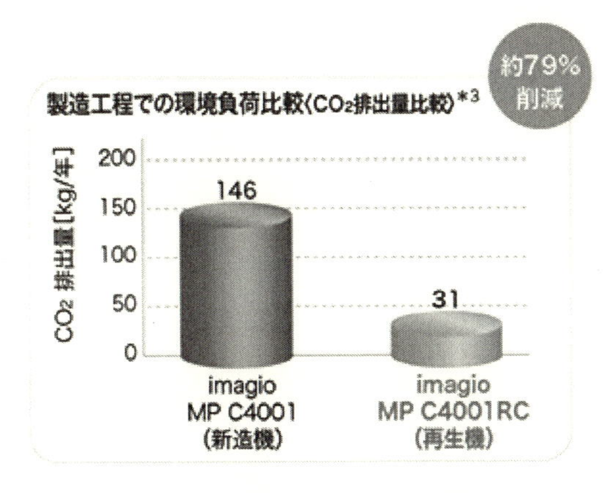

図 5　製造工程での環境負荷削減効果

5　マテリアルリサイクルの現状と課題

5. 1　OA 機器へ再生プラスチック搭載の変遷

環境ラベルや環境法規制に対し規制化前に先回りする考えのもと，将来の資源枯渇に備えるためにリコーでは 1999 年から自社製品の市場での使用後に回収された画像機器製品のプラスチック部品を原料としたプラスチックリサイクル材（プラスチッククローズドマテリアルリサイクル材；PCMR 材）を製品に搭載している。その再生材搭載の変遷を以下に説明する。

リコーでは 1993 年ごろから，市場で使用された複写機・プリンターなどの回収プラスチック部品を原料として，新品の製品に搭載するためのプラスチックリサイクル開発に各材料メーカーの協力のもと取り組んできた。自社製品の回収部品からのクローズドマテリアルリサイクルの技術が 1997 年ごろ確立し，1999 年から，自社で回収・再生したクローズドマテリアルリサイクル材料として，PS 樹脂の再生材，ABS 樹脂の再生材の量産を開始した。PS 樹脂は給紙トレイなどの難燃性 V-2 を確保するプラスチックリサイクルを実践した。また，ABS 樹脂は外装カバーなどの筐体部品を回収対象とし，同じ外装カバーに使用可能な難燃性 5VB を確保するプラスチックリサイクルを実現している。このプラスチックリサイクルの回収材利用率は 20%～30% を達成しているが，上記の PS 樹脂と ABS 樹脂の再生プラスチックはともに，ハロゲン系難燃剤を使用したプラスチックである。2004 年以降のブルーエンジェルマーク・エコマークなどの環境ラベル基準の強化により，ハロゲン系難燃剤使用禁止が筐体部品に盛り込まれるなど，使用量は減少していく。そのようなラベル基準強化に対応し，ノンハロゲン系難燃剤を使用したポリカーボネート（PC：Polycarbonate）に ABS 樹脂などをポリマーアロイした PC アロイ系樹脂のプラスチックリサイクルの実用化も加速していく。ハロゲン系難燃剤を利用したプラスチックの筐体部品の新規製品への搭載が減少していく中，その移行期においてもより有効に回収材を活用するために，色やグレード，メーカーが異なる回収材からの混合リサイクルも実施されている[6]。

2011年ごろからの複写機・プリンターの新製品の外装カバーなどの筐体部品に用いる材料は，ノンハロゲン系難燃剤を使用したPCアロイ系の材料のみが，リコーの外装部品向けのスタンダードグレードとして，集約されてきた。その理由は，ドイツのブルーエンジェルマークだけではなく，北米向けの環境自主規制の一つとして，EPEAT（Electronic Product Environmental Assessment Tool）が2013年2月から筐体部品へのハロゲン系難燃剤の不使用を盛り込んで開始されることになったためである。

2011年のノンハロゲン化集約の際に，従来とは異なる材料選定のリコー社内の新基準を導入している。その基準は，将来のリサイクル性を評価する項目である。従来のプラスチックリサイクルは，3～6年程度以上の期間市場で使用された複写機部品が回収されてきて，その回収材料の物性などの特性を評価し，回収材料の劣化ばらつきの範囲を吸収する範囲の回収材利用率のプラスチックリサイクルを実施してきた。回収されたプラスチックは物性低下や色のばらつきが大きく，特にPCアロイ系樹脂では10%程度の回収材利用率しか実現できなかった。がしかし，新製品に搭載する新規材料が将来回収された場合にどの程度の物性低下の可能性があるかを把握し，その材料をリサイクルしようとした時にどの程度の回収材使用率が可能であるかを事前に評価検討して，長期使用後の劣化が少ない性能を持つ新規材料を材料メーカーとともに取り組むことで，将来の回収材利用率を向上させる新規材料を開発することができた[7]。具体的には，集約化されたノンハロゲン系難燃剤を使用した新規PCアロイ樹脂は，材料開発・選定時に高温高湿下の5年使用相当の加速劣化評価や，5年使用相当の物性評価，難燃性評価，繰り返し再生評価などを実施した。新規材料（スタンダードグレード材）はこれらの評価・開発が行われた材料のみ選定した。その結果，従来の10%程度の回収材利用率から，50%以上の回収材利用率に向上可能になった。

一方では，プラスチックリサイクルの材料をより多く活用するための長期環境目標を達成するために，回収材活用の増加が必要となっている。リコーでは回収製品からプラスチックリサイクルのための回収材を生産するシステムは日本国内だけに留まっており，欧州・北米などグローバルに製品を展開するため，回収量の確保が大きな課題となっている。

そこで，従来のクローズドマテリアルリサイクルではない，新しい再生プラスチックの製品搭載を2016年に実現した。それは，一般回収市場にある市販回収材を活用した，再生プラスチック材料である。この材料は家電リサイクル法により回収・分別・洗浄されたPS樹脂と，容器リサイクル法により回収・分別・洗浄された食品トレイなどの発泡PS樹脂を回収原資とした，従来にない再生プラスチックである。回収材利用率は50%と高く，さらにノンハロゲン系の難燃剤を利用した材料であり，複写機の給紙トレイなどで実用化している。本材料についての詳細は後述する。

上記に示した，リコーの再生プラスチックの搭載の変遷については，以下の図6に示す。図示された矢印の起点：開始年は量産を開始した時期で，矢印の終了点は生産完了した時期を示す。

難燃、用途、回収材使用率				1998年	1999年	2000年	2001年	2002年	2003年	2004年	2005年	2006年	2007年	2008年	2009年	2010年	2011年	2012年	2013年	2014年	2015年	2016年
ハロゲン系難燃剤	PS樹脂	燃焼V-2;内装 PS①	30%																			
		難燃5VB;外装材 PS②	30%																			
		難燃5VB;外装材 PS③	20%																			
		燃焼V-2;内装材 PS④	30%																			
		難燃5VB;外装材 PS⑤	30%																			
	ABS樹脂	難燃5VB;外装材 ABS①	30%																			
		難燃5VB;外装材 ABS②	30%																			
		難燃5VB;外装材 ABS③	10%													ABS④に統合						
		難燃5VB;外装材 ABS④	15%																			
ノンハロゲン系難燃剤	PCアロイ系樹脂	難燃5VB;外装材 PC①	20%													PC②に統合						
		難燃5VB;外装材 PC②	10%																			
		難燃5VB;外装材 PC③	10%																			
		難燃5VB;外装材 PC④	10%																			
		難燃5VB;外装材 PC⑤	50%																			
	PS	難燃V-2;内装材 PS⑥	50%																			

図６　製品搭載した再生プラスチック

2016 年 8 月現在では，PS 回収の再生プラスチック 3 種類（うち 1 種類はノンハロゲン系難燃剤使用の市販回収材活用の再生プラスチック），PC アロイ系の再生プラスチック 3 種類が量産されている。

5.2　回収した自社機を活かしたプラスチッククローズドマテリアルリサイクル（PCMR）技術

1990 年代から自社回収材料を活用したプラスチックリサイクルを実践してきているが，回収されたプラスチックはリサイクルを行うことを前提にしたものではなく，回収された材料を評価することからプラスチックリサイクル開発を行ってきた。そのため，回収材利用率を向上させることは難しく，ハロゲン系難燃剤の ABS 樹脂，PS 樹脂で 10～30％の回収材利用率であり，ノンハロゲン系難燃剤の PC アロイ樹脂は 10％程度の実用化が限界であった。2011 年に新規に利用する外装スタンダードグレード材料を集約化した際に，クローズドマテリアルリサイクルを行うことを前提に評価，開発を行い，選定を行っている。その新規スタンダードグレードの材料を搭載した製品が回収され，その回収製品から取り出した回収材を原料とした自社回収活用の再生プラスチックの開発結果をここに報告する。

3 年から 6 年程度以上を市場で使用され回収された画像機器製品から，外装カバー部品などを取り出した自社回収材を原料とし，材料メーカーにて物性回復処方を実施し，再生プラスチックを開発した。その物性測定結果をバージン材である従来 PC アロイ材の物性と比較した物性表を表 1 に示す。回収材の利用率は 50％を達成し，低下し易い特性としてシャルピー衝撃性や難燃性が挙げられるがそれらの物性がバージン材と同等以上の特性を示す再生プラスチックを開発することができた。集約化した外装スタンダードグレード材料を回収原資としており，選定当初の 5 年使用相当の加速劣化試験から劣化が少ない材料を開発・選定していたので，実際の回収プラスチックを原料に再生プラスチック化する際にもバージン材同等物性を確保できることを確認している。さらに，この開発した再生プラスチックに対し 5 年相当の加速劣化試験を行い，バージン材の加速劣化試験と同等の物性保持率を確保していることを確認している。この再生プラス

表1　自社回収活用の再生プラスチック物性

物性項目	単位	試験方法	条件	従来PCアロイ材	自社回収活用 再生PCアロイ材
回収材利用率	%			0%	50%
比重				1.20	1.20
引張強度	MPa	ISO527	50 mm/min	63	59
伸び	%			3.3	3.4
曲げ強度	MPa	ISO178	2 mm/min	99	97
曲げ弾性率	MPa			3300	3067
シャルピー衝撃強度	kJ/m^2	ISO179	ノッチ付き	6	6.8
熱変形温度	℃	ISO75-2	0.45 MPa	-	-
			1.80 MPa	81	79.3
難燃性	-	UL-94	(認可厚)	V-0（1.0 mm） 5VB（1.2 mm）	V-0（1.0 mm） 5VB（1.2 mm）
難燃剤	-			ノンハロゲン系	ノンハロゲン系

チックを用いた外装カバー部品などが市場で使用され，回収される将来においても，再度回収材原料として繰り返し使用することが可能である。

5.3　市販回収材を活用した再生プラスチック技術

1990年代から自社回収材料を活用したプラスチックリサイクルを実践してきているが，回収～分別～破砕～原料化までのプロセスが構築されているのは日本国内にしかない。リコーの画像製品の売り上げ割合が日本中心から，欧州・北米が主流となってきており，日本での回収材の確保が大きな課題となっている。この回収材確保の課題を解決するために，市販回収材を活用して，画像機器製品のプラスチック部品に使用することを目的に市販回収材活用のプラスチックリサイクル開発を進めてきた。

市販回収材として，多目的用途で流通しているPS材料に着目して，開発を進めた。対象となる回収原資の一つとして，日本の家電リサイクル法で回収された材料を回収原資の一つとした。家電リサイクル法のPS樹脂は耐衝撃性を確保したハイインパクトのPS樹脂（HIPS樹脂）であり，画像製品で使用される樹脂と同等の耐衝撃性などを備えている。一方，魚市場などで排出される発泡PSの回収材も回収原資の一つとして，開発を進めた。発泡PS樹脂は一般用途のGPPS樹脂であり，耐衝撃性はHIPS樹脂に比べて大きく劣っている。さらに，家電回収材や発泡PSの両リサイクル材料は共に難燃化されていないので，事務機器向けに難燃化を行う課題もある。

材料メーカーと共同で，家電回収のHIPS樹脂と発泡PS樹脂を合わせた回収原料として50%使用し，ハロゲン系難燃剤を用いずに難燃性V-2を確保する再生プラスチックのPS樹脂を開発した。その開発した材料物性表を表2に示す。表の従来PS樹脂は従来画像製品に使用されてい

表2　市販回収再生プラスチックの物性表

物性項目	単位	試験方法	条件	従来PS材	市販回収活用再生PS材	リコー測定値
回収材利用率	%			0%	50%	50%
比重				1.12	1.09	-
引張強度	MPa	ISO527	50 mm/min	32	32	33.5
伸び	%			40	20	20.5
曲げ強度	MPa	ISO178	2 mm/min	50	57	55.4
曲げ弾性率	MPa			2440	2320	2304
シャルピー衝撃強度	kJ/m^2	ISO179	ノッチ付き	7	10	8.6
熱変形温度	℃	ISO75-2	0.45 MPa	-	-	81.2
			1.80 MPa	73	79	74
難燃性	-	UL-94	（認可厚）	V-2（0.8 mm）	V-2（0.75 mm）	V-2（0.8 mm）
難燃剤	-			ハロゲン系	ノンハロゲン系	ノンハロゲン系

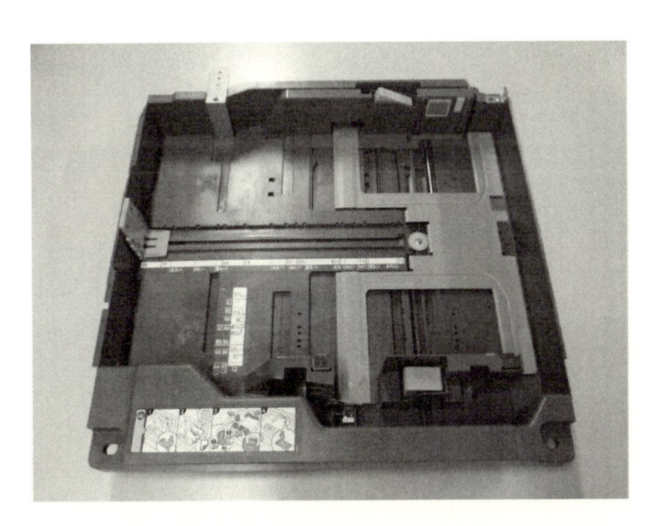

図7　市販回収再生プラスチックの給紙トレイ

る難燃V-2のPS樹脂グレードのカタログ値である。市販回収活用再生PS材の物性カタログ値とリコーにて測定された結果を合わせて，表2に示す。GPPS樹脂である発泡PS樹脂を回収原資の一部として使用しているため，耐衝撃性の確保が課題であったが，従来PS材以上の衝撃強度を確保することができた。また，前述の自社回収活用再生プラスチックと同様に，この市販回収活用再生プラスチックのPS樹脂も5年相当の加速劣化試験を実施している。5年使用相当の劣化した材料を再び回収原資として繰り返しリサイクルが可能かの再生プラスチックの評価も行っており，繰り返し再生した場合でも1回再生した再生材と同等の耐久物性・難燃性を確保していることを確認している。

この市販回収活用の再生プラスチックは2016年にリコー製品の部品に採用され，製品搭載を実現している。図7に製品搭載した市販回収再生プラスチック部品の給紙トレイを示す。流動性の違いなどが課題であったが，従来PS樹脂のバージン材料と同等の部品性能を確保することができたので，製品搭載が実現した。

5.4 省資源化材料としてのバイオマスプラスチック技術

再資源化技術としての再生製品や再生材料の取り組みに加えて，石油投入資源を削減する省資源化材料として，バイオマスプラスチック技術に取り組んでいる。

リコーでは2005年からバイオマスプラスチック部品をOA機器にいち早く搭載しており[8]，省資源による持続可能社会に備える取り組みを行っている。2005年に製品に搭載したバイオマスプラスチックはポリ乳酸とポリカーボネートをポリマーアロイした材料である。当時のバイオマスプラスチックとしては，年間10万トン以上の生産能力を持つ材料はポリ乳酸しかなく，このポリ乳酸をOA機器部品に搭載するには解決すべき課題が多くあった。ポリ乳酸は結晶性ポリエステルであり，剛直な材料であるが，一方では耐衝撃性が低く，非常にもろい材料である。また，ガラス転移点（T_g）が約55℃と低いため，非結晶の状態では耐熱性を示す荷重たわみ温度が60℃以下であり，OA機器に使用するには耐熱性が低い。また，OA機器のプラスチック部品は難燃性を確保することが必要になるため，難燃化も課題である。OA機器の部品の要求特性と石油樹脂として使用されている樹脂について，表3に示す。

材料メーカーと協力して，石油樹脂とポリマーアロイせずに物性や難燃性を確保した高バイオマス度の改質ポリ乳酸材料や難燃性5VBを達成した高難燃改質ポリ乳酸などを実用化し，OA機器の部品として製品搭載を行っている。リコーで製品搭載を行った代表的なバイオマスプラスチックの物性を表4に示す。

バイオマスプラスチックにおいても，OA機器としての長期使用に耐えうる耐久性確保が必要になる。ポリ乳酸は加水分解し易く，耐久性の確保が課題となる。上記の製品に搭載されたバイオマスプラスチックは前述した再生材の評価に用いた加速劣化評価をクリアし，5年使用相当以上の耐久性を確保している。

2005年の搭載から現在まで，バイオマスプラスチックの製品搭載が数多く行われており，その代表的な搭載事例を図8に示す。

表3　OA機器部品の要求特性と使用樹脂

用途	要求項目	使用樹脂
外装筐体	難燃性：5VB 衝撃強度：7～10 kJ/m^2以上	PC/ABS
内装	難燃性：V-2以上 耐衝撃性：3～5 kJ/m^2以上	ABS，HIPS PC/ABS
作像周辺	寸法精度，低吸水性など	GF強化PCアロイ
定着周辺	耐熱性：HDT200℃以上	GF強化PET

表4　バイオマスプラスチックの物性

物性項目	単位	試験方法	条件	PLA	PLA/PC	改質 PLA	高難燃 改質 PLA
バイオマス度	%			100	50	70	40
引張強度	MPa	ISO527	50 mm/min	73	72	22	43
伸び	%			4	10	46	6
曲げ強度	MPa	ISO178	2 mm/min	102	103	50	57.6
曲げ弾性率	GPa			3.3	3.3	2.7	2.7
シャルピー衝撃強度	kJ/m^2	ISO179	ノッチ付き	1.6	3.0	5.1	7.1
荷重たわみ温度	℃	ISO75-2	0.45 MPa	55	87	125	135
			1.80 MPa	52	63	48	83
難燃性		UL-94 (認可厚)		HB 相当	V-2 (1.6 mm)	V-2 (1.8 mm)	5VB (1.2 mm)

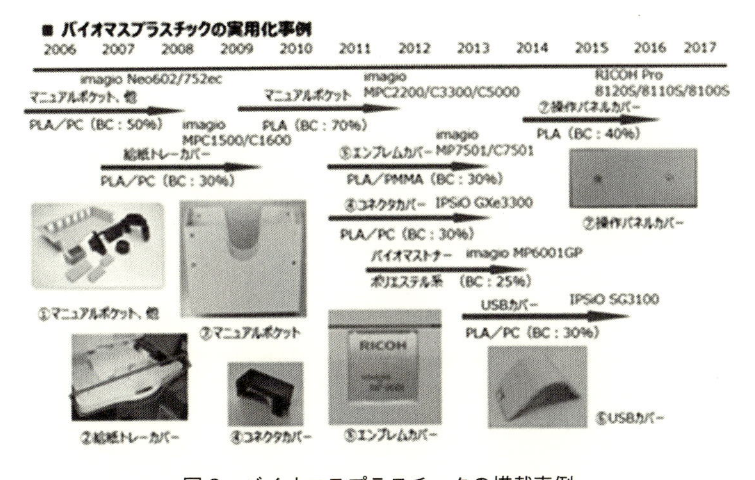

図8　バイオマスプラスチックの搭載事例

バイオマスプラスチックは各業界で製品化が進められており，OA 機器に求められる強度，耐久性，難燃性を満足するポリ乳酸樹脂に続くバイオマスプラスチック製品の搭載を進めることがリコーとして急務である。また，プラスチック使用量の削減のため，バイオマスプラスチック製品の再生時の強度低下を抑え再生を可能とすることも必要である。

5.5　今後の展開

今後の OA 機器の製品リユース・リサイクルは従来以上に規制や規格要求の向上が予測される。現在はリユース再生プラスチックの搭載量を拡大していく上で課題となることは，事業収益性低下を抑制することである。具体的には，再生材とバージン材とのコスト差のミニマム化と，再生材に材料変更しても金型の互換性が得られるように，流動性，収縮率なども考慮した再生材の開発である。また，外装カバー以外の従来はクローズドマテリアルリサイクルの対象外であった内部部品への展開，機能部品に搭載できる新たな再生樹脂の技術開発が必要となる。さらには，石油資源の使用量削減に貢献する省資源材料としてのバイオマスプラスチックのさらなるOA 機器製品搭載に向けた取り組みも今後重要視されると考えられる。資源の観点に加えて，バイオマスプラスチックはCO_2削減効果に貢献する材料であるので，パリ協定など温室効果ガス削減に向けた取り組みに対して，注目されてきている。日本で使用されたバイオマスプラスチックは，国連に提出する温室効果ガス排出・吸収目録（インベントリ）において，日本国内において使用したバイオマスプラスチックが焼却した時に発生するCO_2をインベントリから控除することが認められている[10]。2016 年 4 月に環境省から国連気候変動枠組条約事務局に提出した 2016 年度の温室効果ガス控除量は約 8 万 2 千トンCO_2になっている。リユース・リサイクルの再資源化に加えて，省資源材料であるバイオマス，さらにバイオマス材料もリユース・リサイクルすることが，将来に向けて取り組むこととして望まれる。

文　　献

1) ㈳ビジネス機械・情報システム産業協会　公開データより
(http://www.jbmia.or.jp/index.php)
2) ㈳ビジネス機械・情報システム産業協会　新着情報より
(http://www.jbmia.or.jp/whatsnew/detail.php?id=933)
3) リコーホームページ：製品の回収量予測技術
(http://jp.ricoh.com/technology/tech/007_recycle.html)
4) Y. Okamoto, A. Fuchigami, T. Sato, Y. Taneda, Development of Dry Washing Technology with Thin Pieces of Media, *Ricoh Technical Report*, **36**, pp.53-60 (2010)
5) リコーホームページ：循環型エコ包装
(https://jp.ricoh.com/ecology/product/resource/ 02_01.html#ecopackaging)
6) 栗本英幸，変動型対応リサイクル難燃 ABS の開発，*Polyfile*，**44**, 52 (2007)
7) 原田忠克，リサイクル樹脂とバイオマス樹脂の画像機器への取り組み，成形加工，第 23 巻，第 3 号 (2011)
8) 原田忠克ほか，画像機器への植物由来樹脂の展開，リコーテクニカルレポート，**32**, pp.163-168 (2006)
9) 原田忠克ほか，画像機器筐体部品への高難燃バイオマス樹脂の実用化，リコーテクニカルレポート，**39**, pp.161-167 (2014)
10) 日本バイオマス製品推進協議会ホームページ (http://www.jora.jp/rinji/biomass_product/)

第16章　家電・自動車リサイクル法での最終残渣プラスチックのマテリアルリサイクル

河済博文*

1　はじめに

使用済みの家電や自動車は，いわゆる家電リサイクル法，自動車リサイクル法に従って設定された「リサイクル率」を目標に適切に処理することが求められている。発生する廃プラスチックは，容器包装リサイクルで発生するものと異なり手解体といわれる部品取外しにより比較的均質な組成のものが大量に発生し，マテリアルリサイクル（材料リサイクル）がやりやすい状況にある。しかし，そのような中でも最終残渣として金属，プラスチック，繊維などが混じったシュレッダーダストが発生する。これまで回収容易な金属を回収した後，埋立処理あるいは単純焼却処理をしていたが，リサイクル法成立の背景でもある埋立地の不足，石油資源の枯渇，二酸化炭素排出量削減といった理由から最終残渣中のプラスチックもリサイクルされるようになってきた。ヨーロッパでは，シュレッダーダストを埋立処理せずリサイクルするための技術開発が早くから行われており，ポストシュレッダーテクノロジー（Post Shredder Technology/PST）と呼ばれている。これには，マテリアルリサイクル以外に，高炉原料化，セメント原燃料化，油化，ガス化などのケミカルリサイクル，熱回収するサーマルリサイクルが含まれるが，本章では，シュレッダーされた複数種類のプラスチック片混合物から，適切な選別方法により単一種類の“熱可塑性”プラスチックを純度を上げて回収し，その後，プラスチックを一度溶融し，粒状に加工（ペレット化）して，再生樹脂としてプラスチック製品に再利用するマテリアルリサイクルを取り上げる。

家電リサイクルでは当初から，シュレッダーダスト中のプラスチックを発生元である家電プラスチック部品に戻す自己循環リサイクル（クローズドリサイクルあるいは水平リサイクル）[1]が進められてきた。自動車リサイクルもヨーロッパで家電同様のCar-to-Carと呼ばれるプラスチックリサイクルが始まっていることもあり，国内で取り組みが始まった[2]。使用済み家電や自動車のリサイクルで発生するプラスチックは，量的にはPP（ポリプロピレン，比重0.90～0.91）が主であり，PS（ポリスチレン，比重1.04～1.09）やABS（アクリロニトリル・ブタジエン・スチレン共重合体，比重1.01～1.04）とは水による比重選別が可能である。しかし，共に浮いてしまうPPとPE（ポリエチレン，比重0.91～0.965），比重が近く水より重くした重液の比重調整では選別できないPSとABSの分別回収には，光学式識別などの何らかの高度選別技術が必要

* Hirofumi Kawazumi　近畿大学　産業理工学部　生物環境化学科　教授

になる。さらに，夾雑物除去やペレット化にも多くのノウハウが必要とされ，コンパウンド技術も合わせて開発する必要がある。その中で本章では，シュレッダーダストからのプラスチック選別回収技術とマテリアルリサイクルの現状を紹介する。

2　廃家電由来混合破砕プラスチックのリサイクル

家電リサイクル法に基づく再商品化施設では，自己循環リサイクルまで意図したプラスチック回収が積極的に行われているが，ここでは，解体分離困難な部品がシュレッダーされて発生する混合破砕プラスチックから単一種類のプラスチックを選別回収する技術を取り上げる。

2.1　対象物の性状

混合破砕プラスチックの性状は，著者らが関わった実証事業[3]では次の通りであった。①プラスチック含量は75%～90%弱，破砕粒度は25 mm～40 mm程度が主体だが，300 mm～400 mmの長尺物も含まれる。②ウレタンが10%～20%程度含有されているが，再商品化施設毎にウレタン処理・回収に係わる工程構成により含量が大きく異なる。機械破砕後のウレタン回収風力選別機の風量を上げて，できるだけウレタンを回収する，逆に風力選別機風量を下げて，ウレタン純度を上げて回収する，などである。③金属類が，5%～15%含まれる。混合破砕プラスチックは，家電リサイクル年次報告では「その他の有価物」の一部として取り扱われ，統計的にプラスチック種類別の量は明らかではないが，文献などの平均値として表1のような組成が推定される。したがって，家電リサイクルでマテリアルリサイクルの対象となるのはPP，PS，ABSである。

2.2　選別処理フロー

家電リサイクルの混合破砕プラスチックにはほとんどPEが含まれないため，水比重選別だけでPPが回収できる。しかし，一般的な風力選別，破砕，水比重選別しただけではPP純度は90%以下であり，マテリアルリサイクルには適さない。事前に金属やウレタンなどを除去する工程やPP純度を上げる工程が必要になる。図1に文献4で紹介されている三菱電機グループでの前処理工程を示す。比重1より大きな選別でジグ選別を利用し，重液を使わず真水で行うことを特徴としている。その後，図2に示す選別回収工程に進むことで，純度98%以上のPPを得ている。純度を維持した安定な運用には，破砕サイズの最適化や比重液である水の水質管理といったノウハウは不可欠である。針状のものでパテや接着剤などの夾雑物を除去する装置を組み込んでいる

表1　家電リサイクルのシュレッダーダスト中のプラスチック成分分布

PP	PS	ABS	重比重プラ（PVC等）	その他（配線・発泡体等）
40	20	10	15	15

例もある[3]。工程後半の静電選別などについては次節で述べる。パナソニックグループでは，水比重選別を使わず次節で述べる近赤外吸収による識別を初めに行い，その後，単一種類となったプラスチック毎に図3に示すような乾式洗浄工程を適用し，そのままペレット化できる品質のものを得ている[5]。

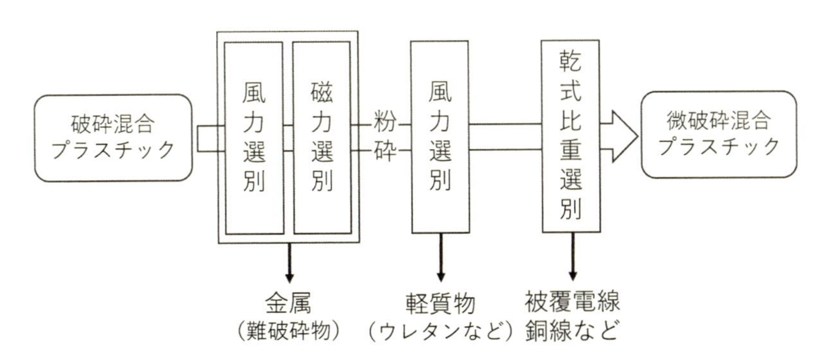

図1　家電リサイクルにおけるシュレッダーダストの前処理[4]

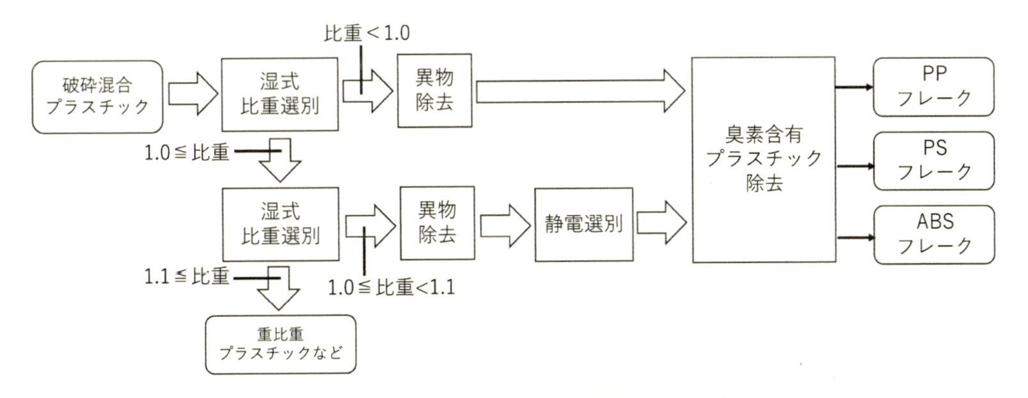

図2　複数種類プラスチックの選別回収工程[4]

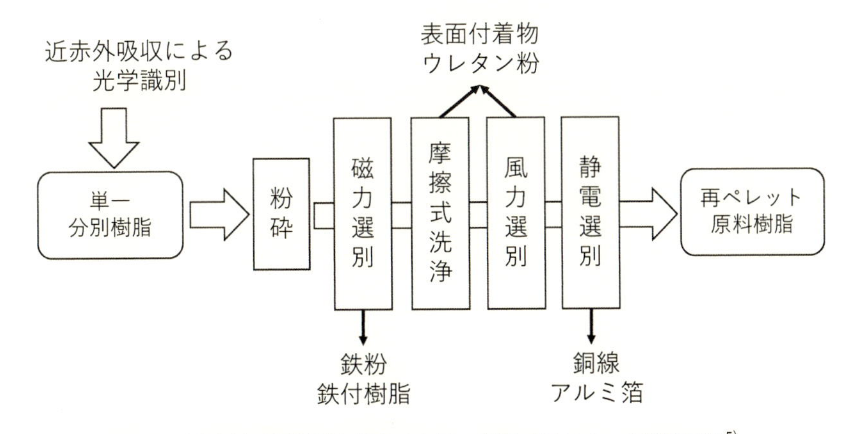

図3　近赤外吸収識別と組合せた単一種類プラスチック選別回収[5]

2. 3 高度選別技術

先の比重選別は大量に処理できるが，精度不足などから必要に応じて次のような高度選別技術が使われている。より詳しくは著者による総説[6]を参考にされたい。

2. 3. 1 近赤外吸収識別

近赤外線の吸収を測定する光学式識別法である。容器包装リサイクルでも使われ，実績の多いプラスチックの種類の識別法であり，先駆的な開発を進めていたヨーロッパの会社を含む複数のメーカからプラスチックソータとして製品が販売されている[7]。一般的な装置構成を図4に示す。光学式識別は使う光の波長に応じた物質との相互作用を測定するもので，構成分子が何かまで判定できる。近赤外吸収スペクトルはブロードなためプラスチック毎の吸収スペクトルの差異が小さく，開発当初の識別精度は80％程度であった。しかし，近赤外光検出器であるスペクトルカメラの性能向上は著しく，波長分解能も空間分解能も高くなり，識別精度も99％以上といった値が報告されるようになっている。処理速度はコンベアの速度や幅，それに応じて仕様が決まる近赤外光検出器の性能にもよるが0.5～1.5 ton/hourの範囲である。

パナソニックグループでは近赤外吸収識別の開発に注力し，図4中のエアガンによる分別工程の高精度化を様々な工夫によって図ると共に，エアガンを三段に配置することで，混合破砕プラスチックをコンベア上に1回流すだけでPP，PS，ABSの3種類を同時に選別回収できる装置に仕上げている。さらに，プラスチックの種類の識別に加えて臭素を含むプラスチックを検出できるようにしている[8]。ストックホルム条約（POPs条約）やRoHS指令で規制されている物質のうち家電リサイクルのプラスチックマテリアルリサイクルで問題になるのは臭素系難燃剤であり，実際には化合物デカブロモジフェニルエーテル（Deca-BDE）が数％含まれているプラスチック片が混入する可能性がある。このような臭素含有プラスチックは近赤外吸収スペクトルの複数の波長に違いが現れる。この差が顕著になるような判別アルゴリズムを作り，臭素含有プラスチックを除去することができている。

2. 3. 2 ラマン散乱識別

ラマン散乱測定は，レーザ光を照射した物質からの戻り光（散乱光）に赤外吸収と同様に詳細

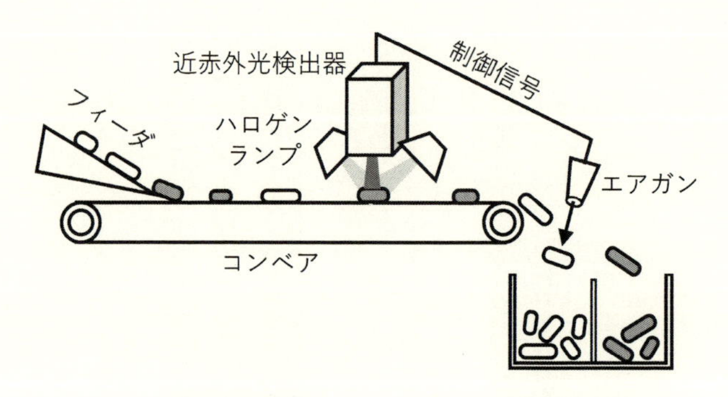

図4　近赤外吸収識別による選別回収装置の模式図

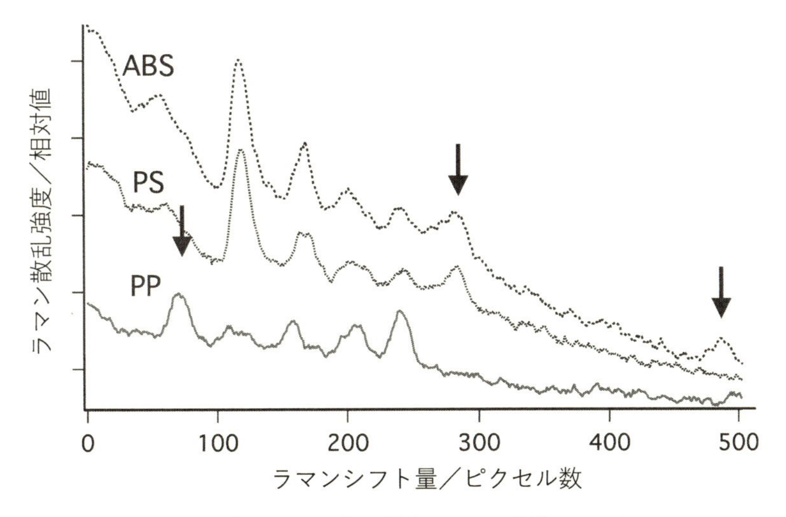

図5　プラスチック毎に異なるラマン散乱スペクトル

な分子構造の情報が含まれることを利用する光学式識別のひとつである。シャープなピークによる識別は近赤外吸収に比べ高い識別精度を与える。3種類のプラスチックからのラマンスペクトルを図5に示す。図中の矢印のピークにより明確な判別が可能になる。選別回収装置は図4中の近赤外光検出器および光源であるハロゲンランプをラマン識別器に置き換えたものとなる。㈱サイムはこの装置を完成させ実用に供している[9]。

2.3.3　静電選別

光学式識別では，同時に複数個測定するにしても，1個ずつ判定し，1個ずつエア分別することになり，処理速度を上げても比重選別のような一度に大量の処理はできない。三菱電機グループでは，PSとABSを摩擦させたときの帯電極性の違いを利用して分離する技術を開発している。この装置は，処理量2 ton/hour以上で昼夜連続操業可能なプラントで運転され，三菱電機グループでの自己循環型マテリアルリサイクルに供されている[10]。

2.3.4　透過X線による臭素検知

臭素系難燃剤Deca-BDEの含有判定には化学分析室レベルの機器分析が必要であり，大量処理の選別回収には使えない。リサイクル現場では臭素元素の含有を調べることで代用することになる。原子番号の大きな臭素はX線吸収量が大きく，臭素含有プラスチックは黒化度の高い透過X線像（図6）を与える。検出の原理は食品に紛れ込んだ金属片の検出によく使われるX線検査と同じであり，装置構成は図4と同様になり，近赤外吸収識別によるプラスチックソータを作っているメーカから装置が販売されている。三菱電機グループでは家電リサイクルに特化したものを開発し，臭素濃度1 wt％以上を検出・除去し，回収プラスチック全体で臭素濃度0.03 wt％未満を達成している[11]。一方で，国内メーカはRoHS指令を先取りし，2007年以降に製造した製品にはDeca-BDEを使用していないこともあり，今後，臭素濃度は低下していくと考えられる。

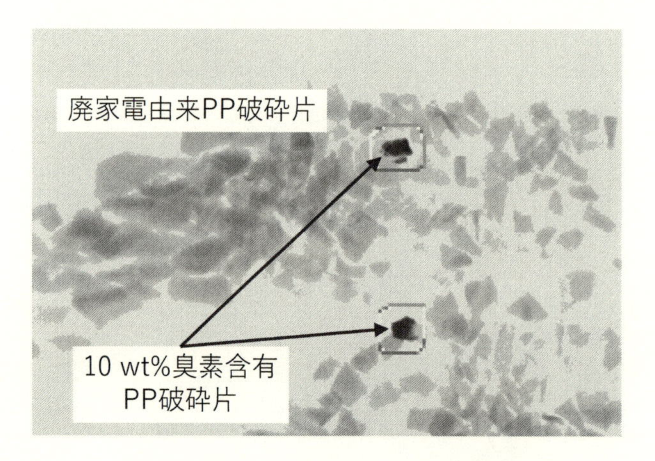

図6　臭素含有プラスチックのX線透過像

2.4　再生樹脂の評価

選別回収された破砕プラスチックは，押出加工され再生樹脂ペレットとなる。自己循環マテリアルリサイクルのためには，その機械物性，長期耐熱性，耐薬品性などがバージン材料と同等あるいは近くなければならない。ペレット化やコンパウンド化における物性改善は本章では取り扱わないが，既報[12,13]を簡単にまとめると次のようになる。①最終的に単一種類のプラスチック純度は99％以上になっている。②引張強度や衝撃強度がバージン材に比べ10％程度落ちている。原因はプラスチック純度によるものと金属やゴムなどの異物によるものとが考えられる。③相溶化剤，酸化防止剤，金属不活性化剤の添加によりプラスチックの物性を改善することができる。④金属など無機物に関しては，ペレット化時のスクリーンメッシュ目開きサイズを小さくすることで除去でき，機械物性が改善する。

3　ASR由来プラスチックのリサイクル

使用済自動車の最終残渣はAutomobile Shredder Residue（ASR）と呼ばれる。ASRは，再商品化施設で直接リサイクルされる廃家電とは異なり，多くの解体・破砕業者によって使用済自動車から部品や鉄が回収された後，リサイクルが困難なシュレッダーダストとして排出され，自動車メーカ指定の再資源化業者に渡される。再資源化業者は新車購入時に預託されているリサイクル料を元に可能な限りASRのリサイクルに務めることになる。サーマルリサイクルを含めればASRのリサイクル率は98.1％（2018年度）に達する。しかし，約30％含まれるプラスチックに関しては原燃料化が主要なリサイクル方法であり，2013年の調査時点[14]でマテリアルリサイクルはプラスチック量の1％未満であった。本章ではASRの残渣ともいえるプラスチック（ASR由来プラスチックと呼ぶ）のマテリアルリサイクルについて取り上げる。

環境省では2013年から2016年にかけて自動車リサイクル連携高度化事業や低炭素型3R技術・

システム実証事業によりASR由来プラスチックのリサイクルにつき集中的に調査研究を行っている[14]。また，（公財）自動車リサイクル高度化財団では2017年よりASR低減に関する実証事業などに助成を行っている[15]。しかし，部品として取り外されたバンパーのマテリアルリサイクルはBumper-to-Bumperと呼ばれ，再生樹脂が自動車部品に使われるなど着実に進展しているが，ASR由来プラスチックのマテリアルリサイクルは，パレット・擬木などのプラスチック製品に向けた低品質再生樹脂への利用が始まったばかりである。

3.1　対象物の性状

図7にASR由来プラスチックの成分分布を示す。図7（a）は一般的に知られているASRの成分分布である。再資源化業者それぞれの処理の仕方で大きく変動するが，プラスチックが約30%含まれている。図7（b）にASR由来プラスチックの成分分布を示す。PPが70％以上含まれ，用途からもマテリアルリサイクルのターゲットとなるが，図7（c）に示すようタルク（剛性を上げるための無機物フィラー）の含量に幅広い分布がある。タルクを15%以上含有すると比重が1.00を超えるため，家電リサイクルと異なり水比重だけでこのPPを全て回収することはできない。水比重のみで選別回収しても回収率が低いものになる。さらに，Car-to-Carを目指すような高品質再生樹脂では，タルク含量（あるいは比重値）が一定のものを安定的に供給できなければならず，タルク含量を区別した選別回収が必要になる。

3.2　選別処理フロー

ASR由来プラスチックをペレット化し，PP再生樹脂としてマテリアルリサイクルした例を環境省実証事業の報告から見ると図8のように整理される。本格的な実施の前であるが工程に沿ってポイントをまとめると次のようになる。

①　リサイクル工程を進めるには再資源化施設で発生するASRを処理した最終残渣中のプラスチック含量をできるだけ高め，安定した値にする必要がある。後段の工程と合わせて再資源化施設での処理方法が検討されなければならない。

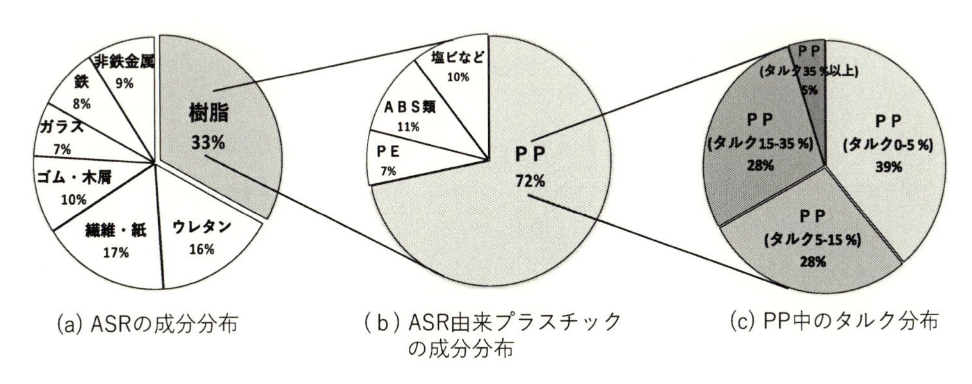

図7　ASR中のプラスチック含量とその成分分布

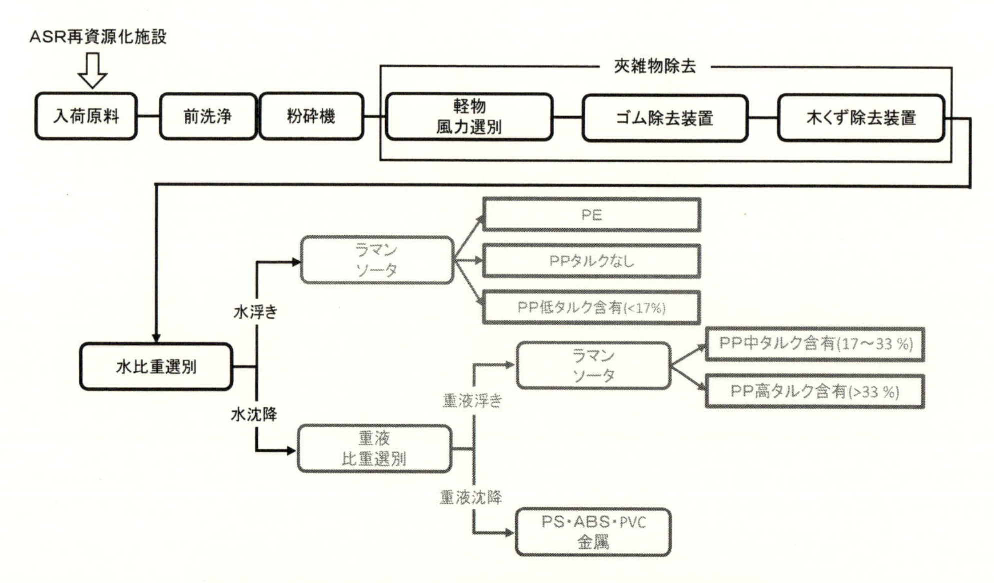

図８　ASR 由来プラスチックの処理工程例（一部，計画を含む）

②　風力選別による軽物の除去以外に水比重選別では取り除けない小さなゴム片や木屑片の除去が必要である。ペレット化での押出機のフィルターに負荷をかけないためには 0.1％以下にする必要がある。㈱サイムではそれらの専用除去装置を開発している。

③　廃家電プラスチックに比べ汚れのひどい ASR 由来プラスチックでは，水比重選別において浮遊物質（SS）などの水質を指標にした水の状態の管理が重要である。適切な前処理を行えば，水比重のみで水浮き成分として PE を含む PP が回収でき，低品質の再生樹脂にすることができる。しかし，回収率が低くなるため，重液による比重選別や水流選別を取り入れるといったことが行われている。

④　ASR 由来プラスチックをセメントの原燃料化に使用する場合は塩素が問題となるが，マテリアルリサイクルの場合は廃家電同様，臭素を含む難燃剤が問題となる。報告された結果では，水浮き成分の最終的な臭素含量が 0～10 ppm，比重の大きな難燃剤含有プラスチックが濃縮されやすい水沈降成分で 500～600 ppm となっている。

⑤　高品質のマテリアルリサイクルのためには，水浮き成分中の PP と PE の選別，タルク含量の複数レベルの選別が必要と考えられる。㈱サイムによるラマン散乱識別での区分例を図８にグレーで示したが，このような選別を達成するためには水比重以外の高度選別技術が必要になるが，ASR 由来プラスチックの 95％近くが黒色であるため，廃家電プラスチックに多く使われている近赤外吸収識別が使えない。実証研究などでいくつかの方法が検討されている。PP と PE の選別に近赤外よりも波長の長い中赤外線（3～5 μm）を使う方法が考えられる。中赤外線カメラが非常に特殊であり高価であるが UniSort BlackEye（STEINERT 社・ドイツ）として装置が販売されている。ラマン散乱識別では分光測定ながらタルク含量も区別でき，黒色では信号が弱

表2　ASR由来プラスチックの物性

選別カテゴリー	比重	タルク含量 (wt %)	MFR (g/10 min)	曲げ強度 (MPa)	曲げ弾性 (MPa)	引張強度 (MPa)	シャルピー衝撃強度 (kJ/m^2)
PP（タルク5%以下）	0.91	閾値未満	29	26.4	900	17.8	12
PP（タルク15%未満）	0.96	14.3	29	25.7	1130	15.9	10.4
PP（タルク15%以上）	1.03	31.6	28	30.8	1700	17.8	11.4
バージンPP*	0.91	—	16	57	5400	34	3

*：出光ライオン4600G

くなるがASR由来プラスチックに図8のような適用をしようとしている。精密な比重選別を行うことでPPとPE，タルク含量を区別するという方法もある。技術的な詳細は不明であるがGalloo Plastics（フランス）の技術により国内でのASR由来プラスチックの選別回収が計画されている[2)]。

3.3　再生樹脂の評価

現状では，ASR由来プラスチックは比重選別で浮くPPを主成分とするものがペレット化され，わずかであるが再生樹脂としてマテリアルリサイクルされている。これまでの複数の実証事業報告から一般に，ASR由来再生樹脂は衝撃強度が高く，引張強度や曲げ弾性が低いものとなる。押出機フィルターをすり抜けたゴム，塗膜などの粒状異物の混入の影響が大きいと考えられている。試験的にタルク含量を区別して選別したPPの機械物性などを表2に示す。当然であるが，タルク含量に応じて機械物性は変化しており，物性の安定した再生樹脂を供給するためには，タルク含量の選別は重要になると考えられる。

4　まとめ

使用済みの家電や自動車から有価物を回収し，最後に残った残渣中から，さらにプラスチックをマテリアルリサイクルのために回収する技術などにつきまとめた。PPを中心としたマテリアルリサイクルは可能な状況になったといえる。一方で今後，特に自動車に関しては，ポリアセタール（POM）などのエンジニアリングプラスチックやカーボンファイバー強化プラスチックが増えていくと考えられる。それらへの対応も準備する必要がある。

社会の多方面の要求からここで紹介したようなリサイクルが進められているが，ASRに関する環境省実証事業ではLife Cycle Assessment（LCA）による評価も同時に行われている。評価は，再生樹脂にするまでの二酸化炭素排出量削減効果にとどまっているが，今後，再生樹脂が定常的に供給されるようになり，樹脂物性に応じて，用途を拡大し，より大きな削減効果が明らかになることが期待される。

文　　献

1)　福嶋容子ほか，成形加工，**15** (8)，567 (2003)
2)　豊田通商プレスリリース「日本最大級のリサイクルプラスチック製造事業会社を設立」，2019年04月05日付
3)　土田保雄ほか，粉体技術，**10** (6)，37 (2018)
4)　井関康人ほか，プラスチックエージ，**12**，48 (2010)
5)　パナソニックプレスリリース「3種類の樹脂を同時選別可能なリサイクル技術を開発」，2014年6月20日付
6)　河済博文，廃棄物資源循環学会誌，**29** (2)，125 (2018)
7)　宮入裕夫編，最新材料の再資源化技術事典，p.162，産業技術サービスセンター (2017)
8)　小島環生ほか，*Panasonic Technical Journal*，**57** (1)，31 (2011)
9)　㈱サイム，Raman Plastic Sorter，http://www.saimu-net.ne.jp/soter.html (2019/08/15 アクセス)
10)　松尾雄一ほか，成形加工，**23** (10)，599 (2011)
11)　中慈朗，プラスチックス，**60** (10)，48 (2009)
12)　福嶋容子ほか，シャープ技報，**94**，57 (2006)
13)　松尾雄一ほか，廃棄物資源循環学会論文誌，**25**，77 (2014)
14)　環境省自動車リサイクル関連調査報告書，https://www.env.go.jp/recycle/car/material5.html (2019/08/15 アクセス)
15)　(公財)自動車リサイクル高度化財団公募事業報告書，https://j-far.or.jp/project/ (2019/08/15 アクセス)

〈第Ⅳ編〉

ケミカルリサイクルの実際

第17章　ポリエステルのケミカルリサイクル

西田治男*

1　はじめに

高分子のケミカルリサイクルは，その主鎖の分解プロセスの制御によって行われる（図1）。高分子の分解に際して，熱，水，溶剤，酸素，光などの化学的・物理的作用因子は高分子の切断しやすい結合部位を攻撃しこれを開裂する。従って，いずれの作用によっても基本的な分解部位はある程度共通している。たとえば，加水分解しやすい高分子素材であるポリエステルは，エステル結合部位が熱分解，光分解，そして生分解も受けやすい。

加水分解と熱分解は，ポリエステルを有機原料に変換することができるケミカルリサイクルのための主要な方法である。一般的に加水分解は，プロトンや水酸イオンなどの活性種が高分子主鎖上の反応サイトをランダムに攻撃し，これを開裂する反応である。そのため，このような反応サイトを有する高分子に適用可能である。また，比較的低温で進行する反応であるため，副反応が少ないという利点を持つ。しかしその一方で，反応時間が長く，反応後の水の除去に大量のエネルギーを要するという問題点を持つ。これに対し，熱分解は反応媒体が不要であり，反応は短時間で進行する。しかし，反応を制御しうる高分子が限定されており，また高温での反応のため，多種類の副生成物が生じ易いという問題点を持つ。各分解反応の特性は，用いる高分子の化学特性，アロイ・ブレンド状態，あるいは他成分との混在状態に応じて，また，必要とする変換後の生成物に応じて選択される。なお，代表的な高分子であるポリエチレンテレフタレート（PET）については，優れた総説[1]や報文が多数あるため，そちらを参照されたい。本論では，資源循環に基づき，再生可能資源から合成されるポリエステルについて，そのケミカルリサイク

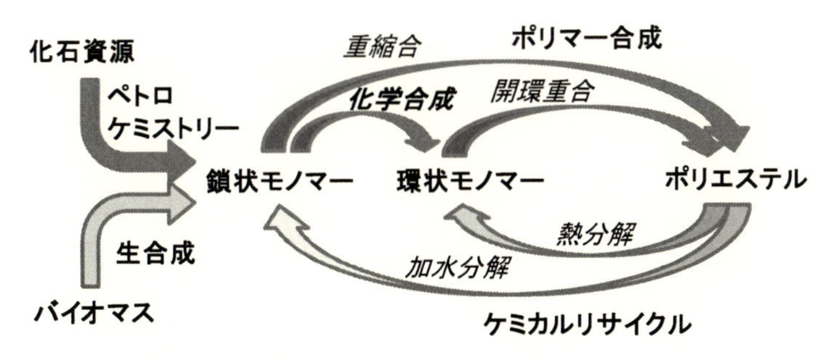

図1　高分子の分解制御によるケミカルリサイクルループの構築

＊ Haruo Nishida　九州工業大学　大学院生命体工学研究科　客員教授

ル特性について述べる。

2　資源循環特性に優れたポリエステル

一般的に，再生可能資源から合成される高分子（図2）は，その主鎖中に反応性の高いエステル結合基やアミド結合基を一定間隔で持っており，これらの反応性基が，高分子の形成反応時だけでなく，分解反応時にも活発に機能する。従って，これらの反応性基の活性をうまく制御することによって，重合/解重合を制御したケミカルリサイクル性材料として利用することができる。

3　ケミカルリサイクル性材料としてのポリ乳酸

再生可能資源から合成される高分子の代表例がポリ乳酸（PLA）である。PLAは，その光学純度によってLまたはD-ユニットが90％以上の結晶性ポリマー，ポリ-L-乳酸（PLLA）とポリ-

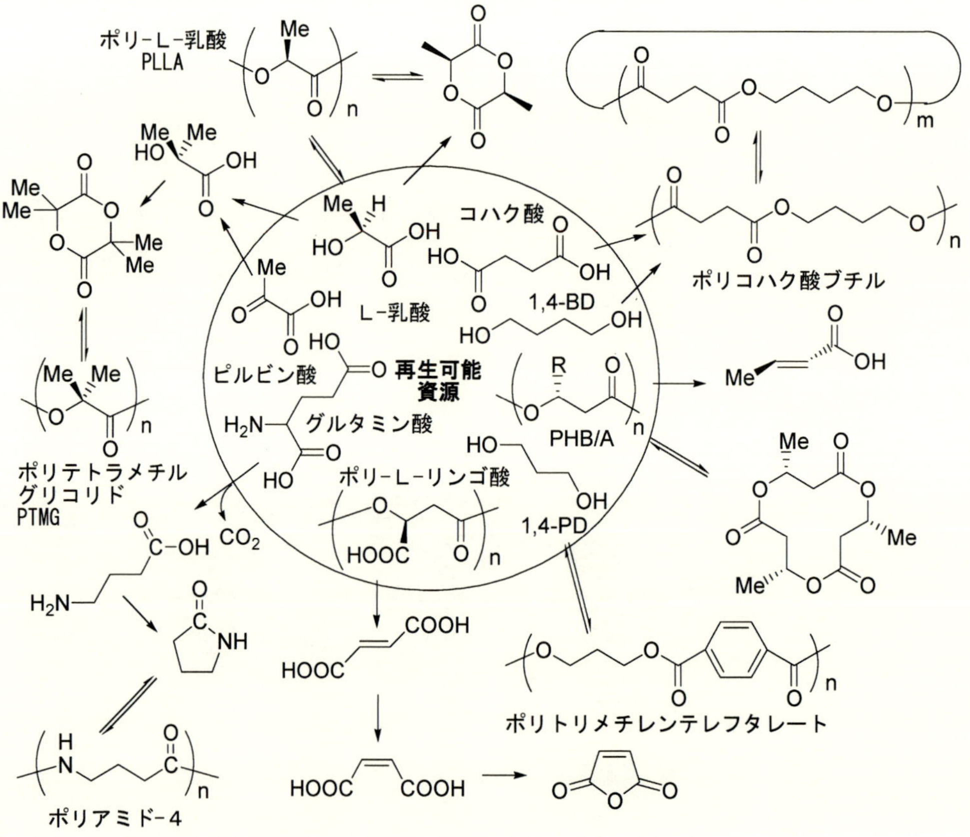

図2　再生可能資源から合成される高分子とそのケミカルリサイクル性

D-乳酸（PDLA），L-ユニットとD-ユニットが混在する非晶性のポリ乳酸（PDLLA）に分類され，さらに，PLLAとPDLAとの高分子錯体であるステレオコンプレックス（sc-PLA）[2]，PLLAブロックとPDLAブロックからなるステレオブロック共重合体｛P(LLA-*b*-DLA)｝[3]がある。後述するように，これらの光学特性はケミカルリサイクル時における重要な制御要因となる。

3.1　加水分解によるケミカルリサイクル

ポリエステルは，加水分解によって鎖状モノマーへと還元される。この加水分解挙動に影響を与える内部因子としては，分子量，立体規則性，共重合組成，末端水酸基・カルボキシル基，分岐・架橋構造，結晶構造などがあり[4,5]，これらの影響因子の定量的な把握は製品寿命の予測のみならず，ケミカルリサイクルにおいても有効に活用される。たとえば，PLAの鎖状モノマーである乳酸は，水酸基の電子吸引効果によって，カルボキシル基のpK_a値は低下し比較的強い酸性を示す。このことがPLAの分解を促進する（自己触媒的加水分解）。

3.2　高温高圧水によるケミカルリサイクル

水だけで効率的に加水分解を行う方法として，高温高圧水による分解が報告されている[6]。ここで高温高圧水とは，超臨界～亜臨界状態の水であり，高温高圧の条件下ではプロトンおよび水酸イオン濃度が高くなって，これらが関与する加水分解反応が著しく促進される。Tsujiらは，PLLAの加水分解を180～350℃の高温高圧水中で行い，250℃，10～20分の条件で約90％のL-乳酸を回収している[7]。しかし，260℃以上では生成する乳酸のラセミ化が温度とともに顕著になり，350℃では二次分解も進行して多種の分解物が生成し，乳酸の収率が著しく低下する現象が見出されている。

3.3　常圧過熱水蒸気によるケミカルリサイクル

高温高圧水による加水分解は効果的なケミカルリサイクル方法であるが，圧力容器の問題があり，大容積での処理は難しい。一方，常圧過熱水蒸気（SHS）では流通状態で処理が可能であり，容積の制限を受けない。ただし，SHSでは，温度の上昇に伴い体積膨張が生じ，一定体積内に含まれる水分子の総数は，定容時の圧力の逆数に比例する。よって，SHSによる気相処理を考えた時，同じ温度での頻度因子の値は，定容時の圧力の逆数に比例すると考えられる。加水反応速度定数を飽和圧力と常圧との比で補正して再計算した結果，反応速度定数値は著しく上昇し，Arrheniusの式を用いて活性化エネルギーE_aを求めたところ，定容加熱水蒸気によるPLAの加水分解反応のE_a値にかなり近づいた。従って，SHSと定容加熱水蒸気による加水分解反応速度および活性化エネルギーの差異は，主に飽和水蒸気圧と常圧の水蒸気圧力の差に依存することが推定された[8]。

このSHSを用いることによって，ポリオレフィン類と混合，もしくは紙ラベルが張り付いた状態で回収された廃棄物から，選択的にポリエステルのみを加水分解することによってオリゴマーとし，さらに低応力下にフレーク状へと変換し，混在する異種物質から容易にPLAのみを分離する技術が実証された[9]。

4 熱分解によるリサイクル

4.1 ポリエステルの熱分解の特徴

ポリエステルの熱分解にはさまざまな要因が関与しており，多彩な熱分解機構，例えば，PLAの場合，分子内および分子間エステル交換反応，β-脱離反応，ラジカル的ホモリシス，さらにはラセミ化を引き起こすエステル-ヘミアセタール互変異性などの各反応が報告されてきた(図3)[10]。光学活性ポリマーであるPLLAの場合，光学純度の低下が材料としての価値の喪失を意味し，L,L-ラクチド純度90%以下では，再生PLLAは結晶化が難しく，耐熱性の低い非晶性ポ

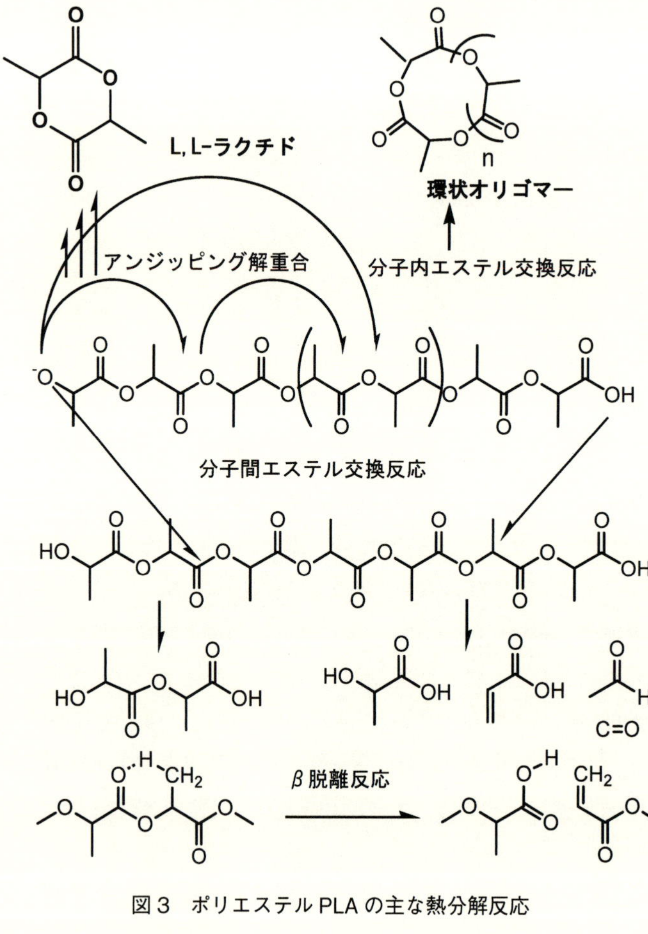

図3 ポリエステルPLAの主な熱分解反応

リマーとなってしまう[11]。従って，光学活性ポリマーの熱分解制御は，モノマーの回収率向上だけではなく，その光学純度の保持も重要な要件となる。

4.2 ポリエステルの解重合触媒

PLA の熱分解は内包する重合触媒金属種に強く影響される[12]。たとえば，PLA の熱分解挙動は，重合触媒である Sn の含有量に強く依存する[13]。解重合反応をケミカルリサイクルに利用するため，より安全なアルカリ土類金属触媒の利用が検討された結果，アルカリ土類金属種の作用は，Ca と Mg で異なる挙動を示し[14]，より塩基性の高い Ca は，230℃以下の低温で末端カルボキシルアニオンがバックバイティング反応によって隣接するユニットの不斉炭素を攻撃し，高い割合で meso-ラクチドを生成する。一方，Mg の場合は塩基性が弱いために，meso-ラクチドを殆ど生成しない。250℃前後では，Ca および Mg-アルコラートが反応の主活性種となり，アルコラートアニオンによるアンジッピング解重合反応が主反応となって選択的に L,L-ラクチドのみを生成する。300℃以上では，エステル-ヘミアセタール互変異性化反応の進行によって再びラセミ化が顕在化してくる。このように，PLLA のケミカルリサイクルは，アルカリ土類金属化合物を触媒として特定の温度範囲で行うことで，効率的な L,L-ラクチド回収が可能である。特に，酸化マグネシウム MgO の特有な触媒活性は，実際的なケミカルリサイクルプロセスにおいて極めて有効である。

MgO 触媒をさらに高活性・高選択性にするための検討が進められ，MgO 粒子の微細化による触媒活性の増大と，触媒表面の熱処理による機能制御が報告された[15]。触媒表面積の増大はその触媒活性を著しく増大し，解重合温度域の低温シフトを可能とする（図4）一方で，異常反応によるラセミ化やランダム分解の進行も促進した。しかし，350℃での熱処理によって，副反応，特にオリゴマーの生成が抑制された[16]。この処理温度は表面の水酸化マグネシウムの脱水反応を進め，一方で炭酸マグネシウム構造を保持する温度であるため，炭酸マグネシウム化することで

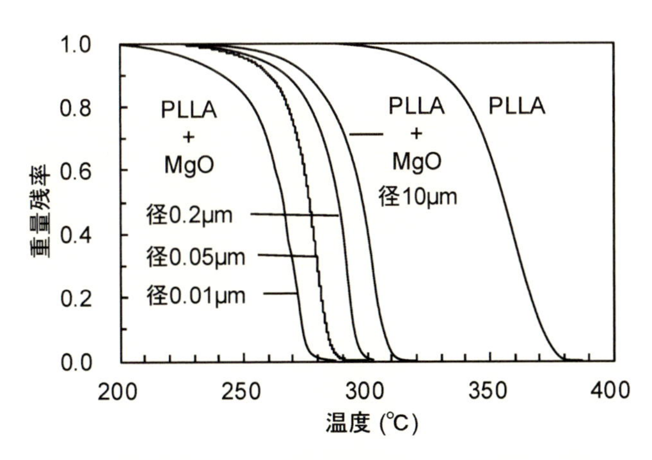

図4　解重合触媒 MgO の粒径と触媒活性温度範囲との関係

異常反応が抑制されたと推測された。

4.3 ラセミ化の制御

バイオマス由来のポリエステルは光学活性ポリマーである場合が多く，その光学純度の低下は結晶性を低下させ，材料としての価値を激減させる。光学純度の低下はPLLAの場合，主鎖上でのエステル-ヘミアセタール互変異性によって生じる機構が提案されてきた[17]。しかし，このエステル-ヘミアセタール互変異性が，解重合によって生成したラクチド上でも進行することが確認された（図5）[18]。しかもその見かけの活性化エネルギーは50～60 $kJ\cdot mol^{-1}$と極めて小さく，容易にL,L-ラクチドからメソラクチド，D,D-ラクチドへと異性化することが確認された。従って，解重合反応によって生成したL,L-ラクチドがそのまま高温の解重合系内に留まると，その光学純度は急速に低下する。従って，光学活性PLLAから高い光学純度のモノマーを回収するには，発生したラクチドを速やかに系外に取り出し，冷却することが重要である。

4.4 難燃性とケミカルリサイクルの両立

ケミカルリサイクルにとって，ポリマー中に添加されている安定化剤，フィラー，着色剤，分散剤などは，そのリサイクルを妨げる要因となる。とりわけ，カーボンブラックによる黒色や大量のフィラーや難燃剤は，カスケードリサイクルを余儀なくさせる要因となる。PLLAの電気電子機器部品や自動車部品などへの応用展開を見据えて，難燃化PLLAの解重合特性の解明とその制御について検討を行った結果，難燃剤として大量添加される水酸化アルミニウムがPLLAに対して優れた解重合触媒機能を発現し，高いL,L-ラクチド選択性を示すことが認められた[19]。さらに，水酸化アルミニウムは溶融成形温度域でのSnによる分解触媒作用を抑制した。従って，水酸化アルミニウムは，①難燃剤，②解重合触媒，および③成形加工時の熱安定化剤として3つの機能を有する多機能型添加剤であることが明らかとなった。これらの機能により，図6に示すような難燃化PLLAコンポジットの循環利用スキームが提案された。

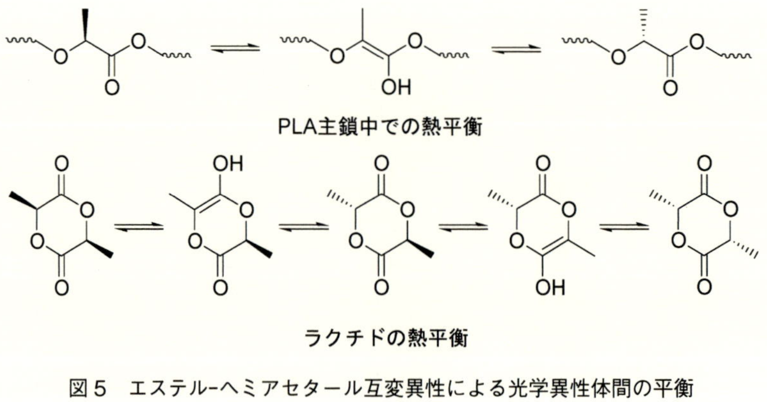

PLA主鎖中での熱平衡

ラクチドの熱平衡

図5 エステル-ヘミアセタール互変異性による光学異性体間の平衡

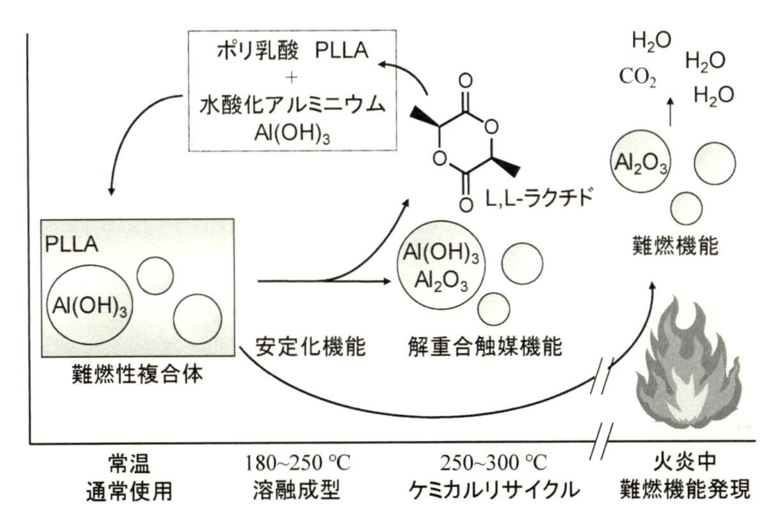

図6　難燃性材料PLLA/水酸化アルミニウム組成物の資源循環利用スキーム

5　複合体からの選択的解重合

ポリマー製品は，多くの場合，物性の改善向上のため，複数のポリマーがブレンドや共重合の手法によって複合化されて用いられる場合が多い。したがって，高度なケミカルリサイクルシステムを構築するには，これらの複合材料からポリマー主成分を選択的に解重合し，高純度のモノマーを回収する必要がある。それは共存する他成分の再利用にも有効に働く。

5.1　ステレオコンプレックスからの選択的解重合

PLLAとそのエナンチオマーであるPDLAとの高融点錯体であるステレオコンプレックス（sc-PLA）は，PLLAとPDLAとのコンプレックスであるため，溶融分解時に分子間エステル交換反応によって交雑し，引き続き起こる解重合においてL-乳酸ユニットとD-乳酸ユニットを含んだ低融点のメソラクチドを生成する可能性がある。しかし，Sn触媒によるアンジッピング解重合を検討した結果，280℃以下の温度範囲で分子間エステル交換がほとんど起こらず，選択的にPLLA成分からL,L-ラクチドが，PDLA成分からD,D-ラクチドが高純度に還元されることが確認された[20]。

5.2　ポリマーブレンドからの選択的解重合

ポリマーのリサイクルにおいて，回収分別は必要なプロセスである。この回収分別時に他のポリマーとの混雑はある程度避けられない。従って，さまざまなポリマーとの溶融ブレンド・アロイから主成分ポリマーのみを選択的に解重合し，純粋なモノマーを効率的に回収するには，個々のポリマーに選択的に適合したケミカルリサイクル方法が必要となる。

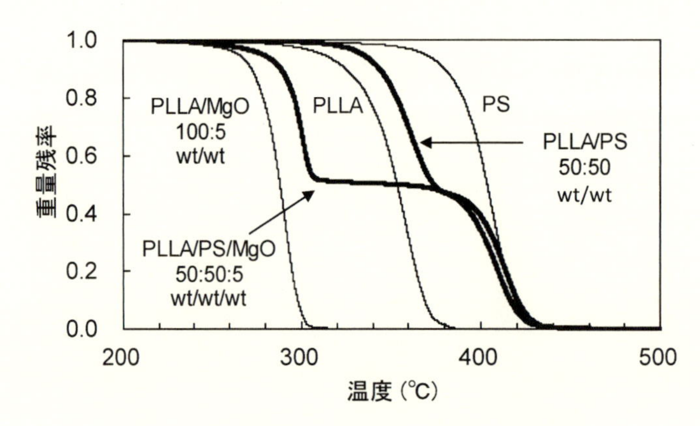

図7　ポリ乳酸/ポリスチレンブレンドのTG曲線

PLLAの解重合は主にヘテロリシスによって進行するため，主鎖がC-C結合のみで構築されたポリマーは，PLLAの解重合に際して概して不活性である。PLLAと直鎖状低密度ポリエチレン[21]，高密度ポリエチレン，ポリプロピレン，あるいはポリスチレン[22]などとのブレンド体に，解重合触媒MgOを添加することによって，汎用樹脂に熱的・化学的影響を与えることなく，PLLA成分だけの解重合温度域を低温側にシフトさせ，PLLA成分からL,L-ラクチドのみを選択的に還元できることを見出した（図7)。

6　まとめ

ポリエステルは，ポリオレフィン類に比べて“分解しやすく不安定な材料”である場合が多い。しかし，ケミカルリサイクルを行う際，“分解性”という特性は一つの重要な機能となる。“安定性”と“ケミカルリサイクル性”がそのTPOに応じてうまく制御されることによって，“資源循環”という機能がその価値を発揮する。

ケミカルリサイクルの成否は，バージン製品と同等の物性を達成できるならば，回収効率と再生プロセスの経済的合理性にあると言えよう。社会システムの整備によって回収効率の向上が進み，資源の枯渇や高騰による経済的合理性の追い風がある現在，モノマー還元効率の向上によって技術的な優位性を確立すればケミカルリサイクル事業の現実性が開けてくる。ポリエステルは，資源循環という機能において，ポリオレフィン類と比べて格段のポテンシャルを有している。リサイクルシステムの普及とリサイクル事業の進展とともに，このポリエステルのポテンシャルを引き出し，有効利用するための技術革新が加速度的に展開されることを期待する。

文　　献

1) プラスチック化学リサイクル研究会・監, "プラスチックの化学再資源化技術", p.35, シーエムシー出版 (2005)
2) Y. Ikada *et al., Macromolecules*, **20**, 806 (1987)
3) K. Majerska *et al., J. Am. Chem. Soc.*, **126**, 1026 (2004)
4) H. Tsuji, *Biomaterials*, **24**, 537 (2003)
5) H. Tsuji *et al., Biomacromolecules*, **7**, 380 (2006)
6) 辻秀人, 高分子加工, **52**, 338 (2003)
7) H. Tsuji *et al., Biomacromolecules*, **4**, 835 (2003)
8) 西田治男, プラスチックリサイクル化学研究会 (FSRJ) 第15回討論会要旨集, O-7 (2012)
9) 西田治男ほか, "ホワイトバイオテクノロジー：エネルギー, 材料の最前線", 喜多泰夫・編, p.67, シーエムシー出版 (2008)
10) a) I. C. McNeill *et al., Polym. Degrad. Stab.*, **11**, 309 (1985) ; b) F. D. Kopinke *et al., Polym. Degrad. Stab.*, **53**, 329 (1996)
11) M. Ajioka *et al., Bull. Chem. Soc. Jpn.*, **68**, 2125 (1995)
12) a) Y. Fan *et al., Polym. Degrad. Stab.*, **84**, 143 (2004) ; b) H. Abe *et al., Biomacromolecules*, **5**, 1606 (2004)
13) H. Nishida *et al., Polym. Degrad. Stab.*, **81**, 515 (2003)
14) a) Y. Fan *et al., Green Chem.*, **5**, 575 (2003) ; b) Y. Fan *et al., Polymer*, **45**, 1197 (2004)
15) T. Motoyama *et al., Polym. Degrad. Stab.*, **92**, 1350 (2007)
16) 本山徹ほか, 高分子討論会予稿集, **56**(2), 5731 (2007)
17) F. D. Kopinke *et al., Polym. Degrad. Stab.*, **53**, 329 (1996)
18) T. Tsukegi *et al., Polym. Degrad. Stab.*, **92**, 552 (2007)
19) H. Nishida *et al., Ind. Eng. Chem. Res.*, **44**, 1433 (2005)
20) Y. Fan *et al., Polym. Degrad. Stab.*, **86**, 197 (2004)
21) M. Omura *et al., Ind. Eng. Chem. Res.*, **45**, 2949 (2006)
22) 大村昌己ほか, 高分子論文集, **64**, 745 (2007)

第18章　ポリウレタンならびにポリウレアの炭酸を用いたケミカルリサイクル

本九町　卓*

1　はじめに

ポリウレタンは，Otto Bayer によって発明され[1] 1930年代後半から工業的に製造[2] されている。製品としてのポリウレタン（学術的な呼称によるポリウレタンとの差別化のために，以下，「ポリウレタン製品」と称する）として，1945～1947年頃にミラブルエラストマー，コーティング剤や接着剤が，さらに1953年に軟質フォーム，1957年に硬質フォームが販売された。現在，ポリウレタン製品には，合成皮革，繊維，履物，建材から自動車の部材まで多種多様な用途があり，例示すれば止め処がないほど我々の身の回りにあふれている。さらに形態が液状，板状，フォーム（発泡体）など様々であることからも，あらゆる種類のプラスチック材料の中で最も用途が広い高分子材料である[3]。

ポリウレタン製品の国内生産量は，重量において約60万tであり，ポリエチレン，ポリプロピレン，ポリ塩化ビニル，ポリスチレンに次ぐ第6位の生産量である。一方で，用途の多くがフォームであることから，体積でのポリウレタン製品の生産量は，（ポリスチレンの940万 m^3 に次ぐ）780万 m^3 で第2位の生産量を有する。発泡スチレンのリサイクル率は，90.4%である[4]のに対して，ポリウレタン廃材のリサイクル率は40%であり，その処分法の内訳は，マテリアルリサイクルに12%，サーマルリサイクルに28%，単純焼却9.9%ならびに埋立44.1%と報告されている[5]。マテリアルリサイクルにおいて，ポリウレタン製品は，粉砕（必要に応じて接着剤を塗布）して，熱プレス成型などにより比較的容易に再生加工することが可能である。サーマルリサイクルを考慮するとポリウレタン製品は，窒素含有率が絹や羊毛などの天然物に比較して少ないことから，有毒ガスの発生は少ない。一方で，平均発熱量は約7,000 kcal/kg であり，石炭（無煙炭7,800 kcal/kg）や汎用プラスチックの9,000 kcal/kg と比べて低い値である。つぎにポリウレタン製品の平均処分費用は，6,000～8,999円/m^3 と通常の廃プラスチックと同等の価格であるが，処分費用が体積換算であることと単純焼却ならびに埋め立てられる割合が合計で50%を超えることを考慮するとポリウレタン製品の処分費用は膨大である[5]。

ポリウレタン製品は，イソシアネートと活性水素（ヒドロキシ基，アミノ基およびカルボキシ基など）を有する化合物との反応によって製造されている。イソシアネート基は，ヒドロキシ基を有する化合物との反応によりウレタン結合を，アミノ基との反応によりウレア結合を，カルボ

---

* Suguru Motokucho　長崎大学　大学院工学研究科　助教

キシ基との反応では，二酸化炭素（CO_2）の脱離を経てアミド結合を形成し，水との反応からは，カルバミン酸を生成したのちに CO_2 の脱離を経てアミノ基を生成する。これらのイソシアネート基の反応性を利用して，発泡体であるウレタンフォームは，イソシアネート化合物，多価アルコール（あるいはアミン）化合物と水を混合することで製造されている。したがって，ポリウレタン製品は，ウレタン結合のみならずウレア結合をも有するポリウレア（PUA）との共重合体である場合が多い。ここでPUAは，耐水性，耐食性，耐薬品性に優れた高分子材料として認識されており，建材などの防水加工には欠かせない材料の一つである。これらより，一般的にPUAの加水分解反応は困難であると考えられている[6)]。ウレタン（ならびにウレア）結合の加水分解における主たる反応を図1に示す。ウレタン結合を主鎖に有するポリウレタンは加水分解が可能であり，原料の多価アルコールならびにアミンといったモノマーを与える。ポリウレタン製品は，ウレタン結合のみならずウレア結合を含むため，加水分解反応を行う場合，非常に激しい反応条件で行われる[7〜11)]。

ポリウレタン製品のモノマーへの加水分解技術は，①多価アルコールを用いたグリコール分解法，②アンモニアやアミンによるアミン分解法，③硫酸や水酸化ナトリウムによる加水分解法が挙げられる。これらの技術は，自動車用バンパー，冷蔵庫断熱材などに対して，既に商業化されている[11)]。しかし，酸性あるいは塩基性の触媒が必須であり，分解反応後に中和，分離，精製といった複雑な工程を要するなどの課題がある。このため必ずしも最適なプロセスとは言い難い状況にある。

超臨界水（374℃，22 MPa以上）を用いることで，ポリウレタンならびにPUAは触媒を用いることなく加水分解できると報告されている[12)]。しかし，過剰な加熱ならびに反応時間の延長により，分解生成物である多価アルコールならびにジアミン成分の二次分解などの副反応が誘起される。また，超臨界水は反応容器の腐食をも起こすという問題を有する。このような観点から，より温和な条件での加水分解反応を開発することが望ましい。加水分解反応へ添加する理想的な触媒は，反応条件を温和とするのみならず，工程を増やすことなく，容易に除去可能であることが望ましい。特に分解生成物の精製操作の有無は，工程の簡素化などコストの低減にも直結するため極めて重要と考えられる。

本稿では，ポリウレタンならびにPUAのケミカルリサイクルに関して，近年開発した炭酸を

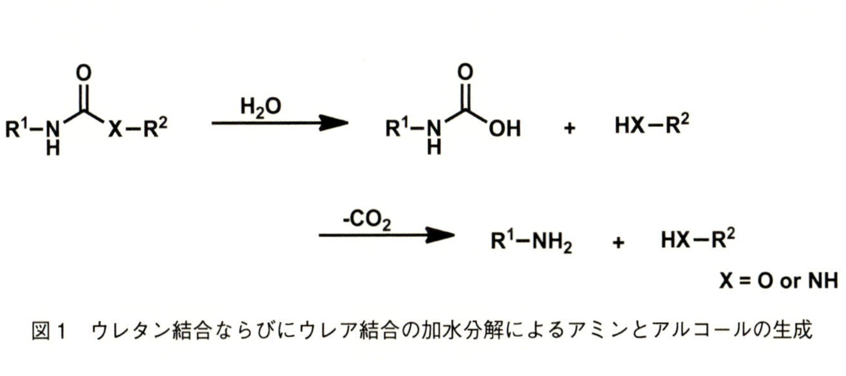

$$R^1-NH-C(=O)-X-R^2 \xrightarrow{H_2O} R^1-NH-C(=O)-OH + HX-R^2$$

$$\xrightarrow{-CO_2} R^1-NH_2 + HX-R^2$$

X = O or NH

図1　ウレタン結合ならびにウレア結合の加水分解によるアミンとアルコールの生成

用いた加水分解法について述べる。

2　ケミカルリサイクルにむけたポリウレタンおよびポリウレア（PUA）の分解法

2.1　酸としての炭酸

炭酸は広く一般にもよく知られた酸性の化合物である。飲料水としても炭酸水を摂取可能であることから，毒性は極めて低いといえる。また炭酸が含んでいる CO_2 は，常温常圧において気体である。このため，若干の加熱により炭酸水中から CO_2 を除くことは容易に可能である。近年，CO_2 の排出量の規制がますます強く叫ばれているが，CO_2 は，資源の乏しい国々でも容易かつ大量に入手可能な資源とみなすことができる。また，CO_2 や水は，無毒，不燃かつ工場などからの遺漏が起こったとしても環境負荷の極めて少ない安全な物質であり，これらを用いた化学反応の開発は，環境保護の観点から急務である。

ここで炭酸の説明をすると，水溶液中の CO_2 の大部分は CO_2 分子として存在しており，一部の水と CO_2 が反応して炭酸を生成する（式1）。この反応は，左辺に偏っており，その平衡定数は 1.7×10^{-3}（25℃）である。よって，水へ溶解した CO_2 の一部しか炭酸へと変化していないため，見かけの酸解離定数（pK_a）は6.35という高い値を示す[13]。

$$H_2O + CO_2 \rightleftarrows H_2CO_3 \quad (1)$$

$$H_2CO_3 \rightleftarrows HCO_3^- + H^+ \quad (2)$$

$$HCO_3^- \rightleftarrows CO_3^{2-} + H^+ \quad (3)$$

しかし，水溶液中で炭酸は2段階の解離（式2，3）を起こすことが知られており，1段階目（式2）が $pK_a=3.6$（25℃），2段階目（式3）が $pK_a=10.3$（25℃）であり，炭酸は，真の解離定数において安息香酸（$pK_a=4.2$）や酢酸（$pK_a=4.8$）よりも強い酸である。

さらには，炭酸水溶液の酸の強度を高めるために，加圧を行い水に過剰の CO_2 を溶解させて(1)式の正反応を有利とすることで，常圧に比べてはるかに低いpH（pH＝2.9，35℃，15.38 MPa）を示すことが報告されている[14]。

この際，炭酸水溶液は，高圧から常圧へと開放するのみで，系中から CO_2 がぬけることにより酸性度が著しく減少する。このことは，従来法[7~11]に見られる中和の操作ならびに中和で生成する塩の除去が不要であることを示している。すなわち，炭酸によって廃棄高分子の加水分解が可能であれば，工程の大幅な簡略化が可能であると考えられる。

2.2　炭酸を用いたポリウレタンの加水分解

著者は，高圧二酸化炭素下で発生した炭酸を酸触媒として用いることで，ポリウレタンの加水分解が加速される[15,16]ことを報告している。

ポリウレタンの炭酸による加水分解反応については，近年総説が出ている[17]ので詳細は省くが，芳香族あるいは脂肪族のポリウレタンは，水ならびにCO_2とともに，190℃，6 MPa以上の圧力で加熱加圧することで最も効率よく加水分解される。反応後に得られた反応混合物は，それぞれのポリウレタンの繰り返し構造の構成要素であるジアミンとジオールのみでポリウレタンの原料となりうる。この際，副生成物は全く含まれないことは重要である。この炭酸を用いた加水分解法における分解生成物の回収操作は，脱圧後，水が気化する程度に加熱あるいは減圧するのみでよいという「簡便かつ簡略化された工程である」点で，従来法[7~11]に比べて多くのメリットがある。

2.3　炭酸を用いたポリウレア（PUA）の加水分解

先に述べたとおり，用途の多くがフォームであることを考慮すると，ポリウレタン製品は，ウレア結合からなるポリウレア（PUA）骨格を有する。PUAについて述べると，耐水性，耐食性，耐薬品性に優れるため一般にPUAは加水分解しがたい材料である[6]。

一方でポリウレタン製造時に用いるイソシアネート化合物は，原料となるアミンとホスゲンを反応させた後に塩基で処理後，精製を経て製品として得られる（図2）。精製は蒸留によってなされており，PUAを主成分とする蒸留残渣が残る。PUAは，原料のアミンがカルボニル基を介して形成するウレア結合からなっている。図1からPUAの加水分解が，原料であるアミンを与えることは想像に難くない。しかし，PUAを主成分とする蒸留残渣は，溶媒に不溶でかつ耐熱性に優れている。このため，分解するための技術的・経済的に有効な手段がなく，現行，廃棄物として埋め立てや焼却がなされてきた。

そこでPUAを加水分解する手法を開拓すれば，ポリウレタン製造時に用いるイソシアネート化合物の原料であるアミンを得ることが可能である。

以上より，PUAの加水分解法の開拓は，ポリウレタン廃材のケミカルリサイクル法の開拓のみならず，イソシアネート製造時の副生成物（廃棄物）を原料化することとなる。特に副生成物の原料化は，現在高価なポリウレタンの製造コスト削減につながると考えられる。

以下に炭酸を酸触媒として用いたPUAの加水分解に関して述べる。

ジフェニルメタンジイソシアネート（MDI），トリレンジイソシアネート（TDI），1,6-ヘキサメチレンジイソシアネート（HDI）から調整されるPUAの加水分解に関しては，すでに報文[15,18~21]がでている。本稿では，ポリメチレンポリフェニルポリイソシアネート（ポリメリッ

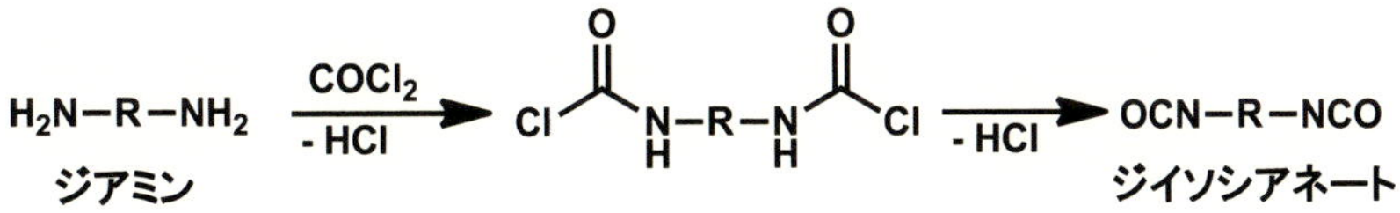

$$H_2N{-}R{-}NH_2 \xrightarrow[-HCl]{COCl_2} Cl{-}C(=O){-}NH{-}R{-}NH{-}C(=O){-}Cl \xrightarrow{-HCl} OCN{-}R{-}NCO$$

ジアミン　　　　ジイソシアネート

図2　ジアミンを原料とするジイソシアネートの生成の反応式

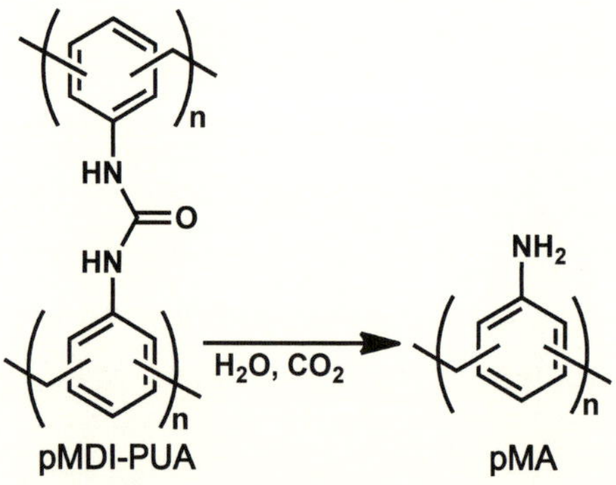

図３　pMDI-PUA の加水分解と生成物（pMA）

ク MDI，pMDI）を原料として調整した架橋 PUA（pMDI-PUA）に対象を絞って，炭酸を用いた加水分解について紹介する。pMDI-PUA は，水とともに 190℃，7.0 MPa の加熱加圧を２時間行うことで液体の反応混合物を与えた。得られた液体の反応混合物から水を蒸発乾固させることで残渣が得られた。この残渣は，^{1}H-核磁気共鳴（NMR）スペクトル測定より図３中に示すポリメチレンアニリン（pMA）であることが明らかとなった。すなわち，炭酸を用いた加水分解により，イソシアネートの原料（アミン）が得られたことは，PUA の再原料化を意味する。さらに分解生成物中には，NMR の測定により水と pMA のみが検出されており，副生成物は一切検出されなかった。また，重量から見積もった pMA の回収量は，ほぼ定量的な値であった。反応時間を短くすることで水に不溶の固体成分が得られた。得られた固体の赤外分光測定を行うと，pMDI-PUA とほぼ同じスペクトルを与えた。このことから，炭酸を用いた PUA の加水分解においては，なんら副反応が起こっていないことが明らかとなった。

pMA の収率と反応時間の関係を図 4a に示す。反応条件は，190℃，7.0 MPa で行った。炭酸の影響を明らかとするため，比較として窒素での加圧を行ったところ，反応時間が２時間であっても収率は 20％に達しなかった。これに対して，CO_2 を用いたところ pMA の収率は，反応時間の延長とともに速やかに上昇し，30 分で 75％，2 時間でほぼ定量的な収率で pMA が得られた。このことは，加圧による効果よりも CO_2 を添加したことが有効に作用していることを示した。

図 4b に pMA の収率へ及ぼす圧力の影響を示す。0.9 MPa から約 6 MPa まで圧力の上昇に伴って収率が増加した。6 MPa 以上の圧力では，収率に特に変化は見られずほぼ定量的な値を示した。このことは，圧力の増加に伴って系中の水へ CO_2 が溶け，発生した炭酸[14] が PUA の加水分解を促進したと考えられる。

本系のように炭酸を酸として用いた PUA の加水分解反応は，中和の操作は不要であり，生成物の純度も高いことから得られた生成物をそのままイソシアネート化の反応へ用いることが可能である（図 5）。

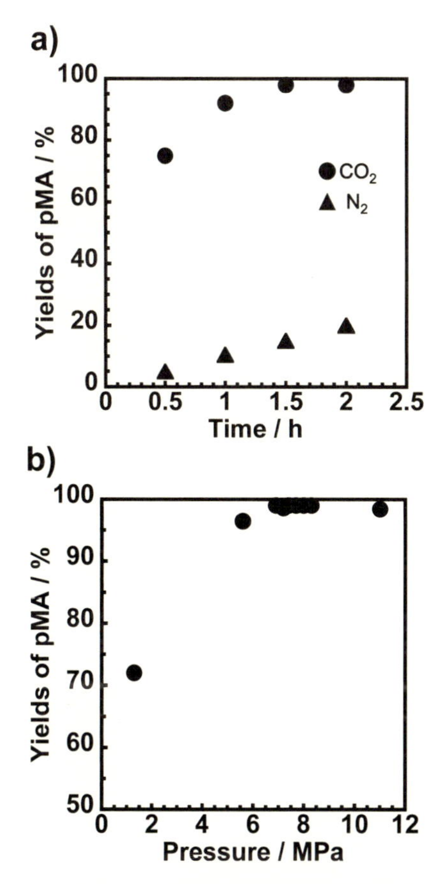

図4　pMDI-PUA の炭酸を用いた加水分解
pMA の収率におよぼす a）時間（190℃，7.0 MPa）
ならびに b）圧力（190℃，2 時間）の影響

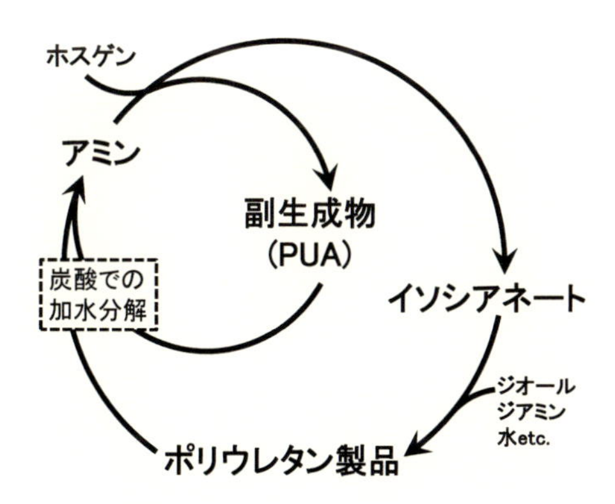

図5　炭酸を用いたポリウレタンおよび PUA の
ケミカルリサイクル法の概念図

2.4 従来法と炭酸を用いた加水分解法との比較

本稿では，環境への負荷がほぼ皆無の水と CO_2 を用い，系中で生じた炭酸による加水分解反応について紹介した。

従来法[7~11]と比較して，炭酸を用いた加水分解は，①低環境負荷，②中和が不要，③精製が不要といった様々なアドバンテージを有する（図6に示す）。

長瀬らによる超臨界水を用いた加水分解法（約270℃，20 MPa）に比べると炭酸を用いることで，はるかに低温，低圧（約190℃，6 MPa 程度）の温和な条件で加水分解が可能である[15~22]ことが示された。炭酸での加水分解では，反応後に脱圧することで CO_2 は速やかに気化する。また，水の留去は，減圧あるいはわずかな加熱ならびに送風で可能であるため，これまでのポリウレタンならびにPUAの加水分解反応[7~11]における①環境負荷の高い有機溶媒ならびに触媒（強酸，強塩基），②触媒の中和と中和塩ならびに溶媒の除去，③副生成物との分画，目的物の精製操作が不要となることで，工程が簡略となる。また，本加水分解反応では，副生成物は全く観測されない。すなわち，純度の高い原料を特段の精製操作を行うことなく回収することが可能であることから，理想的なケミカルリサイクル法に限りなく近いと考えられる。今後様々な縮合系高分子の分解反応への利用が期待できる。

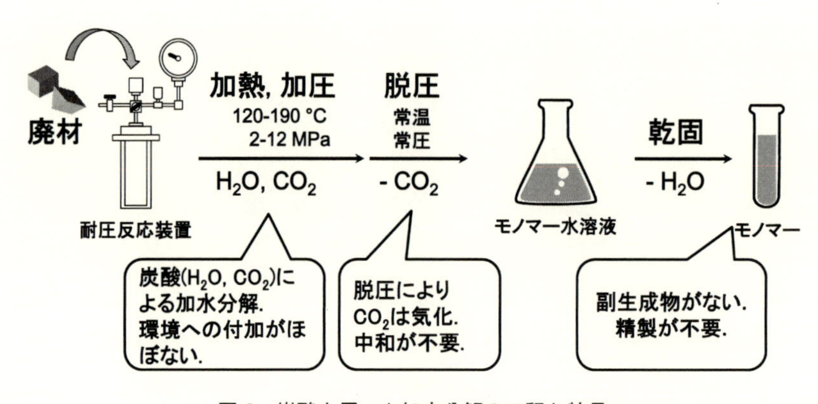

図6　炭酸を用いた加水分解の工程と特長

3 おわりに

ポリウレタンは，年間8%もの需要の増加[23]が見込まれており，生産量はもちろん廃棄量もますます増加するものと思われる。これまでのポリウレタンのケミカルリサイクル法の多くは，ポリオール成分を回収するにとどまっており[7~10]，分解生成物をモノマーレベルにまで分解した例は稀有[11,14~21]である。容器包装リサイクル法，家電リサイクル法などの施行，近年では海洋汚染に関連してマイクロプラスチックなど，廃プラスチック処理問題が大きくクローズアップされている現在において，ケミカルリサイクル法の開拓は極めて重要な課題であると考えられる。

本稿で紹介した炭酸による加水分解法は，水を溶媒とし，CO_2と水が反応することで容易に調製可能な炭酸を酸として用いている。これらを反応媒体として捉えることは地球環境保護の観点から極めて重要である。炭酸は弱酸であるため，酸として有機反応に使われた例は極めて少ない[24)]。本稿で述べたとおり，炭酸による加水分解反応は，難分解性のPUAをも加水分解可能であるばかりか，分解生成物の二次分解を起こさない。炭酸水を反応溶媒として用いる分解プロセスは脱有機溶媒の要請が強く望まれている状況に合致したものであり，かつ，廃プラスチックに代表される廃棄物処理分野において地球にやさしいプロセスとして期待される。

文　献

1) O. Bayer, *Angew. Chem.*, **59**, 257 (1947)
2) IG Farben, "Verfahren zur herstellung von polyurethanen bzw. Polyharnstoffen", DE 728981 (1937)
3) D. Randall & S. Lee, "The polyurethanes book" Chapter 2, New York, John Wiley & Sons, ltd. (2002). ISBN0470850418
4) 発泡スチロール協会，http://www.jepsa.jp/recycle/results.html (accessedApl.18,2019)
5) 経済産業省「3Rシステム化可能性調査事業"ポリウレタンフォーム廃材を利用したRPF化のための調査研究：調査報告書"」，https://www.meti.go.jp/policy/recycle/main/data/research/ (accessed Apl.06,2019)
6) V. Sendijarevic *et al., Environ. Sci. Technol.*, **38**, 1066 (2004)
7) Z. Dai *et al., Polym. Degrad. Stabil.*, **76**, 179 (2002)
8) M. M. A. Nikje *et al., J. Cell. Plast.*, **44**, 367 (2008)
9) K. M. Zia *et al., Reat. Funct. Polym.*, **67**, 675 (2007)
10) D. Simón *et al., Waste Management*, **76**, 147 (2018)
11) 糟谷敏秀，"廃プラスチックサーマル＆ケミカル・リサイクリング"，化学工業日報社，1, (1994)
12) 長瀬佳之，"高圧力の科学と技術"，**12**, 217 (2002)
13) J. Thamsen, *Acta Chem. Scand.*, **6**, 270 (1952)
14) C. Peng *et al., J. Supercrit. Fluids*, **82**, 129 (2013)
15) S. Motokucho *et al., J. Polym. Sci., Part A：Polym. Chem.*, **55**, 2004 (2017)
16) S. Motokucho *et al., J. Appl. Polym. Sci.*, **135**, 45897 (2018)
17) 本九町卓，日本接着学会誌，**54**, 343 (2018)
18) S. Motokucho *et al., Polym. Bull.*, **74**, 615 (2017)
19) 古川睦久ほか，"ウレア化合物の分解処理方法"，特願2009-192648 (2009)
20) 古川睦久ほか，"トルエンジイソシアネート系ポリウレア化合物の分解処理方法"，特願2008-265563 (2008)

21） 古川睦久ほか，“ヘキサメチレンジイソシアネート系ポリウレア化合物の分解処理方法”，PCT patent JP2009, 011, 132（2009）
22） 古川睦久ほか，“ポリメチレンポリフェニレンポリイソシナネート系ポリウレア化合物の分解処理方法”，特願 2009-109835（2009）
23） 日本ポリウレタン工業協会ホームページ http://www.urethane-jp.org/tokei/（accessed Apl.06, 2019）
24） S. Motokucho *et al.*, *Tetrahedron Lett.*, **57**, 4742（2016）

第19章　亜臨界・超臨界水によるポリアミドのケミカルリサイクル

岡島いづみ[*1]，佐古　猛[*2]

1　はじめに

近年，地球環境保全と循環型社会の実現を目指して，近い将来の枯渇が心配される石油等の化石資源の有効利用の観点から，代表的な石油製品であるプラスチック廃棄物を再資源化するための技術開発が強く望まれている。これらのプラスチックの中で，ナイロンはアミド結合を有するポリマーであり，中でもナイロン6は衣料用品，包装フィルム，自動車のシート等に幅広く用いられている代表的なポリアミドである。またアラミド（芳香族ポリアミド）は，高強度，高弾性，軽量，優れた耐疲労性や耐切創性などの長所を持っており，ロープ，建築補強資材，防護服などの強度を求められる用途に用いられている。リサイクルの観点から，ポリアミドはアミド結合を有しているために，加水分解によるモノマー化が期待できる。

プラスチックの加水分解法として，図1に示す超臨界水（水の臨界温度374℃以上，臨界圧力22.1 MPa以上の高密度の水蒸気）や亜臨界水（水の臨界温度以下，飽和水蒸気圧以上の液体水）を溶媒として用いる分解がある。水は，温度変化に伴って誘電率やイオン積といった物性が大幅に変化するという特異な性質を持つ。水の誘電率は25℃，大気圧では78と非常に値が大きいが，300℃，8.6 MPa（飽和水蒸気圧）の亜臨界水では20（室温のアセトン＝19.5）まで減少し，400℃，25 MPaの超臨界水では2.5（室温のトルエン＝2.3）と連続的かつ大幅に変化し，高温では微極性～無極性溶媒と同程度の値となる。また水の解離の程度を示すイオン積は，25℃，大気圧での1×10^{-14} mol^2/kg^2から250℃，飽和水蒸気圧の4.0 MPaでは1×10^{-11} mol^2/kg^2と最大となり，その後，温度上昇と共に小さくなる。イオン積の値が大きいということは，水の解離が促進し，水中の水素イオンと水酸イオンの濃度が高くなる，すなわち水自身から酸触媒やアルカリ触媒を生成することを示している。このような特異な性質を有する水，とりわけ亜臨界水や超臨界水はプラスチックの加水分解に適した反応溶媒といえる。すなわち誘電率が2～30程度と低いために，高極性の室温付近の水よりも，無極性あるいは微極性のプラスチックと親和性が高い。その結果，プラスチックの加水分解等の化学反応が進みやすくなる。更に加水分解の触媒として有用な水素イオンや水酸イオンの濃度が上昇するために，外部から酸やアルカリ触媒を添加しなくてもプラスチックのモノマー化が進行する。更に水は環境に負荷のない溶媒である。以上の結

＊1　Idzumi Okajima　静岡大学　工学部　化学バイオ工学科　准教授
＊2　Takeshi Sako　静岡大学　創造科学技術大学院　特任教授

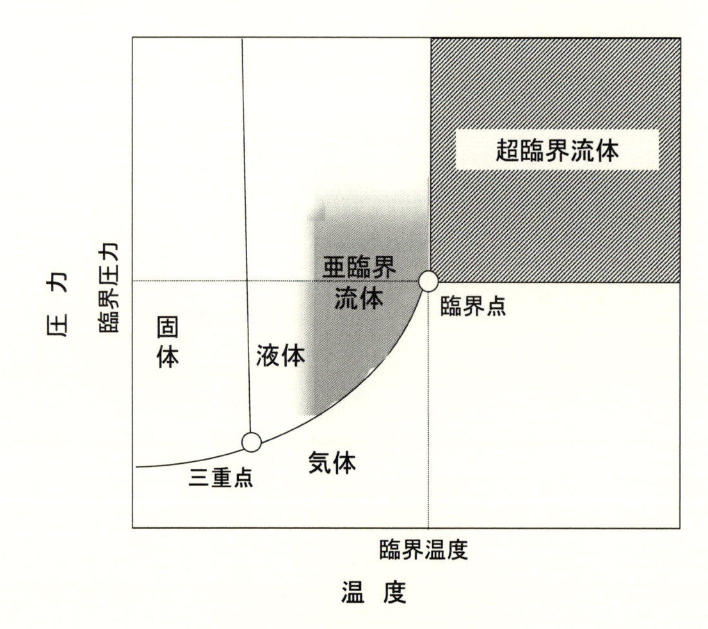

図1 純物質の温度-圧力線図

果，亜臨界・超臨界水を廃プラスチックのケミカルリサイクル用溶媒として用いることが注目されている[1)]。ここでは，亜臨界・超臨界水を用いたナイロン6とアラミドのモノマー化によるケミカルリサイクルについて紹介する。

2 ナイロン6のモノマー化[1)]

ナイロン6は加水分解により，モノマーである環状化合物のε-カプロラクタムと，ε-カプロラクタムが開環したε-アミノカプロン酸を生成することができる。

図2にナイロン6を亜臨界水のみで加水分解した時の，ナイロン6の分解率の反応温度および反応時間依存性を示す。この時，反応圧力は反応温度での飽和水蒸気圧である。図より，反応温度および反応時間が増加するほどナイロン6の分解率は上昇し，320℃，11.3 MPaでは30分，350℃，16.5 MPaでは20分で分解率は100%を達成した。

図2の条件で生成した2種類のモノマーのε-カプロラクタムとε-アミノカプロン酸の収率の反応温度および反応時間依存性を図3に示す。ε-カプロラクタムの収率は，290℃，7.4 MPaでは反応時間とともに増加したが，320℃および350℃では反応時間20分において，収率はそれぞれ70%，76%まで上昇したものの，それ以降はほぼ横ばいになった。一方，もう一つのモノマーであるε-アミノカプロン酸は，290℃，320℃，350℃の反応温度ともに反応時間10分で収率は最大となり，それ以降は反応時間とともに減少した。ε-カプロラクタムとε-アミノカプロン酸の合計収率は，350℃，10分で最大収率83%を得ることができた。

ナイロン6の亜臨界水加水分解において，図3に示すようにε-アミノカプロン酸の収率は反応時間に対して極大値を持っているが，ε-カプロラクタムは極大値を持たず，ある反応時間以降は一定となった。このことから，ナイロン6から先にε-アミノカプロン酸が生成し，その後

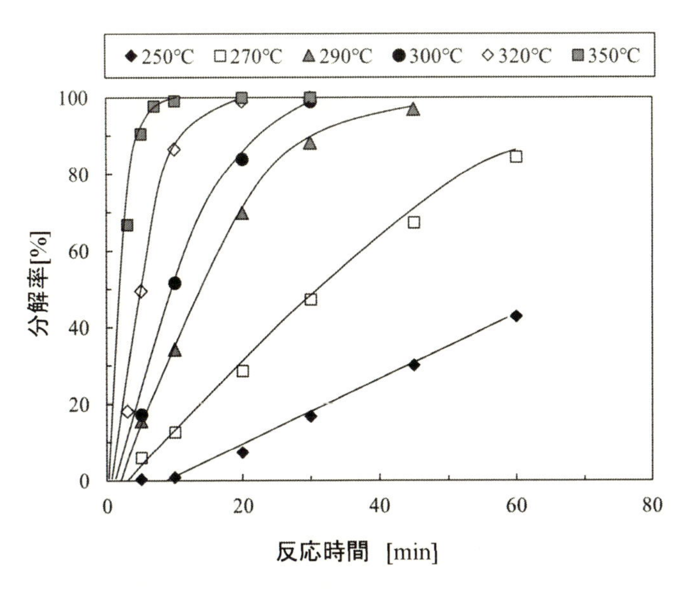

図２　亜臨界水によるナイロン６の分解率の反応温度および時間依存性（飽和水蒸気圧）[1)]

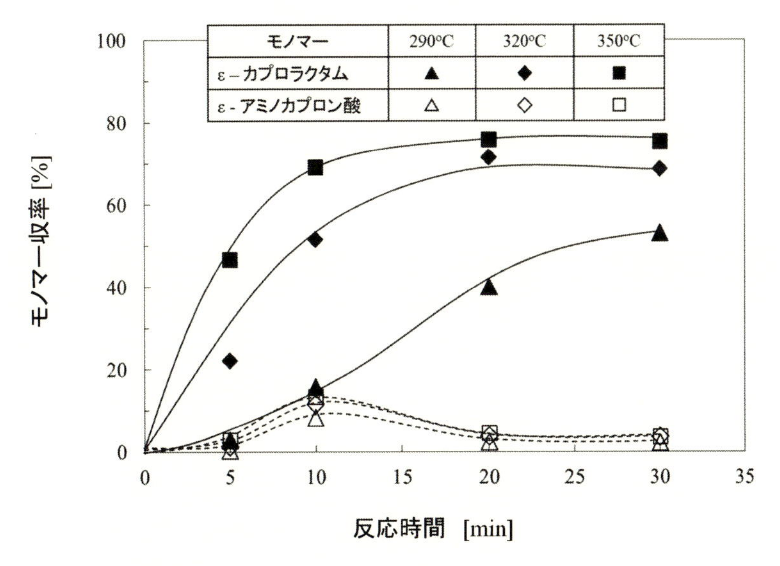

図３　亜臨界水によるナイロン６により生成するモノマー収率の反応温度および時間依存性（飽和水蒸気圧）[1)]

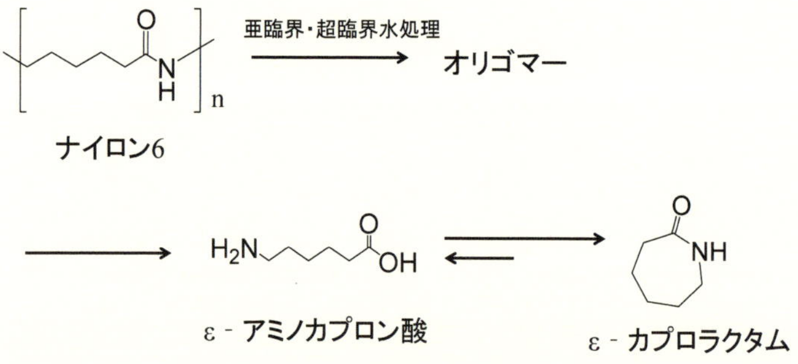

図4　ナイロン6の加水分解反応[1)]

ε-カプロラクタムが生成すると考えられる。また反応初期ではナイロン6の残存率（=100%－分解率［%］）とε-カプロラクタムの収率とε-アミノカプロン酸の収率の合計は100%よりもはるかに少なく，反応の中間生成物のオリゴマーが存在していることが示唆される。またε-カプロラクタムとε-アミノカプロン酸をそれぞれ亜臨界水で反応させた場合，ε-カプロラクタムを反応物とした場合には一部ε-アミノカプロン酸の生成が見られ，一定時間以降は収率が一定となり平衡状態となったものの，2次分解生成物はほとんど生成しなかった。一方，ε-アミノカプロン酸を反応物とした場合，高温条件ではε-アミノカプロン酸の脱水環化反応によるε-カプロラクタムの生成が見られ，ε-カプロラクタムとε-アミノカプロン酸の間では可逆反応が存在することが確かめられた。以上の結果から，亜臨界水中でのナイロン6の分解，モノマー化の全体の反応経路は図4のように推測できる。

このように，亜臨界水を用いることで比較的短時間でナイロン6の完全分解を達成し，かつε-カプロラクタムとε-アミノカプロン酸の両モノマーの高い収率を実現できることが明らかになった。

3　アラミドのモノマー化[2)]

アラミドはその化学構造により大きくパラ系とメタ系に分けることができる。ここでは2種類のモノマーの重合で得られるパラ系アラミドであるケブラーのモノマー化について紹介する。図5に亜臨界・超臨界水によるケブラーの加水分解反応を示す。ナイロンと同様にアミド結合で加水分解が進行し，モノマーである*p*-フェニレンジアミンとテレフタル酸を生成することができる。

図6に亜臨界・超臨界水を用いた時のケブラー分解率の反応温度および反応時間依存性を示す。350℃の亜臨界水のみではケブラーの加水分解はほとんど進行せず，反応時間90分でも17%程度しか分解しない，すなわち83%程度はポリマーのまま固体として残存した。さらに温度を上げた390℃，30 MPaの超臨界水条件でも，亜臨界水に比べて分解は進行するものの反応

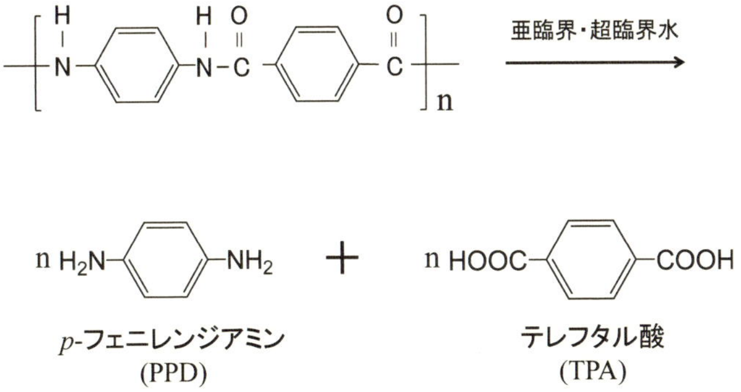

亜臨界・超臨界水

n H_2N–C₆H₄–NH_2 ＋ n HOOC–C₆H₄–COOH

p-フェニレンジアミン (PPD)

テレフタル酸 (TPA)

図5　アラミド（ケブラー）の加水分解反応

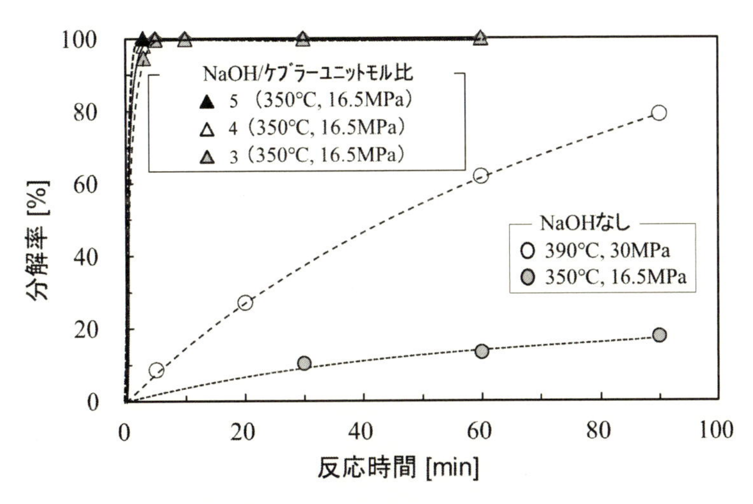

図6　亜臨界・超臨界水によるアラミド（ケブラー）分解率の反応温度および時間依存性

時間90分で分解率は80%程度だった。さらに反応温度を上げても分解率は90%程度にとどまり，炭化物として回収されることが確認された。そのため，より低温で分解を進行させるために，水酸化ナトリウムの添加を試みたところ，350℃の亜臨界水において，反応時間5分で99%以上の分解率を達成した。ケブラーは結晶性ポリマーであり耐熱性を有していることから，ナイロン6のように亜臨界・超臨界水のみではなく，アルカリの添加が必要であることがわかる。

図7に，図6と同じ反応条件におけるモノマーである*p*-フェニレンジアミンの収率，図8にもう一つのモノマーであるテレフタル酸の収率を示す。350℃，16.5 MPaの亜臨界水のみの場合では，反応時間とともにどちらのモノマー収率もほぼ同じ値で増加したが，390℃，30 MPaの超臨界水では分解率は反応時間90分までは時間とともに増加傾向にあったにも関わらず，反応

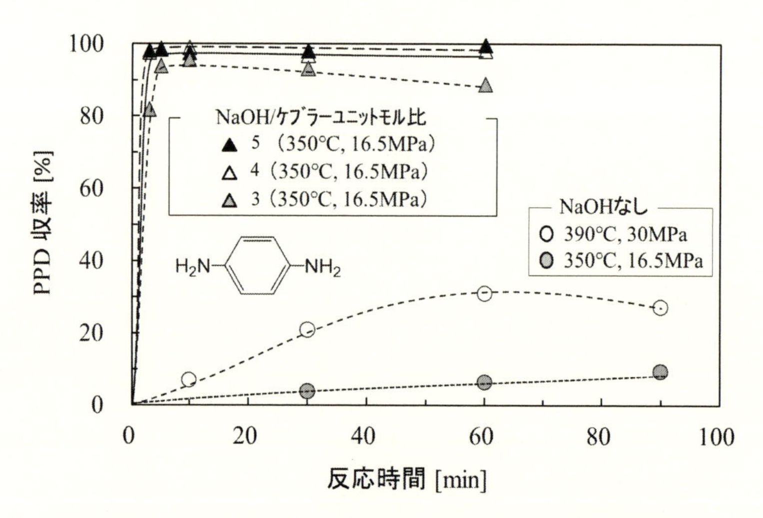

図７　亜臨界・超臨界水によるアラミド（ケブラー）分解で生成する *p*-フェニレンジアミン（PPD）収率の反応温度および時間依存性

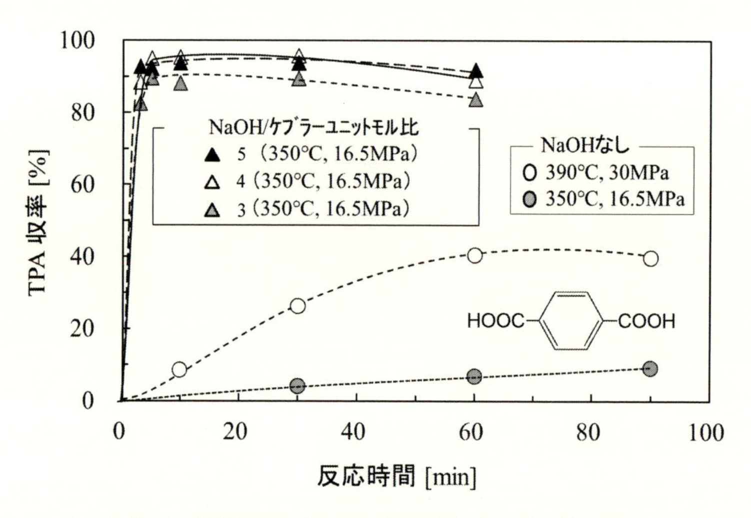

図８　亜臨界・超臨界水によるアラミド（ケブラー）分解で生成するテレフタル酸（TPA）収率の反応温度および時間依存性

時間60分以降で両モノマーともに収率の低下が見られた。これは，超臨界水条件は高温であるために，ケブラーの分解反応の進行と共に生成モノマーが過分解し，反応後期では過分解反応が優位となったためである。

一方，350℃，16.5 MPaの亜臨界水に水酸化ナトリウムを添加してケブラーを分解した場合，反応時間5分で*p*-フェニレンジアミンの収率は98%，テレフタル酸の収率は90%と，両モノマーともに収率は大幅に増大した。NaOHを加えたことで反応温度を下げることができ，生成したモノマーの過分解を抑制することができたこと，塩基の添加により加水分解力が大幅に増大しモノマーまで分解することができたこと，生成物の過分解を抑制できたことが理由である。

しかし，この条件では反応圧力が高く，ケミカルリサイクルを実用化する場合に障害となる可能性がある。そこで低温・低圧でも高いケブラーの分解率とモノマー収率を実現できる条件を検討した結果，250℃，4.0 MPa，仕込みNaOH/ケブラーユニットモル比＝5，反応時間6 hで分解率100%，*p*-フェニレンジアミン収率95.5%，テレフタル酸収率94.4%を実現でき，先ほどの350℃の亜臨界水条件に匹敵する高いモノマー収率を実現できた。また反応時間3 hでも同様に高いモノマー収率が得られ，分解率100%，*p*-フェニレンジアミン収率94.1%，テレフタル酸収率92.6%が得られた。よって350℃，16.5 MPa，5分と比較して反応時間は長くなるものの，低温・低圧の亜臨界水でも高いケブラー分解率とモノマー収率を実現することが可能であり，十分に工業化可能な条件まで緩和できることが判明した。

以上の結果から，亜臨界水＋NaOHを用いることでケブラーの完全分解を達成し，かつ*p*-フェニレンジアミン，テレフタル酸の両モノマーの高い収率を実現でき，ケブラーのケミカルリサイクルが可能であることが明らかになった。

このようにアラミドの加水分解について反応機構などを構築した結果を踏まえ，アラミド繊維強化プラスチック（AFRP）のリサイクルへの適応も検討している。この技術はアラミドのモノマー化とは逆に，マトリックス樹脂であるエポキシ樹脂などを分解して，アラミド繊維は加水分解せずに繊維のまま回収するという技術である。今回，ポリアミドのケミカルリサイクルには該当しないため本稿では割愛するが，今後，論文等で詳細を報告していく予定である。

4　おわりに

ポリアミドは衣類やバッグ，食品用フィルムなどのごく身近なものから自動車用材料，光ファイバーケーブルや防弾チョッキなど，あらゆる分野で使用されている汎用的なプラスチックである。ポリアミドの需要は増加傾向にあることから，廃棄量の増加も想定される。今回紹介した技術では，亜臨界・超臨界水といった高温高圧水中でプラスチックのような固体廃棄物を取り扱うので，連続的に高圧反応容器中へポリアミドを供給する技術，生成モノマーはポリアミドの種類によっては水溶性と非水溶性の混合物になることから，高圧容器から連続的に非水溶性モノマーを排出する技術の開発が連続かつ大量処理の今後の課題である。今後もポリアミドのリサイクル技術の実用化を見据えて，基盤となる要素技術の研究開発を進めていく予定である。

文　　献

1)　岡島いづみほか，高分子論文集，**70**（12），731（2013）
2)　I. Okajima *et al.*, *Polym. Degrad. Stabil.*, **162**, 22（2019）

第20章　架橋高分子の分解による資源化

多賀谷英幸*

1　はじめに

高分子材料は，モノマーよりプレポリマーなどのプラスチック原料が合成され，成形によって製品となる。可塑剤を用いて成形される熱可塑性樹脂は，成形後も加熱によって溶融するため，図1のように廃棄後も再成形により商品化が可能である[1]。

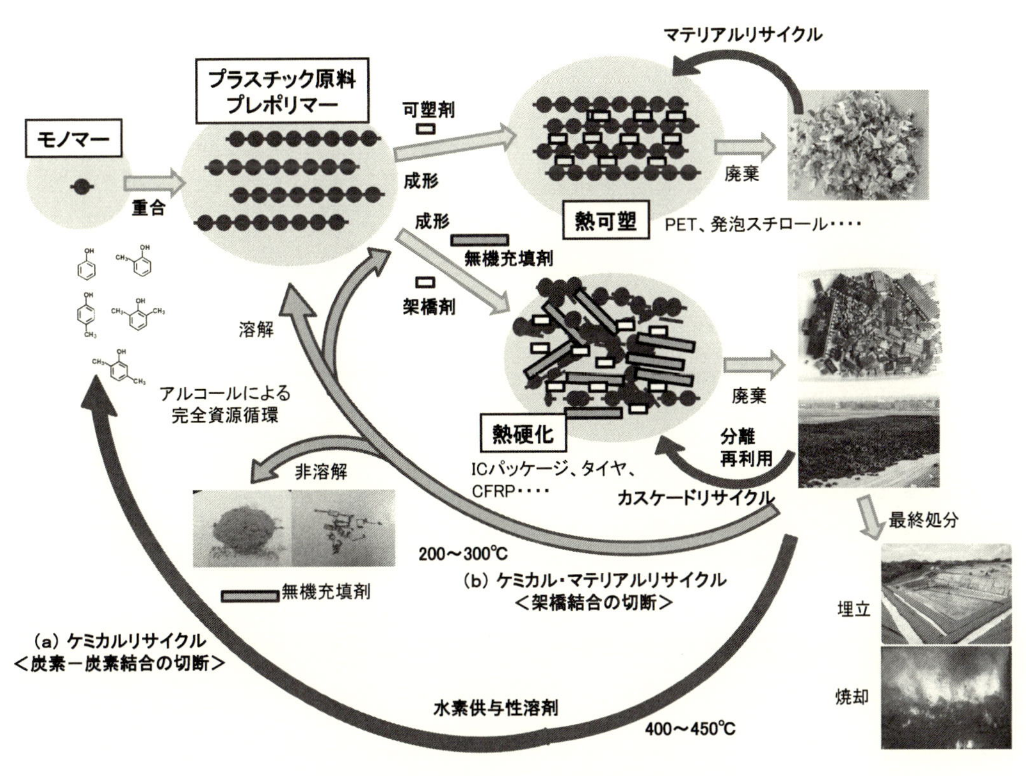

図1　高分子材料の製造・廃棄と再資源化法
(a) ケミカルリサイクル，(b) ケミカルマテリアルリサイクル。

＊ Hideyuki Tagaya　山形大学　大学院理工学研究科　化学・バイオ工学分野　教授

一方，耐熱性や機械的・電気的特性などに優れ，多様な材料として活用されている熱硬化性樹脂は，プラスチック原料が加熱によって架橋構造を形成し，その特性を発現させている。そのため，加熱しても溶融せず，廃棄後には，熱可塑性樹脂のような機械的リサイクルが適用できず，一部がそのまま再利用されるだけで，大半の熱硬化性樹脂が焼却による熱回収以外に有効な活用がなされていない。

化学原料や燃料の製造を目的としたケミカルリサイクル（a）が熱硬化性樹脂にも適用可能で，炭素-炭素結合が切断するような400℃以上の高温条件において数多くの反応が試みられている[2~4]。このような高温反応においては，反応性の高い炭素ラジカルの生成により分解反応とともに，炭素化反応が避けられない。

ここでは，熱硬化性樹脂であるエポキシ樹脂に被覆され，物理的に優れた特性を有して金属部分以外はほとんど再資源化されていないICパッケージと，発泡体として優れた断熱性と耐熱性を有する発泡フェノール樹脂について，比較的温和な温度条件による再資源化を目指し，高温液相処理を行った。このような条件では，効率的な分解反応である架橋結合の切断（b）が大きな役割を果たすことが期待される[5~10]。

2　ICパッケージの再資源化

電子機器の普及とともにその廃棄量も増大し，資源としての有効活用が切望されているが，電子基板に含まれるICパッケージは熱硬化性樹脂であるエポキシ樹脂に被覆されており，現状は埋め立てや熱で金属回収を目指した焼却処分が中心となる[11,12]。本研究では，このように熱的に安定な熱硬化性樹脂で覆われ，資源としての効率的な再利用がなされていないICパッケージについて，液相処理を行い，有機部分の分解による有機資源回収および無機部分の効率的な回収を目指した[13,14]。

ICパッケージは，図2に示すように，半導体チップと金線がエポキシ樹脂に覆われている。リサイクルには該当しないセラミック被覆パッケージを除き，ここでは3種類のICパッケージ（A），（B），（C）を処理対象とした。（A）はカーボンを含まない透明な試料，（B）はカーボンを含む比較的薄い小さな試料，そして（C）はカーボンを含む比較的大きなパッケージ試料である。

なお，本研究で処理したこれらICパッケージに含まれる金量は，20 ppmから210 ppm程度であり，1gの金を獲得するためには，数kgから50 kgのICパッケージが必要となる。

高温処理においては，10 mLもしくは2Lのバッチ式オートクレーブを用い，反応後の液状成分はGCおよびGC/MSで定性・定量を行った。

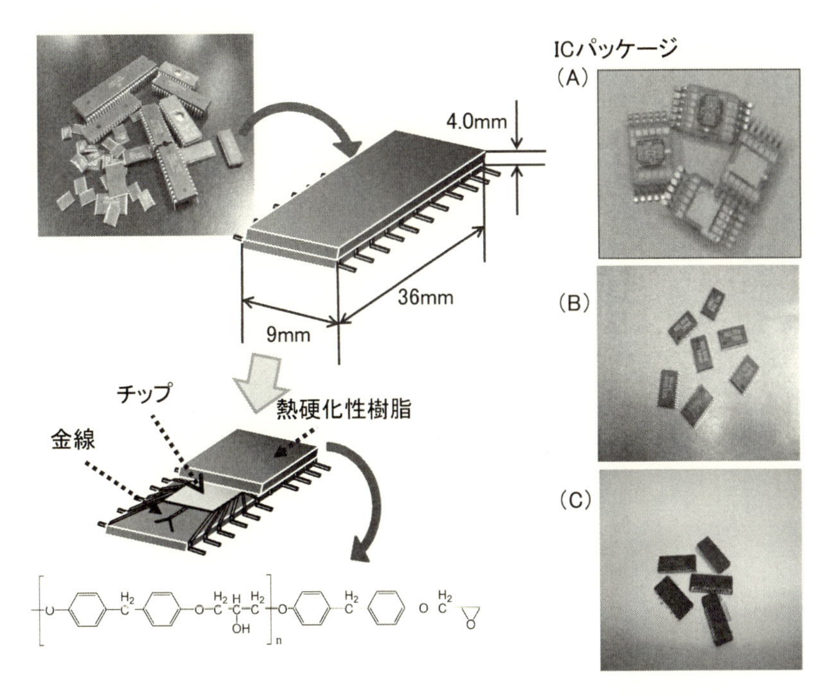

図2　廃ICパッケージ（A），（B），（C）とその典型的構造

2.1　物理的破砕

粉砕による資源回収を目指し，ICパッケージ（C）についてボールミル処理を24時間行ったが，表面の印刷がかすれる位で，本体には全く変化は起きず，機械的強度は非常に高かった。

2.2　焼却処理

ICパッケージ（C）について焼却処理を行ったところ，樹脂分が燃え67％の重量減少が確認された。有機成分の量が分かったが，焼却処理を行っても，金属表面に炭素分が残っていることがEDS測定より分かった。

2.3　ICパッケージ（A）の高温水処理

ICパッケージ（A）は，そのままの加熱処理では金属表面に炭素分が残存したが，高温水中で容易に分解した。特に炭酸ナトリウムのような塩基性化合物の添加が効果的であり，400℃の反応でも，触媒量の添加でほぼ完全に分解していることが確認された。

2.4　ICパッケージ（B）の高温水処理

カーボンが添加されているが，小さいサイズのICパッケージ（B）について，430℃で処理した結果，水のみの場合，反応の進行がほとんど観察されなかった。そこで，水の量や炭酸ナトリウムの添加量を増やして処理したところ樹脂分の剥離が増え，最大剥離量の値は70％と，理論最大値とほぼ同じになった。反応後に回収した溶液の成分分析を行ったところ，フェノールやクレゾール類の生成が確認された。生成物の収量においても炭酸ナトリウムの添加効果があった。

2.5　ICパッケージ（C）の高温水処理

より大きなICパッケージ（C）について400℃で同様な処理を試みたが，7時間の処理でも，まだ有機分が残っていることが分かった。そこでさらに熱硬化性樹脂の分解に効果があることが分かっている炭酸ナトリウムを添加して同様な処理を試みた。反応は促進されたが，それでも完全な除去には至らなかった。これらのことから，カーボンを含み，厚みも有ってより大きなサイズのICパッケージ（C）では，通常の高温水処理では，完全に樹脂部分を除去することは難しいことが分かった。

このICパッケージ（C）の分解について定量的な議論を行うため，2Lオートクレーブによる処理を試みた。ICパッケージ（C）は200gを反応させたが，およそ163 ppmの金が含まれており，100 kgに換算すると163 gになる。400℃の処理で40 gが油分と水溶性となり，160 gが不溶分として回収された。

これをフィルターに通し図3のように大きさで粗粉末と微粉末に分けたところ，原料の11％が粗粉末，72％が微粉末となった。微粉末にはまだ有機分が残っているが，成分分析を行うと大半の金は微粉末の方に含まれていることが分かった。

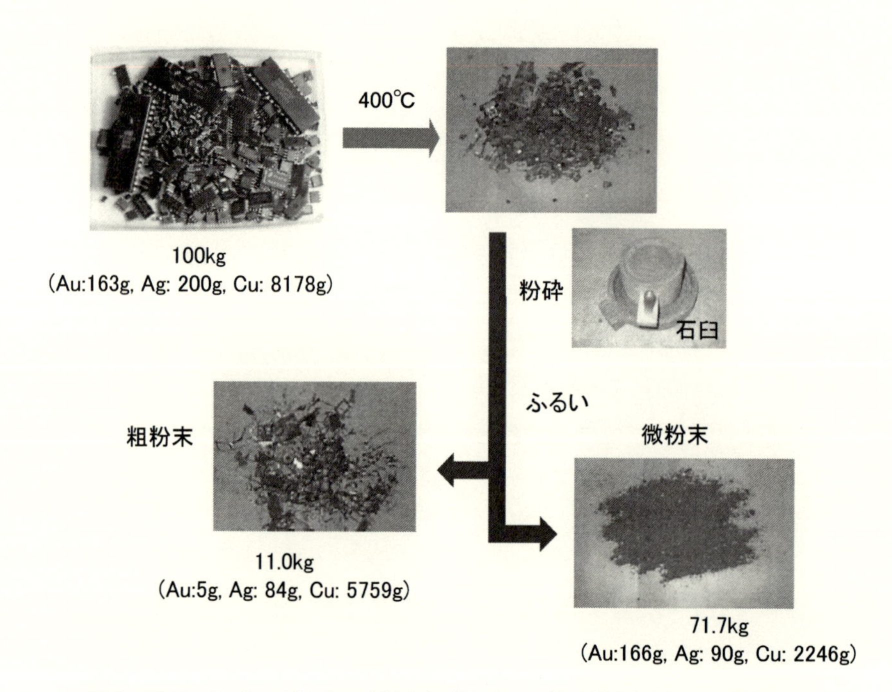

図3　廃ICパッケージからの高温水処理とそれに続く粉砕処理による資源回収

そこでより効果的に樹脂の除去を行うため，物理的な前処理を試みたが，ボールミルによる機械的衝撃や，溶剤前処理後に高温水処理を試みても，金属表面に有機分の存在が見られた。金属表面に有機分を含む成分が強固に付着していることが示唆された。

2. 6　IC パッケージ（B）のアルコール処理

IC パッケージ（B）をメタノール中で処理した際には，図 4 のように 250℃位から樹脂分の剥離が見られ，300℃の処理でも樹脂の一部が除去されて IC パッケージの強度の低下がみられ，容易に破壊が確認された。同様にエタノール中での処理においても，300℃以上の処理で IC パッケージの強度の低下がみられ，特に 380℃以上では，粉末状への破壊が見られた。一方，金属表面の SEM 像を測定したところ，エタノールよりもメタノールの処理で，より表面の樹脂が剥離していることが分かった。

メタノール処理によって得られた可溶成分の分析を行ったところ，メチル化されたフェノール類の生成が確認された。

一方，エタノール処理によって得られた可溶成分でも，エチル化されたフェノール類の生成が確認され，アルコール類の超臨界流体としての物理的な役割の他に，化学的な反応試剤としての役割があることが分かった。

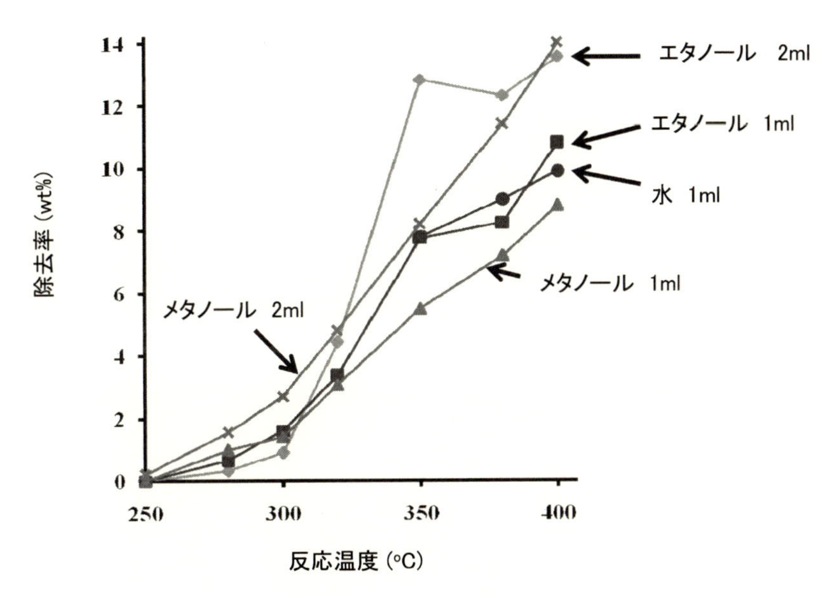

図 4　廃 IC パッケージ（B）の反応での樹脂除去率に対する処理温度および溶剤の効果

2.7 ICパッケージの脂肪族アルコール処理

ICパッケージ（C）に対して1-ヘプタノールを用い，350℃で処理を行ったところ，図5のよ

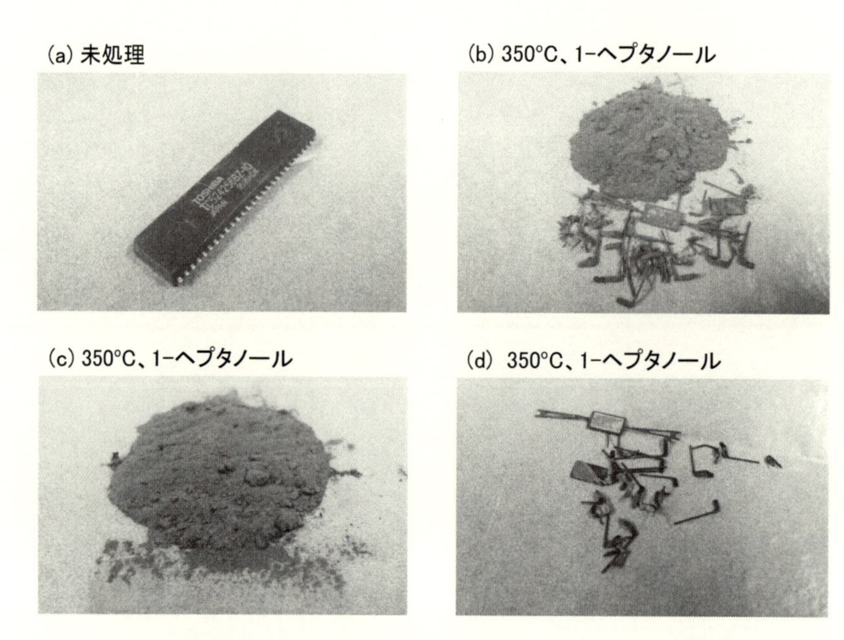

図5 (a) 未処理のICパッケージ（C）とICパッケージ（C）を1-ヘプタノール中，350°C・2時間反応させて得られた試料。(b) 反応後の試料全体，(c) 微粉末部分，(d) 回収金属部分。

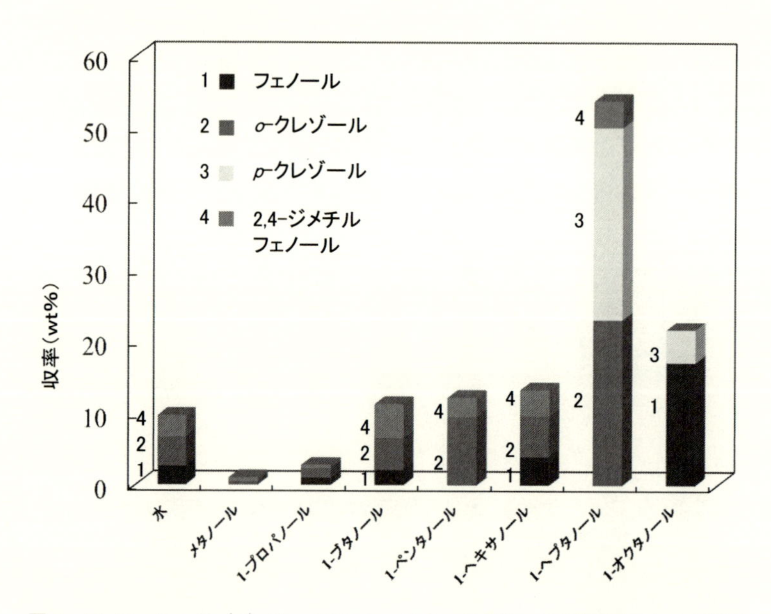

図6 ICパッケージ（B）をn-アルコール中，350℃・2時間反応させた際の液相成分の収率

うに効果的に樹脂分を除去できることが分かった。そこでアルコール類の効果を明らかにするため，ICパッケージ（B）の液相処理を行ったところ，図6のように1-ヘプタノールを用いた際に最も効果的にモノマー類が生成することが分かった。これらの結果は，アルコールが，エポキシ樹脂の架橋部に効果的に作用していることを示唆している。

2.8　エポキシ樹脂に対するアルコールの作用機構

炭素-炭素結合の開裂が起こりにくい比較的温和な反応条件でアルコールの分解への効果が確認できたことから，図7のようなアルコールによるエーテル交換反応と，それに続く分解反応が示唆された。化学的な作用の他に浸透などに関係する物理的な機能も関与していることが考えられ，反応機構の明確化が今後の課題である[15]。

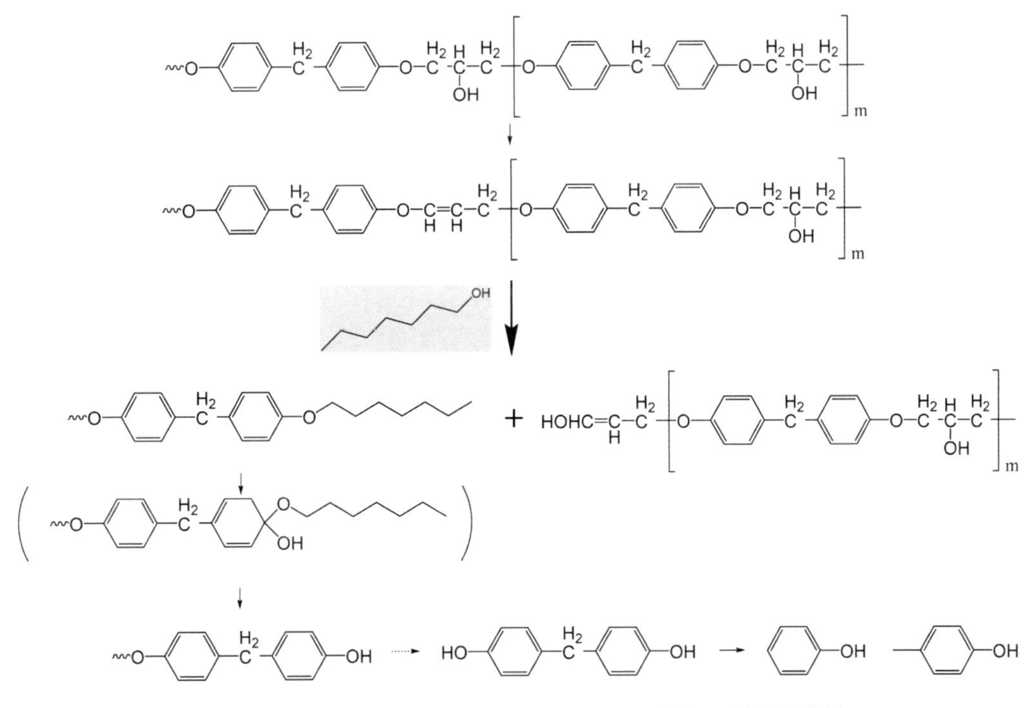

図7　考えられる1-ヘプタノールによるエポキシ樹脂の分解反応機構

3　フェノール樹脂成形材料の反応

フェノール樹脂は優れた物理的特性を有し，機能材料として広く用いられているが，廃フェノール樹脂成形材料の再資源化法は確立されていない。

これまでフェノール樹脂プレポリマーや成形材料の反応を通し，水が優れた溶剤であることを明らかにしてきたが，成形材料の場合，炭酸ナトリウムの添加で28.5％の高いモノマー総収率が得られている。成形材料中の半分程度が樹脂成分であることから，高温水中においてフェノール樹脂が効率よくモノマー成分に分解されることが明らかになった[16]。

3.1　フェノール樹脂モデル化合物の反応

メチレン結合を有するフェノール樹脂モデル化合物の反応を300℃で試みたところ，ビス(*p*-ヒドロキシフェニル)メタンの反応では，ヒドロキノンやヒドロキシベンズアルデヒドの生成が確認された。ジフェニルメタンやジトリルメタンの300℃での反応においてもベンゾフェノンや安息香酸の生成が確認され，また重酸素水（$H_2{}^{18}O$）を用いたジフェニルメタンの反応で重酸素を含むベンゾフェノンの生成が確認されたことから，高温水は，浸透性などの物理的な性質に優れているばかりでなく，図８のように，架橋メチレン結合の開裂に関与していることが明らかになった。化学試薬としてフェノール樹脂などの高分子材料の分解反応に大きな貢献を果たしていることを示している[17,18]。

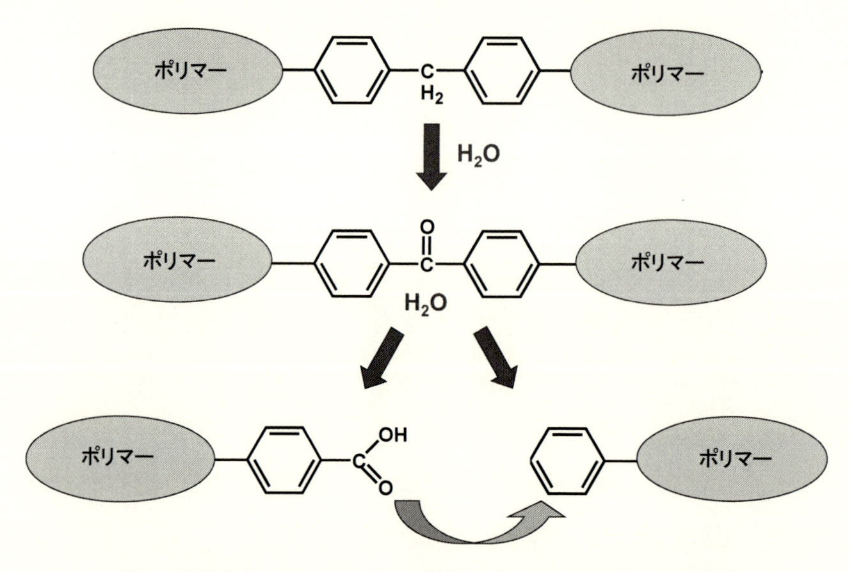

図８　高温水中におけるポリマー架橋メチレン結合の酸化分解機構

3.2　発泡フェノール樹脂の反応

発泡フェノール樹脂は，図9のような多孔質構造を有し，高い断熱性と熱的に安定な架橋構造を有して建材などとして広く用いられているが，焼却による熱回収以外の再資源化技術は確立されていない。これまでに得られた知見を元に，発泡フェノール樹脂の高温液相反応を試みた。

350℃でのの反応をメタノール中で行ったところ，2時間の反応で残渣収率は50%程度となったが，フェノールなどの確認モノマー収率は僅かであり，炭酸ナトリウム水中で行った場合でも効果的な分解反応は確認できなかった。一方，*m*-クレゾールを溶媒とする反応では溶解度は93%と高く（図10），条件によりフェノールやジメチルフェノールなどのモノマーの総収率は30%

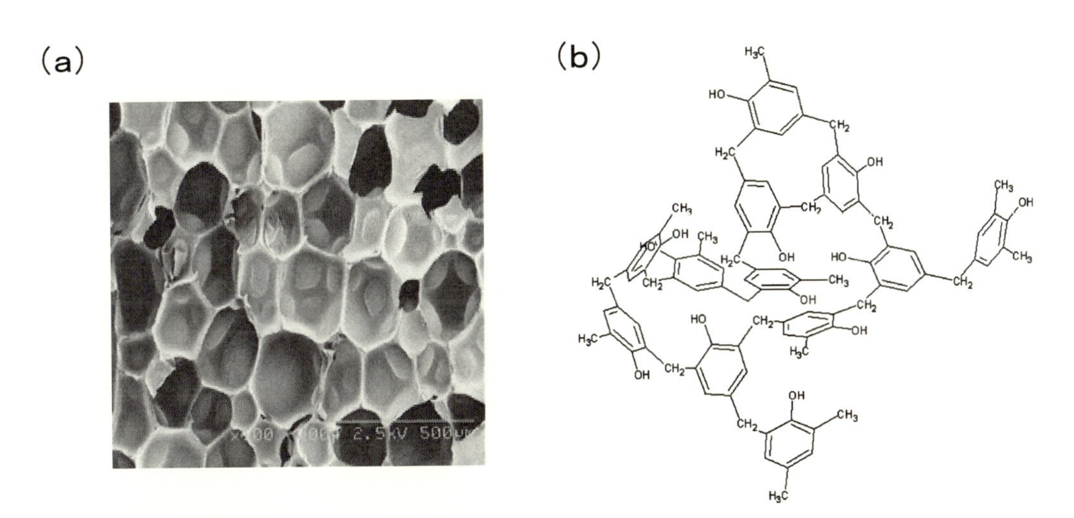

図9　高断熱建材として用いられる発泡フェノール樹脂の多孔質構造（a）と三次元分子構造（b）

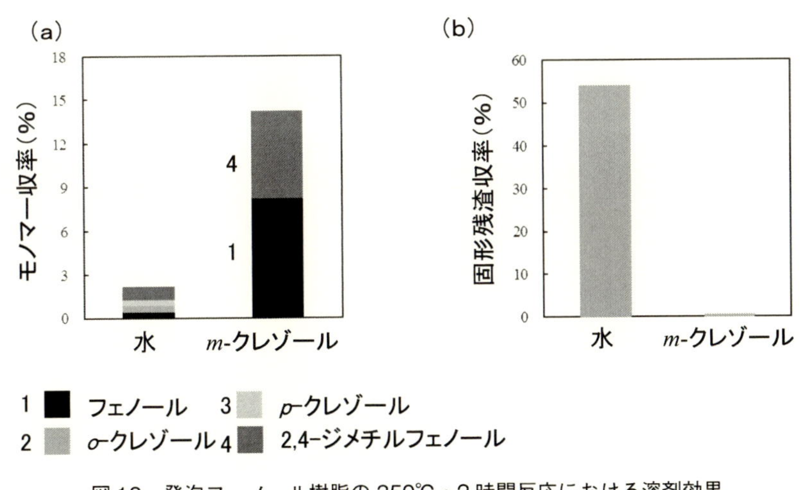

図10　発泡フェノール樹脂の350℃・2時間反応における溶剤効果
（a）モノマー収率，（b）固形残渣収率。

以上に達した。比較のためトルエンで反応を試みたが，ほとんど効果がなく，水酸基の役割が明瞭である。

m-クレゾールは芳香環を有し，フェノール樹脂との相溶性も高いことが高い分解効果の発現要因とも考察される。

3.3 脂肪族アルコールを用いた反応

m-クレゾールの溶剤としての機能を明らかにするため，水酸基を有するが非芳香族化合物である炭素数が1から10までの脂肪族アルコール類を用い，発泡フェノール樹脂の反応を試みた。350℃で2時間の反応では，予想に反して，高い可溶化率が確認された。特に1-ヘプタノールを用いた反応では，可溶化度が93%と，*m*-クレゾールと同様の高い溶媒効果が得られた[19]。

この際の可溶化が物理的なのか分解反応を伴うのかを確認するため反応生成物の分析を行ったところ，フェノールやクレゾール類のモノマーの生成が確認され，1-ヘプタノール中の反応の場合，モノマーの総収率は13%以上に達した。しかし可溶化率に対するモノマー収率の割合が小さいため可溶分の熱特性を測定したところ，図11に示すように，400℃以上の高い温度で分解する成分の存在が確認され，原料に近いオリゴマー状の化合物の存在が示唆された。

また溶媒量を増やすことで可溶化率はさらに大きくなり，モノマー収率の増加が確認された（図12）。これらは，1-ヘプタノールが，反応試薬としてフェノール樹脂架橋結合の切断など，分解反応に深く係っていることを示している。

この1-ヘプタノールを用いた発泡フェノール樹脂の反応においては，300℃から400℃と，反応温度の上昇とともにモノマー収率は増大したが，この際に残渣収率も増大し，可溶化率は低下

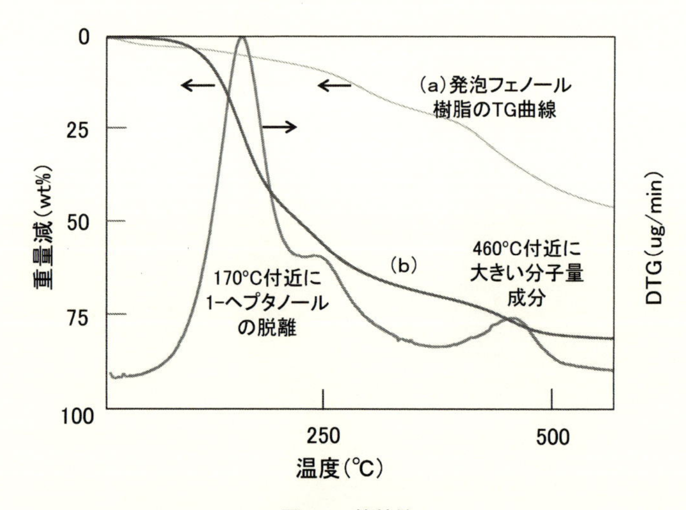

図11 熱特性

(a) 発泡フェノール樹脂，(b) 発泡フェノール樹脂を1-ヘプタノール中，350℃で2時間処理して得られた可溶分。

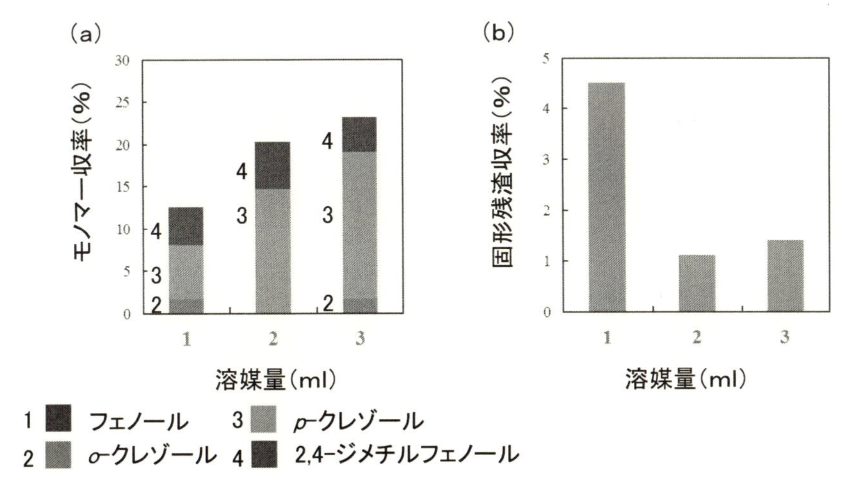

図12　1-ヘプタノール中での発泡フェノール樹脂の反応における溶媒量の影響
(a) モノマー収率，(b) 固形残渣収率。

した。これらから，350℃までと，それ以上の温度で，反応機構が異なっていることを示している。

350℃より高い温度における分解反応においては，炭素-炭素結合の開裂が主反応であり，溶媒は水素供与を通してモノマー収率の増大に寄与していることと考えられる。一方，350℃よりも低い温度においてもモノマー類の生成が確認できることからフェノール樹脂の化学的分解反応が進行し，その際に存在する溶媒が分解反応に大きな役割を果たすと考えられる。炭素-炭素結合の開裂がほとんど起きない比較的温和な温度での反応においては，炭化物の生成などが抑制されるとともに，モノマーやオリゴマーへの分解反応の進行が示された。

3.4　脂肪族アルコールによるフェノール樹脂の分解反応機構

フェノール樹脂中の架橋部位には尿素結合が存在していることが知られている。

架橋部位を有するモデル化合物の反応を試みたところ，溶媒との反応物の生成が確認され，溶媒の結合開裂への効果が明瞭になった。このことから，発泡フェノール樹脂中に含まれる尿素結合部位を含む架橋結合が，樹脂と相溶性の高いアルコール化合物の作用により，分解・安定化しているものと思われる。

一方，オリゴマーとともにモノマー成分が，比較的温和な温度条件においても生成している。この生成においては，メチレン結合の酸化開裂が起きていることを示唆している。フェノール性化合物は還元機能を有するが，この還元作用により加熱初期段階における不可逆的安定化反応を阻止し，反応後期においては，酸化剤として，モノマー生成に寄与している可能性がある。実際，酸化防止剤である亜硫酸ナトリウムを添加して反応を行ったところ，図13のように可溶化度やモノマー収率の大きな低下が観察された。

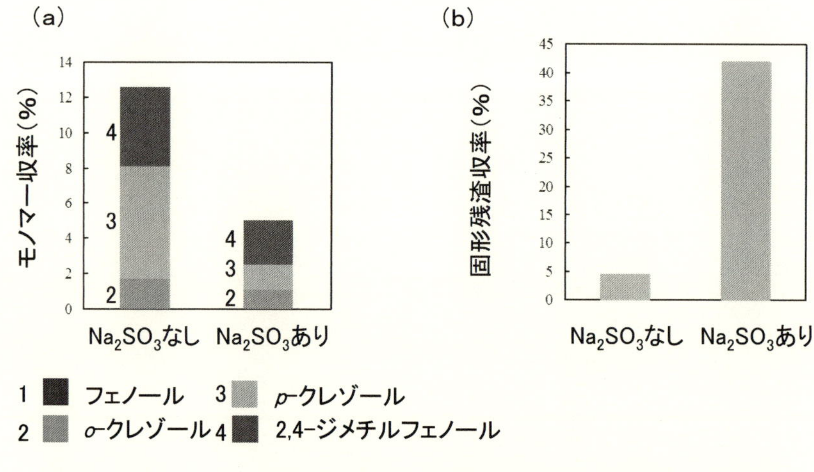

図13　発泡フェノール樹脂の350℃・2時間の反応における酸化防止剤の効果
(a) モノマー収率, (b) 固形残渣収率。

4　おわりに

架橋構造によって熱的に安定な高分子マトリックスを構築しているエポキシ樹脂やフェノール樹脂などの熱硬化性樹脂が，脂肪族アルコール中において，効率よく分解することを見出した。これらの反応は，炭素-炭素結合が開裂しない350℃以下の比較的温和な液相反応において達成されており，脂肪族アルコールが効果的に分解反応を促進し，モノマーやオリゴマー成分を与えることを示している。

未活用の有機-無機資源であるICパッケージにおいては，有機部分の溶解・資源回収と，貴重な金属部分の回収を可能としており，発泡フェノール樹脂の場合は，焼却による熱回収ではない，化学資源としての活用可能性を示唆している。アルコールを用いる350℃以下の温和な条件での液相処理では，逆反応を起こさずに架橋結合を効果的に切断でき，またその過程で生成した酸化種が，メチレン結合の切断に関与することで，低分子量化が効果的に進行することが期待できる。反応は多段階にわたり，異なった反応が逐次・並行的に進行していることが示唆されるが，これらの事実は，架橋高分子のより効果的な分解溶剤設計の可能性があることを示している。

文　　献

1) 阪田祐作，プラスチックの化学再資源化技術，シーエムシー出版（2005）
2) 高分子学会，プラスチックの資源循環のための化学技術，高分子学会グリーンケミストリー研究会編（2010）
3) A. L. Andrady, Plastics and Environmental Sustainability, Wiley（2015）
4) R. Francis, Recycling of Polymers, Wiley VCH（2017）
5) K. Ohkubo *et al., Polym. Degradation and Stability*, **111**, 109（2015）
6) H. Tagaya *et al., Polym. Degradation and Stability*, **80**, 353（2003）
7) A. Ikeda *et al., J. Mater. Sci.*, **43**, 2437（2008）
8) 多賀谷英幸，ファインケミカル，**48**（7），42-52（2019）
9) H. Tagaya *et al.*, 7th AOC, Singapore（2018）
10) 菅野太一ほか，第 7 回高分子学会 GC 研究会，第 21 回 FSRJ 研究討論会合同発表会，仙台（2018）
11) 産業リサイクル事典，産業調査会（2000）
12) 廃プラスチック　サーマル＆ケミカルリサイクル，化学工業日報社（1994）
13) H. Tagaya *et al.*, 3rd AOC, Australia（2011）
14) 海老名ほか，プラスチックリサイクル化学研究会第 15 回討論会，米沢（2012）
15) H. Tagaya *et al., J. Mater. Cycles Waste Manag.*, **6**, 1（2004）
16) Y. Suzuki *et al., Ind. Eng. Chem. Research*, **38**, 1391（1999）
17) H. Tagaya *et al., J. Mater. Cycles Waste Manag.*, **3**, 32（2001）
18) Y. Shibasaki *et al., Polym. Degradation and Stability*, **83**, 481（2004）
19) T. Sugeno *et al., J. Mater. Cycles Waste Manag.*, **17**, 453（2015）

第21章　プラスチックの知能化リサイクルを目指したハイブリット分解システムの開発

中谷久之*

1　知能化リサイクルとは

筆者が実現しようとしているプラスチックリサイクル法は，高付加価値を持つ製品の原料オリゴマー体を得るものである。現在の廃プラスチックのリサイクル方法は，①マテリアルリサイクル，②ケミカルリサイクル，③サーマルリサイクルである[1)]。現在，これらリサイクル法は一部実用化されている。しかしながら，水平型（カスケード）リサイクルであり，リサイクル品の付加価値は低い。そのため，平成23年度に破たんした札幌プラスチックリサイクル㈱のように，商業ベースでの持続性に難がある場合が多い。アップグレード型のリサイクルが望まれている。高付加価値を持つ製品としてオリゴマー体ベースの製品群がある。例えば，ポリスチレン（PS）オリゴマー体は，タイヤ用樹脂改質剤，コーティング剤など高付加価値な製品としての用途がある[2,3)]。廃プラスチックをオリゴマー体に高収率で変えるプロセスを開発できれば，アップグレードリサイクルが可能となる。図1に示すように，現在までの偶然に頼った高分子鎖の切断で

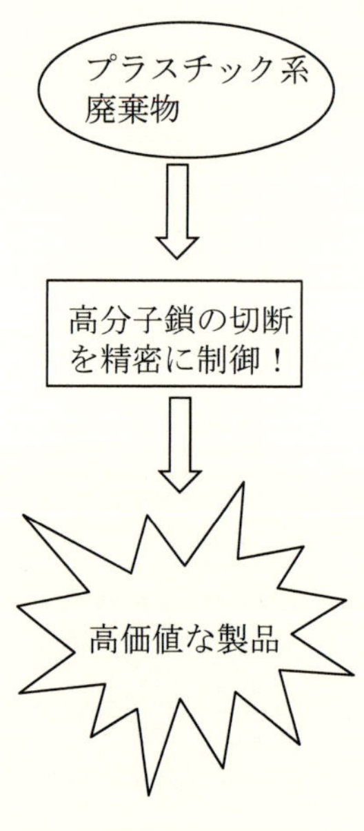

図1　知能化リサイクル法

＊ Hisayuki Nakatani　長崎大学　大学院工学研究科　化学・物質工学コース　教授

はなく，知能を持つがごとく狙った分子量になるように切断して高価値な製品に変換する。筆者は，この新規リサイクル法を“知能化リサイクル”と名付けた。本稿では，筆者が取り組んできた知能化リサイクルの理論的な背景と例について概説する。

2　自動酸化劣化とドーマント種

プラスチックは，太陽光や高温下で高分子鎖中の炭素-炭素結合が酸化切断する“自動酸化反応”と呼ばれる劣化反応を起こすことが知られている[4]。特にポリプロピレンやポリエチレンなど炭化水素構造のみから成り立つポリオレフィンの場合には，主な劣化反応といえよう。自動酸化反応は図2に示すように，一旦開始されれば，サイクル反応として自動的に進んでいく。ワンサイクルでアルキルラジカル量が4倍となる言わば“ラジカルアンプ機構”としての側面を持ち，効率的な切断反応である。筆者はTiO_2系光触媒システムを使い，さらに自動酸化反応を加速させる研究を進めてきており，低分子量化による汎用プラスチックの生分解化やオリゴマー化など，知能化リサイクルの前提となる技術開発研究を進めてきた[5~9]。しかしながら，自動酸化反応を制御するのは難しく，さらには副反応である架橋反応を効率良く抑えることが現技術では非常に困難であった。

HALSは自動酸化反応を延滞化させるプラスチック用光酸化防止剤として使われている[10,11]。光劣化時に，HALSから安定なニトロキシドラジカル（TEMPO）が生成する。TEMPOはアルキルラジカル（R･）と緩やかに結合（TEMPO-R）してドーマント種を形成するが，ペルオキシドラジカルと反応してR･をカルボニル化合物に変え，自分自身はTEMPOに戻り再びR･と反応する（Denisovサイクル）[12]。ドーマント種であるTEMPO-Rは100℃以上の熱を与えると

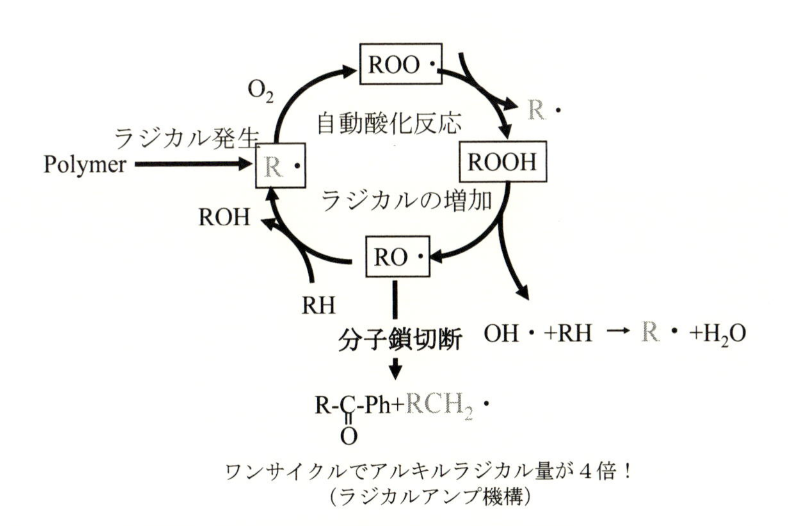

図2　自動酸化劣化反応

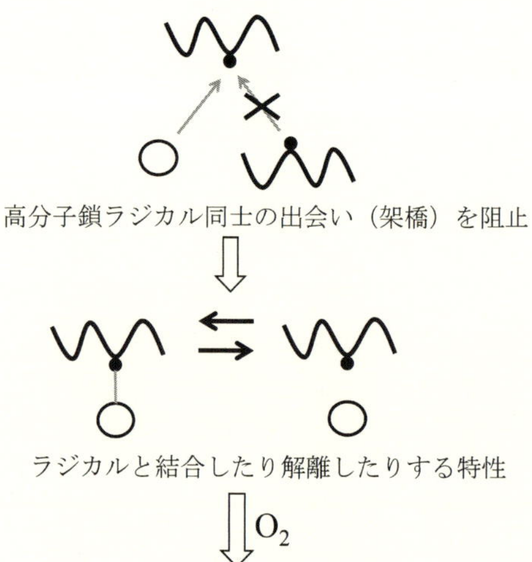

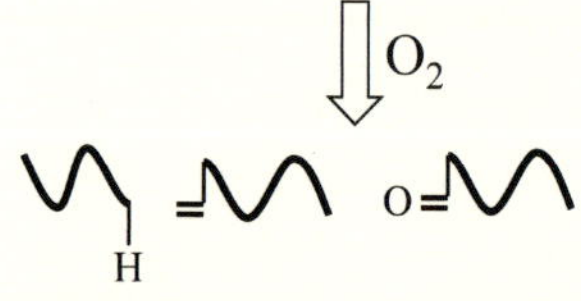

図３　TEMPO による架橋反応の抑制

解離平衡を起こし R･が生成する。解離平衡状態にある R･量は精密に制御できるために，リビングラジカル重合の開始剤に使用されている[13]。筆者は上記に示した TEMPO の特性を利用して図３に示す架橋反応の抑制を思いつき，知能化リサイクルプロセスの開発に至った。

3　ポリウレタンの知能化リサイクル

ポリウレタン（PU）はウレタン基を含むポリマーの総称であり，塗料，フォーム，接着剤など多方面に用いられている重要な高分子材料の一つである。PU はその構造および物性を比較的容易かつ広範囲に規制できるため，様々な性質を付与することが可能である。塗料の分野で用いられる PU は有機溶剤に溶解させて用いられてきたが，昨今の揮発性有機化合物（VOC）規制の強化により，水性塗料の需要が高まっている。そのため水性ポリウレタン（WBPU）が大きな注目を浴びている。WBPU は PU 分子骨格に親水基を導入した水分散であり，環境に優しいポリマーである。一方で塗料は建物の外壁など屋外で用いられることが多く，直射日光などにより，はがれやひび割れなどの劣化が起こる。しかし，WBPU の光劣化挙動に関する知見はほとんどないまま使用されているのが現状であった。そこでこれまでに本研究室では，WBPU の光劣化挙動に関する研究を行い，ラジカル反応によりソフトセグメント（SS）において選択的に主鎖の切断や架橋が起こることを明らかにした[14]。本研究では上記の知見を基に，WBPU に光触媒作用を有する酸化チタン（TiO_2）および光に対しては安定であるが熱処理を施すことによってラジカルを生成するヒンダードアミン系光安定剤（HALS）を応用し，光および熱によっ

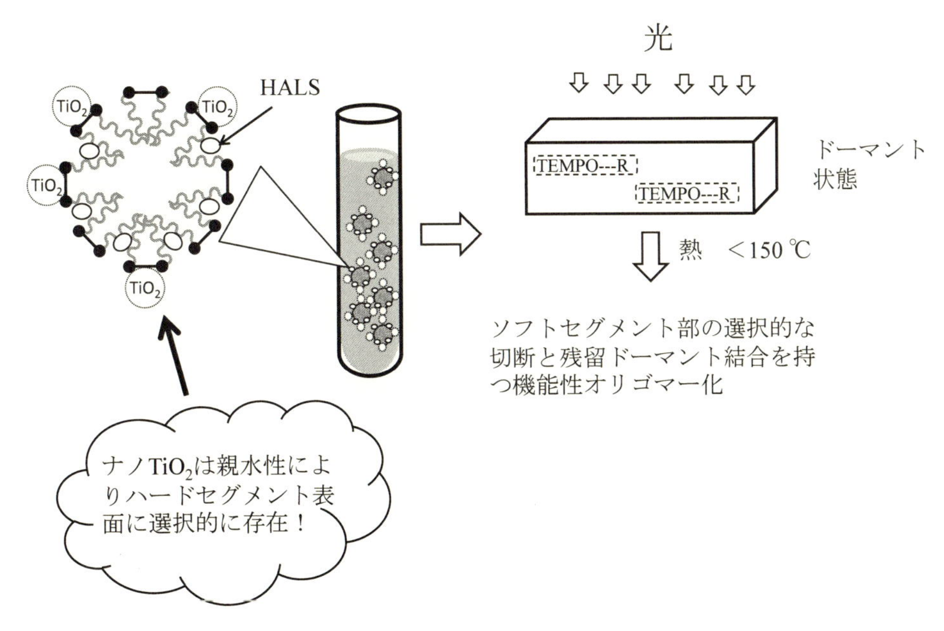

図4　ポリウレタンの知能化リサイクル

てラジカルを制御することで望む時に分解させることができる自在分解型WBPUの創製および，分解後のリサイクル法の開発を目的とした。

図4にポリウレタンの知能化リサイクルの概要を示す。WPU合成の原料として，Poly(oxytetra methylene)glycol：PTMG（分子量2,000），ジイソシアネートにイソホロンジイソシアネート，鎖延長剤に1,4-ブタンジオール，自己乳化剤にジメチロールプロピオン酸，中和剤にトリエチルアミン，溶媒にアセトニトリルおよび水，触媒としてジラウリン酸ジメチル錫を用いた。プレポリマー法により合成を行う。合成後ナノTiO_2を加える。図4に示すように，水中では，親水性のナノTiO_2は，互いに集まって凝集することなしに，親水性のハードセグメントの表面に選択的に均一に分散して吸着する。複合化後にHALSを加えて水を留去し，透明度の高いフィルムを作製した。以上の手法により，塗料として使用中は全く劣化を起こさず，使用後は簡単な熱処理で知能化リサイクルできる新規なWPUの合成を行った。図5にWBPU/TiO_2およびWBPU/TiO_2/HALS抽出物のDSC曲線を示す。(a) は紫外光照射後のWBPU/TiO_2，(b) は紫外光照射後のWBPU/TiO_2/HALS，(c) は紫外光照射および熱処理後のWBPU/TiO_2/HALS抽出物の結果である。10℃付近にSSの融解，130℃付近にハードセグメント（HS）の融解に起因する吸熱ピークが観測された。(b) においてSSの融解に起因する吸熱ピークが大きく観測された。これはHALSがラジカルをトラップしドーマント種となることで劣化の進行を妨げ，鎖長の長いSS由来の劣化物が存在するためと考えられる。しかし熱処理を施すと，SS由来の吸熱ピークは消失し，HSの融解熱量は18.1 J/gから19.1 J/gへと増大した。この結果から，熱処

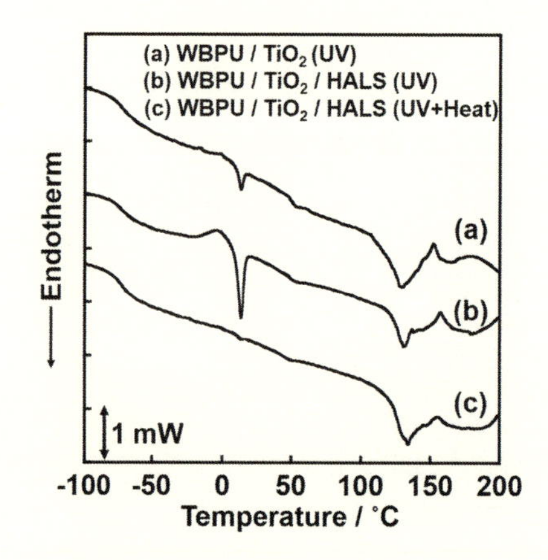

図5　WBPU/TiO_2 および WBPU/TiO_2/HALS 抽出物の DSC 曲線

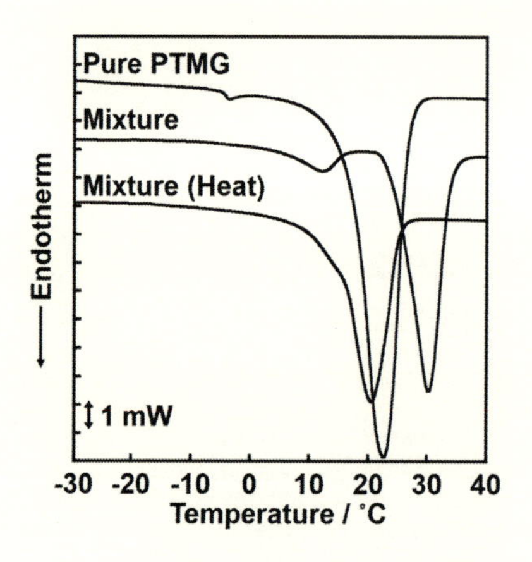

図6　PTMG,WBPU/TiO_2/HALS 抽出混合物およびその熱処理物の DSC 曲線

理によりSSの劣化物と結合しドーマント状態となっていたHALSがラジカル活性種となり，SS劣化物が低分子量化あるいはHS部と結合（ラジカルグラフト化）したことが示唆された。以上の結果から，光照射後のWBPU/TiO_2/HALS抽出物が熱処理を施すことで反応性オリゴマーとしてリサイクルできる可能性が見出されたため，純粋なPTMGと1：1の重量比で混合し熱処理を施した後，物性評価を行った。図6に混合物の熱処理前後のDSC曲線を示す。熱処理前に10～40℃に観測された2つの吸熱ピークが，20℃付近に1つの吸熱ピークとして観測された。これにより，熱処理によって相分離していた混合物の相溶性が向上することが明らかとなった。しかしながら，図7に示す熱処理前後における混合物のGPCプロファイルでは分子量の変化は観測されなかったことから，抽出物とPTMGの反応は不完全であり，熱処理により抽出物とPTMG

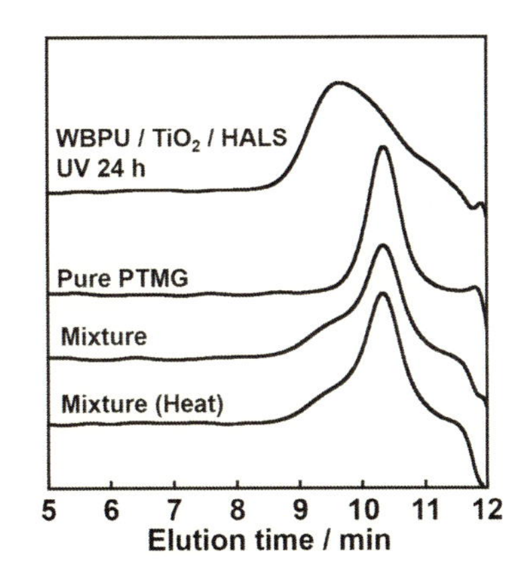

図7　熱処理前後における混合物の GPC 曲線

の一部のみが反応しラジカルグラフト化することにより相溶化剤としての役割を担い，抽出物とPTMG の相溶化を促したと考えた。

TiO_2 および HALS を WBPU に応用し，光および熱処理を施すことでラジカルを制御し，望むときに分解することができる自在分解型 WBPU を作製した。また，抽出した劣化物が相溶化剤の原料として知能化リサイクルできることが明らかとなった。

4　ポリスチレン中のヘキサブロモシクロドデカンの選択的分解

ヘキサブロモシクロドデカン（HBCD）は，ポリスチレン（PS）などの高分子材料に用いられる難燃剤である。しかし，HBCD は難分解性有機物の一種であるため，平成25年に国際条約で正式に廃絶が決定された。そのため，現存している HBCD 含有 PS はそのままリサイクルも廃棄もできない。リサイクルの観点から，現存する HBCD 含有 PS 中の HBCD のみを選択的に分解する方法の開発が望まれる。そこで，知能化リサイクルで用いた光触媒活性を有する TiO_2 を用いた光触媒システムについて注目した。光触媒システムは高分子における自動酸化劣化反応の開始剤と促進剤の役割をすることで，複数の汎用プラスチックを生分解できる低分子量体まで分解する。HBCD 含有 PS は光触媒システムによって HBCD を選択的に分解し，PS は分解しないことが，先行研究により明らかとなっていた。しかし，光触媒システムはこれまで架橋防止剤としてリノール酸メチル（ML）を用いたが，ML は長時間の光照射に対して持続性がないという問題があった。そこで，ML の代わりに架橋防止剤としてヒンダードアミン系光安定剤（HALS）を用いる方法を考えた。HALS の安定化機構を図8に示す。HALS に光を照射させることで（Ⅰ）からニトロキシラジカル（Ⅲ）が生成する。このニトロキシラジカルがラジカル種（·R）をトラップしドーマント種（Ⅳ）になることで高分子材料の劣化を抑制する。さらに，熱を与えることでドーマント種（Ⅳ）からニトロキシラジカル（Ⅲ）が再び生成し，高分子を分解

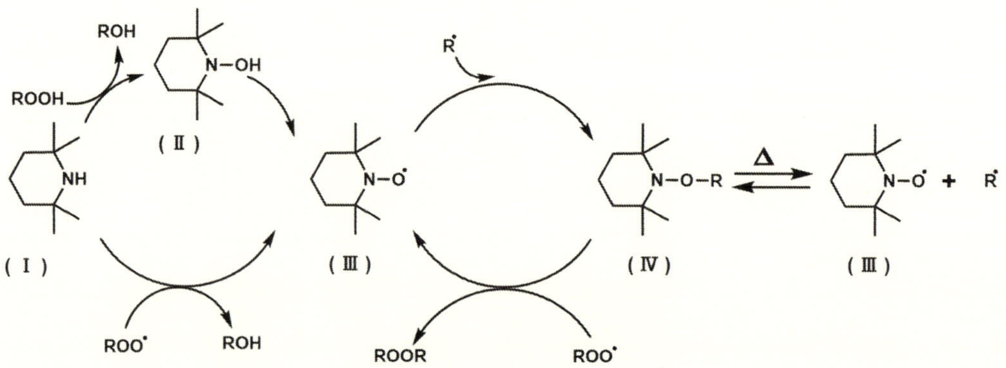

図８　HALS の安定化メカニズム

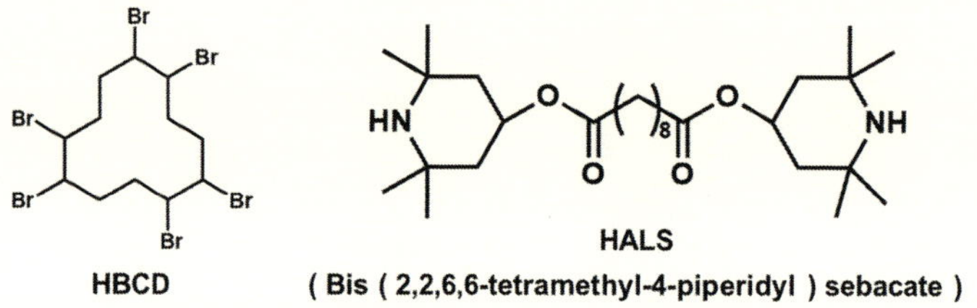

図９　HBCD と HALS（LA-77）の構造

することができる。このとき，与える熱の温度と時間を調整することで，ニトロシキラジカルの量をコントロールすることが可能である。このことから，HALS を加えることで PS の架橋を抑えることはもちろん，ラジカル種の生成量を調整でき，さらに長時間の光照射を行っても PS 中の HBCD だけを選択的に分解できると考えた。

HBCD と使用した HALS（LA-77：㈱ ADEKA 製）の化学構造を図 9 に示す。はじめに，PS と PS/HALS，PS/HBCD/HALS の 3 種類についての粉末試料を作製した。PS と HBCD，HALS の重量比については 100：10：0.1 になるようにそれぞれ調整した。そして，TiO_2 および銅フタロシアニン（CuPc），ポリエチレンオキシド（PEO）を原料とする光触媒システムを作製し，それぞれの粉末試料に塗布した。光照射は可視光（LED ライト）を用いて，室温で行った。各光照射時間後の試料について，120℃で 110 分間熱処理を行った。光照射のみの試料と光照射と熱処理の両方行った試料について，ゲル浸透クロマトグラフィー（GPC）測定の変化を評価した。さらに，PS/HBCD/HALS 粉末について，光照射前の試料と 18 時間光照射した試料，そして 18 時間光照射後に熱処理を行った試料の動的粘弾性測定も行った。PS，PS/HALS，PS/HBCD/HALS の粉末試料について，擬似酵素を塗布した後，可視光照射を行い，光照射時間ごとの分子量の変化を観察した。また，可視光照射後に 120℃で熱処理も行い分子量の変化を観察した。はじめに PS 粉末について，光照射ごとに重量平均分子量が増加していることが確認できた。架橋防止剤のHALSを用いていないため，架橋が起きていることが分かった。続いて，PS/HALS（100：0.1）粉末は光照射18時間以降の試料において，熱処理により重量平均分子量が減少することが確認できた。これは，光照射することで生成したドーマント種から熱によりニトロキシラジカルが生成し，PSが分解したためである。一方でPS/HBCD/HALS粉末について，光照射後に熱処理を行っても分子量の変化はみられなかった。これは熱処理によってドーマント種から生成するニトロキシラジカルがHBCDを選択的に分解し，さらにPSの分解を抑制していることが分かった。またPS/HBCD/HALS粉末について，光照射前と光照射18時間後そして，光照射後に熱処理を行った試料の動的粘弾性測定も行った。光照射前の試料では90℃付近でHBCD由来のシグナルが観測された。一方で光照射後または熱処理後の試料にはHBCD由来のシグナルが観測されなかった。このことから，光照射または熱処理によってHBCDが分解したことが確認できた。HALSを用いた光触媒システムによって，PS中のHBCDが選択的に分解されることが確認できた[15]。

以上，ハイブリット分解システムによる知能化リサイクルの例を2つ紹介した。詳細なデータについては，筆者の論文［参考文献：14および15］を参照して頂きたい。現在この知能化リサイクル技術を“マイクロプラスチック”の凝集化・回収およびそのリサイクル化に適用するために検討を行っている。近々どこかの紙面で紹介できればと考えている。

文　　献

1) ㈱ジェネス著,「図解　産業廃棄物処理がわかる本」, 日本実業出版社, 2013年
2) 成瀬義弘, 梶岡雅彦, 山本誠司, 川崎製鉄技報, Vol. 21, p. 349 (1992)
3) http://www.yschem.co.jp/products/resin/styrene.html
4) Y. Kato, D. J. Carlsson, D. M. Wiles, *J. Appl. Polym. Sci.*, **13**, p. 1447 (1969)
5) K. Miyazaki, K. Shibata, H. Nakatani, *Polym. Deg. Stab.*, **96**, p. 1039 (2011)
6) K. Miyazaki, T. Arai, K. Shibata, M. Terano, H. Nakatani, *Polym. Deg. Stab.*, **97**, p. 2177 (2012).
7) K. Miyazaki, K. Shibata, H. Nakatani, *J. Appl. Polym. Sci.*, **127**, p. 854 (2013)
8) K. Miyazaki, H. Sato, T. Watanabe, H. Nakatani, *J. Polym. Environ.*, **22**, 494 (2014)
9) H. Nakatani, G. Kawajiri, S. Miyagawa, S. Motokucho, *Polym. Deg. Stab.*, **130**, p. 135 (2016)
10) N. S. Allen, *Chem. Soc. Rev.*, **15**, p.373 (1986)
11) T. J. Turton, J. R. White, *Polym. Deg. Stab.*, **74**, p. 559 (2001)
12) J. L. Hodgson, M. L. Coote, *Macromolecules*, **43**, p. 4573 (2010)
13) C. J. Hawker, *J. Am. Chem. Soc.*, **116**, p. 11185 (1994)
14) H. Nakatani, H. Ooike, T. Kishida and S. Motokucho, *Prog. Org. Coat.*, **97**, 269 (2016)
15) S. Arita, K. Yamaguchi, S. Motokucho, H. Nakatani, *Polym. Deg. Stab.*, **143**, 130 (2017)

第22章　分子レゴブロックを基盤とする高分子のケミカルリサイクルシステムの開発

岩村　武*

1　はじめに

ヘルマン・シュタウディンガーが高分子説[1)]を提唱して以来，プラスチック材料をはじめとする高分子材料は，加工しやすく，安価で，非常に生産性が高いことと，石油化学の発展があいまって1960年以降大量に生産されるようになった。そして，これらの高分子材料は分子構造や分子量によって，その特性は異なるものの，透明性，絶縁性，耐熱性，耐水性，耐薬品性，バリア性，柔軟性などの優れた特性を有することから様々な分野で広く消費されるようになった。しかし，これらの高分子材料は，耐久消費財として長年用いられるよりは非耐久消費財や生産財として用いられることが多く，特に梱包材や包装材として大量に用いられ使い捨てにされる傾向にある。現在，プラスチック類は一部でリサイクルが行われているものの，その大半は燃焼あるいは埋め立てなどの方法で処理されており，理想的なリサイクルからは程遠い状況にある。また，近年では海洋ごみに含まれるプラスチック類が紫外線劣化や摩耗などにより微細化したマイクロプラスチックによる海洋汚染が問題になっており，マイクロプラスチックを誤飲した魚類などを介した食物連鎖によって人間の健康にも影響を与える可能性があることが指摘されている[2,3)]。プラスチックのリサイクル方法としては，①廃プラスチックの焼却により発生する熱を利用するサーマルリサイクル，②廃プラスチックを再度成型し利用するマテリアルリサイクル，③廃プラスチックを解重合によりモノマーあるいは基礎化学原料に変換して利用するケミカルリサイクルが知られている。サーマルリサイクルは，焼却により熱エネルギーとしてエネルギーを回収するものの，CO_2を排出するというデメリットがある。また，マテリアルリサイクルは，リサイクルするたびに高分子化合物の分子量が低下するために，元の物性を維持することができずダウングレードしてしまう。このような点を考慮するとケミカルリサイクルは，解重合反応によりモノマーに変換し，これを再度重合させることから前述の問題点はない。このことから，これら3種類のリサイクル法の中ではケミカルリサイクルが最も本質的で有効な方法であると考えられる。我々の研究グループでは，当初，架橋高分子のマテリアルリサイクルおよびケミカルリサイクルを目指し，可逆的に共有結合を形成できる骨格を活用して解架橋性高分子の合成に取り組んできた[4~6)]。その後，解架橋性高分子の合成に関する研究を通して「分子レゴブロック」という着想を得て，これを利用した重合／解重合性高分子の合成などの研究を進めてきた[7~12)]。玩具のレゴ

---

*　Takeru Iwamura　東京都市大学　工学部　エネルギー化学科　准教授

ブロックは，様々な大きさ，色，形状のブロックが存在する。これらのブロックを用いて組み立てることで様々な建物，乗り物，キャラクターなど，作り手の自由な発想により様々な形状のレゴブロックを組み立てることにより造形物を無限につくることができる。このようなレゴブロックの特性を分子（モノマー）に付与することで，分子レベルで巨大分子（ポリマー）をはじめとする様々な構造を有する化合物をつくることができると考えられる。また，レゴブロックと同様に容易に取り外すことができる結合部位を分子レゴブロックにあらかじめ導入しておくことで，分子レベルでも容易に取り外し・取り付けが可能になるものと考えられる。このような分子設計は，高分子材料のリサイクルの立場からも重要であるが，機能性材料を創成する立場からも極めて重要である。本章では，近年，我々の研究グループで検討した分子レゴブロックの重合／解重合[11]および組み換え反応[12]について概説する。

2　分子レゴブロックを利用した重合／解重合性高分子の合成

2.1　分子レゴブロックの合成

モノマーに相当する分子レゴブロックは，2段階の反応を経て合成した。リンカー部位にデカメチレン骨格を有する分子レゴブロック（**1**）は，1,10-デカンジオールと塩化メタンスルホニルを無水ピリジンおよび4-ジメチルアミノピリジン（DMAP）存在下，無水THF中，室温で3時間反応させることにより，収率73%でジメシラートを得た。得られたジメシラートとフルフリルアルコールを水素化ナトリウムおよびテトラ*n*-ブチルアンモニウムブロミド存在下，無水THF中で15時間還流させることにより，収率75%で**1**を得た。また，リンカー部位にトリエチレングリコール骨格を有する分子レゴブロック（**2**）は，トリエチレングリコールと塩化メタンスルホニルを無水ピリジンおよびDMAP存在下，無水ジクロロメタン中，室温で1時間反応させることにより，収率82%でジメシラートを得た。得られたジメシラートとフルフリルアルコールを水素化ナトリウムおよびテトラ*n*-ブチルアンモニウムブロミド存在下，無水THF中で72時間還流させることにより，**2**を収率63%で得た（図1）。

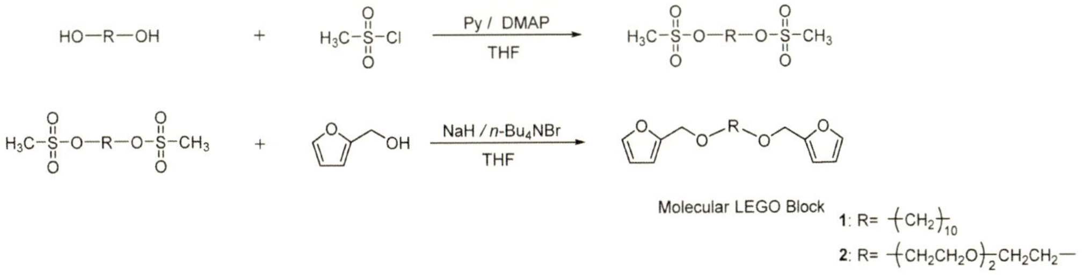

HO—R—OH ＋ H_3C-SO_2-Cl —(Py / DMAP, THF)→ $H_3C-SO_2-O-R-O-SO_2-CH_3$

$H_3C-SO_2-O-R-O-SO_2-CH_3$ ＋ furfuryl alcohol (OH) —(NaH / *n*-Bu_4NBr, THF)→ Molecular LEGO Block

1: R= $-(CH_2)_{10}-$

2: R= $-(CH_2CH_2O)_2-CH_2CH_2-$

図1　分子レゴブロックの合成

2.2 分子レゴブロックポリマーの合成

分子レゴブロック（**1**）とマレイミド骨格を有する分子レゴブロックである4,4'-ビスマレイミドジフェニルメタン（BMI）を無水1,2-ジクロロエタン中で反応させることにより，分子レゴブロックポリマー（**3**）の合成を試みた。種々のDiels-Alder反応条件下で重合反応を行ったところ，ジクロロエタン中，60℃で48時間反応を行ったときに最も高収率で対応する分子レゴブロックポリマー（**3**）を得ることができた（図2，表1）。また，生成ポリマー（**3**）は，[4+2]環状付加により高分子化していることから，*endo*付加と*exo*付加の割合を^{1}H NMRスペクトルより算出したところ*endo*/*exo*＝1：1であった。さらに，分子レゴブロック（**2**）とBMIとの重合についても，種々のDiels-Alder反応条件下で重合反応を検討したところ，ジクロロエタン中，60℃で48時間反応を行ったときに最も高収率かつ高分子量で対応する分子レゴブロックポリマー（**4**）を得ることができた（図2，表2）。^{1}H NMRスペクトルから*endo*/*exo*比を算出したところ，*endo*/*exo*＝1：9であった。

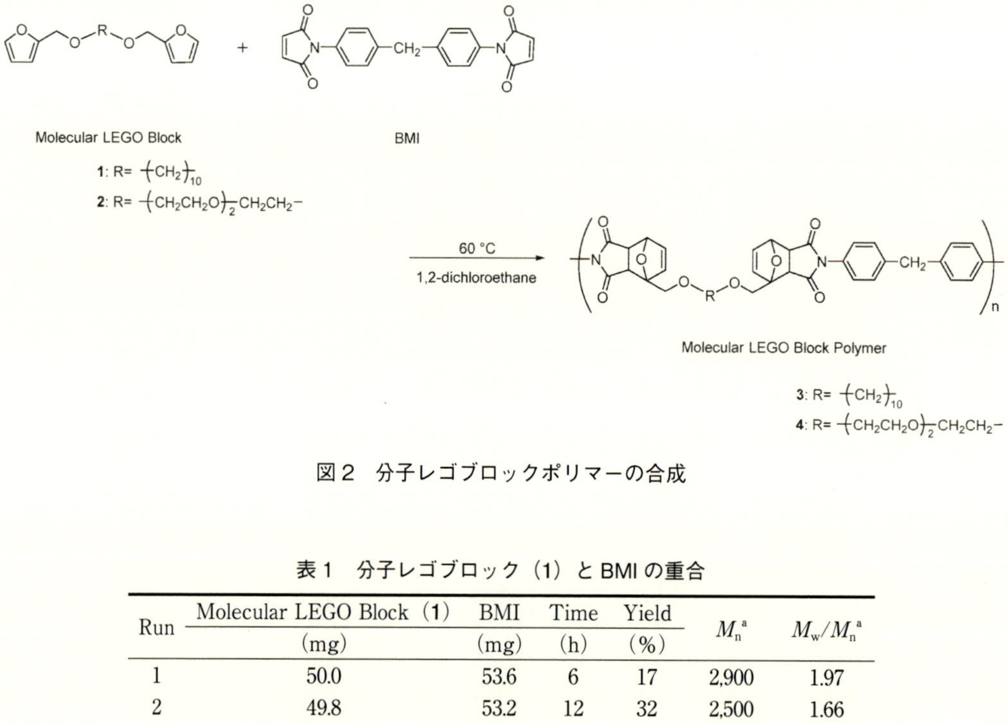

図2　分子レゴブロックポリマーの合成

表1　分子レゴブロック（1）とBMIの重合

Run	Molecular LEGO Block（1）(mg)	BMI (mg)	Time (h)	Yield (%)	M_n [a]	M_w/M_n [a]
1	50.0	53.6	6	17	2,900	1.97
2	49.8	53.2	12	32	2,500	1.66
3	49.4	52.7	24	72	3,500	1.97
4	99.9	108.0	48	75	7,800	2.68

a) Estimated by GPC (eluent：THF).

表2　分子レゴブロック（**2**）とBMIの重合

Run	Molecular LEGO Block（**2**）(mg)	BMI (mg)	Time (h)	Yield (%)	M_n[a]	M_w/M_n[a]
5	61.6	71.6	6	54	18,000	5.81
6	26.6	28.5	12	57	20,000	5.23
7	46.7	54.4	24	79	36,000	4.03
8	107	124	48	85	38,000	3.50

a）Estimated by GPC, based on polystyrene standards; eluent, DMF containing LiBr（5.8 m*M*）.

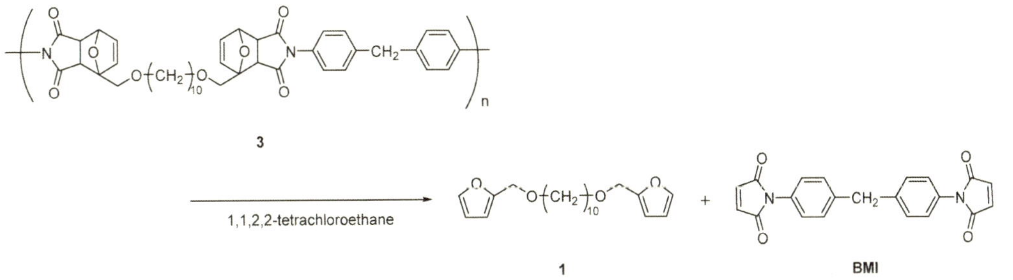

図3　分子レゴブロックポリマー（**3**）の解重合

表3　分子レゴブロックポリマー（**3**）の解重合挙動

Run	Polymer（**3**）(mg)	Temp. (℃)	Time (h)	Yield of **1** (%)	Yield of BMI (%)
1	198	110	1	43	48
2	148	130	1	64	54
3	148	150	1	77	73

2. 3　分子レゴブロックポリマーの解重合

分子レゴブロックポリマー（**3**）をテトラクロロエタン中で1時間撹拌することにより，解重合反応を試みた（図3，表3）。**3**をテトラクロロエタン中，110℃から150℃で1時間解重合反応を行った後，GPCによる分子量測定を行った結果を図4に示す。原料ポリマー（**3**）では保持時間11.74 minに数平均分子量（M_n）=7,800，分子量分布（M_w/M_n）=2.68のピークが観測された。これに対して，**3**を110℃で1時間加熱した後の試料では，保持時間11.74 minの**3**のピークは消失し，新たにオリゴマー，分子レゴブロック（**1**），BMIに由来するピークがそれぞれ観測された。また，**3**を150℃で1時間加熱した後の試料では，オリゴマーに由来するピークがほとんど消失した。以上の分子量測定の結果から，逆Diels-Alder反応の進行による分子レゴブロックポリマー（**3**）の解重合反応の進行が確認された。さらに，加熱温度を高くすることで，

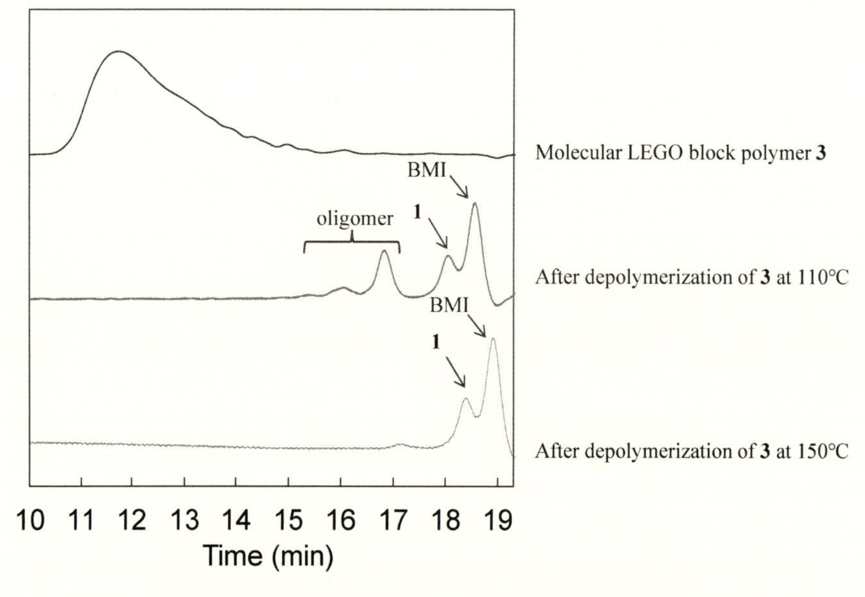

図４　分子レゴブロックポリマー（3）と解重合生成物

解重合が進行しやすくなる傾向にあることが示唆された。次に，110℃以上の条件下で**3**を解重合し，分子レゴブロックの単離を試みた。テトラクロロエタン中，130℃で1時間解重合したところ**1**を収率64%，BMIを54%，それぞれ単離することができた。また，150℃で解重合したときには**1**を収率77%，BMIを73%，それぞれ単離することができた。この結果から，解重合反応の温度を高くすることで，**1**およびBMIを高収率で回収できることが明らかとなった。

2.4　飽和炭化水素鎖を有する分子レゴブロックポリマーと芳香族系分子レゴブロックの組み換え反応

分子レゴブロックポリマー（**3**）と芳香族系分子レゴブロック（**5**）をテトラクロロエタン中，110℃で1時間攪拌した。さらに，60℃で48時間攪拌することにより，分子レゴブロックの組み換えを試みた（図5）。反応終了後，反応溶液をヘキサン：ベンゼン＝1：1に再沈殿することで，淡黄色固体を得た。得られた淡黄色固体のGPC測定の結果から，$M_n = 2{,}200$（$M_w/M_n = 1.95$）のピークが認められた（図6）。また，分子レゴブロック（**1**）および芳香族系分子レゴブロック（**5**），BMIに由来するピークは観測されなかった。組み換え反応により得られた**6**の接触角の評価を試みた。デカメチレン鎖を含む**3**の平均の接触角は77.7±0.68°であるのに対し，組み換え反応を行った**6**の平均の接触角は76.2±0.87°であった。一方，分子レゴブロックポリマー（**3**）に含まれる分子レゴブロック**1**が全て**5**に置き換わった場合の分子レゴブロックポリマー（**7**）の接触角は75.8±2.09°であった。組み換え反応を行うことによって得られた**6**は，ポリマー主鎖にデカメチレン骨格とテレフタレート骨格の両方が含まれるためポリマーの物性も**3**と**7**の

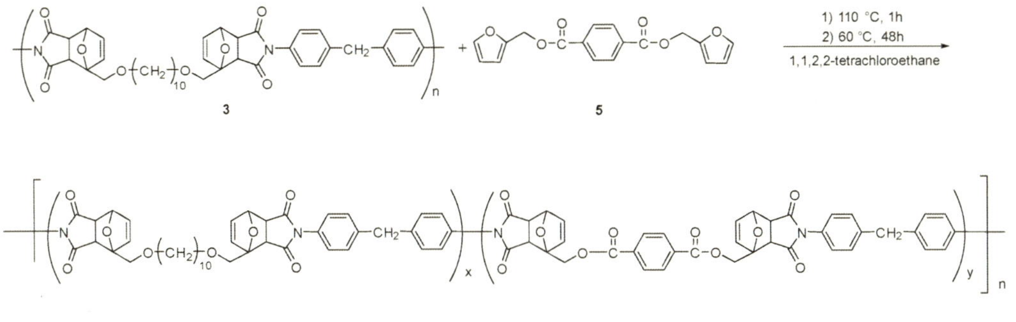

図5　分子レゴブロックポリマー（3）と分子レゴブロック（5）の組み換え反応

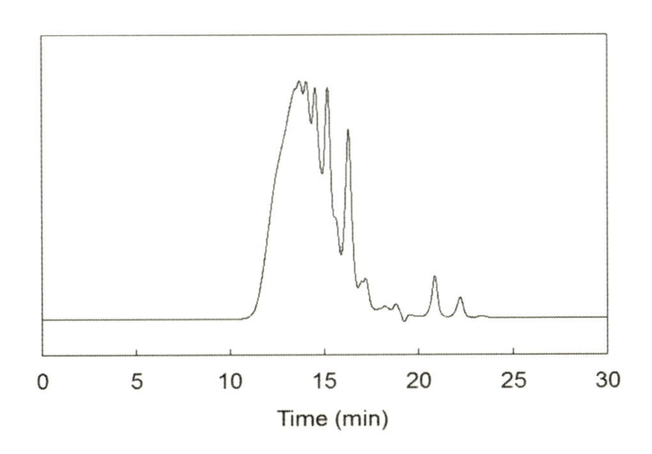

図6　組み換え後の分子レゴブロックポリマー（6）のGPC曲線

中間の値を示すことが確認された（表4）[12]。

以上のように，分子レゴブロックはDiels-Alder反応を用いることで分子レゴブロック高分子を合成することができることに加え，逆Diels-Alder反応条件下で他の分子レゴブロックを共存させることにより容易に組み換え反応ができる。このことは，高分子を合成した後に物性転換が可能であることを意味している。また，分子レゴブロックポリマーを解重合後，再度重合すれば元のポリマーのグレードを維持できるだけでなく，後から機能性を有する分子レゴブロックを組み込むことでアップグレードも見込まれることから，単なる高分子のケミカルリサイクルに止まらず，広い意味でのアップグレードリサイクルが可能になるものと考えられる。

表4　分子レゴブロックポリマーの構造と接触角

Polymer	θ_{H_2O}
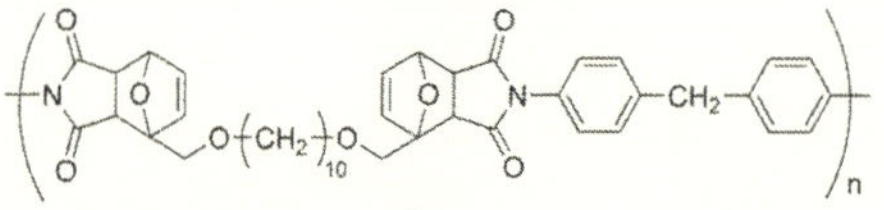 3	77.7 ± 0.68 °
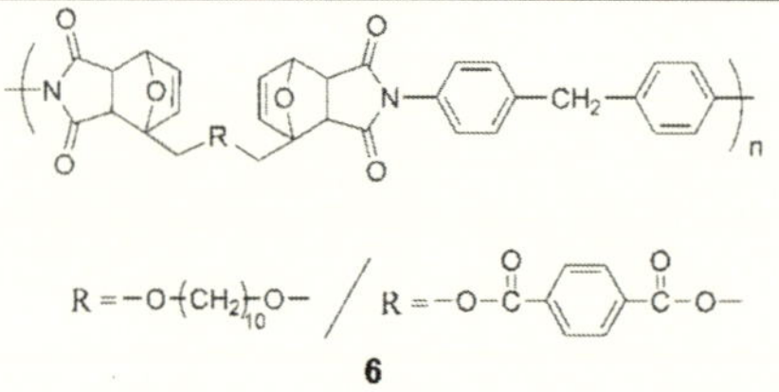 R = $-O\text{-}(CH_2)_{10}\text{-}O-$ / R = $-O-C(=O)-C_6H_4-C(=O)-O-$ 6	76.2 ± 0.87 °
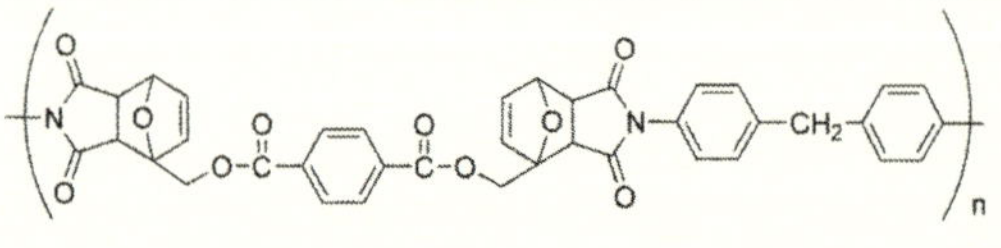 7	75.8 ± 2.09 °

3　おわりに

以上，我々の研究グループで進めてきた分子レゴブロックの重合／解重合および組み換え反応について概説した。我国において，年間排出量が1,000万トンにもおよぶ廃プラスチックの約60%はサーマルリサイクルとして焼却され，結果としてCO_2を排出している。排出されたCO_2を化学原料として活用することは極めて困難であるので，物質循環という観点からすると真の意味でのリサイクルにはなっていない。一般的に高い機械的強度や高い耐熱性などの実用的な諸物性を有するプラスチック材料はリサイクル性が低い場合が多く，その一方で高いリサイクル性を有する材料は実用的な物性値を示すものが極めて少ない。このような高機能・高性能とリサイクルは，トレードオフの関係にあることが真のリサイクルを困難なものにしているといえる。真の廃プラスチックリサイクルの実現への道は極めて険しいものではあるが，環境に配慮せず利便性のみを追求した高分子材料の開発はもはや許されるものではないだろう。21世紀の高分子材料の設計・創製は前述のことを念頭において進める必要があると考える。本研究で得られた知見は，リサイクル分野にとどまらず新材料やエネルギーデバイスなど様々な分野への応用の可能性があることから，本研究の知見を活用した基礎研究ならびに応用研究のさらなる進展を期待したい。

文　　献

1) H. Staudinger, *Ber. Deut. Chem. Ges.*, **53**, 1073-1085 (1920)
2) 山下麗，田中厚資，高田秀重，日本生態学会誌，**66**, 51-68 (2016)
3) 平成28年度海事問題調査委員会報告書「マイクロプラスチック問題について」, https://www.kaiyo-kai.com/cms/wp-content/uploads/2017/02/170225_kaimon-H29-3-Honbun. pdf
4) T. Iwamura, M. Sakaguchi, *Macromolecules*, **41**, 8995-8999 (2008)
5) T. Iwamura, S. Nakamura, *Polymer*, **54**, 4161-4170 (2013)
6) M. Takasaki, T. Iwamura, *Polymer*, **158**, 270-278 (2018)
7) 橋本周大，岩田和真，岩村武，日本化学会第95回春季年会，講演予稿集Ⅲ，p. 1544 (2015)
8) 岩田和真，橋本周大，岩村武，第64回高分子討論会，高分子討論会予稿集，64巻，2号，1Pc071 (2015)
9) 元木駿作，岩村武，第64回高分子討論会，高分子討論会予稿集，64巻，2号，1Pc079 (2015)
10) 岩田和真，岩村武，第65回高分子年次大会，高分子年次大会予稿集，65巻，1号，2Pd112 (2016)
11) S. Mokoki, T. Nakano, Y. Tokiwa, K. Saruwatari, I. Tomita, T. Iwamura, *Polymer*, **101**, 98-106 (2016)
12) 溝口悠野，常磐雄大，猿渡晃平，岩村武，高分子学会関東支部神奈川地区第2回講演会，予稿集P-20 (2019)

第23章　使用済み電子機器に使用されているプラスチックのリサイクル

加茂　徹*

1　電気電子製品に使用されているプラスチック

IoTが世界の産業構造を変えようとしている21世紀において，電気電子機器はその基盤産業であり，世界中で膨大な数の電子機器が生産されている。一方，技術革新が極めて速いために個々の電子機器の製品寿命は短く，世界で毎年約3,500万tもの電子機器が廃棄され，その量は年率3〜5%で増加していると推定されている[1)]。日本では毎年250万tの電気電子機器が廃棄されていると推定されているが[2)]（図1），家電リサイクル法で回収される主要4品目の回収量は約49万t（2018年）[3)]に過ぎない。廃電子機器には有用な金属が多く含まれているため[4,5)]，使用済み電気電子機器は鉱物資源の乏しい日本にとって重要な国内資源で「都市鉱山」として注目されているが，貴金属を多く含む一部の機器を除けば資源回収は不十分である。

電気電子機器には軽量で高いデザイン性が求められるため，安価で丈夫，発色に優れ加工し易いプラスチックが筐体などに多用されている。家電類は廃棄する際にリサイクル料金が徴取されているため，金属だけでなくプラスチックの回収・再利用も積極的に進められている（図2）。

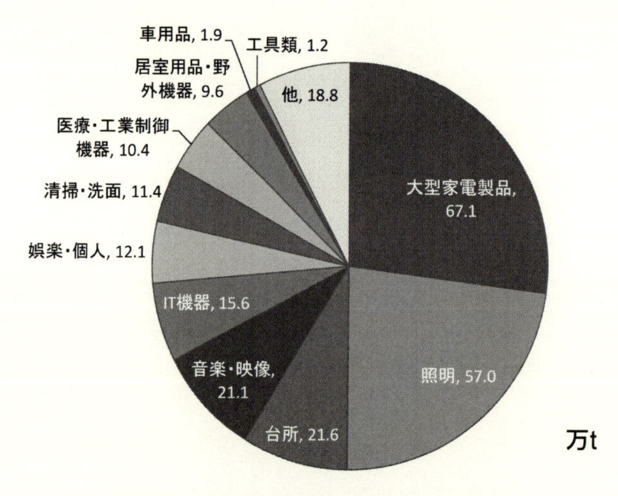

図1　日本で廃棄される使用済み電子機器

＊ Tohru Kamo　（国研）産業技術総合研究所　環境管理研究部門　資源精製化学研究グループ　招聘研究員

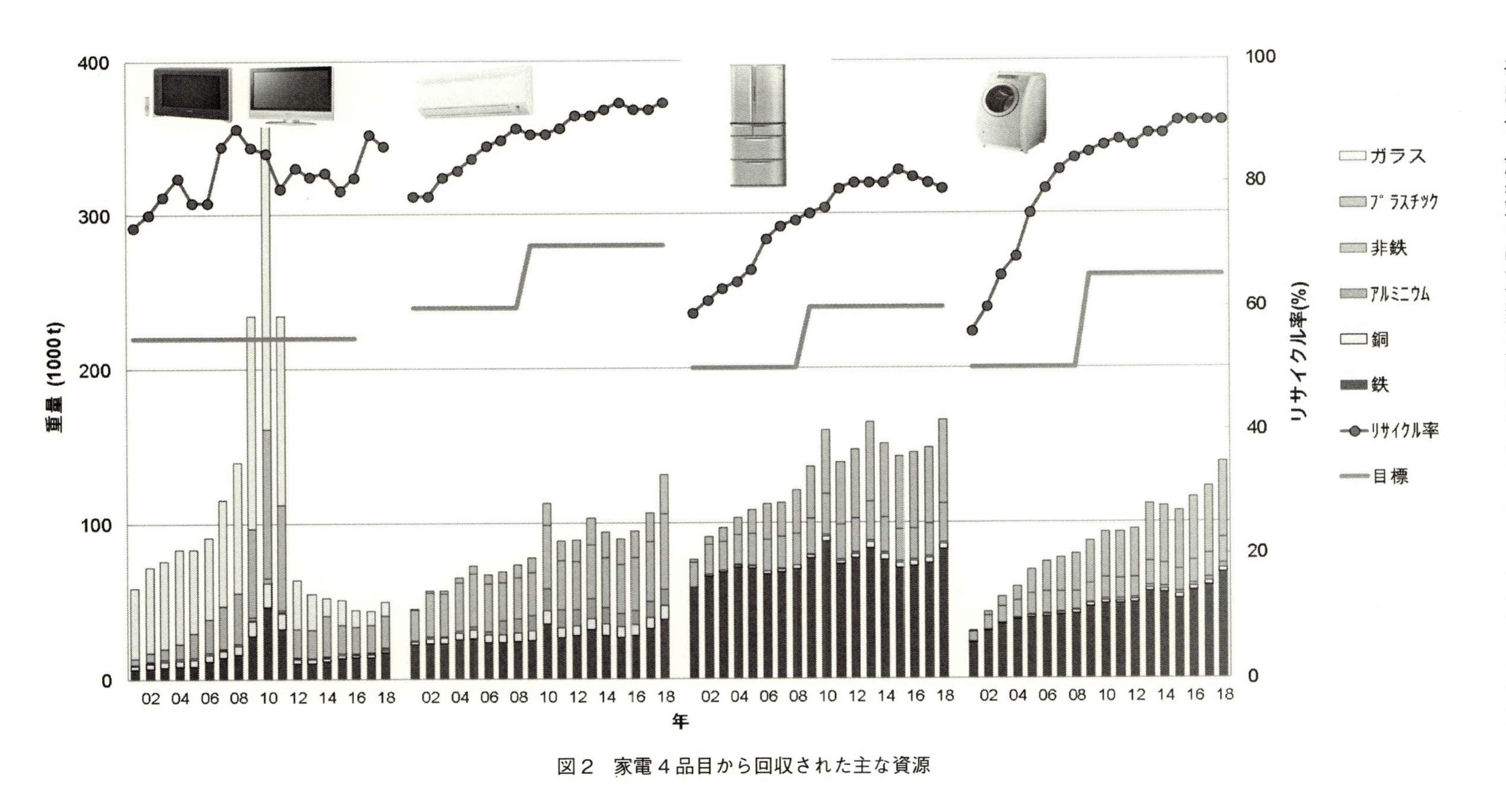

図2　家電4品目から回収された主な資源

一方，小型家電リサイクルは自己採算性でこれまでは金などの貴金属や銅などのベースメタルの回収が主で，プラスチック製の部品は小さく種類が多いためにほとんどリサイクルされていない。使用済み電気電子機器からの資源回収では主に手作業で解体し，電子基板は非鉄精錬会社へ送り筐体はマテリアルリサイクルされ，残りは粉砕され選別機を用いて金属やプラスチックが回収されている。手作業で回収されたプラスチックは比較的品質が高くマテリアルリサイクルに適しているが，粉砕後に回収されたプラスチックの品質は低い。各種のセンサーを用いてベルトコンベア上を流れる試料から目的の素材を回収するソーティング装置の性能は電子技術やセンサー技術の進歩によって飛躍的に向上しており，粉砕後に回収されるプラスチックが有効利用される割合は今後高くなると期待されている。

電子基板から金属だけを回収するのではなく，基板に使用されているプラスチックを化学原料あるいはエネルギー資源として利用する試みが多く行われている[6)]。これらのプラスチックには難燃性や耐熱性を高めるために臭素系難燃剤が添加されており，熱分解で生成する液体生成物や残渣には多くの有害なハロゲン化合物が残留し，これらのプラスチックのリサイクルを困難にしている大きな原因の一つとなっている。本稿では，電気電子機器に使用されているプラスチックを化学原料あるいはエネルギー資源に転換する最新の技術を紹介する。

2　電子機器に使用されている筐体や絶縁材の熱分解

電気電子機器には筐体として耐衝撃ポリスチレン（HIPS），アクリルニトリル・ブタジエン・スチレン共重合体（ABS），ポリカーボネート（PC），ポリプロピレン（PP）[7)]，電気基板としてエポキシ樹脂やフェノール樹脂，電線の絶縁材としてはポリ塩化ビニル（PVC）が多く使用されている。HIPSやPPなどのポリオレフィンの熱分解ではまず初めに主鎖の炭素-炭素結合が切断されラジカルが発生する。主鎖の炭素-炭素結合の強さはほぼ等しく[8)]，長い主鎖のどこで開始反応が起きるかは全くランダムである[9)]。ラジカルの連鎖移動，分解，停止は分子構造に依存するため，プラスチックの分子構造によって分解速度や生成物分布は大きく異なる。HIPSを加熱すると350℃付近から分解が始まり，主鎖が開裂して生じるラジカルは比較的安定なためにラジカルのβ位の分解によるスチレンの収率が高く[10)]，次いでトルエン，エチルベンゼンが主に生成する。ABSを加熱すると同様に350℃付近から熱分解が始まり410℃で分解速度が最大となり，スチレン，トルエン，クメン，エチレンベンゼンが主に生成される。含窒素化合物としては，各種のシアン化アルキルあるいはシアン化ベンゼンの生成が報告されている[11)]。

電気電子機器には，テトラブロモビスフェノールA（TBBA）やデカブロモジフェニルエーテル（deca-Br-DPE）などの臭素系難燃剤が筐体や基板に多く利用されている（図3）。臭素系難燃剤は母材の分解温度の少し低温側で分解し臭素ラジカルを放出することによって母材の分解を防ぐ役割を担っている（図4）。また酸化アンチモンを難燃助剤として添加すると母材の分解温度よりも50℃程低温側で酸化アンチモンが臭化アンチモンへ変化し，その際に母材の分解を誘

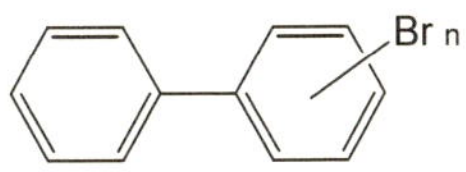

(1) poly-Br-DP(～85%)

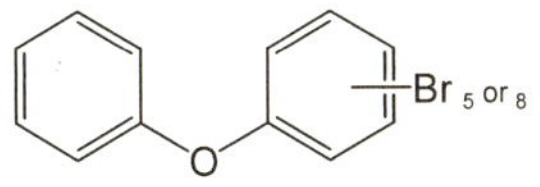

(2,1) penta-Br-DPE(71%)
octa-Br-DPE(80%)

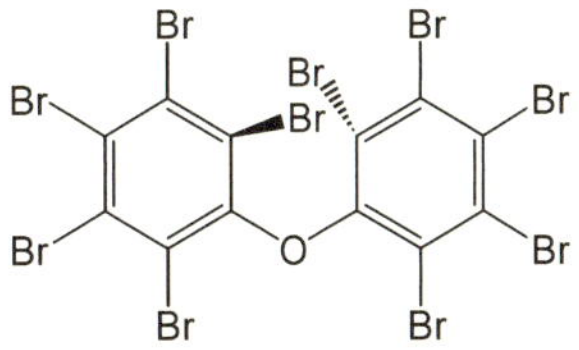

(2,2) deca-Br-DPE(83%)

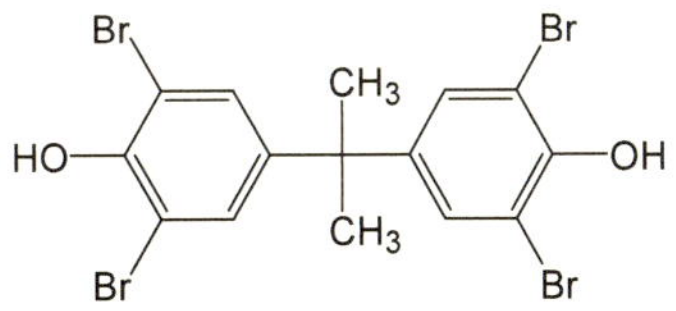

(3) TBBA（59%）

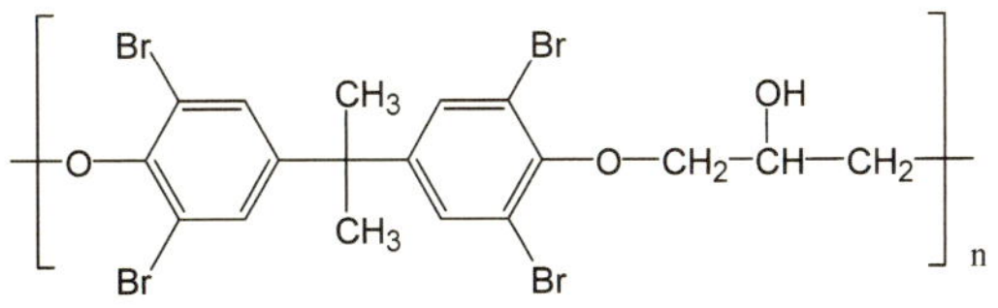

(4) TBBA オリゴマー（53%）

図3　主な臭素系難燃剤の構造

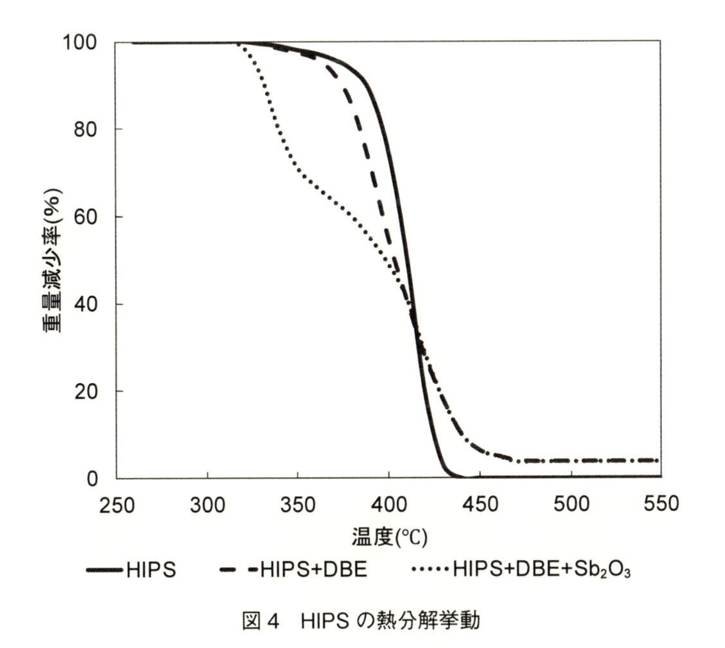

図4　HIPSの熱分解挙動

発し[12]て液体生成物の収率が若干増加することが報告されている[13]。臭素系難燃剤が添加されたABSやHIPSの熱分解では，臭化フェノールなどの有機臭素化合物と無機の臭化水素が主に生成し，水酸化ナトリウムや炭酸ナトリウムなどのアルカリ化合物を添加すると臭素濃度が低減化されることは良く知られている。ZSM-5などの固体酸触媒はプラスチックの分解に有効で，特に鉄などを修飾したHZSM-5は有機臭素化合物の分解を促進した[14]。

電線の絶縁材として利用されているポリ塩化ビニルを加熱すると250℃付近で塩化水素が逐次的に脱離し，主鎖上に一重結合と二重結合が交互に存在するポリエン鎖が成長する。ポリ塩化ビニルの塩素の大部分は塩化水素として脱離するが，一部はポリエン鎖中に残留する。ポリエン鎖は化学的に不安定なため，速やかに安定なベンゼンやナフタレンなどの芳香族化合物へ転換する[15]。

3　エポキシ基板の熱分解

エポキシ樹脂は，分子内に2個以上のエポキシ基を有する原料を硬化剤で架橋した熱硬化性樹脂で，ビスフェノールA骨格を有する原料とポリアミンあるいは酸無水化物などの硬化剤を組み合わせたものが工業的に最も多く生産されている。エポキシ樹脂などの熱硬化性樹脂は，三次元の網目構造を有するために加熱しても低分子化せず，耐熱性が高く電気伝導性が低いなどの優れた性質を有するためにプリント基板や電子素子の封止材に多用されている。エポキシ基板を加熱すると300℃付近でエポキシ樹脂の熱分解が始まり（図5），フェノール化合物やフラン化合物を含む液体生成物が得られることが知られている[16]。エポキシ板を下段の反応器に投入して500℃で熱分解し，揮発成分を400～600℃に加熱した上段の反応器でさらに分解させる2段反応器を用いた場合，オイル，固体残渣，水性生成物，重質タール，ガスなどが生成し，オイル収率は500℃で最大となった[17]。

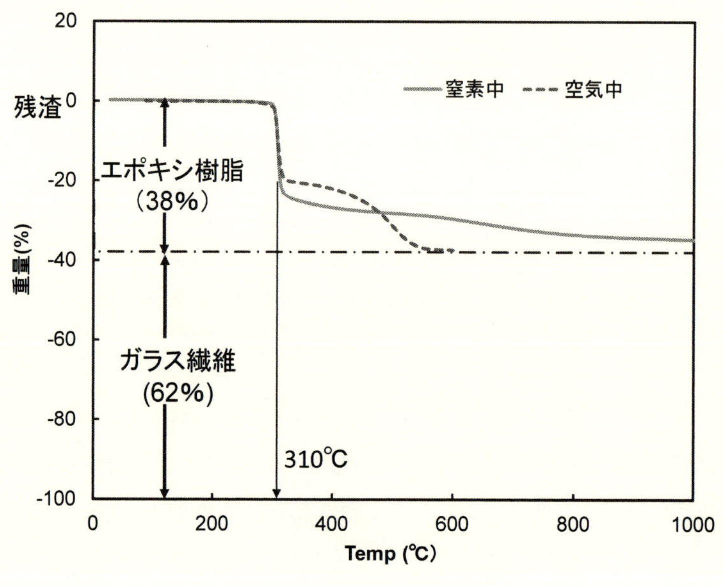

図5　エポキシ基板の熱分解

熱力学的な平衡計算から塩化鉄や臭化鉄は500℃以下の低温域では比較的安定で，500℃以上では酸化鉄や酸化第二鉄になると推算され，鉄は臭素の捕集剤として使用することができると考えられる（図6）。鉄粉（50g）を二段反応器の上部に充填させた場合，反応温度450℃で有機物の分解が促進されオイル収率は最大となり，水性生成物，重質タールの収率は低下した。オイル中の主成分はフェノールで，その他にクレゾール，イソプロピルフェノールなどのクレゾール誘導体およびベンゼンやトルエンなどの芳香族化合物が検出された。液体生成物の組成に対する鉄粉の影響は顕著ではないが，HSM-5を用いるとBTXなどの芳香族化合物の収率が増加した[18)]。

エポキシ基板を500℃で熱分解した場合，臭素化合物として臭化水素の収率が最も大きく，次いで臭化フェノール誘導体が多く検出された。鉄粉を添加すると臭化鉄が多く生成しオイル状の有機臭素化合物の分解が促進され，水蒸気を導入するとさらに分解が加速された（図7）[19)]。臭素化されたエポキシ樹脂の熱分解は，C-C結合の開裂による分解反応とC-Br結合の開裂による

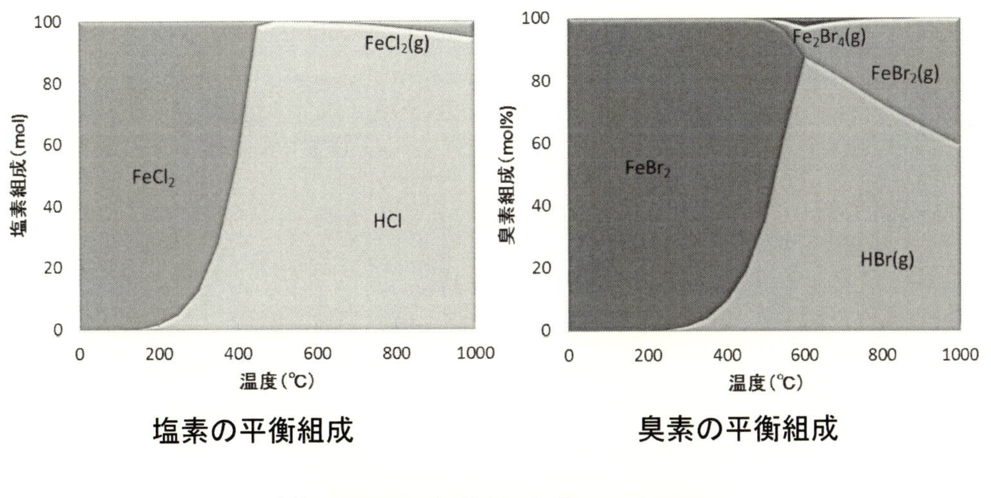

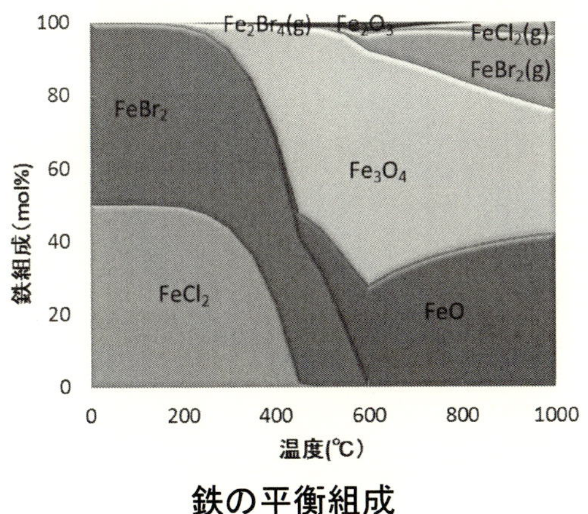

図6　塩化鉄および臭化鉄の平衡組成

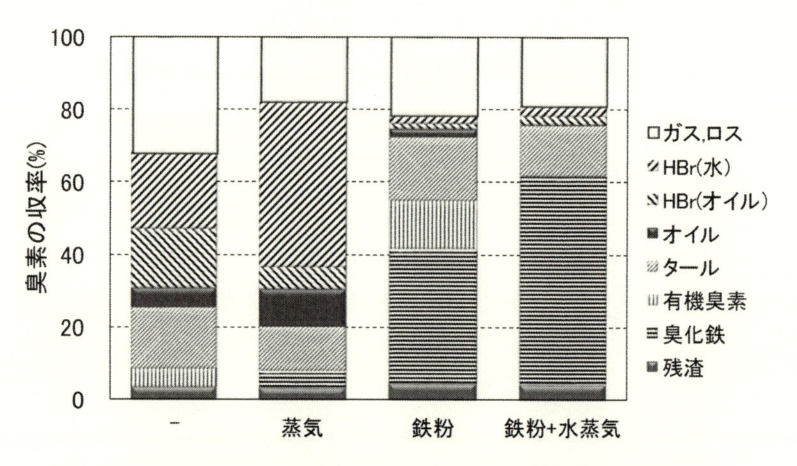

図７　エポキシ基板の熱分解生成物中に含まれる臭素化合物の収率および鉄・水蒸気の添加効果（500℃）

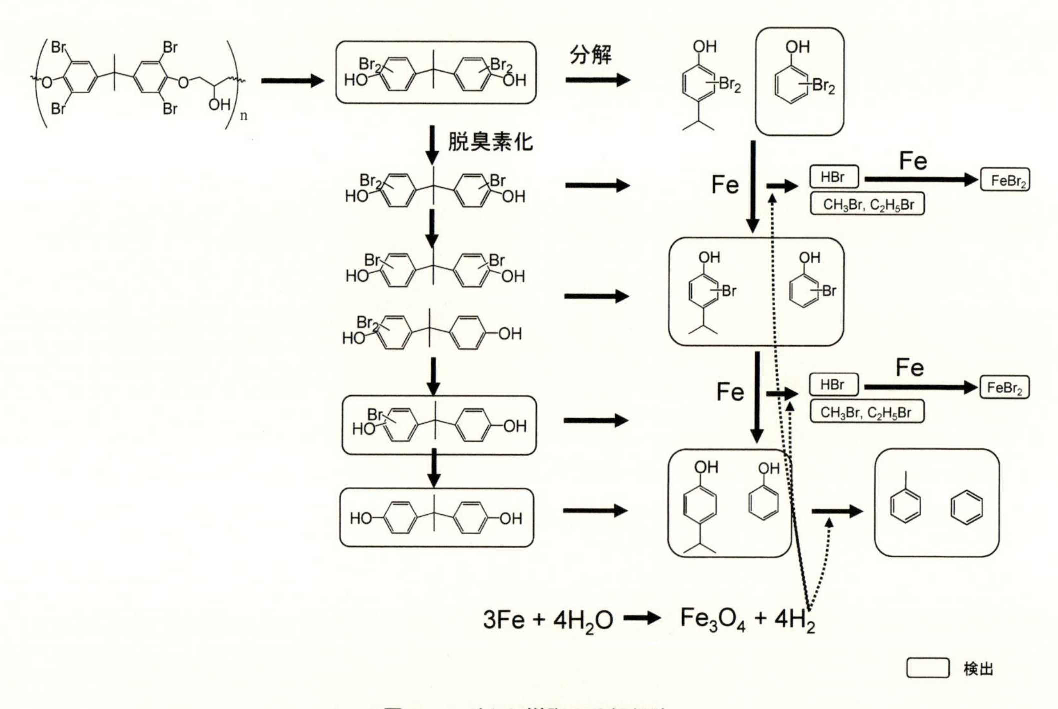

図８　エポキシ樹脂の分解経路

脱臭素化反応が並発していると考えられる（図８)。本反応条件下では鉄は水蒸気によって酸化され多くの水素が発生し，この水素が脱ヒドロキシル化反応および脱臭素化反応を促進したと考えられる。使用済み電子機器に含まれる鉄は，従来の銅精錬ではスラグとなって廃棄されていたが，本研究により安価で効果的な臭素捕集剤および水素化脱臭素に必要な水素の発生剤として利用できることが明らかになった。

4　水蒸気ガス化による電子基板の再資源化

筐体などに使用されているHIPSなどの熱可塑性樹脂は比較的熱分解し易く，生成物を化学原材料あるいはエネルギー資源として利用することは工業的な視点からも実用化可能である。一方，電子基板はエポキシ樹脂やフェノール樹脂などの熱硬化性樹脂で熱分解し難く，しかも生成物は臭素系難燃剤に起因する臭素などを含むクレゾール誘導体の混合物であり，化学原料あるいはエネルギー資源として利用することは困難な場合が多い。

ガス化法はいったん熱分解して得られた揮発成分や残渣を水蒸気や二酸化炭素などのガス化剤と反応させ，ほぼ全ての有機物を気体あるいは液体生成物へ転換するプロセスであり，石炭やバイオマスなど多くの有機資源に適用することができる。この優れた特徴を活かして廃電子機器から金属や有機物を効率的に回収するプロセスが提案されている[20]。しかしガス化は吸熱反応であるために通常1,000℃以上の高温で運転する必要があり，処理量の少ない使用済み電気電子機器の処理には不適とされてきた。炭酸塩は安価で，石炭[21]，バイオマス[22]，ビチューメン[23,24]などの重質炭化水素のガス化反応を促進するため，触媒や熱浴媒体として長く研究されてきた[25]。溶融炭酸塩を利用すると700℃程度の比較的低い温度でガス化処理できるので，小型のガス化装置で課題となる放熱によるエネルギーロスが少なく経済性が高い。また炭酸塩共存下では有害な臭素や塩素は無害で安定な無機塩素として回収され，固体残渣にハロゲン化合物はほとんど残留せず，生成した水素は比較的クリーンであり燃料電池のエネルギー源として利用できる。さらに反応系内は還元雰囲気であるために回収された金属はスラグ化し難く，有害で揮発性の高い金属塩化物の生成も抑制できる。

炭酸リチウム，炭酸ナトリウム，炭酸カリウムの融点はそれぞれ726℃，858℃，898℃であるが，3種混合炭酸塩の融点は400℃近くまで低下する。炭酸カリウムと炭酸リチウムの混合系では，炭酸カリウム濃度が増加するに従って水蒸気ガス化反応は直線的に大きくなり，水蒸気ガス化反応に対してカリウムの促進効果は顕著である。炭酸ナトリウムと炭酸リチウムあるいは炭酸ナトリウムと炭酸カリウムの2成分系では，水蒸気ガス化反応速度は炭酸塩の組成に対して極大値を持ち，カリウム濃度と共に混合炭酸塩の融点が重要な因子であることが示唆された（図9）。炭酸リチウム，炭酸ナトリウムおよび炭酸カリウムの3種の混合炭酸塩を用いた場合，ガス化反応速度は水蒸気分圧に対してほぼ直線的に増加した[26]。溶融混合炭酸塩に投入されたプラスチックはいったん表面で熱分解され，次にチャーに浸入した溶融混合炭酸塩を触媒としてチャーと水蒸気が反応して水素と二酸化炭素が生成される。水素はそのまま生成物として系外に流出されるが，二酸化炭素はいったん炭酸塩に取り込まれ暫時排出される（図10）。粒子径の異なるフェノール樹脂を用いた実験から，ガス化反応速度は粒子径が大きい場合には縮小コアモデルで，粒子径が一定値以下では体積モデルで良く説明でき，チャー内部へ溶融混合炭酸塩が含浸して粒子径が十分小さい場合には外表面だけでなく内部でもガス化反応が起きていると考えられる[27]。また粉砕した基板などに含まれている粉末状のニッケルは，溶融塩中で水蒸気ガス化反応の触媒となることも確認された[28]。

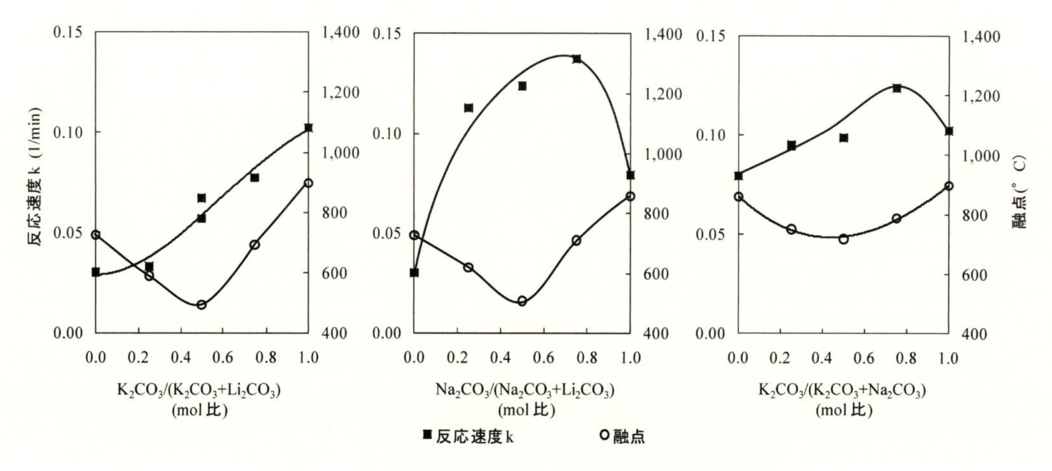

図9　ガス化反応速度に対する混合炭酸塩組成の影響

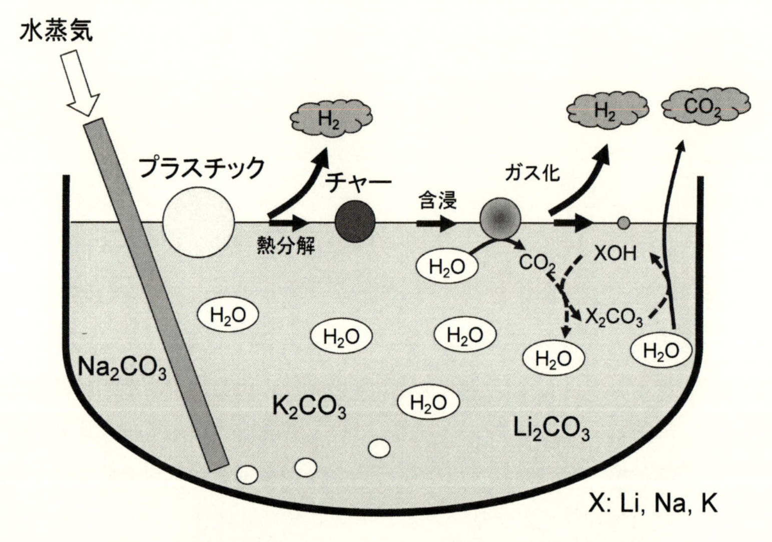

図10　混合炭酸塩共存下における水蒸気ガス化の反応機構

5　さいごに

使用済み電気電子機器からの資源回収では，これまで主に貴金属やベースメタルの回収に主眼が置かれてきた。最近のセンサー技術の急速な進歩に伴ってソーティング装置の性能が飛躍的に高まっており，これまで困難であった金属とプラスチックとの混合物から有用なプラスチックを高純度で回収することも近い将来可能になると期待されている。一方，複合材料や劣化したプラスチックに対しては，熱分解あるいは水蒸気ガス化してプラスチックを化学原料あるいはエネルギー資源に転換する技術開発も不可欠である。特に電気電子機器には有害な臭素や塩素が多く含まれており，これらの無害化あるいは循環利用技術を開発することは持続可能な社会を実現させるために重要である。

謝辞

本稿に示したデータの一部は，石油天然ガス・金属鉱物資源機構の支援で実施した研究から得られたものです。

文　献

1) F. Cucchiella, I. D'Adamo, S. L. Koh, P. Rosa, Recycling of WEEEs : an economic assessment of present and future e-waste streams, *Renew. Sustain. Energy Rev.*, **51**, 263-272 (2015)
2) T. Shiratori, T. Nakamura, *Journal of MMIJ*, **123**, 171-178 (2007)
3) 財団法人家電製品協会ホームページ，http://www.aeha.or.jp/
4) 貴田晶子，白波瀬朋子，川口光夫，廃棄物資源循環学会誌，**20** (2), 59-69 (2009)
5) 白波瀬朋子，貴田晶子，廃棄物資源循環学会誌，**20** (4), 217-230 (2009)
6) C. Ma, J. Yu, B. Wang, Z. Song, J. Xiang, S. Hu, S. Su, L. Sun, *Renewable and Sustainable Energy Reviews*, **61**, 433-450 (2016)
7) X. Yang, L. Sun, J. Xiang, S. Hu, S. Su, *Waste Management*, **33**, 462-473 (2013)
8) S. W. Benson, "Thermochemical Kinetics, 2nd Ed.", John Wiley & Sons Inc., New York (1976)
9) 岡村誠三，山岡仁史，辻孝三，「ポリマーの分解」，化学同人 (1974)
10) 村田勝英，牧野忠彦，日化誌，(7), 1241 (1975)
11) T. Bhaskar, K. Murai, T. Matsui, M. A. Brebu, Md. A. Uddin, A. Muto,Y. Sakata, K. Murata, *J. Anal. Appl. Pyrolysis*, **70**, 369-381 (2003)
12) G. Grause, J. Ishibashi, T. Kameda, T. Bhaskar, T. Yoshioka, *Polymer Degradation and Stability*, **95**, 1129-1137 (2010)

13) T. Bhask, T. Matsui, M. A. Uddin, J. Kaneko, A. Muto, Y. Sakata, *Appl. Catal. B: Environ.*, **43**, 229–41 (2003)

14) C. Ma, J. Yu, T. Chen, Q. Yan, Z. Song, B. Wang, L. Sun, *Fuel*, **15**, 390–396 (2018)

15) R. Miranda, J. Yang, C. Roy, C. Vasile, *Polym. Degrad. Stab.*, **64**, 127–144 (1999)

16) W. J. Hall, P . T. Williams, Separation and recovery of materials from scrap printed circuit boards, *Resour. Conserv. Recycl.*, **51**, 691–709 (2007)

17) C. Ma, T. Kamo, *J. Anal. Appl. Pyrolysis*, **134**, 614–620 (2018)

18) C. Ma, T. Kamo, *J. Anal. Appl. Pyrolysis*, **138**, 170–177 (2019)

19) C. Ma, T. Kamo, *J. Hazard Mater.*, **379**, (2019) in Press

20) A. Gurgul, W. Szczepaniak, M. Zabłocka–Malick, *Science of the Total Environment*, **624**, 1119–1124 (2018)

21) N. C. Nahas, Exxon catalytic coal gasification process, *Fuel*, **62**, 239–241 (1983)

22) M. Kajita, T. Kimura, K. Norinaga, C. Z. Li, J. Hayashi, *Energy Fuels*, **24**, 108–116 (2010)

23) E. Kikuchi, H. Adachi, T. Momoki, M. Hirose, Y. Morita, *Fuel*, **62**, 226–230 (1983)

24) A. Karimi, M. R. Gray, *Fuel*, **90**, 120–125 (2011)

25) D. W. McKee, *Fuel*, **62**, 170–175 (1983)

26) T. Kamo, B. Wu, Y. Egami, H. Yasuda, and H. Nakagome, *J. Mater. Cycles Waste Manag.*, **13** (1), 50–55 (2011)

27) S. Zhang, K. Yoshikawa, H. Nakagome, T. Kamo, *Appl. Energy*, **101**, 815–821 (2012)

28) J. A. Salbidegoitia, E. G. Fuentes–Ordóñez, M. P. González–Marcos, J. R. González–Velasco, T. Kamo, *Fuel Processing Technology*, **133**, 69–74 (2015)

第24章　コークス炉化学原料化法によるプラスチックリサイクル

井口雅夫*

1　はじめに

今日，資源循環型社会の構築が盛んに議論されているが，その中でも特に，廃プラスチックの排出量とその処分方法が大きな問題となっている。図1に示すように，1990年代の後半以降，我が国のプラスチックの排出量は約1,000万トンで推移しており，産業系廃プラスチック（プラスチックの製造や加工，流通段階などで排出される廃プラスチック），一般系廃プラスチック（家庭から排出される廃プラスチック）ともに約500万トンずつを占めている。

その処方法は，1999年時点で，図2に示すように，焼却と埋め立てがあわせて50%以上を占め，有効利用されているのは半分にも満たない状況であった。さらに，一般系廃プラスチックの約7割を容器包装系プラスチックが占めており（図3），当時は大部分が焼却や埋め立て処分されており，その有効活用が自治体の焼却能力の問題や逼迫する埋め立て処分場の確保などの面からも大きな問題となっていた。このような廃プラスチックの処分問題を解決するために，容器包

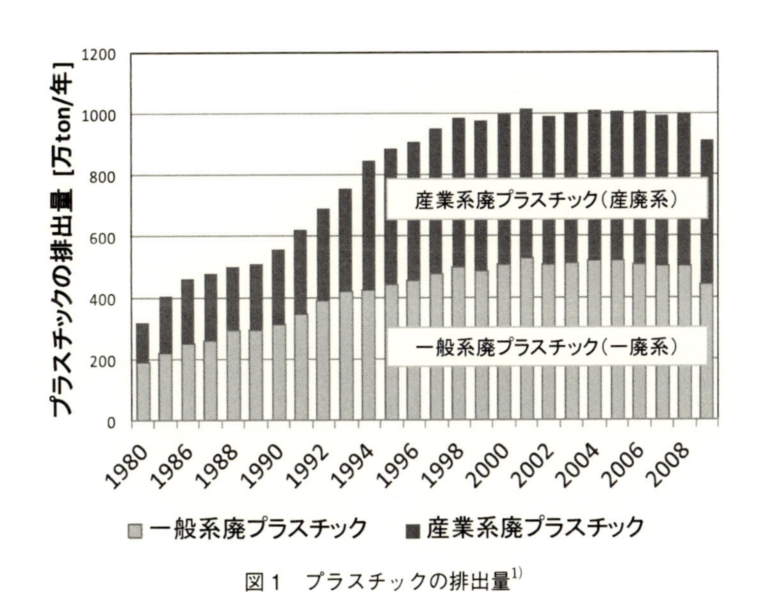

図1　プラスチックの排出量[1)]

* Masao Iguchi　日本製鉄㈱　技術総括部　資源化推進室　室長

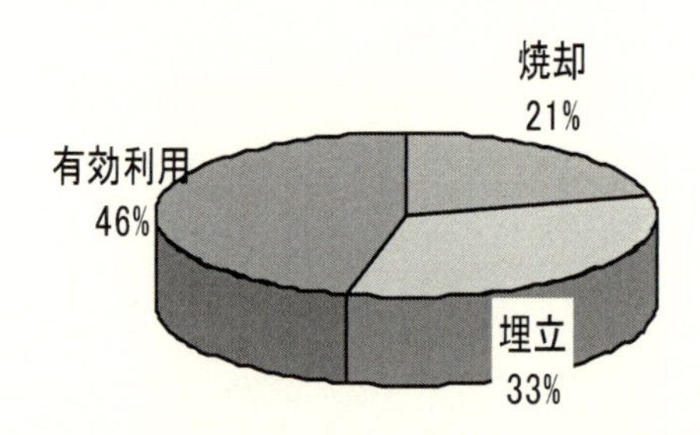

図２　廃プラスチックの処分方法（1999 年）

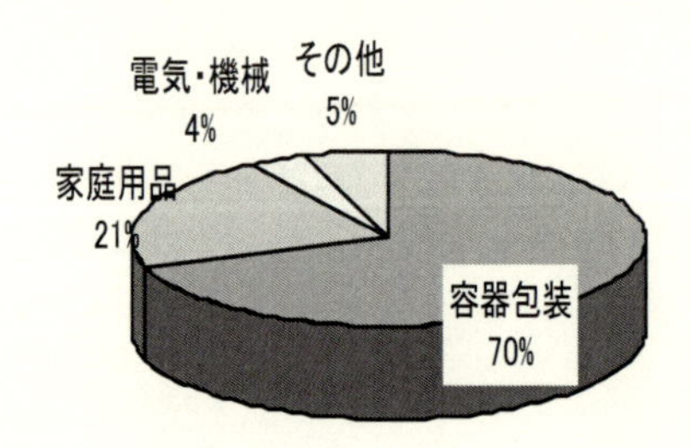

図３　一般系廃プラスチックの内訳（1999 年）

菓子やパンなどの袋／トレイのラップ
納豆などのパックフィルム

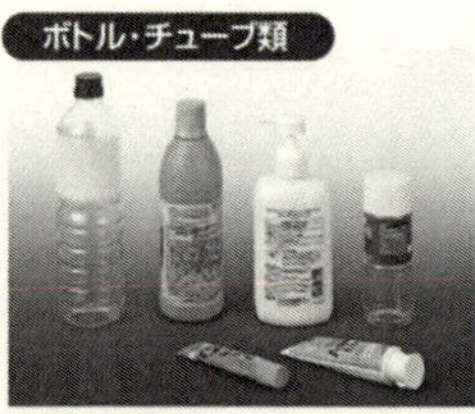

洗剤などの容器／シャンプーなどの容器
練りワサビなどの容器

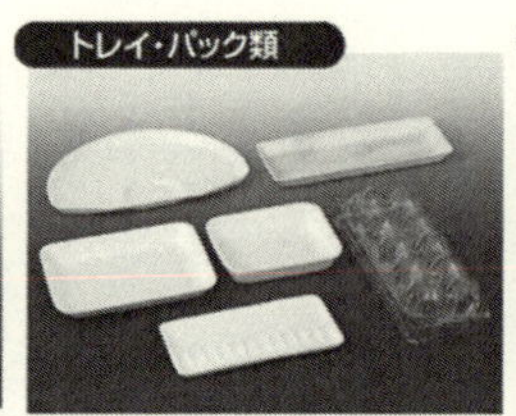

発泡トレイ／卵などのパック

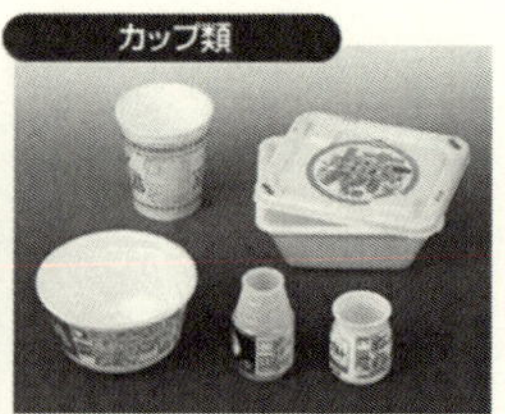

カップ麺の容器／プリンなどの容器

図４　容器包装プラスチックの一例

装リサイクル法が制定され，2000 年 4 月に完全施行された。同年度よりコークス炉化学原料化法による容器包装系プラスチックのリサイクルも開始した。なお，容器包装プラスチックリサイクルに参加している市町村の比率は，2017 年度で 63%であり，今後の収集量拡大が期待できる。

容器包装プラスチックの一例を図 4 に示す。食品などを衛生的に保存し，運搬効率をよくするために様々なプラスチック組成が何層にも複合的に使われているのが特徴である。プラスチック製容器は可塑剤や着色材などを含めれば数百種類のプラスチック材料で構成されており，鉄やアルミニウムや PET のように単一素材の分別収集を前提としたマテリアルリサイクル（素材循環するリサイクル）では，分別収集した廃プラスチック原料の半分以上が産業廃棄物として処分されるが，コークス炉化学原料化法は，水分や異物（金属類）などを除いて 100%が工業用の炭化水素原燃料として再利用される。

2　コークス炉化学原料化法の概要

図5にコークス炉化学原料化法の概要を示す。コークス炉化学原料化法は，プラスチックをコークス炉にて炭化水素油，コークス，コークス炉ガスへ原燃料化する手法である。

処理工程は事前処理工程と熱分解事前処理に分かれている。事前処理工程はベール状で搬入されたプラスチックをコークス炉へ装入可能な品質，形状にするために異物除去，破砕，および，減容成型し，プラスチックを造粒化する。熱分解工程は，造粒化されたプラスチックと石炭を混合してコークス炉に装入し，無酸素状態で加熱し，プラスチックを熱分解する。コークス炉で熱分解されたプラスチックは，40％が炭化水素油，40％がコークス炉ガス，20％がコークスとなり，全量を有効利用できる。

3　コークス炉の概要と特徴（石炭の熱分解）[1)]

コークス炉とは，高炉で使用される鉄鉱石の還元材となる圧潰強度の高い高品質のコークスを製造するための設備である。日本国内のコークス炉はそのほとんどが鉄鋼業向けで，年間に乾留される石炭の総量は，約5,000万トン／年である。ちなみに，廃プラスチックを日本国内のコークス炉に1～2％添加すると，廃プラスチック50～100万トン／年を利用することができる。

室炉式のコークス炉（図5）では炭化室に装入された石炭は密閉され，無酸素状態で乾留される。熱源は隣接する燃焼室で炉壁煉瓦を通して炭化室の両側から加熱される。加熱初期では炉壁面に近い部分の石炭は急速に乾留されてコークスとなり，その中心寄りには半溶融状態の軟化溶融層が存在し，その内部には粉炭のままの石炭がある（図6）。加熱後期では炭化室中央部までコークスとなり，1,000℃に達する（図7）。

発生ガスやタール（油分）は主としてコークス層と炉壁空間を通って熱分解を受けながら炉頂空間に達し，ドライメーン（ガス集合ヘッダー）を経て，ガス精製設備に導かれる。

一般的に，石炭中には炭素（C；87％）だけではなく，水素（H；5％），酸素（O；6％），窒素（N；2％）の成分が含有されている。これらは，コークス炉内にて高温乾留されて，コークス（固体），コークス炉ガス［COG］（気体），タール軽質油など（液体）の三相に物質転換される。さらに，窒素（N）を含有しているために，アンモニア（NH_3）が気相中に含まれる。

図8にコークス炉の製鉄所での役割を示すが，高炉の還元材としてのコークスを製造するだけでなく，高効率発電用のガス供給や，タール・軽油などのプラスチック化学原料などを製造する総合的な天然資源の高効率活用設備である。

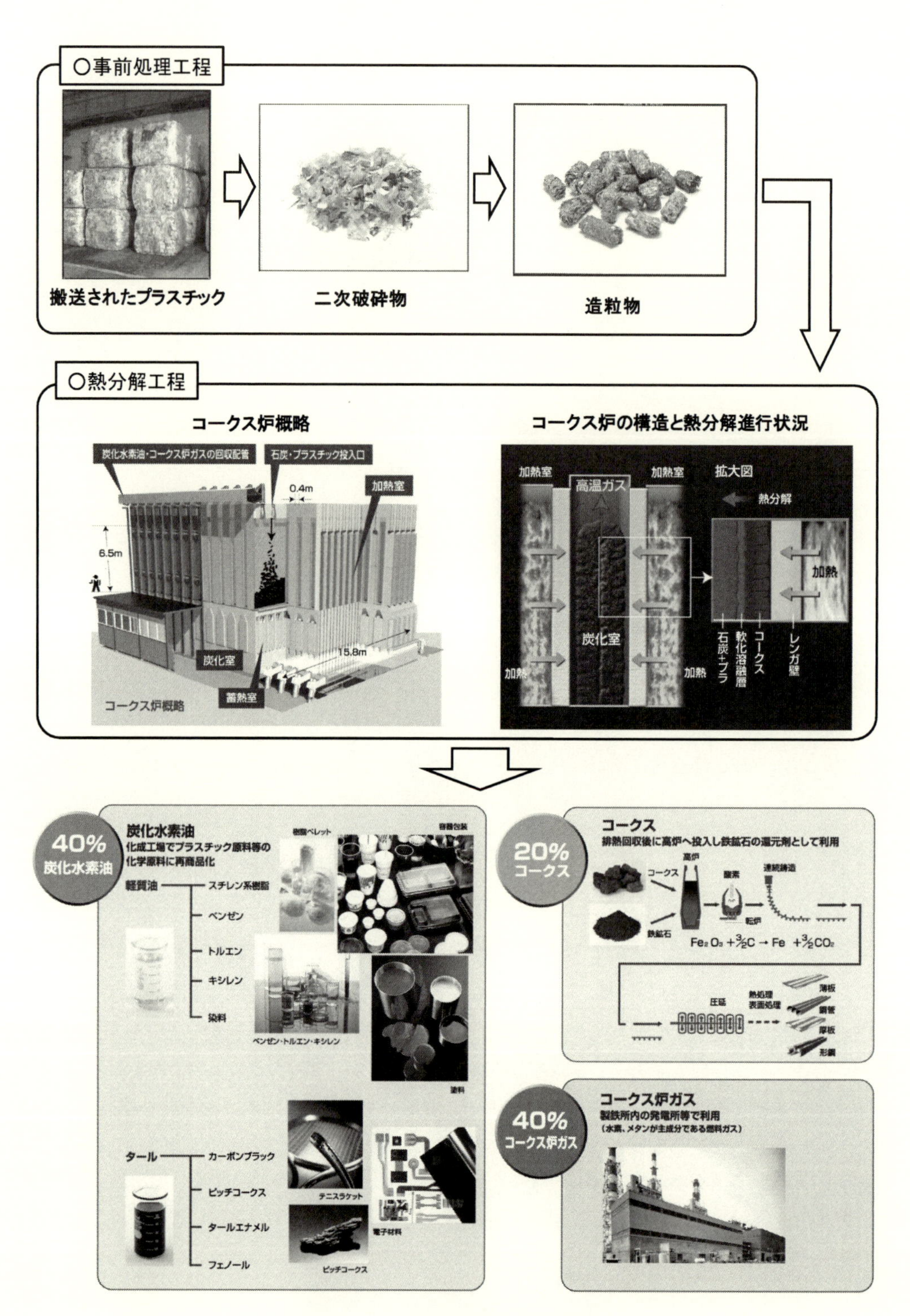

図5　コークス炉化学原料化法の概要

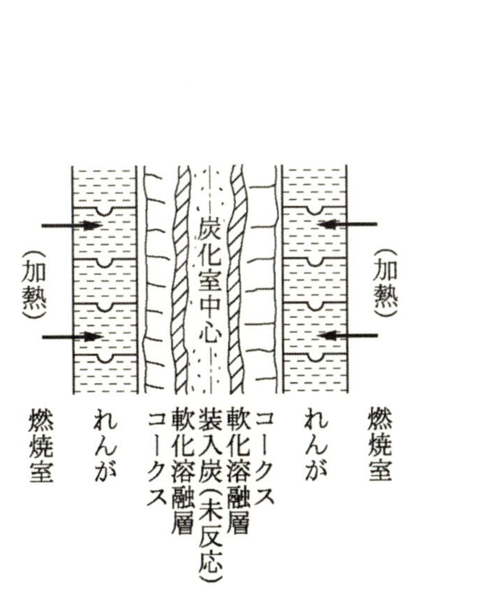

図6　乾留初期の炭化室内の状態

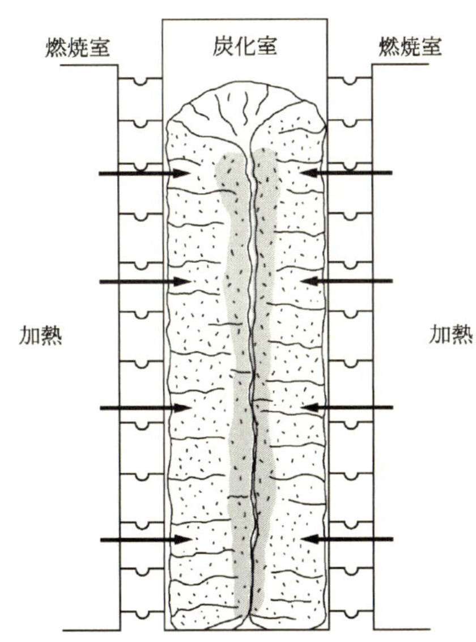

図7　乾留後の炭化室内の状況

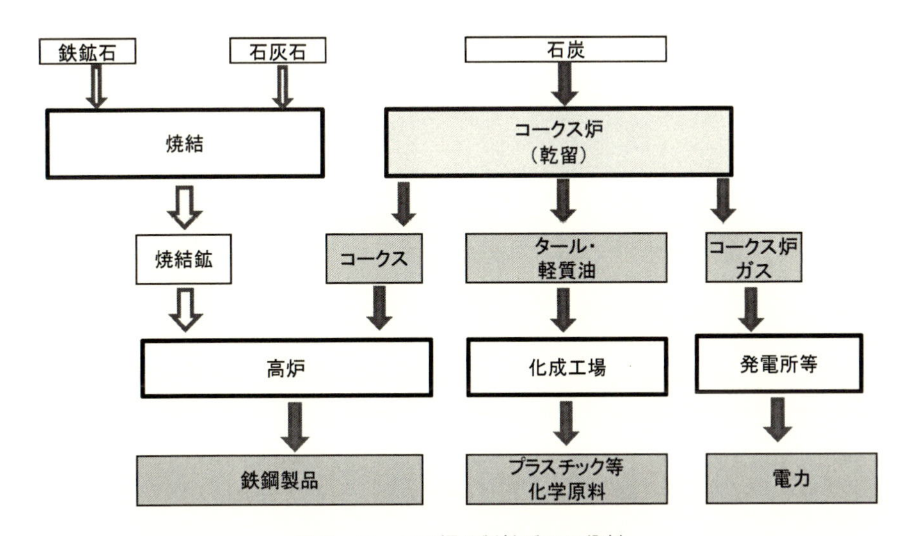

図8　コークス炉の製鉄所での役割

4　プラスチックの熱分解挙動[2〜13)]

4.1　プラスチックの熱分解挙動

家庭から排出される一般系廃プラスチックのうち，容器包装プラスチックの組成の一例を図9に示す。容器包装プラスチックでは，ポリプロピレン（PP），ポリエチレン（PE），ポリスチレン（PS），ポリエチレンテレフタレート（PET），ポリ塩化ビニル（PVC）などの様々な組成が混在する。PVC は 56.8%の塩素を含んでいるため，容器包装プラスチックには数%の塩素分が含まれる。

各種のプラスチックを熱天秤により，窒素中で加熱した場合の重量減少曲線を図 10 に示す。一般的な廃プラスチックは約 200℃～450℃でガス化し，約 500℃以上では残渣として炭化物（固体）が生成する。プラスチックの原料は石油で，主として炭素と水素から成る高分子化合物であるが，様々な材料機能要求から多様な化学成分が含まれている。それぞれの元素間の結合乖離エネルギーにより，特徴的な熱分解パターンを持っている。粒状化処理した廃プラスチックを石炭とともにコークス炉の炭化室に投入すると炭化室中央部は 12～13 時間後の石炭乾留中期には全域が 550℃以上となるためプラスチックのガス化成分はすべて熱分解される。さらに石炭乾留終了温度の 1,000℃では有機化学系物質は存在し得ないので有機系有害物質の残留は見られない。

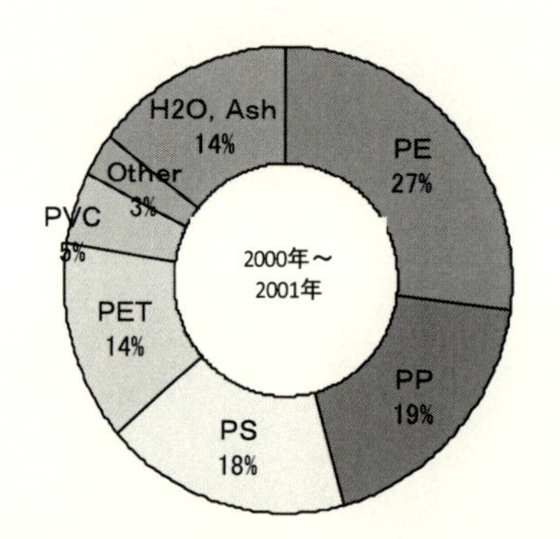

PE：ポリエチレン
PP：ポリプロピレン
PS：ポリスチレン
PET：ポリエチレンテレフタレート
PVC：ポリ塩化ビニル
Ash：灰分

図９　容器包装プラスチックの組成の一例（プラスチック処理促進協会）

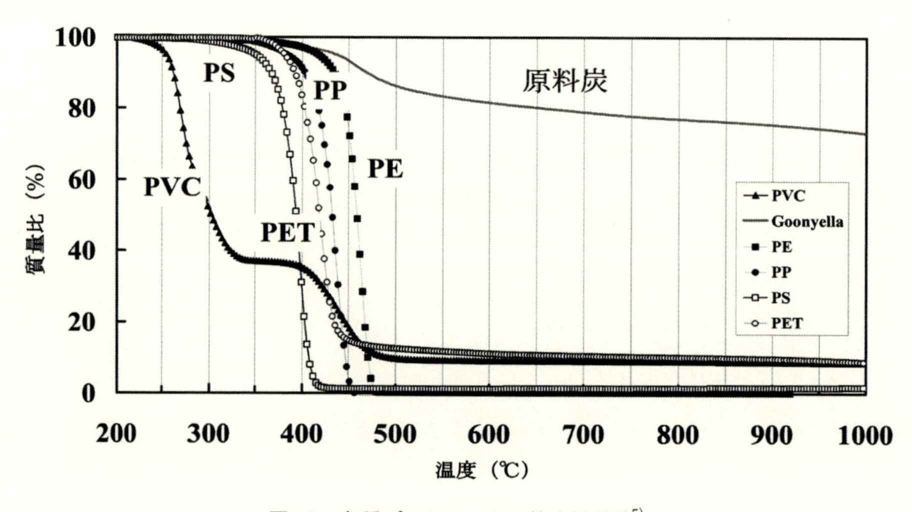

図 10　各種プラスチックの熱分解挙動[5)]

4.2　プラスチックの歩留まり

図11-aに示すラボ実験炉を用いた，各種の単体プラスチックを乾留した場合の各生成物への歩留評価結果を示す。図11-bに示すように，脂肪族系のポリエチレン（PE）はガス収率が約60%と高く，タール・軽質油分（液体）の収率が約30%と低い。これに対して，芳香族系のポリスチレン（PS）はガス収率が約15%と低く，タール・軽質油分（液体）の収率が約65%と高い。また，PVCはタール・軽質油分（液体）の歩留が約4%と低い。このように，容器包装プラスチックは様々な種類のプラスチックを含有しているために，その組成によって熱分解後に生成される三相（ガス，液体，固体）の割合も大きく異なる。

次に，実際の容器包装プラスチックを使用した実炉試験による乾留歩留を示す。実炉試験で使用した容器包装プラスチックの組成および元素分析値を表1，2に各々示す。容器包装プラスチックの添加率は石炭に対して1～2%とした。

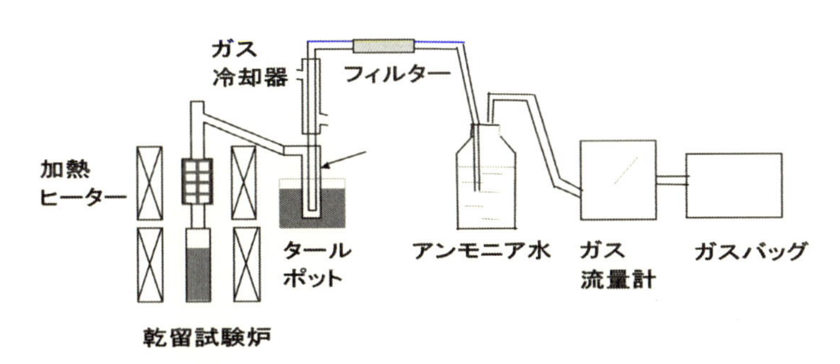

図11-a　乾留実験装置

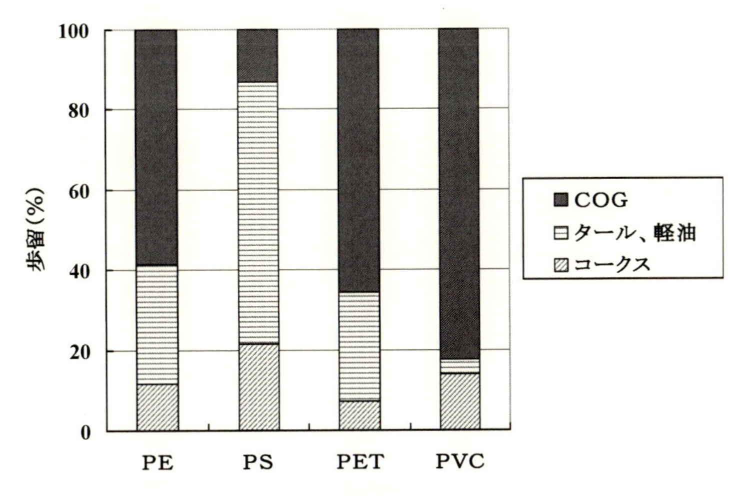

図11-b　プラスチックの乾留実験による物質転換収率

表1　容器包装プラスチックの組成分析

PE	PS	PP	PVC	PVDC	PET	その他
21.4	24.8	13.7	5.2	0.4	15.5	19

表2　容器包装プラスチックの元素分析

C	H	N	S	Ash	Cl
72.6	9.2	0.3	0.04	5	2.8

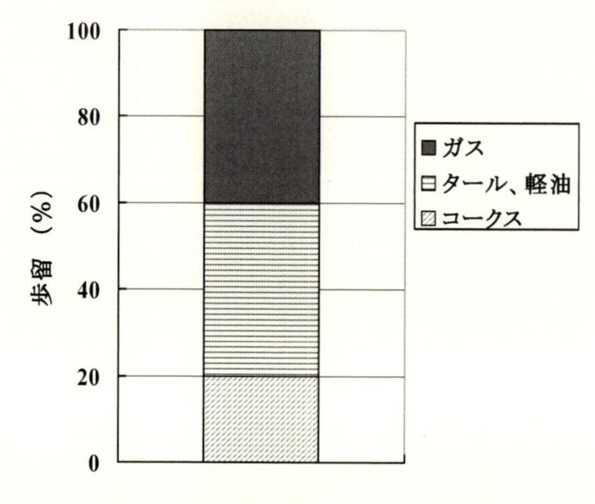

図12　容器包装プラスチックの乾留歩留
（実炉試験）

容器包装プラスチックをコークス炉で乾留した場合の乾留歩留を図12に示す。コークス約20%，タール・軽油約40%，ガス約40%であり，これら容器包装プラスチック由来のコークスは高炉における鉄鉱石の還元材として，タール，軽油などの油分はプラスチックなどの原料として，ガス（水素リッチガス）はクリーンエネルギーとして発電所などで，全量有効利用可能である[2)]。一方，容器包装プラスチックには，表2に示すように，PVC，PVDC（ポリ塩化ビニリデン）由来の塩素が数%含まれている。

4.3　廃プラスチック処理の課題と対応

容器包装プラスチックをコークス炉で継続的に処理するためには，コークス炉における廃プラスチック中の塩素成分の挙動を把握し，その設備系への影響（耐火物や配管，構造物への影響），タールなどの化学製品やガスへの影響，コークス品質への影響などを確認して対応を講じることが重要である。

4.3.1　廃プラスチック中の塩素成分挙動

①プラスチック中の塩素の挙動

図13に，図11-aに示す装置にて実際の容器包装プラスチックを用いた熱分解時の挙動を示す。

塩素は98%と高い比率で気相に移行する。塩素の気相への高い比率での移行は，塩化水素（HCl）の発生が想定され，設備腐食などへの問題が懸念される。

②廃プラスチックと石炭の共存下での塩素の挙動

廃プラスチック単独での熱分解挙動は先に示した高い比率で気相に塩素が移行する。これに対して，図14に示すように石炭単体の乾留過程（熱分解）においては，石炭中に窒素が含まれており，石炭中の窒素の50%はコークス中に残存するが，50%は気相に移行する。気相に移行した窒素の内一部はN_2の形態をとり，一部は，アンモニアに転換され窒素がアンモニアの形態で気相に存在している。

図15に示すように，石炭とプラスチックをそれぞれ単独で乾留した時には，塩素は塩化水素，窒素はアンモニアの形態として存在するが，両者を混合して（含塩素廃プラスチックを石炭共存下で）乾留した場合，化学反応により塩化アンモニウムとして固定化され，塩素が無害化される。

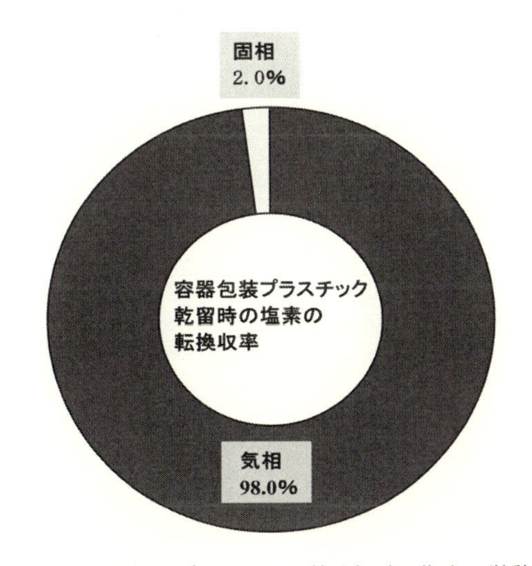

図13　容器包装プラスチック熱分解時の塩素の挙動

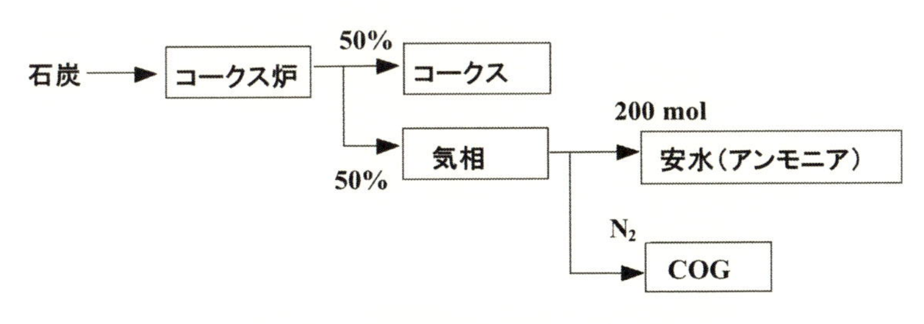

図14　石炭乾留時の窒素のバランス

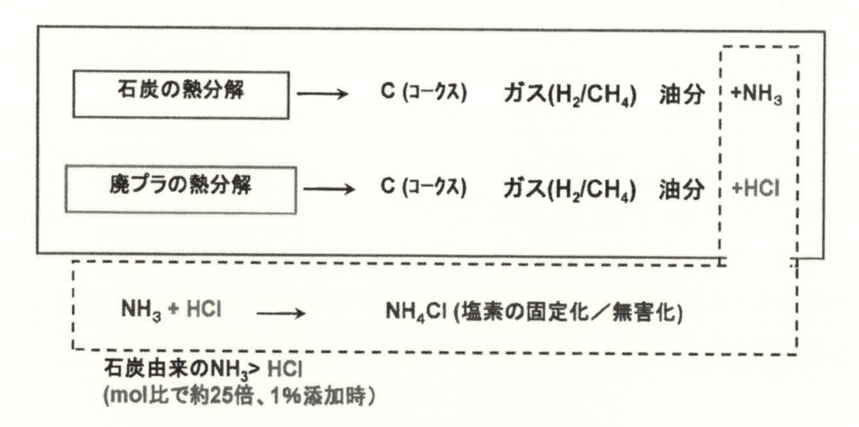

図 15　コークス炉内での塩素の無害化反応

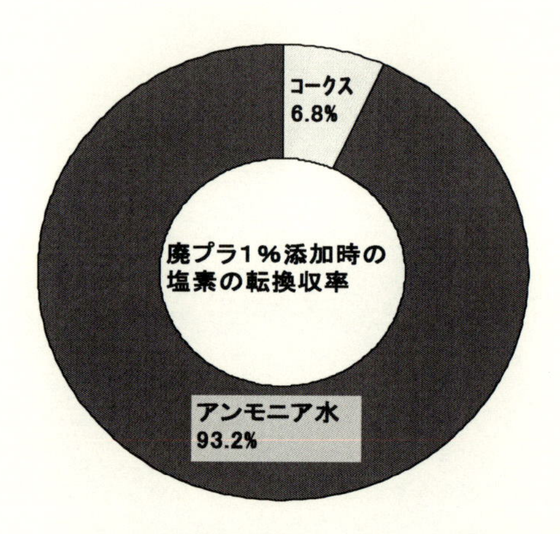

図 16　石炭共存下での含塩素プラスチックの塩素の挙動

図 16 に，プラスチック中の塩素が，コークス炉に投入された後の分配を調査した一例を示す。これによると，廃プラスチック由来の塩素の内，約 93% が気相に移行して安水中のアンモニア成分と反応して塩化アンモニウムとして無害化される。なお，残りの 7% はコークス中に移行する[8)]。廃プラスチック単体を乾留した場合（図 12）に比べてコークス中への塩素の残留率が若干高いが，これは廃プラスチック中の塩素が石炭中のアルカリ土類金属と塩化物を合成しているものと推察される。

4. 3. 2　設備系（耐火物や配管，構造物）への影響

コークス炉実機において含塩素廃プラスチックを 10 年以上使用後も，耐火物や配管，構造物などのコークス炉周りの設備的な問題は発生しておらず，含有塩素による悪影響はないと判断される。

4. 3. 3　タールなどの化学製品やガスへの影響

コークス炉ガスに関しては，含塩素プラスチックを使用しても含有塩素の増加は認められない。タールの組成に関しても，ガスクロマトグラフィーによる分析では変化が認められず，タールを用いた製品であるニードルコークスの性状にも全く変化が認められない。

4. 3. 4　コークス品質への影響

廃プラスチックをコークス製造用の石炭（原料炭）に添加するとコークス強度が低下する。

①熱分解ガス起因

プラスチックは原料炭に比べて低温で熱分解し，原料炭が軟化溶融する温度範囲（約400～500℃）で熱分解ガスを発生するので，プラスチックの種類によっては原料炭の粘結性に悪影響を及ぼし[9]，コークス強度が低下する。

②廃プラスチック由来の欠陥

コークス強度が低下する原因は，原料炭とプラスチックの熱分解温度の差に起因している。図10に示すように，プラスチックは原料炭の軟化開始温度（約400℃）より低温で熱分解するので，原料炭に廃プラスチックを添加してコークス炉で乾留する場合には，原料炭が軟化溶融する前に廃プラスチックの熱分解によって空隙が形成され，プラスチック周囲の原料炭はこの空間に向かって自由膨張する。このためプラスチックが熱分解した後に生じる空隙の表面には自由膨張して発泡した原料炭とプラスチックの熱分解残渣によって構成される脆弱なコークス組織が形成される（図17）[10]。よって，廃プラスチック由来の欠陥によるコークス強度の低下は，プラスチック重量あたり原料炭とプラスチックの接触面積で表現することができ，プラスチック添加率が同一でも原料炭との接触表面積を小さくすることでコークス強度低下を抑制できる。そのために，廃プラスチックの事前処理工程で成形品の形状や嵩密度を管理し，廃プラスチックの添加率をコントロールすることで，コークス品質（強度）を確保できる。

なお，コークス強度とは，JIS K 2151に準拠して，常温での強度を示すドラム強度（$DI^{150}{}_{15}$）である。

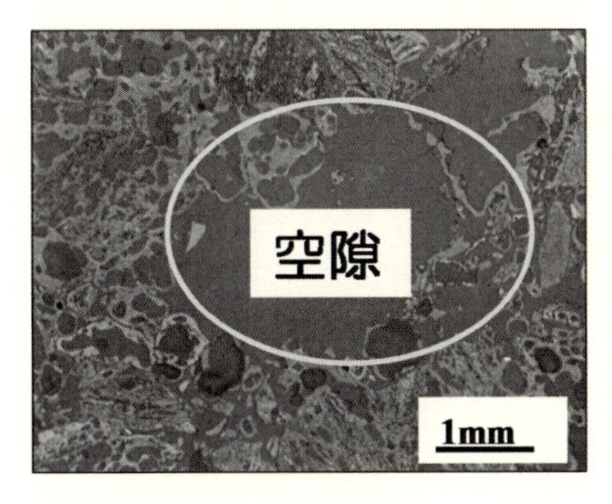

図17　廃プラスチック添加時のコークス組織の顕微鏡写真

5　資源削減効果

日本容器包装リサイクル協会は，リサイクル（再商品化）技術の環境負荷評価を検証するために，有識者によるWGを設置し，その成果として「プラスチック製容器包装再商品化手法に関する環境負荷等の検討」(2007年6月)[14]が公表されている。評価結果を図18に各々示す。

この検討会で確認された資源削減効果として，原油の削減原単位はコークス炉化学原料化法で0.8トン／t-プラで年20万トンの処理を実施していることから，16万t／年の原油を削減できる。CO_2削減原単位では，3.24 t-CO_2／t-プラのCO_2削減効果があり，地球温暖化対策手法としても最も優れている手法の一つである。このようにコークス炉化学原料化法の環境負荷低減効果が極めて高いのは，リサイクル工程の歩留が90%と極めて高いことが要因の一つである。表3に各手法の基準歩留（設備認定の基準であり実態をほぼ反映している）を示すが，コークス炉法が最も高い。

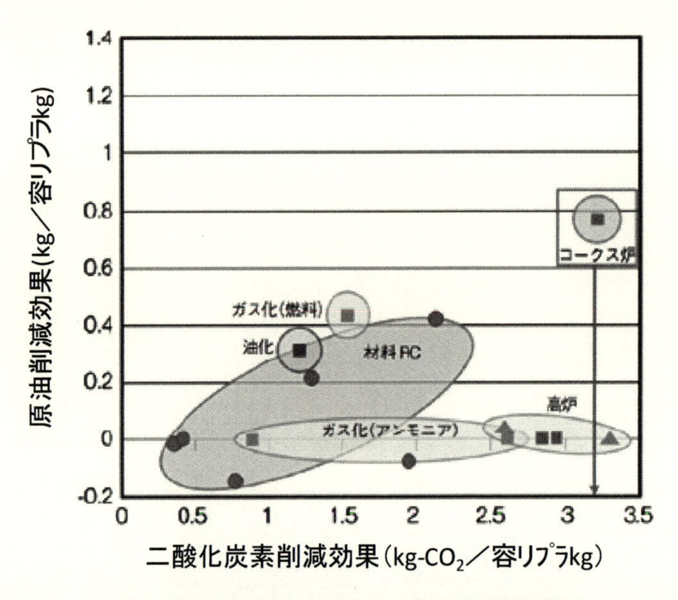

図18　資源削減効果（原油）と二酸化炭素削減効果

表3　容器包装リサイクル法の各技術の基準歩留

	設備基準	実歩留
コークス炉法	85%	90%
高炉法	75%	80%
ガス化	65%	
油化	45%	
材料リサイクル	45%	

6　最後に

プラスチック製容器包装は，食品などを衛生的に保存し，運搬効率をよくするために様々なプラスチック組成が何層にも複合的に使われているのが特徴であり，可塑剤や着色材などを含めれば数百種類のプラスチック材料で構成されている。コークス炉化学原料化法は90%が工業用の炭化水素原燃料として再利用可能であり，非常に優れたリサイクル方法である。

廃プラスチックの排出量は，図1に示したようにここ数年間900万t～1,000万tで推移している。そのうち，一般系廃プラスチックは半分の500万tを占めている。容器包装系はその中で200万tを占めるといわれ，家庭の分別効率や自治体の収集効率を考慮して現状の収集量約70万t弱から100万t程度までは期待できると考えられている。100万トンの廃プラスチックをコークス炉化学原料化法でリサイクルすると300万トン以上のCO_2削減効果に相当し，地球温暖化対策の有効策として，日本型の社会システムとして，さらに発展することが期待できる。

文　　献

1)　日本鉄鋼協会，鉄鋼便覧Ⅱ　製銑・製鋼，丸善（1979）
2)　加藤健次，古牧育男，植松宏志，使用済みプラスチックの有効利用　コークス炉の場合，金属，**71**（4），p.331（2001）
3)　K. Kato, S. Nomura, H. Uematsu, Development of Waste Plastics Recycling Process Using Coke Ovens, *ISIJ-Int.*, **42**（Supplement），S10（2002）
4)　加藤健次，古牧育男，野村誠治，白石勝彦，コークス製造プロセスにおける廃プラスチックリサイクル技術の検討，第37回石炭科学会議発表論文集，p.154（2000）
5)　加藤健次，野村誠治，植松宏志，佐野明秀，東忠幸，コークス炉化学原料化法による廃プラスチック処理技術，第38回石炭科学会議発表論文集，p.127（2001）
6)　加藤健次，野村誠治，コークス炉における廃プラスチック乾留時の塩素の挙動，鉄と鋼，**90**（10），p.76（2004）
7)　野村誠治，加藤健次，石炭乾留挙動に及ぼす添加プラスチック粒度の影響，日本エネルギー学会誌，**82**（3），p.143（2003）
8)　加藤健次，近藤博俊，コークス炉化学原料化法による廃プラスチックリサイクル技術の開発，ふぇらむ，**13**（10），p.657（2008）
9)　野村誠治，加藤健次，中川朝之，古牧育男，石炭粘結性に及ぼすプラスチック添加の影響，日本エネルギー学会誌，**81**（8），p.728（2002）
10)　加藤健次，コークス炉を利用した廃プラスチック化学原料化技術，プラスチックの化学原料化技術，シーエムシー出版，p.287（2005）
11)　近藤博俊，鍬取英宏，祖山薫，コークス炉化学原料化法によるプラスチックリサイクル，日本エネルギー学会誌，**81**（2），p.81（2002）

12） 鍬取英宏，コークス炉化学原料化法による廃プラスチックの利用技術，都市清掃（2010年3月）Vol.63 No.294, p.116, 社団法人　全国都市清掃会議
13） 祖山薫，コークス炉化学原料化法によるプラスチックリサイクルの実際，機械学会環境シンポジゥム（2001）
14） (財)日本容器包装リサイクル協会　プラスチック製容器包装再商品化手法に関する環境負荷検討委員会「プラスチック製容器包装再商品化手法に関する環境負荷等の検討」平成19年6月

〈第Ⅴ編〉

バイオプラスチック

第25章　バイオと触媒で作る基幹化成品

新井　隆[*1]，堤　聖晴[*2]，山崎則次[*3]，冨重圭一[*4]，
中川善直[*5]，春見隆文[*6]，荻原　淳[*7]

1　はじめに

シェールガスからのエタンガスの製造量が拡大することによって，エチレンの多くはナフサクラッカーよりもエタンクラッカーによって製造され始めている。ナフサクラッカーによるエチレン製造の際に副生するC4化成品やBTXは，エタンクラッカーでは製造できないため，今後C4留分やBTX留分の供給が懸念されている。これらの背景の上に，我が国のコンビナート（ナフサクラッカー）は老朽化が進んでいること，あるいはMTO（Methanol to Olefin）などの先端技術が欧米・中国で進んでいることなどによって，このままでは国内コンビナートは大打撃を受けることは否めない。

今後の一次エネルギー源の変化（再生エネルギーの拡大），シェールガスの拡大（クラッキング割合）などによりナフサ生産量が減少する結果，ブタジエンの場合，24.2万トンしか生産できなくなるとの予測がある。このため我が国ではブタジエンで68万トン分を新法（バイオマス由来の物質を原料とする方法）へ転換する必要が出てくると我々は予測している（表1）。

一方，C4化成品から得られる末端製品には，PBT（ポリブチレンテレフタレート）・ポリウレタン・ポリテトラメチレンエーテルグリコール（ポリエーテル）などのプラスチックやポリブタジエンゴムや塗料などの機能品が存在する。プラスチックは我々の日常を快適にする資材として，生活の隅々まで多くの場面で使われており，なくてはならない材料である。C4化成品から得られるプラスチックは，我が国における汎用樹脂の位置づけであり，電気・電子・自動車分野

＊1　Takashi Arai　㈱ダイセル　事業創出本部　コーポレート研究センター　主席研究員；金沢大学　先導科学技術共同研究講座　特任教授
＊2　Kiyoharu Tsutsumi　㈱ダイセル　事業創出本部　新事業開発部　技術企画グループ　主席部員
＊3　Noritsugu Yamasaki　㈱ダイセル　事業創出本部　新事業開発部　技術企画グループ　主席部員
＊4　Keiichi Tomishige　東北大学　大学院工学研究科　工学部　応用化学専攻　教授
＊5　Yoshinao Nakagawa　東北大学　大学院工学研究科　工学部　応用化学専攻　准教授
＊6　Takafumi Kasumi　日本大学　生物資源科学部　生命化学科　元教授
＊7　Jun Ogihara　日本大学　生物資源科学部　生命化学科　教授

表1　国内燃料需要と化学品生産可能量

生産量／年		2013年	2030年
ガソリン（万kL）		3,771	2,100
軽油（万kL）		3,200	2,300
ナフサ（万ton）			1,135
	エチレン		168
	プロピレン		142
	ブタジエン		24.2

参考：日本のブタジエン生産可能量（表1　出所）
NEDO平成25年度成果報告「化学品製造における炭素源の転換・多様化に関する調査」
経済産業省「世界の石油化学製品の今後の需給動向：平成25年」
およびMCTR触媒懇談会ニュース No.90 May 2016.

において確固たる市場を形成している。C4化成品の供給不足は，国内価格の高騰を招き，その結果我が国の経済を牽引している電気・電子・自動車産業の競争力までも低下させてしまう可能性がある。この点においてもC4化成品の供給を安定・維持することは国益にも資する重要な課題である。

我々の研究は，植物由来のグリセロール物質を原料にしたバイオ技術で中間物を製造し，多種の化成品（ブタンジオール，THF，ブタジエン）を製造することで，環境に配慮した安定な社会を持続的に継続することを目的にしている。電子・電気・自動車業界にとっては，脱石油は企業イメージ戦略でもあり，使用するプラスチックをバイオマス由来物質に転換することを公表している企業も多い。バイオマス由来のプラスチックは化学産業がけん引する素材であり，社会的価値は高い。

本研究の背景には，世界的な脱石油政策から自動車の燃料の一部は，バイオマスである油脂から得られるBDF（脂肪酸メチルエステル）への置き換えが進んでいることが挙げられる。その際に副生するグリセロールは廃グリセロールと呼ばれ，一部は精製や化学変換して，純グリセロールやエピクロルヒドリンとして利用されている。しかしながらその多くは不凍液として路上へ散布されたり，あるいは利用されずに廃棄されている現実がある。

本研究は，世界中で毎年数百万トン廃棄もしくは未利用となっている廃グリセロールから，バイオ法によって有用性の高いエリスリトールを製造するものであり，そのGSC適合度は非常に高い。さらに廃グリセリロールは，上記のような現地での廃棄によって地球環境汚染や湖沼におけるBOD負荷増大の問題を引き起こしており，その有効利用は地球環境におけるマイナス要因を取り除くGSC適合度としても画期的な技術となりうる可能性を持つ。

2　研究内容

我々の研究の要諦は，今後の我が国で高騰が予想される種々のC4化成品を，未利用バイオマスであるC3の廃グリセロールから，バイオ技術と触媒技術の融合により作り出したことにある。

我々は，安価かつ大量に調達できるバイオマスとして，天然油脂（パーム・ダイズ・ナタネなど）からバイオディーゼル，脂肪酸，石鹸などを製造する際の副生成物である廃グリセロールに注目し，これをC4のエリスリトールに発酵変換させ，さらにエリスリトールからブタンジオール／テトラヒドロフラン（THF）／ブタジエンなどの基幹化成品へ触媒変換する技術開発に成功した（図1)。本技術はバイオマスを原料としたバイオ技術（微生物発酵）による骨格化合物の生産と，触媒技術による多様化という，それぞれの技術の長所を生かした全く新規のプロセスである[1~5]。

以下，それぞれの技術を紹介する。

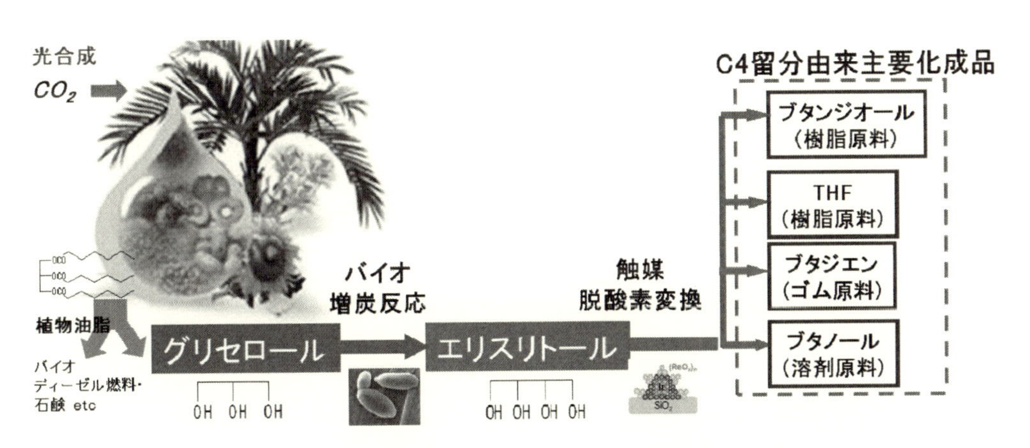

図1　バイオ技術と触媒技術を融合したC4化成品新規製造プロセス

2.1　バイオ技術内容

C3のグリセロールをC4のエリスリトールに変換するいわゆる増炭反応を化学的に行う場合，多段階に及ぶ煩雑な操作と収率の低さ，生産物の安全性（食品やファインケミカルズの場合）などが隘路となる。これに対して，微生物変換の場合は微生物の選択が課題となる反面，操作性，収率，安全性などで優れている。C3からC4への増炭反応に限らず，新たな微生物の発見や既存微生物の改良を通じて，多くの複雑な化学反応過程が単純で効率の良いバイオ変換技術へと進展することが期待される。

本共同研究者である春見・荻原らは，グルコースよりはるかに安価なバイオディーゼル燃料あるいは牛脂由来の廃グリセロールを炭素源に用いた実験において，グルコースと同様にグリセ

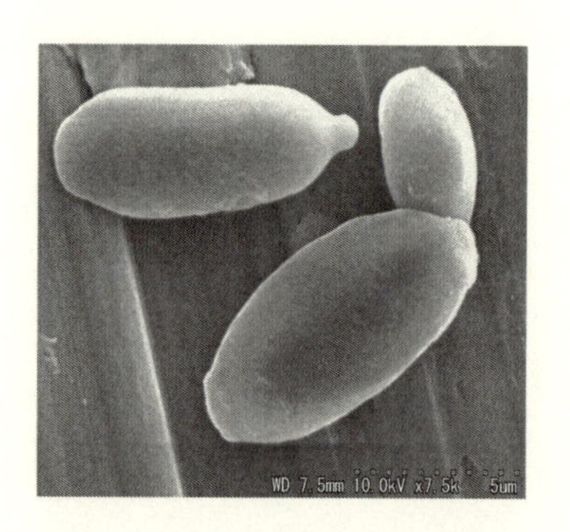

図２　*Moniliela megachiliensis*

図３　エリストールの結晶

ロールが発酵基質になり得，エリスリトールが生成することを明らかにした。本 *Moniliella megachiliensis* 菌は，分類学上酵母と糸状菌（カビ）の両方の性質を合わせもつ特殊な微生物であり，遺伝生化学的知見や培養に関わる基本的な研究開発を進めている。

発酵基質としての炭素源はグルコースではなく，高濃度の廃グリセロールであることから発酵の遅延や停止が懸念された。しかし，本菌は炭素源を選ぶことなく高い収率でこれをエリスリトールに変換する能力を有していた。改良の余地は依然として残されてはいるものの，このことによって当該技術の妥当性が立証され，その後の研究開発につながっている。

炭素骨格鎖の伸長（バイオ増炭反応）には酵母の一種である *Moniliella* を用いるが，これまで，*Moniliella* によるエリスリトール生成に関する知見はグルコースを基質とする場合に限られ，グリセロールからの変換に関するものはほとんど知られていなかった[6~9]。

本研究では，グリセロール培養における *Moniliella megachiliensis* のトランスクリプトーム解析およびメタボローム解析を実施した。本菌によるエリスリトールへの変換系は，C6 フルクトース 6-リン酸および C3 グリセルアルデヒド 3-リン酸から transketolase により C5 キシルロー

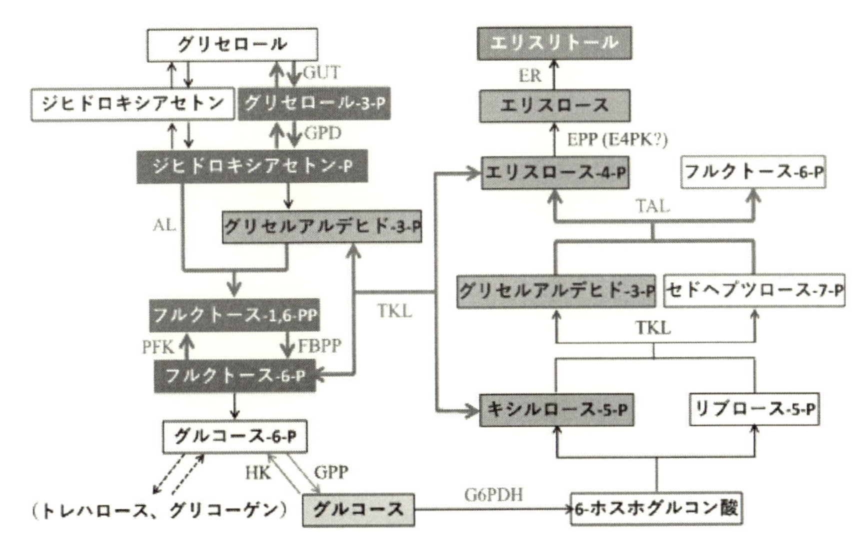

図4　*Moniliella megachiliensis* における推定変換代謝経路

ス5-リン酸およびC4エリスロース4-リン酸を経て生合成される経路が中心的に関与していることを明らかにした（図4）[10~12]。

さらに，浸透圧ストレス応答や代謝経路解析結果から，グリセロール取り込みや糖新生系，ペントースリン酸系に関与する酵素群を強化することが重要であることを見出した[13]。

2.2 触媒技術内容

エリスリトールの化学変換について，共同実験者の冨重・中川らはこれまでにTHF，ブタジエン，1,4-ブタンジオール，2-ブタノールの選択的生成に成功している。

エリスリトールは全ての炭素に酸素が結合しているため，全ての種類のブタントリオール，ブタンジオール，ブタノールの生成が可能である。これまでに確立している水酸基の選択酸化技術を組み合わせることで，あらゆる炭素数4のC，H，Oから成る化合物の原料としてエリスリトールを位置づけることができる。また，エリスリトールは酸触媒脱水により容易に1,4-アンヒドロエリスリトール（AHERY）に変換することができ，AHERYもまた，炭素数4の化合物原料として位置づけることができる。

これに対し，既存の炭素数4の化学原料は，石油化学ではゴムが主用途であるブタジエン，およびより安価なブタンの酸化で誘導される無水マレイン酸である。無水マレイン酸からは基本的に1,4位に官能基が結合した化合物のみが誘導される。また，既存のバイオマス由来炭素数4の化学原料として認識されているのはコハク酸で，得られる誘導体は無水マレイン酸と同様である。このことから，エリスリトールを化学原料として利用する場合，生成物の得られる可能性の幅がより広く，触媒研究の発展によりその選択的合成が可能になることが期待される。さらに，エリスリトールの選択的還元技術の発展は，バイオマスから誘導される重要な中間体化合物であるキシリトールやソルビトールの選択的還元にも応用することが期待でき，応用可能性が広い。

本研究で開発した貴金属と還元性の遷移金属酸化物を組み合わせた触媒を用いると，組み合わせにより変わる選択性の違いにより，炭素数4の多様な化成品を選択的に製造することができる。Irを活性金属としたIr-ReO_x/SiO_2触媒では，ポリオール内部の水酸基を優先して水素化分解する選択性を有し，エリスリトールから2段階の水素化分解により1,4-ブタンジオールを製造できる。

Rhを活性金属とした触媒では，特にRh-MoO_x/SiO_2触媒で，エリスリトールから，転化率96%，有価C4成分70%（主に1-ブタノールおよび2-ブタノール）を得た。1,4-アンヒドロエリスリトール（AHERY）からは転化率99%，有用C4成分66%（主に2-ブタノール）を得た[14~17]。

Reを活性金属とした触媒では，ReO_x-Pd/CeO_2触媒により非常に高いTHF収率（99%）を得た。検討の結果，CeO_2上に分散した単核Re^{IV}種が活性種であり，Re^{IV}とRe^{VI}のredoxとPd^0による水素活性化が関わる機構であることが示唆された。CeO_2は，Re単核種を安定に保持し，Reの過還元を抑えている。Re活性点上で起きる反応は後述する脱酸素脱水反応で，本来の生成物はジヒドロフラン（DHF）であり，Pdにより水素化されてTHFが生成していると考えられる[18,19]。

DHFはTHFより反応性が高く，さらに変換して有用な化合物を得ることが期待できる。助触媒（Pd代替）検討の結果，適度に大きい粒径（6～10 nm）のAu粒子を用いるとDHFが得られることがわかった。この触媒系は，エリスリトールからはゴム原料として重要なブタジエンが，グリセロールからはアリルアルコールが高収率で合成できている（表2）[20~22]。

エリスリトールの触媒的化学変換は，酸触媒脱水によるAHERYについては上述のとおり生

表2　ReO_x-Au/CeO_2触媒によるエリスリトール，グリセロール変換

基質	反応時間	転化率（%）	生成物および選択率（%）
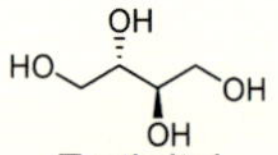 Erythritol	60	97	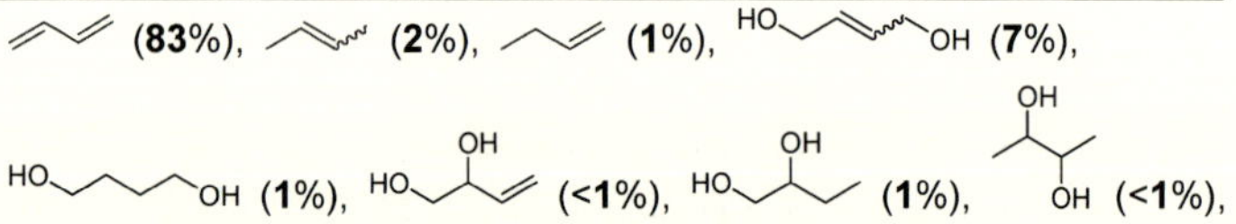 (**83%**), (**2%**), (**1%**), HO–OH (**7%**), HO–OH (**1%**), (**<1%**), (**1%**), (**<1%**), Mono-ols (**1%**)[a], C≤3 Hydrocarbon (**<1%**), Others (**3%**)
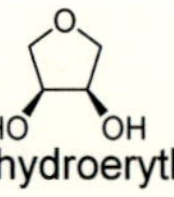 1,4-Anhydroerythritol	24	93	 (**86%**), (**9%**), (**3%**), Others (**2%**)
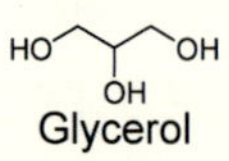 Glycerol	52	>99	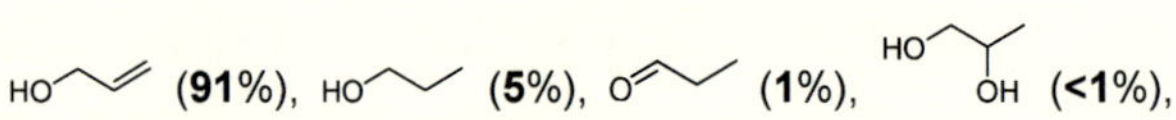 (**91%**), (**5%**), (**1%**), (**<1%**), C≤3 Hydrocarbon (1), Others (2)

反応条件：基質0.5 g，T=413 K，P_{H2}=8 MPa，W_{cat}=0.3 g（Re 1 wt%，Au/Re=0.3 mol·mol^{-1}）.
[a]*trans*-2-buten-1-ol（<1%），*cis*-2-buten-1-ol（<1%），3-buten-1-ol（1%）and 1-butanol（<1%）.

成が確立している以外，先行技術は限られている。エリスリトールやAHERYの化学変換として最も知られているものは，Re錯体などの触媒を用いた脱酸素脱水反応と呼ばれる反応で，2級アルコールやトリフェニルホスフィンといった還元剤を用いて2個の隣接する水酸基を除去することによりエリスリトールからブタジエン，AHERYからジヒドロフランを与える。本技術で新規開発されたReO_x-Pd/CeO_2触媒およびReO_x-Au/CeO_2触媒は脱酸素脱水反応を初めてReの溶出のない固体触媒で行い，かつ初めて水素を還元剤として高い収率を得たものである。脱酸素脱水以外でも，エリスリトールの水素還元の先行技術は非常に少ない。一方で，炭素数が少ないグリセロールの水素還元は極めて多数の技術開発があり，1,2-プロパンジオールへの変換はすでに工業化されている。しかし，グリセロールの変換用触媒をエリスリトールに適用した場合，生成物パターンが極めて複雑となり，酸素数1から2個で50%を超える単一生成物を得た報告はない。

エリスリトールの触媒的変換について，エリスリトールを化学原料としてみた場合，酸素を全く含まないブタン，ブテン，ブタジエンといった石油化学由来原料と全く異なり，酸素含有量がO/C＝1と非常に多く，全ての炭素に官能基が結合しており官能基が多い。そのため，酸素および官能基を還元により除去することが必須である。石油化学では原料を酸化して酸素を導入する必要があることとの大きな違いである。酸素は空気中から得られるため低コストであるが，還元には還元剤が必要である。還元剤の価格および原子効率は大きな問題であり，本技術のようにバルクケミカルがターゲットの場合，還元剤は最も安価で原子効率100%である水素以外の利用は考えられない。本技術では，既存の類似反応系で用いることのできなかった水素を利用してエリスリトール還元を行っている。工業的には流通系に適用するため固体触媒であることが強く望まれるが，既存の類似反応系の多くが錯体触媒であり，本技術が固体触媒であることは優位に当たる。さらに，本技術で用いる触媒は，担体（CeO_2，SiO_2）および担持金属原料（NH_4ReO_4，$HAuCl_4$など）が全て一般的な物質で大量入手可能であり，工業化への展開に最適の触媒反応系である。

㈱ダイセルでは，これまでの触媒脱酸素化類似工業化技術の知見を元に，固定床反応方式（連続式高圧トリクルベッド反応器型式）を想定した工業化触媒の開発を行ってきている。

3　本研究の経済性・実現性

我々が着目しているバイオマス由来資源は，バイオディーゼル燃料，脂肪酸，石鹸などを製造する際に副成する廃グリセロールであり，既に複数種の廃グリセロールを入手し検討済である。使用する*Moniliella megachiliensis*は，培地成分の選択性が低く炭素源を選ばないという優れた特性をもつ。実生産に適した頑健性の高い微生物であり，工業化の現実性は高い。

我々はこのグリセロールを増炭してC4のエリスリトールへ変換し，さらにこのエリスリトールからモノアルコール・ジオール・テトラヒドロフラン・ブタジエンなどの基幹化成品へ変換し，川下の工業製品（プラスチックなど）に導く。

本研究のアウトプット製品として注目している1,4-ブタンジオールはPBT（ポリブチレンテレフタレート）樹脂の原料として位置づけられ，五大エンジニアリング・プラスチック市場に着実に浸透している。一方，本技術で生成される製品として1,3-ブタンジオールもある。1,3-ブタンジオールは，㈱ダイセルが製造しており，主としてシャンプーや化粧品に用いられている。これらの製品は国民の生活にも密着していることから，販売メーカーのイメージアップもしくは消費者ニーズへの対応として，脱石油または地球環境に優しい原料転換を望む声は少なくない。ヘルスケア分野での市場価格は一般工業品価格より高価であり，本製品が本事業化のキャッシュジェネレーターになり得ることから，本技術で得られた1,3-ブタンジオールの市場展開を優先させる。さらにブタジエンに関しては，㈱ダイセルが脂環式エポキシドの原料として使用しており，まずは自社内の原料転換を始め，ジエンメーカーへの協業体制へ向かう予定で進めている。

既に我々は，未利用バイオマスのC3（廃グリセロール）からのC4化成品生成のイニシャルコストの設計を終え，バイオ変換効率が達成できれば，“経済的な価格”で化学基幹品が生産できる見込みがあることを見出している。多くのバイオベースケミカル品が市場に出ない理由は，石油化学製品に比べて競争力のある価格で作ることができる見通しがつかないことが原因であるが，我々は上記のように需要家や供給家として「原料（廃グリセロール）からC3〜C4化成品」の一貫コスト構造を明確に把握し，理解していることを本事業化の強みとしている。

ナフサクラッカーの効率化による統廃合によって需給バランスが崩れ，C4化成品の値上がりを見据えると，2025年〜2030年にかけて，我々が想定する事業化価格が石化製品と同等以下になることを予想しており，バイオベースケミカル品として流通する事業化計画である。

4 まとめ

これまでに我が国では技術革新による二酸化炭素排出量削減のためのさまざまな研究開発がなされ，実用化されてきた。その代表的なものが，各産業分野での省エネルギー技術革新である。そのため，現在，我が国の省エネルギーのレベルは非常に高く，今後同様な技術による大幅な二酸化炭素排出量削減は困難ではないかといわれている。このような状況の下，新たな技術革新の一つとして大きな効果を生むことが期待され盛んに研究開発されているものに，化成品の原料を石油からバイオマス由来の化合物に転換する技術がある。

我が国の化成品製造方法は既に確立されている。原油の常圧蒸留で得られるナフサを基本原料とし，ナフサを熱分解後，炭素の数の異なるC2留分・C3留分・C4留分・C5留分・芳香族留分に分離し，それぞれから対応する炭素数の製品を製造するものである。化成品製造の原料をバイオマス由来化合物に変更しようとした場合，C2留分の化成品の代替バイオマス原料は，炭素数2のバイオエタノールが有望である。またC3留分の代替としては，バイオディーゼル燃料製造の際に副生するグリセロールが挙げられる。

本研究の内容は，C2留分，C3留分の転換に比べ遅れているC4留分からの化成品について，その原料をバイオマス由来物質に転換することを目指すものである。既にグルコースなどの6炭糖から酵素技術で誘導できる物質を用いる方法などが，さまざま検討されているにもかかわらず，実用化に至っているものはない。

本研究の特徴は，我が国が技術的に得意とするバイオ技術と触媒技術（ケミカル反応）の融合で，従来の技術課題を克服しようとするものである。例えば，バイオ技術では，細胞内の炭素骨格再編の生体機能をうまく利用することによる炭素数増加反応（増炭反応）は最も得意とするところであり，具体的には糖類が，生体内で長鎖の脂肪酸に変換されるような生体反応は細胞内で頻繁に行われている。これに対しケミカル反応での増炭反応はその難しさからいまだ実用化の例は少ない。一方，生産菌によるバイオ技術は，一菌一生産物の色合いが濃く，またその高収率菌のスクリーニングスピードも時間がかかることから，多品種の化成品群に対応する細やかな官能基変換は得意ではない。これに対しケミカル反応（触媒技術）は，同じ基質からでも種々の変換ルートを経由することによって様々な官能基変換が可能であり，その開発スピードもバイオと比較して大きなメリットをもつ。

資源を持たない我が国が安定した社会を維持するには，このような新たな生産の方法論を検証する必要がある。

※1　本研究内容は，以下の助成を受けています。

平成23年～平成24年　独立行政法人新エネルギー・産業技術総合開発構構「イノベーション推進事業／課題解決型実用化開発助成事業／化学原料製造を革新する高性能ナノ触媒プロセスの開発／グルコースからの新規C4ケミカルチェーンの実用化開発」

平成27年～平成30年9月　国立研究開発法人科学技術振興機構「戦略的創造推進事業（先端的低炭素化技術開発）／技術領域「ホワイトバイオテクノロジー」／「微生物変換と触媒技術を融合した基幹化合物の原料転換」」

※2　本研究内容は2018年度グリーン・サステイナブル　ケミストリー賞奨励賞（公益社団法人　新化学技術推進協会主催）を受賞しています。

文　　献

1）特許第5684657号
2）特許第5736251号
3）特許第5797587号
4）特許第5827925号

5）特開2017-051941

6）J. Yoshida, Y. Kobayashi, Y. Tanaka, Y. Koyama, J. Ogihara, J. Kato, J. Shima, and T. Kasumi, *Journal of Bioscience and Bioengineering*, **115**（2）, pp. 127-132（2013）

7）Y. Kobayashi, J. Yoshida, H. Iwata, Y. Koyama, J. Kato, J. Ogihara, and T. Kaumi, *Journal of Bioscience and Bioengineering*, **115**（6）, pp. 645-650（2013）

8）Y. Kobayashi, H. Iwata, J. Yoshida, J. Ogihara, J. Kato, and T. Kasumi, *Journal of Bioscience and Bioengineering*, **120**（4）, pp. 405-410（2015）

9）Y. Kobayashi, H. Iwata, D. Mizushima, J. Ogihara, and T. Kasumi, *Letters in Applied Microbiology*, **60**（5）, pp. 475-480（2015）

10）D. Mizushima, H. Iwata, Y. Ishimaki, J. Ogihara, J. Kato, and T. Kasumi, *Journal of Bioscience and Bioengineering*, **121**（5）, pp. 523-529（2016）

11）H. Iwata, D. Mizushima, T. Ookura, J. Ogihara, J. Kato, and T. Kasumi, *Journal of Bioscience and Bioengineering*, **119**（2）, pp. 148-152（2015）

12）岩田悠志，小林洋介，吉田潤次郎，水島大貴，春見隆文，応用糖質科学，**6**（2）, pp. 117-123（2016）

13）H. Iwata, Y. Kobayashi, D. Mizushima, T. Watanabe, J. Ogihara, and T. Kasumi, *AMB Express*, **7**（45）, pp. 1-10（2017）

14）Y. Amada, H. Watanabe, Y. Hirai, Y. Kajikawa, Y. Nakagawa, and K. Tomishige, *ChemSusChem*, **5**（10）,pp. 1991-1999（2012）

15）Y. Amada, N. Ota, M. Tamura, Y. Nakagawa, and K. Tomishige, *ChemSusChem*, **7**（8）, pp. 2185-2192（2014）

16）T. Arai, M. Tamura, Y. Nakagawa, and K. Tomishige, *ChemSusChem*, **9**（13）, pp. 1680-1688（2016）

17）N. Ota, M. Tamura, Y. Nakagawa, K. Okumura, and K. Tomishige, *Angewandte Chemie International Edition*, **54**（6）, pp. 1897-1900（2015）

18）K. Chen, M. Tamura, Z. Yuan, Y. Nakagawa, and K. Tomishige, *ChemSusChem*, **6**（4）, pp. 613-621（2013）

19）N. Ota, M. Tamura, Y. Nakagawa, K. Okumura, and K. Tomishige, *ACS Catalysis*, **6**（5）, pp. 3213-3226（2016）

20）S. Tazawa, N. Ota, M. Tamura, Y. Nakagawa, and K. Tomishige, *ACS Catalysis*, **6**（10）, pp. 6393-6397（2016）

21）Y. Nakagawa, S. Tazawa, T. Wang, M. Tamura, N. Hiyoshi, K. Okumura, and K. Tomishige, *ACS Catalysis*, **8**（1）, pp. 584-595（2018）

22）T. Wang, S. Liu, M. Tamura, Y. Nakagawa, N. Hiyoshi, and K. Tomishige, *Green Chemistry*, **20**（11）, pp. 2547-2557（2018）

第26章　バイオマス由来TPEの合成

中山祐正[*1]，塩野　毅[*2]

1　はじめに

近年の地球環境問題への取り組みを背景として，環境にやさしいとされる高分子材料が注目されている。資源を節約し高分子廃棄物の環境負荷を低減するため，使用後の高分子材料を回収しリサイクルすることが望ましい。自動車タイヤなどに使用されている通常の架橋ゴムは，天然ゴムや合成ゴムを硫黄などで化学的に架橋したものであるため，使用後のリサイクルは困難である。加熱すれば流動化して熱可塑性プラスチックと同様に成型加工することができ，常温ではゴム弾性を示す熱可塑性エラストマー（thermoplastic elastomer，TPE）は，通常の架橋ゴムと比較して成型加工が容易であり，使用後のリサイクル性に優れている[1,2)]。TPEは，柔軟なソフトセグメント（S）と，塑性変形を防止するハードセグメント（H）からなる，H-S-H型トリブロック共重合体，多ブロック共重合体，あるいはグラフト共重合体により構成される。

また，広く使用されている高分子材料は大部分が化石資源を原料としており，その焼却により地球温暖化を促進する温暖化ガスである二酸化炭素が発生し，大気中の二酸化炭素濃度の増加に寄与する。そこで，植物などの再生可能なバイオマスから合成できるバイオマス由来高分子材料が興味を集めている[3)]。バイオマスは現代の植物が大気中から吸収した二酸化炭素を原料として構成したものであり，バイオマスから調製された高分子材料は，たとえ焼却処分されたとしてもその際に発生するCO_2はもともと現代の大気中に含まれていたものであるから，大気中のCO_2濃度の増減に寄与しない（カーボンニュートラル）。また，バイオマス由来高分子が生分解性を有していれば，環境内で循環する循環型高分子材料といえる。ポリ乳酸（PLA）は代表的な生分解性バイオマス由来高分子である[4,5)]。原料の乳酸は糖質の乳酸発酵により得られる。一般にPLAは乳酸の環状二量体であるラクチドを開環重合することにより合成され，ポリラクチドともよばれる。乳酸は不斉炭素を有するキラルな分子であり，ラセミ体の乳酸を原料に合成されるポリ(DL-ラクチド)（PDLLA）は非晶性，L体のポリ(L-ラクチド)（PLLA）とD体のポリ(D-ラクチド)（PDLA）は結晶性である。PLLAとPDLAをブレンドするとステレオコンプレックス結晶を形成し融点が上昇することが知られている[6,7)]。工業的に主に生産されているのはPLLAである。PLLAは比較的剛直なポリマーであり，生分解性を有し，生体適合性にも優れ，汎用ポリマーの代替のみならず手術縫合糸などの生医学用途にも用いられる。しかし，PLLAには，硬く

＊1　Yuushou Nakayama　広島大学　大学院工学研究科　応用化学専攻　准教授

＊2　Takeshi Shiono　広島大学　大学院工学研究科　応用化学専攻　教授

て脆いという欠点がある。そのため，PLLA の脆性を改善する目的で，ラクチドと他のモノマーとの共重合，PLA と他のポリマーとのブレンドなどが研究されている[8,9]。この剛直な PLA を TPE のハードセグメントとして利用することにより，生分解性を有し，少なくとも部分的にバイオマス由来の TPE となることが期待できる[10]。

本稿では，（部分的に）バイオマス由来の TPE，特にポリ乳酸をハードセグメントとして有す

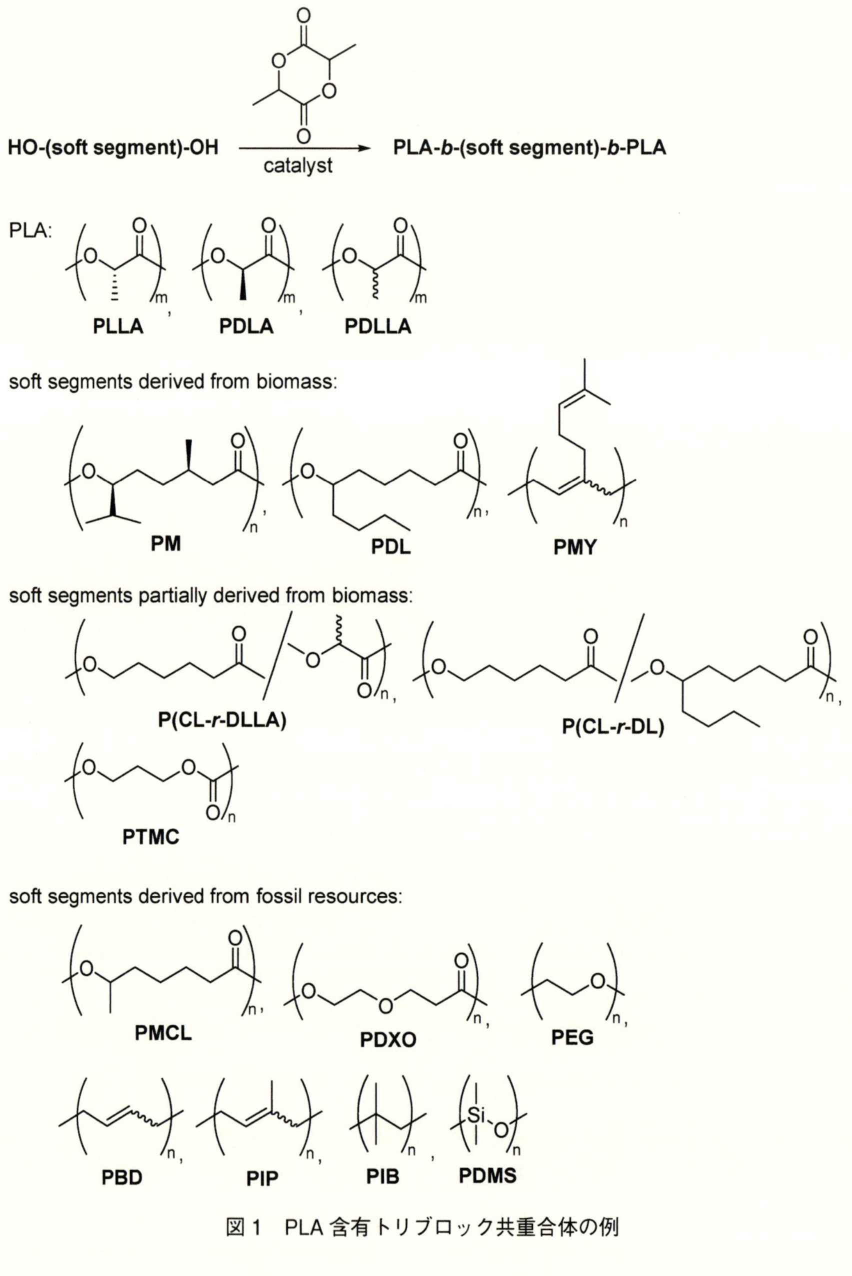

HO-(soft segment)-OH → (catalyst) PLA-*b*-(soft segment)-*b*-PLA

PLA: PLLA, PDLA, PDLLA

soft segments derived from biomass: PM, PDL, PMY

soft segments partially derived from biomass: P(CL-*r*-DLLA), P(CL-*r*-DL), PTMC

soft segments derived from fossil resources: PMCL, PDXO, PEG, PBD, PIP, PIB, PDMS

図1　PLA 含有トリブロック共重合体の例

るトリブロック共重合体，PLA-*b*-(soft segment)-*b*-PLA，に焦点を当て，最近の研究を紹介する。一般に，両端にPLAブロックを有するトリブロック共重合体は両末端に水酸基を有するソフトセグメントを開始剤としてラクチドを開環重合することにより合成される（図1）。

2　バイオマス由来のソフトセグメントを用いたPLA含有共重合体

PLAをハードセグメントに用いたトリブロック共重合体において，ソフトセグメントもバイオマス由来であれば完全バイオマス由来TPEとなる。そのような共重合体もいくつか報告されている。

(−)-Menthoneは再生可能なテルペン類の一つであり，そのBaeyer-Villiger酸化により(−)-menthideが得られる。これを開環重合することによりpoly((−)-menthide)（PM）が合成されている[11]。PMは非晶性で約−25℃のT_gを有する。ジエチレングリコールなどのジオールを開始剤として（−)-menthideを重合することにより両末端水酸基化PMを調製し，これを高分子開始剤としてラクチドを重合することによりPLA-*b*-PM-*b*-PLAが得られ，その分子量と組成はモノマー仕込み組成によって制御される[12,13]。この共重合体は小角X線散乱（SAXS）と示差走査熱量測定（DSC）によりミクロ相分離していることが確認されている。これらのポリマーの引張試験は大きな破断伸度（～960%）と弾性回復を示し，弾性体としての性質を有することが明らかにされている。このトリブロック共重合体にロジンエステル系粘着付与剤を添加することにより優れた粘着性を示す[13]。

ε-Decalactone（DL）は再生可能なひまし油から得られる環状エステルモノマーである[14]。ラセミ体のDLは市販されており，その重合体であるpoly(ε-decalactone)（PDL）は低いT_g（～−51℃）を有する非晶性ポリマーである。PDLをソフトセグメントに用いたPLAとの共重合体が合成されている[14,15]。トリブロック共重合体，PLA-*b*-PDL-*b*-PLA，や，PDとLAのランダム共重合体は，強靭性の高いポリマーである。ジイソシアナートを用いてトリブロック共重合体を鎖拡張することにより得られるマルチブロック共重合体は，高い伸びと強度を示す[15]。

β-Myrcene（MY）は，テルペン類の一種で，さまざまな植物油に含まれピネンの熱分解からも得られる。MYのアニオン重合によって生成するpolymyrcene（PMY）は天然ゴムに近い−70から−60℃のT_gを有する。PLLAとPMYのトリブロック共重合体，PLLA-*b*-PMY-*b*-PLLA，が完全バイオベースTPEとして報告されている[16]。シロキシアルキルリチウムを開始剤としてMYを重合後，エチレンオキシドによる停止とプロトン化および脱保護により両末端水酸基化PMYを調製し，これを高分子開始剤としてLLAを重合することによりPLLA-*b*-PMY-*b*-PLLAが合成されている（図2）。20 wt%のPMYを含むPLLA-*b*-PMY-*b*-PLLAは引張試験において降伏挙動を示すのに対し，よりPMY含有率の低いトリブロック共重合体は降伏せず低い伸びを示す。また，PMYの側鎖C=C二重結合のエポキシ化と酸触媒加水分解により側鎖水酸基化PMYが合成され，これを高分子開始剤としてLLAを重合することによりグラフ

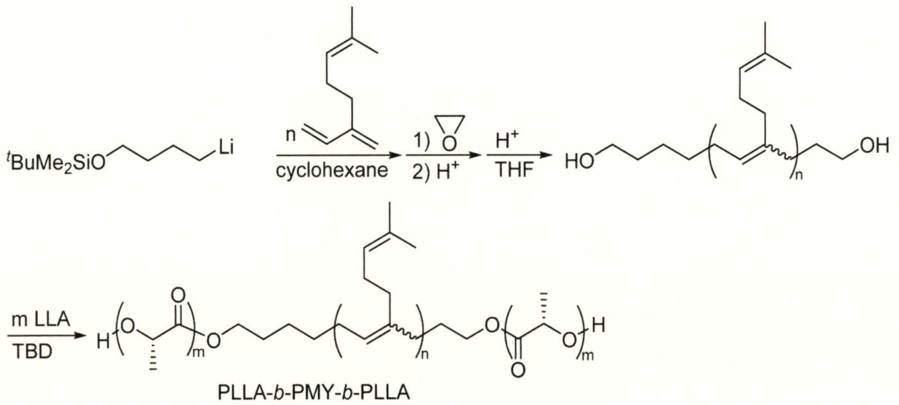

図2　PLLA-*b*-PMY-*b*-PLLA の合成

ト共重合体 PMY-*graft*-PLLA が合成されている[17]。PMY-*graft*-PLLA は PLLA に比べ靭性が改善される。

3　部分的にバイオマス由来のソフトセグメントを用いた PLA 含有共重合体

入手しやすい ε-カプロラクトン（CL）と他の環状エステルとの共重合体をソフトセグメントとする TPE が報告されている。CL はシクロヘキサノンのバイヤー・ビリガー酸化により生産されるが，バイオマスからの生成も研究されており[18]，実用化されればバイオマス由来となりうる。

Schneiderman らは，ソフトセグメントとして CL と ε-decalactone（DL）との共重合体（CL-content 63〜77%）を用いたトリブロック共重合体，PLA-*b*-Poly(CL-*co*-DL)-*b*-PLA を開発している[19]。Poly(CL-*co*-DL) の T_g は −60〜−65℃であり，DL の単独重合体である PDL の T_g より低く，低温特性が改善されている。

筆者らは，入手が容易な CL と DLLA からなる共重合体をソフトセグメントとする PLA とのトリブロック共重合体を開発した（図3）[20]。Poly(CL) は T_g が約 −60℃，T_m が約 60℃の半結晶性ポリマーであるが，TPE のソフトセグメントとしては非晶性であることが望ましい。そこで，CL と DLLA の非晶性ランダム共重合体をソフトセグメントとした。ジオールを開始剤として，$Sn(Oct)_2$ 触媒存在下に様々な CL：DLLA 比で共重合を行った結果，DLLA 含有率 30 mol%の CL-DLLA 共重合体（P(CL-*r*-DLLA)）が非晶性で低い T_g（〜−40℃）を示した。得られた P(CL-*r*-DLLA)(F_{DLLA}＝30 mol%）を高分子開始剤とする LLA の開環重合により，トリブロック共重合体 PLLA-*b*-P(CL-*r*-DLLA)-*b*-PLLA を合成した。それらのトリブロック共重合体の DSC 分析は，ソフトセグメント P(CL-*r*-DLLA）のみの場合に近い T_g と，PLLA の結晶部に由来する T_m を示した。これらの共重合体の機械的性質を引張試験により評価したところ，PLLA-

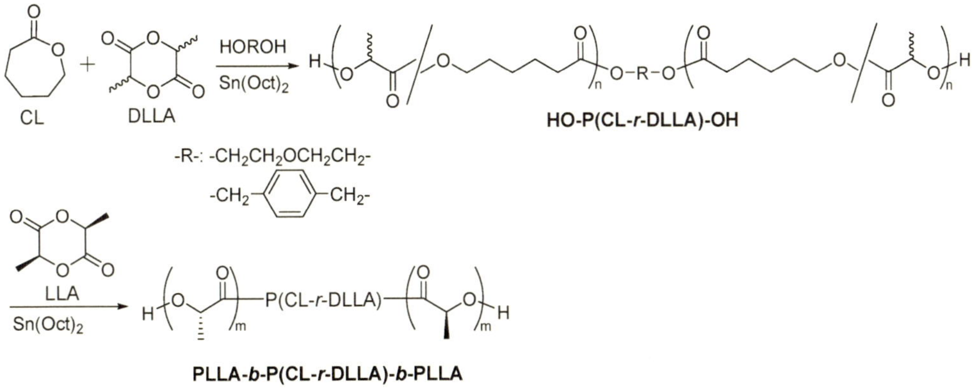

図3　PLLA-*b*-P(CL-*r*-DLLA)-*b*-PLLAの合成

b-P(CL-*r*-DLLA)-*b*-PLLAはPLLAと比較して1～2桁低い弾性率と2～3桁高い破断伸度を示し，高い柔軟性を有するポリマーであることが明らかになった。PLLA組成比の低下とともに，トリブロック共重合体の弾性率が低下し破断伸度が上昇する傾向がみられた。比較的長いソフトセグメントと短いハードセグメントを有するサンプルは，我々が知る限りのPLLAベースTPEの中で最も高い破断伸度（2,800%）を示した。そのサイクル試験を変位10%から65%の範囲で行ったところ，良好な復元性がみられた。

近年，グリセロールやグルコースから微生物発酵により1,3-プロパンジオールが工業的に生産されており[21)]，trimethylene carbonate（TMC）も部分的にバイオマス由来の原料と考えることができる。TMCの開環重合により得られるpoly(trimethylene carbonate)（PTMC）は低いT_g（約－20℃）を有する非晶性ポリマーであり，PTMCをソフトセグメントとするポリ乳酸とのトリブロック共重合体が報告されている[22)]。結晶化できる長さのPLLAやPDLAブロックを有するPLLA-*b*-PTMC-*b*-PLLAおよびPDLA-*b*-PTMC-*b*-PDLAは，TPEとしての挙動を示す。PLLA-*b*-PTMC-*b*-PLLAとPDLA-*b*-PTMC-*b*-PDLAをブレンドするとポリ乳酸ブロックがステレオコンプレックス結晶を形成し，良好なクリープ耐性と引張物性を示す。

4　非バイオマス由来のソフトセグメントを用いたPLA含有共重合体

一般的には非バイオマス由来原料から合成されるソフトセグメントを用いたPLAとのブロック共重合体も多数報告されている。

2-メチルシクロヘキサノンのBaeyer-Villiger酸化により生成する6-methyl-ε-caprolactone（MCL）の開環重合により得られるpoly(6-methyl-ε-caprolactone)（PMCL）は，－45℃程度の低いT_gを有する非晶性ポリマーである。両末端水酸基化PMCLを高分子開始剤としてDLLAを重合することにより，PDLLA-*b*-PMCL-*b*-PDLLAが合成されている[23)]。生成共重合体は二つ

の T_g (L-MCL-L(12-98-12)：−43 および 50℃）を示し，PMCL セグメントと PDLLA セグメントが相分離している。これらのトリブロック共重合体は高い破断伸度（〜1,900%）を有し，サイクル試験により優れた回復特性を有することが確認されている。

PLA は比較的疎水性が高く剛直なポリマーであり，生医学用途において親水性が高く柔らかい組織や薬品との親和性が低い。そこで，柔軟で親水性の高いポリエチレングリコール（PEG）を導入したトリブロック共重合体が研究されている[24]。両末端に水酸基を有する PEG を開始剤とする LLA の開環重合により，PLLA-*b*-PEG-*b*-PLLA が合成される[24]。PEG ホモポリマーと比較してトリブロック共重合体は分解温度が高く，PLLA ブロックが PEG セグメントを安定化しているが，PLLA 部位の結晶性が低いと PEG の安定化効果が小さくなる。PEG 含率が高くなるにつれて共重合体の吸水率が上昇し，PEG 含率 57%のポリマーは吸水率 82%に達する。

二官能性開始剤 1,1,6,6-tetra-*n*-butyl-1,6-distanna-2,5,7,10-tetraoxacyclodecane を用いて環状エーテル-エステル，1,5-dioxepan-2-one（DXO），を開環重合することにより非晶性の poly-(1,5-dioxepan-2-one)（PDXO）を合成し，引き続き LLA を開環重合することにより PDXO セグメントを有する A-B-A 型トリブロック共重合体が合成される[25,26]。LLA 含率 7〜27%のトリブロック共重合体が合成され，LLA 含率 11%以上の共重合体は半結晶性を示す。T_g は組成にはほとんど依存せず約−33℃であり，T_m と ΔH_m は LLA 含率とともに上昇する。WAXS 測定により，共重合体中の結晶構造はホモ PLLA と同様であることが確認されている。

1,5-シクロオクタジエン（COD）の開環メタセシス重合（ROMP）により，1,4-ポリブタジエン（1,4-PBD）と同じ構造を有するポリ(COD）が生成する。Pitet らは，連鎖移動剤として *cis*-1,4-ジアセトキシ-2-ブテンを用いた COD の ROMP と，引き続く加水分解により両末端水酸基化ポリ(COD）を調製し（M_n = 15.6 kg/mol），これを開始剤としてラクチドをブロック共重合することにより，PLA-*b*-Poly(COD)-*b*-PLA（M_n = 22〜196 kg/mol）を合成している（図 4）[27]。Poly(COD）含率が 10wt%以下でもトリブロック共重合体は 42%の伸びを示し，PLA ホモポリマーと比較して靭性が大きく改善されている。

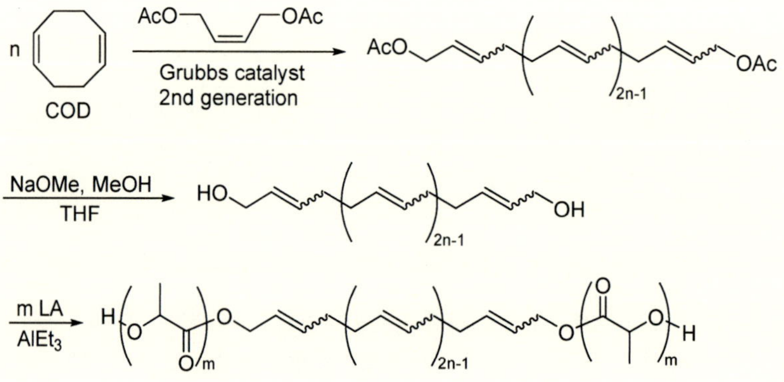

図 4　PLA-*b*-Poly(COD)-*b*-PLA の合成

第二世代Hoveyda-Grubbs触媒を用いた*cis*-2-butene-1,4-diolを連鎖移動剤（CTA）とするCODとcyclooct-4-en-1-one（COK）との共重合により，主鎖にカルボニル基を導入したpoly-(COD-*co*-COK)を合成し，これを高分子開始剤としてラクチドをブロック共重合することにより，主鎖にカルボニル基を導入したトリブロック共重合体PLA-*b*-Poly(COD-*co*-COK)-*b*-PLAが合成されている[28]。この共重合体は主鎖中のカルボニル基のために光分解性を示すことが報告されている。

市販の両末端水酸基化PBDを高分子開始剤とするラクチドの開環重合によりPLA-*b*-PBD-*b*-PLAが調製され，これをtoluene 2,4-diisocyanate（TDI）やterephthaloyl chlorideなどで鎖拡張することにより，PBDとPLAのマルチブロック共重合体が合成されている[29]。トリブロック共重合体と比較して，マルチブロック共重合体は靭性が大きく改善された。

PMYの場合（図2）と同様に，開始剤としてシロキシアルキルリチウムを用いてイソプレンを重合後，エチレンオキシドによる停止とプロトン化および脱保護により両末端水酸基化ポリイソプレン（PIP）を調製し，これを高分子開始剤としてDLLAを重合することによりPDLLA-*b*-PIP-*b*-PDLLAが合成されている[30,31]。小角X線散乱（SAXS）測定により，これらのコポリマーは，球状，円筒状，およびラメラ形態を有することが明らかにされている。これらの試料は粘弾性挙動を示し，円柱状の形態を有するものが特に優れた伸び率（破断点伸び650%）を示す。

両末端に水酸基を有するポリイソブチレン（PIB，$M_n=7400$）[32]のカリウム塩を高分子開始剤としてLLAを重合することにより，トリブロック共重合体PLLA-*b*-PIB-*b*-PLLA（$M_n=$20,000）が合成されている[33]。PLLA-*b*-PIB-*b*-PLLAは二つのT_g（−69 and 45℃）を示すことからミクロ相分離していることが示唆され，透過型電子顕微鏡観察からも確認されている。

非常に低いT_g（〜−120℃）を有する両末端水酸基化poly(dimethylsiloxane)（PDMS）を開始剤として，$Sn(Oct)_2$触媒を用いてLLAを開環重合することにより，PLLA-*b*-PDMS-*b*-PLLAが得られる[34]。仕込みPDMS/LLA比によって，分子量，および組成が制御可能であり，熱分解温度がPDMSの導入によって上昇している。

5　おわりに

代表的な植物由来高分子であるポリ乳酸を導入したトリブロック共重合体は，リサイクル性に優れた低環境負荷TPEとして興味深い。ソフトセグメントもバイオマス由来であれば完全バイオマス由来TPEとなるが，そうでなければ部分的にバイオマス由来にとどまる。本稿ではソフトセグメントの一般的な生産方法によって分類したが，非バイオマス由来に分類したソフトセグメントも，今後，バイオマスからの生産が実現されれば完全バイオマス由来TPEになりうる。バイオマス由来高分子もその生産過程でエネルギーを消費するので，製品のライフサイクルに渡ってエネルギー消費やCO_2排出量が評価される必要がある。

文　献

1) 秋葉光雄, 熱可塑性エラストマーのすべて, 工業調査会 (2003)
2) 竹村泰彦, 日本ゴム協会誌, **83**, 269 (2010)
3) 宇山浩, 日本ゴム協会誌, **86**, 161 (2013)
4) 辻秀人, ポリ乳酸—植物由来プラスチックの基礎と応用, 米田出版 (2008)
5) 井上義夫, Ed. グリーンプラスチック技術, シーエムシー出版 (2009)
6) Y. Ikada *et al., Macromolecules,* **20**, 904 (1987)
7) H. Tsuji, *Macromol. Biosci.,* **5**, 569 (2005)
8) S. K. Mallapragada *et al.,* Handbook of Biodegradable Polymeric Materials and Their Applications. Stevenson Ranch, American Scientific Publishers (2005)
9) 猪股勲ほか, 植物由来プラスチックの高機能化とリサイクル技術, サイエンス＆テクノロジー (2007)
10) Q. Liu *et al., Prog. Polym. Sci.,* **37**, 715 (2012)
11) D. Zhang *et al., Biomacromolecules,* **6**, 2091 (2005)
12) C. L. Wanamaker *et al., Biomacromolecules,* **8**, 3634 (2007)
13) J. Shin *et al., Macromolecules,* **44**, 87 (2011)
14) P. Olsén *et al., Biomacromolecules,* **14**, 2883 (2013)
15) M. T. Martello *et al., ACS Sustainable Chem. Eng.,* **2**, 2519 (2014)
16) C. Zhou *et al., RSC Adv.,* **6**, 63508 (2016)
17) Z. W. Cheng Zhou *et al., Polymer,* **138**, 57 (2018)
18) V. Thaore *et al., Chem. Eng. Res. Design,* **135**, 140 (2018)
19) D. K. Schneiderman *et al., Polym. Chem.,* **6**, 3641 (2015)
20) Y. Nakayama *et al., J. Polym. Sci. Part A: Polym. Chem.,* **53**, 489 (2015)
21) C. E. Nakamura *et al., Curr. Opin. Biotech.,* **14**, 454 (2003)
22) Z. Zhang *et al., Macromol. Chem. Phys.,* **205**, 867 (2004)
23) M. T. Martello *et al., Macromolecules,* **44**, 8537 (2011)
24) J. Mohammadi-Rovshandeh *et al., J. Appl. Polym. Sci.,* **68**, 1949 (1998)
25) K. Stridsberg *et al., J. Polym. Sci. Part A：Polym. Chem.,* **38**, 1774 (2000)
26) M. Ryner *et al., Biomacromolecules,* **3**, 601 (2002)
27) L. M. Pitet *et al., Macromolecules,* **42**, 3674 (2009)
28) K. J. Arrington *et al., Macromolecules,* **50**, 4180 (2017)
29) I. Lee *et al., Macromolecules,* **46**, 7387 (2013)
30) E. M. Frick *et al., Macromol. Rapid Commun.,* **21**, 1317 (2000)
31) E. M. Frick *et al., Biomacromolecules,* **4**, 216 (2003)
32) J. P. Kennedy *et al.,* Designed polymers by carbocationic macromolecular engineering：theory and practice, Munich, Hanser (1992)
33) L. Sipos *et al., Macromol. Rapid Commun.,* **16**, 935 (1995)
34) S. Zhang *et al., J. Polym. Sci. Part A：Polym. Chem.,* **34**, 2737 (1996)

第27章　ポリ乳酸の新展開

中嶋　元[*1]，木村良晴[*2]

1　ポリ乳酸について

1.1　ポリ乳酸の生産量拡大

生分解性プラスチックの代表格であったポリ乳酸は，バイオプラスチックの代表格としても位置づけられるようになった。図1に2018年時点のバイオプラスチック市場の概況と，2023年時点の予想を示す。2018年時点，ポリ乳酸はバイオプラスチック全体の10%程度のシェアを占め，2023年には15%強のシェアに到達する堅調な成長が見込まれている。他のバイオプラスチックも堅調な成長が見込まれているが，ポリ乳酸が依然として代表格として認識され続けるであろう。ポリ乳酸市場の成長は，生分解性プラスチックとしての既存マーケット拡大に加え，汎用プラスチックおよびエンジニアリングプラスチックとしての用途拡大の寄与が大きい。以下，今後の成長のカギを握りうる技術について紹介する。

1.2　ポリ乳酸の合成法

ポリ乳酸は，乳酸の脱水による直接重縮合法，もしくは乳酸の環状二量体であるラクチドの開環重合によって合成できるが，主たる工業的製法として確立されているのは後者である。その理由として，純度の高いラクチドを生産するプロセスが確立していること，副反応を抑制する手法

図1　2018年度のバイオプラスチックの生産量と2023年度の予測（文献1，2などを参考に推測）

＊1　Hajime Nakajima　Macromolecular Chemistry and New Polymeric Materials, Zernike Institute for Advanced Materials, University of Groningen, Guest scientist

＊2　Yoshiharu Kimura　京都工芸繊維大学名誉教授

が確立していることから，直接重縮合法に比べ，安定して高品質なポリ乳酸を製造できることが挙げられる。開環重合の方が戦略的な分子構造制御が可能であることから，学術分野の研究でも開環重合を用いるのが主流である。直接固相重合や溶液重縮合（ジフェニルエーテル中）などによるプロセス最適化により，直接重縮合でも生分解性用途の実用化に耐えうるポリ乳酸の合成が可能である。直接重縮合は，乳酸からラクチドの製造プロセスを省略できうることから，大幅に製造コストを低減できる可能性がある。今後の技術革新に伴い，特定のポリ乳酸製造方法の主流となりうる。

1.3　様々なポリ乳酸（ポリ乳酸の多様性）

乳酸分子は不斉炭素を有し，二つの光学異性体（R体→D-乳酸：D体，S体→L-乳酸：L体）が存在する。従って，これらの乳酸から合成されるポリ乳酸にも様々な光学異性体が存在する。D体，L体からなるhomo-chiralなポリ乳酸にはpoly（D-lactic acid）（PDLA）とpoly（L-lactic acid）（PLLA）の立体異性体がある。工業生産される乳酸はL体が主流であることから，開環重合のモノマーであるラクチドもL体が中心となる。そのため，「ポリ乳酸」と前振りなく呼称する場合PLLAを指すのが一般的である。PLLAの高分子鎖はイソタクチック構造をとり，らせんを形成して結晶性を示す。この際，10_3-helixが折り畳まれた結晶構造をとり，その充填状態の違いからα-form，α'-formの形態がある。α-form，α'-formの形成はPLLA中のL体純度や成形温度で左右され，α-formの方が安定な結晶構造を形成するため結晶化速度が速く，結晶化度も上がりやすい。この安定化に伴い，融点が上がり耐熱性が向上する。PDLAはPLLAと逆のらせん構造をとった結晶性ポリマーであり，分子量と光学純度が同じであれば，両者は全く同じ性質を示す。D体，L体の混合体であるラセミのPDLLAはアタクチック構造となり非晶性となる。どの程度の混合比率をもってPDLLAであるかに明確な基準はないが，PLLA中のD体が5%ほどになると，通常の射出条件下では全く結晶化できないため，数%の混合比でもってPDLLAと解釈する場合もある。対して，L体，D体の当モル交互重合体であるpoly（D-*alt*-L-lactic acid）（*alt*-PLA）はシンジオタクチック構造をとる結晶性ポリ乳酸である[3]。条件を選ぶものの，*alt*-PLAの球晶サイズはPLLAのそれよりも小さくなり，微小分散しやすいといった利点（透明性耐熱成形体の可能性）も報告され，meso-lactideから*alt*-PLAが直接重合できるような触媒の開発が待たれる。高性能ポリ乳酸として期待されてきたのがステレオコンプレックス（sc）型ポリ乳酸（sc-PLA）である。sc-PLAはPLLAとPDLAが等モルで結晶化して安定化し融点が230℃に達する。PLLAとPDLAがブロック状に連結したステレオブロックポリ乳酸（sb-PLA）は，ホモ結晶を生じることなく選択的にscのみを形成するユニークな共重合体である。PLLAとPDLAのブレンドから形成されるsc-PLAと，sb-PLAから形成されるscは異なった性質を示し学術的にも非常に興味深い（後述）。また，ポリ乳酸は他の光学活性な結晶性ポリマーとヘテロステレオコンプレックス（hetero-sc）を形成することが知られている[4,5]。hetero-scにより，ポリ乳酸単体では成しえない物性発現の可能性があり，全く新しい用途展開の可能

ポリ乳酸タイプ	立体構造	非晶 or 結晶	らせん構造	ガラス転移点 (℃)	融点 (℃)
poly(L-lactic acid): PLLA	イソタクチック	結晶	10_3-helix (α'-form, α-form)	50-55	150-170(α'-form) 170-185(α-form)
poly(D-lactic acid): PLLA	イソタクチック		10_3-helix (PLLAと逆らせん)	50-55	165-185
poly(dl-lactic acid): PDLLA	アタクチック	非晶	-	40-50	-
poly(D-*alt*-L-lactic acid): *alt*-PLA (交互共重合体)	シンジオタクチック	結晶	解明中	40-50	140-160
stereocomplexed-PLA: sc-PLA	PLLA、PDLA、 イソタクチック の混合体		3_1-helix (β form)	50-55	200-240
poly(L-block-D lactic acid): sb-PLA	ステレオブロック		3_1-helix (β form) 詳細は解明中	45-55	190-220
heterostereocomplex-PLA: hetero-sc[*1]	ポリ乳酸と異種ポリマーの ステレオコンプレックス		解明中	解明中	140-180

図2　様々なポリ乳酸[*1]
hetero-scの性質は対のポリマーに大きく依存する。

性がある。

2　ポリ乳酸の高性能化

ここでの高性能化とは，エンジニアリングプラスチックとしての利用を目指したものであり，実現のためにはポリ乳酸特有の性質を理解した上で正しい開発戦略をとる必要がある。

- 生産性改善（重合の改善，安定）
- 物理的性質の改善（融点の向上，ガラス転移点の向上，機能性付与）
- 成形性の改善（結晶化速度の改善，レオロジー特性の制御）

などが，研究開発プロジェクトの目的と方向性として明確化されるべきである。

2.1　触媒の開発（開環重合）

ポリ乳酸に対し用途ごとに適した望ましい物性を付与するには立体構造の制御が重要で，そのためには立体選択性に優れた触媒の開発が必要となる。高度に立体構造を制御しつつ，ラセミ化やエステル交換によるネガティブな副反応を最小限に抑えるような触媒設計を同時に達成する必要がある。

2.1.1　オクチル酸スズ

現在，上市されているポリ乳酸はオクチル酸スズを触媒として重合されている。オクチル酸スズは，アルコール系開始剤とのリガンド交換によってスズ-アルコキシドを形成するが，このスズ-アルコキシド結合にラクチドモノマーが「配位・挿入」することで重合が進み高分子量のポ

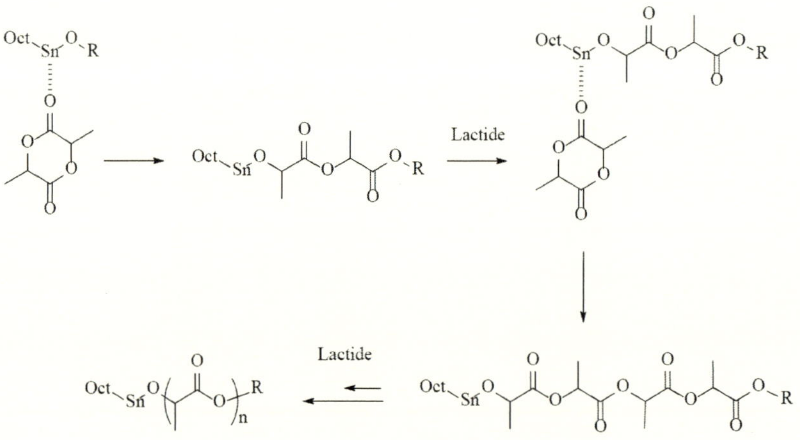

図3　オクチル酸スズの配位・挿入機構[6]

リ乳酸が生成される（図3）。この配位・挿入機構，重合初期はリビング的に進行するが，転化率が70～80％程度に達した後はエステル交換反応による連鎖移動の影響が無視できなくなり，最終的に得られるポリマーの分子量分布が比較的広くなるため（M_w/M_n＝1.5～1.8程度），分子量単分散による高性能化は難しい。オクチル酸スズの触媒機構に起因するラセミ化は無視できる程度である一方，立体選択性を有しないため原料ラクチドの光学純度が最終のポリ乳酸の立体規則性に直結する。そのため，産業界ではラクチドの高品質化（高光学純度）の達成により，PLLAの高性能化で成果を上げてきた。現状，生分解性プラスチック用途のポリ乳酸の製造に関してオクチル酸スズに致命的な欠点はないといえる。実務的な側面ではあるが，オクチル酸スズはFDAによって認証された触媒であり，国際的な安全基準への信頼性が高い。積極的にオクチル酸スズ以外の触媒を実用化するには，この点にも留意し，圧倒的な技術的優位性を示さなければならない。ちなみに筆者の研究を通じ，オクチル酸スズの精製によって遊離のオクチル酸を除去することで，オクチル酸スズの触媒能が活性化（配位・挿入機構の安定化）することを見出してきた。オクチル酸スズの本質的な基礎研究，ポリ乳酸製造中でのプロセス最適化が進められていくことに期待したい。

2.1.2　立体選択性触媒（有機系，無機系）

多くの立体選択性触媒が報告されてきたが[7]，注目すべきものを図4にまとめてみた。無機系触媒として利用される金属は多岐にわたるが，Salenをリガンドとするアルミニウム触媒の高い立体選択性がとりわけ多く報告されている。これらの触媒は，ラセミラクチド（RR-ラクチドとSS-ラクチドの混合物）からPDLLAを合成することなくイソタクチックなポリ乳酸（PLLAとPDLAの混合物）を重合できる他，RR-およびSS-ステレオシーケンスがブロック状に配置したsb-PLAを合成できる。これは，触媒の立体構造をasymmetricにすることで，触媒中心にL選択性およびD選択性を有する二つの活性点を配置し，L体とD体の別の立体特異的な重合によるものである。残念ながらアルミニウム錯体系の触媒は，反応温度が低い上に反応率も低く，直接

		Chemical structure
Conventional		Sn^{2+}
無機系	Alminum complex	R=Me, ^{i}Pr R_1 = $(CH_2)_2$, $(CH_2)_3$, $CH_2CMe_2CH_2$ R_2 = Et, O^{i}Pr, CH_2Ph R_3 = Me, ^{t}Bu, Ph, $SiMe_2{}^{t}Bu$ R = Me, ^{i}Pr, ^{t}Bu
	Rare-earth metal complex	A R = tBu B R = Et X = $(CH_2)_2$, $(CH_2)_2NH(CH_2)_2$ Ln = Y, Lu, La R = Me, ^{t}Bu R = Me, Et
	Other metals	P_r up to 0.86, 20°C M_w/M_n ~ 1.10 P_r up to 0.86, 20°C M_w/M_n ~ 1.10 R_1 = aryl R_2 = ^{i}Pr, Bu, Ph P_r = 0.70 ~ 0.90, 23°C M_w/M_n ~ 1.20 R = ^{i}Pr, ^{t}Bu P_r = 0.90, 25°C M_w/M_n = 1.6 ~ 1.70
有機系	Acid catalyst (Cationic)	
	Base catalyst (Anionic)	TBD　DBU　MTBD　DMAP　PPY
		Thiourea 1a (co-catalyst)　Thiourea 1b (co-catalyst)　HAG•OAc　Creatinine

図 4　ポリ乳酸の高性能重合触媒

工業利用に供するのは難しいが，これらから得られた知見が，他の金属錯体触媒設計に活かされている。最近開発が進む他の金属錯体触媒（亜鉛系，マグネシウム系，レアメタル系など）では，アルミニウム触媒を超える高度な立体選択性が報告されている。

有機系の塩基触媒を用いたラクチドの開環重合も活発に研究されている。バイオプラスチック分野での有機系触媒の成功例としては，Corbion 社の poly(ethylene furanoate)（PEF）の重合が知られており，この場合，従来の方法に比べて副反応が大幅に抑制され，分子構造のよく制御されたPEFが工業スケールで生産できることが報告されている[8]。有機系の触媒は溶融状態のラクチドに分子レベルで分散できるため，その高い触媒活性を損なうことなく，短時間で高分子量のポリ乳酸を合成することができる。また，有機系触媒は，無機系触媒に比べ重合後の除去が容易なことから，安全基準が厳しい製薬分野などでの実用化に期待が高まる。有機系の触媒，一般的に強塩基性を示すものが多く，ラセミ化を起こしやすいのが欠点でありこの克服が課題である。実務レベルの触媒開発では副反応に伴う着色，各国の規制への適用性なども考慮する必要があり産業界と学術界の協調が重要であろう。

2.2　ポリ乳酸共重合体の開発：バイオベースラクトン類

ポリ乳酸への機能性付与，レオロジー特性改善などに欠かせないのが共重合体の開発である。ラクチドは他のラクトン類との共重合により，種々の共重合体を与えるが，これまで，バイオベース由来のラクトンは限られてきた。しかし，最近開発の進むバイオベース由来のラクトンにより（図5），新たな分子設計が可能となってきた。図5に示すバイオベース由来のラクトン類は，分解性の制御，結晶化速度の改善，ガラス転移点向上，および柔軟性といった機能性の獲得

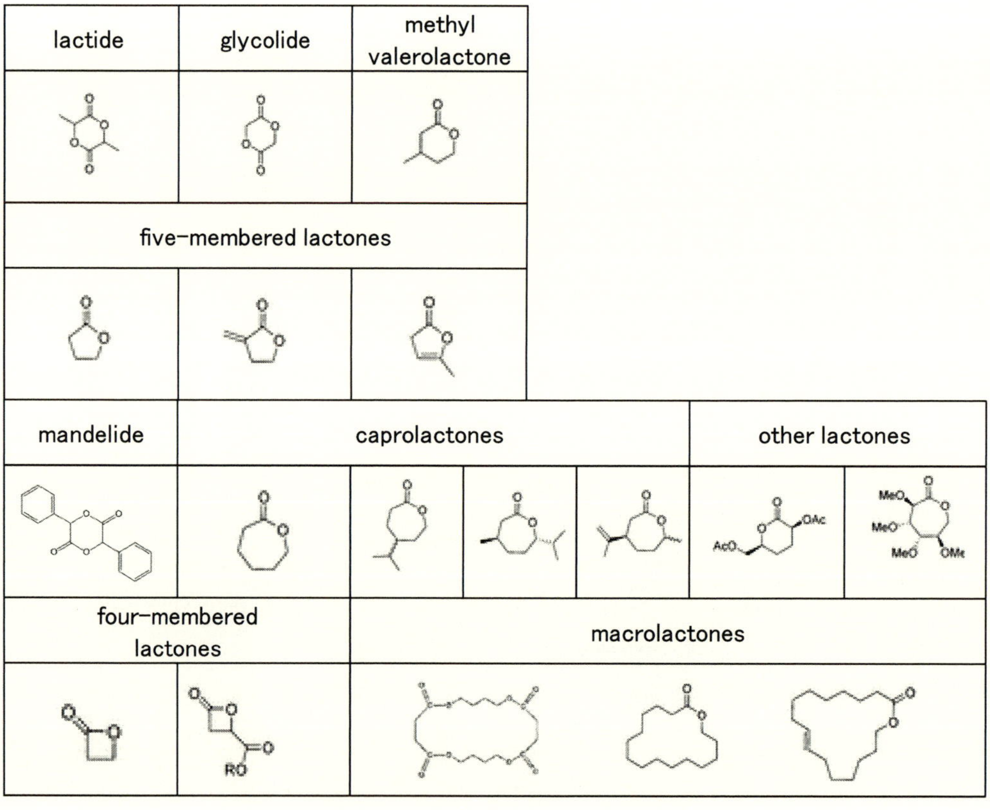

lactide
glycolide
methyl valerolactone
five-membered lactones
mandelide
caprolactones
other lactones
OAc
AcO
MeO
MeO
MeO
OMe
four-membered lactones
RO
macrolactones

図5　バイオベースラクトン類[7,9,10]

に利用できる。共重合によりフェニル基やビニル基といった機能性官能基を導入することで，ラクチド単体では成しえない機能性材料の開発が可能となる。

2.3　ポリ乳酸のブロック共重合体

2.3.1　ステレオブロック共重合体（sb-PLA）

PLLAとPDLAがブロック状に連結したsb-PLAは，あらゆる成形条件下でPLLAとPDLAのホモ結晶を生じることなく，選択的にsc結晶を形成し，高い耐熱性が得られる[11]。そのため常に，sc-PLAに由来する高融点を発現できる特殊なポリ乳酸である。sb-PLAにはいくつかの種類，合成方法があり，それらを図6にまとめた。二段階開環重合法においては，まず，PLLAとPDLAのいずれかを合成し，それを開始剤として対になるラクチドの開環重合を行う。この方法では，ジブロック（PLLA-PDLA）やトリブロック（PLLA-PDLA-PLLA）共重合体が合成されるが，第一段階での残存モノマーの除去を丁寧に実施しないと第二ブロックの光学純度が低下する。また，第二段階目の重合後期においてエステル交換反応によるPLLA，PDLAブロック間の連鎖移動が生じるとsc形成能が大幅に低下する。これらの抑制のため，第一段階のポリ乳酸のブロックを短くし，逆に第二段階のブロックを長くした偏組成型のsb-PLAが提案されている[12]。ラセミラクチドの立体選択性重合によるsb-PLAの合成は理想的な形であるが，今のところ，十分なL，D選択性を有し，かつ，高分子量のsb-PLAを安定して合成することは難しい。カップリング法では，末端反応基を有するPLLAとPDLAオリゴマーを別個に合成し，両者を溶融反応することによってsb-PLAを合成する。PLLA，PDLAのブロックを完全に別の製造プロセスでそれぞれ準備するという手間がありうるが，一つの簡易なsb-PLA合成法としてここで紹介したい。溶融/固相重縮合法では，第一段階でPLLAのPDLAのオリゴマーを直接

重合手法	モノマー単位	ブロックシーケンス	sb-PLAの構造
二段階開環重合	ラクチド	ジブロック、トリブロック	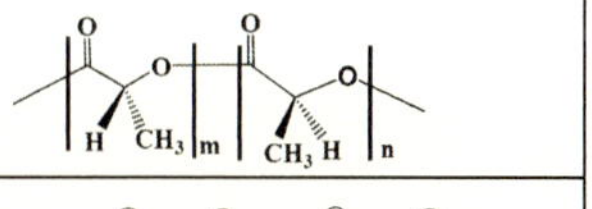
立体選択性重合	ラクチド	ジブロック（ヘテロタクチック）	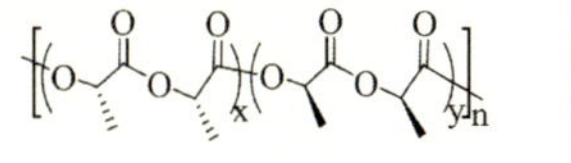
カップリング法	ラクチド	ジブロック、トリブロック	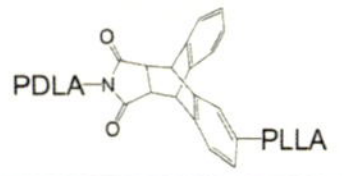 PDLA–N … PLLA
溶融/固相重縮合法	乳酸	マルチブロック	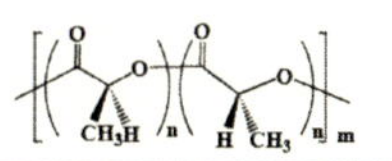

図6　ステレオブロックポリ乳酸（sb-PLA）

重縮合で合成し，両者を混合した後に sc 結晶化した後，固相重合を行う方法である。ここでの固相重合では，重合末端が非晶部に高濃度で分散し，縮合効率が大幅上昇することで高分子量の sb-PLA が得られる。この方法に特化した触媒の開発が待ち望まれる。sb-PLA 由来の sc 結晶，PLLA と PDLA の混合から得られる sc 結晶より，融点が 10～20℃程度低い。また，最終的な結晶化度が上がりにくく，最終の成形体の耐熱性がガラス転移点で決定しかねないという課題もある。これらを解決する最適な分子シーケンス，改質剤の開発が待ち望まれる。

2. 3. 2　その他のポリ乳酸ブロック共重合体

他の生体適合性ポリマー，生分解性ポリマーとのブロック共重合体が数多く報告されてきた。特に，poly(ethylene glycol)（PEG）とのブロック共重合体[13]では，ゲルやミセルといった両親媒性を活かした利用により，医療分野で成果を上げてきた。学術分野においても，特有の相分離挙動を活かしたナノオーダーでのモルフォロジー制御で優れた報告がみられる。ポリ乳酸ブロック共重合体の最近の潮流として，polyethylene(PE)，polystyrene(PS）のような汎用ポリマーとのブロック共重合体が多く報告されるようになった。PE や PS による直接的なポリ乳酸高性能化は今のところ見受けられないが，今後の新たなポリ乳酸機能性材料の創出可能性に期待したい。最近のブロック共重合体で進捗が著しいのは，ソフトセグメントとのブロック共重合による熱可塑性エラストマーの開発であろう。これにより，ポリ乳酸の欠点である低耐衝撃性を改善し，爆発的に実用化を広げる可能性を秘めている。柔軟性を付与するソフトセグメントとしては，PEG の他に，poly(1,5-dioxepan-2-one)（PDXO），ポリイソプレン（PI），ポリトリメチレンカルボナート（PTMC），polymenthide（PM），poly(dimethylsiloxane)（PDMS），poly(6-methyl-ε-caprolactone)（PMCL）などが報告されている（図 7）。このうち，PM とのポリ乳酸エラストマーは，破断伸度 960％を達成しており[14]，今後，sc-PLA による物理架橋とのコンビネーションなどでさらなる高性能化が期待できるであろう。PM 自体もバイオベースであり，総合的な環境調和性材料としての魅力も高い。ここで紹介したポリ乳酸熱可塑性エラストマー，単発の試験では十分に従来のエラストマーに匹敵しうる物性を発現するのであるが，長期の使用中に生じる加水分解による分子量低下，連続的な動的負荷下でのクリープ耐性低下などは実用化レ

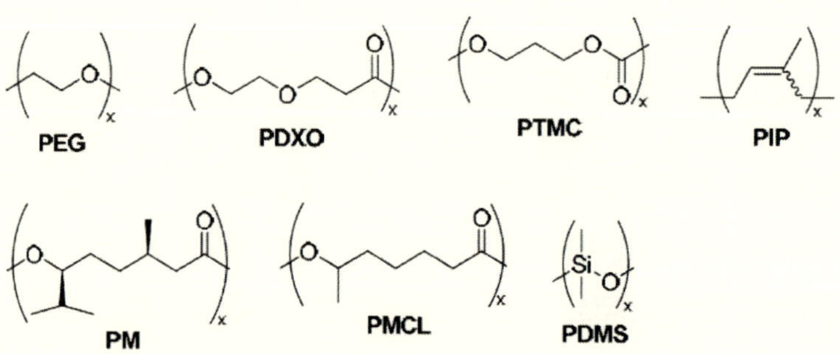

図 7　ポリ乳酸エラストマーに使用しうるソフトセグメント

ベルで検証される必要がある。構造基材としてだけでなく，バイオベース化が進むコーティング や接着剤の分野で利用が進められていくことにも期待したい。

2.4　ステレオコンプレックスポリ乳酸（sc-PLA）

sc-PLAは230℃を超えうる融点を有し，耐熱性エンジニアリングプラスチックとしての開発が進められてきた。しかし実際の射出成形条件では，ポリ乳酸のホモ結晶の形成を抑制できず，PLLAとPDLAの当モルブレンドからの効率的なsc-PLA形成が未だに困難である。また，一度ホモ結晶が形成されると，PLLAとPDLA間のタイ分子が激減[15]，残存するPLLAとPDLAの分子鎖絡み（chain entanglement）だけではsc-PLAの再形成が益々困難になり，再溶融や成形時間延長による効果は得にくい。比較的分子量が低いポリ乳酸，熱分解を伴う高温での成形，成形機に大きな負荷のかかるホモ結晶融点付近での押出成形などでsc-PLAの高効率な形成が確認されているが，これでは本来のsc-PLAの魅力を引き出せない。今後のブレークスルーに大きな期待を寄せたい。産業界ではTotal/Corbionがsc-PLAの開発に積極的に取り組み続け，高フィラー含有sc-PLAを開発し，同レベルのフィラー含有ポリアミド，ポリブチレンテレフタレートに匹敵する性能が得られるとレポートされている（図8）[16]。融点が若干低く，比較的低分子量のポリ乳酸のsc-PLA，もしくはsb-PLAのsc-PLAの可能性もあり非常に技術的に興味深い。sc-PLA単体での実用化に加え，sc-PLAによるPLLA成形体の高性能化への利用も進む。PLLA結晶化促進剤としての利用[17]，繊維内でのナノフィブリル化による高性能化[18]などが代表例で，こちらでの展開にかかる期待も大きい。

	PLA			PA, PBT	
	PLLA	Corbion sc-PLA1	Corbion sc-PLA2	PA66 GF20	PBT GF20
Filler content (%)	0	20	40	20	20
Flexural modulus (MPa)	3500	6000	13500	7000	5500
Tensile strength (MPa)	45	135	150	162	120
Tensile modulus (MPa)	3500	8300	13500	7500	8000
HDT (1.80 MPa) (℃)	55-60	195	198	250	205
Melting temperature (℃)	155	220	220	262	210

図8　Total/Corbionのsc-PLA[16]

2.5 その他の耐熱性ポリ乳酸の開発

2.5.1 高L組成ポリ乳酸（high-L-PLLA）

99.5%以上のL体純度を有する高L組成ポリ乳酸（high-L-PLLA）が，高品質PLLAの一つの基準とされている[2)]。L体純度がこれ以下だと，結晶化能力が低すぎて現実的な射出成形の条件（金型温度，サイクルプロセスなど）に対応することが難しい。目安として，L純度1%の向上により結晶化速度が2倍になり，今後，限りなく100%に近いL体純度high-L-PLLAの開発により産業界のニーズにどれだけ応えうるかに注意したい。high-L-PLLAでは安定してα-formが形成されるが，逆に，球晶が局所的に肥大化しやすく，成形体の透明性が損なわれやすいという弊害もありうる。これは結晶核をナノ分散させるような結晶核剤の開発や，球晶が肥大化しにくい温度条件設定などでの対応が必要となる。

2.5.2 高ガラス転移点ポリ乳酸（high-Tg-PLA）

sc-PLAとhigh-L-PLLAは結晶性能と融点の向上による高性能化であるが，それだけでは対応が困難な用途も多い。注目すべきは高いTgを有する，high-Tg-PLAの開発である[2)]。high-Tg-PLAはフェニル基やシクロヘキシル基といった嵩高い官能基のポリ乳酸主鎖への導入で達成するのが主流で，PSに匹敵するTgが得られることが分かっている。かなり学術要素が強い研究ではあるが，ノルボルネン導入型のポリ乳酸のTgが192℃に達したという報告もある[2)]。バイオベース由来のマンデル酸ベースのラクトンが最も実用化に適した手法だと考えられる。マンデル酸ベースのラクトン，今のところグラムスケールの合成しか報告がなく，現実的なスケールの合成方法確立がまずは検討されるべきである。それに伴い，レオロジー特性や物理的な強度に関する本格的な評価が進むことを期待する。

3 スペシャリティポリ乳酸について

汎用プラスチック，エンジニアリングプラスチックとして構造基材としての利用が進む一方，以下のようなスペシャリティ用途でのポリ乳酸も開発が進められている。

• 海洋分解用途

結晶化したPLLAの海洋分解性は非常に貧弱で，従来の石油系プラスチックになんら優位性を示さないとの指摘も見受けられる。加水分解の速いPDLLAによる成形体の開発や，親水性に富む1.3-dioxolan-4-one（DOX）との共重合体の開発が重要となる。DOXとの共重合体では，海洋条件下でコントロールのポリ乳酸が全く分解性を示さない中，数%の重量lossが確認されている[19)]。天然繊維とのコンポジットにより，繊維による補強効果を得つつ，海洋分解性の向上を達成しうるとの報告もある[20)]。

• 医療用途

ポリ乳酸は骨折固定材，スキャホールドなどとして再生医療分野で実用化されてきた。今後とも，この分野では重要な役割を担い続けるであろう。ドラッグデリバリーの分野では，新たな共重合体，ミセルやゲルのナノ構造制御，sc-PLAを用いた架橋，hetero-scなどの開発により一層の拡大が期待される。

・3Dプリンター

急速な成長を続ける3Dプリンター市場はベンチャー企業の激戦区でもある。ポリ乳酸フィラメントはすでに実用化されており，小ロット生産により用途ごとの細やかな要求に応える製品化が進められている。ポリ乳酸のフィラメント，NASAが宇宙ステーションでのadditive manufacturingでの積極利用を検討しており，ポリ乳酸の全く新しい未来を切り開く可能性もある。

・ポリマーコンポジット

生分解性プラスチック同士のブレンドだけでなく，汎用プラスチックや液晶ポリマーなどのエンジニアリングプラスチックとのブレンドの開発が進み，新たな性能の獲得につながりつつある。コンポジットの開発，ここでは詳細は控えるが，開発マネージメントの最適化により，少額の研究投資で大きな効果を得ることも可能で，最初から実用化をイメージした産業界での開発に期待したい。

・光学材料分野，電子材料分野での新素材創生

PLLA，PDLAは結晶化の際，左巻きらせん，右巻きらせんをそれぞれ形成するが，これを利用してラメラの配向性を制御するような全く新しい試みが報告されるようになった[21)]。これを利用し，光の透過異方性や圧電性の緻密な制御が可能になりうる。PDLLAに代表される非晶性ポリ乳酸の透明性はアクリル製樹脂を上回るほどに秀逸であり，これらを総合的に組み合わせることで，光学材料分野，電子材料分野での新素材創生に期待を込めたい。

・シェールガス，シェールオイル

シェールガス，シェールオイルの採掘では，水，砂（プロパント），化学薬品の混合物を高圧で亀裂に注入してガス，オイルを押し出して回収するが，その際の粘度の調整とプロパンとの固定にPLA短繊維が使用される。アメリカのシェールガス，オイル革命を支えた技術の一端といえる。生分解性用途を活かした使用ではあるが，カーボンニュートラルに対して難しい側面があることも否めない。

4　まとめ

駆け足でポリ乳酸の高性能化，高機能化につながりうる技術を紹介したが，それらを図9にまとめた。横軸に表す時間軸は感覚的なものであることは否めないが，今後の指標として共有いただけると幸いである。ポリ乳酸がバイオプラスチックの代表格として，これからもバイオプラスチック全体のブレークスルーを牽引し続けることを期待したい。

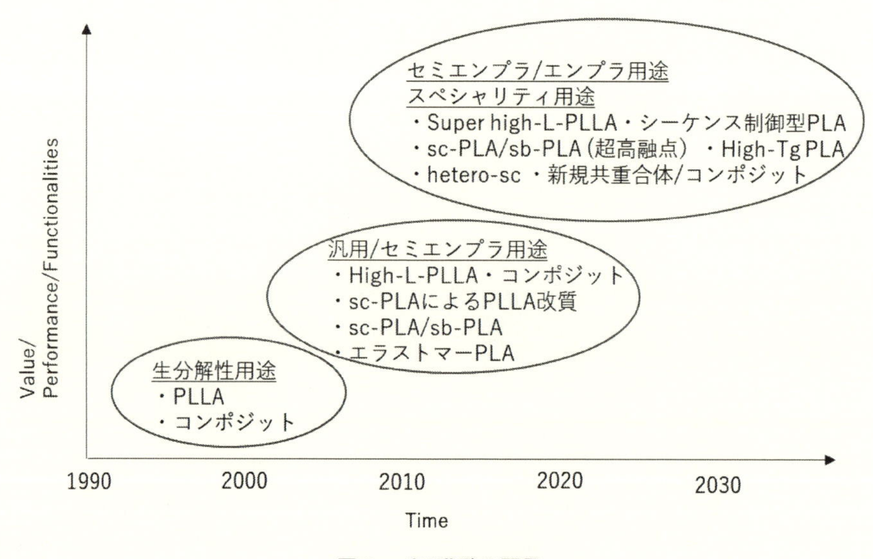

図9 ポリ乳酸の開発

文 献

1) https://docs.european-bioplastics.org/publications/EUBP_Facts_and_figures.pdf
2) H. Nakajima, P. Dijkstra, K. Loos, *Polymers*, 2017, **9**, 523
3) H. Tsuji, Y. Arakawa, *Polym. Chem.*, 2018, **9**, 2446
4) J. Slager, A. J. Domb, *Biomacromolecules*, 2003, **4**, 1308
5) H. Tsuji, S. Noda, T. Kimura, T. Sobue, Y. Arakawa, *Scientific Reports*, 2015, **7**, 45170
6) O. D.-Cabaret, B. M.-Vaca, D. Bourissou, *Chem. Rev.*, 2004, **104**, 6147
7) X. Zhang, M. Fevre, G. O. Jones, R. M. Waymouth, *Chem. Rev.*, 2018, **118**, 839
8) http://www.plasticfuture.eu/uploads/Corbion_S.deVos.pdf
9) T. Liu, T. L. Simmons, D. A. Bohnsack, M. E. Mackay, M. R. Smith III, G. L. Baker, *Macromolecules*, 2007, **40**, 6040
10) C. W. Lee, K. Masutani, Y. Kimura, *Polymer*, 2014, **55**, 5673
11) M. Kakuta, M. Hirata, Y. Kimura, *Polymer Reviews*, 2009, **49**, 107
12) K. Fukushima, M. Hirata, Y. Kimura, *Macromolecules*, 2007, **40**, 3049-3055
13) T. Fujiwara, Y. Kimura, *Macromol. Biosci.*, 2002, **2**, 11
14) T. M. Martello, M. Hillmyer, *Macromolecules*, 2011, **44**, 8537
15) G. Stoclet, *Polymer*, 2016, **99**, 231
16) https://www.total-corbion.com/media/9325/factsheet-sc-pla-180418-web.pdf
17) S. C. Schmidt, M. A. Hillmyer, *J. Polym. Sci. Part B Polym. Physics*, 2001, **39**, 300
18) H. Zhang, H. Bai, S. Deng, Z. Liu, Q. Zhang, Q. Fu, *Polymer*, 2019, **166**, 13

19）R. T. Martin, L. P. Camargo, S. A. Miller, *Green Chem.*, 2014, **16**, 1768
20）A. L. Duigou, P. Davies, C. Baley, *Polym. Deg. Stab.*, 2009, **94**, 1151
21）T. Wen, H-F. Wang, M-C. Li, R-M. Ho, *Acc. Chem. Res.*, 2017, **50**, 1011

第28章　「多元ポリ乳酸」生合成の新展開：オリゴマー分泌の発見によるプロセス革新

田口精一*

1　はじめに

地球温暖化防止を目指して，2015年に締結されたパリ協定では，国際的なルールとして温室効果ガスの排出について2020年以降の各国に大きなノルマが課せられている。日本もその例外ではない。プラスチックの製造は，世界で年産3億トンの巨大産業である。これまで，化石資源である石油を使用して莫大な量のプラスチック製品が生み出され，日常生活や産業の現場に浸透している。ただし，一方的な生産と消費のスパイラルが，二酸化炭素の排出とプラスチック自身の余剰蓄積を増幅してきた。現在低炭素化の潮流に合わせ，再生可能な代替資源として，プラスチックなどのモノづくりのために植物バイオマスの利用が盛んに進んでいる。最近は，マイクロプラスチックの海洋汚染問題がクローズアップされていることから，生分解性のバイオプラスチックが注目されている。本書の表題にもあるように，「資源循環とグリーンケミストリー」のキーワードを両輪とした技術開発は，このような地球環境の保全，持続的な産業活動，人類の健全な生存を考えた上で必須のことである。

ポリ乳酸は，再生可能バイオマスを出発原料に合成されるバイオベースプラスチックの代表格である[1)]。今，ポリ乳酸は食品用包装材をはじめいろいろな用途で日常生活に使用されている。生産の主力は米国のNatureWorks社によって行われており，現在年産30万トン近くに及ぶ。当初は“生分解性”と標榜されていたが，厳密には堆肥化可能なバイオプラスチックであり，最近では自然環境下で分解されるバイオプラスチックとは区別化されている。一方，自然界で好気・嫌気問わずに完全に分解できるバイオプラスチックの代表が微生物ポリエステルのPHA（ポリヒドロキシアルカン酸）[2)]である。PHAはこれまでに160種類以上のモノマーユニットが同定されており，生物由来ポリマーとしては大きなファミリーである。その中でも，3-ヒドロキシブタン酸ポリマー［P(3HB)］は，1926年に仏国のルイ・パスツール研究所で，納豆菌の類縁菌から発見されたPHAの元祖基本形である[3)]。微生物は，PHAを炭素源・エネルギー源の貯蔵物質として細胞内に合成蓄積する，というのが教科書的な理解である。PHAを細胞外に取り出し単離精製すると，まるで化学合成樹脂のようにプラスチックとしての性質を示し，溶融成型によりフィルムや繊維に加工できる。このように，PHAは，再生可能資源から微生物合成される

＊　Seiichi Taguchi　東京農業大学　生命科学部　分子生命化学科　生命高分子化学研究室　教授

と同時に生分解性という特異な機能を有することから，炭素循環システムに組み込まれ，石油由来プラスチックに代わる新たな環境低負荷材料として，研究者の関心を惹きつけてきた。しかし，石油系の汎用プラスチックに比べると，実用材料として利用するためには様々な工夫が必要である。たとえば，天然のPHA生産菌の中から最も多く見出され生産性の高いP(3HB)は，硬くて脆い物性を持ち，決して使いやすい材料ではない。そこで，第二モノマー成分として3-ヒドロキシヘキサン酸（3HHx）を加えることにより，3HBユニットの結晶化を適度に抑制し，柔軟な物性を示すP(3HB-*co*-3HHx)共重合体が創られた。最近，㈱カネカはこの共重合体をPHBHという商標名で，年間5,000トンの事業生産を実施している。現在，PHBH素材が国内外で好評に売れだしており，生産スケールが上向いている。PHBHの製造プロセスの偉大なところは，徹底的なグリーンケミストリーである点である。ポリマーの合成反応が微生物細胞内という水系で進行し，抽出・精製過程でも有機溶媒を排した水系で全て処理される。化学合成でよく使用される重金属触媒は一切無縁であり，生体反応なので稼働する環境は常温・常圧である。さらに，生産に使用する原料は非可食のパーム核油部分で，自然環境下で良好な生分解性を示すことで，国際的な承認機関から生分解のお墨付きロゴマークを授与されている[4]。

上述したようにPHAの合成反応全てが微生物細胞内で進行するのに対して，ポリ乳酸が，乳酸発酵（バイオプロセス）と乳酸の化学重合（化学プロセス）のハイブリッド・プロセスによって合成されていることは周知のことである。ここで，ポリ乳酸をPHAのように徹頭徹尾オール・バイオプロセスで合成できないか？と筆者は素朴な好奇心として着想した。すなわち，グルコースを取り込んだ微生物が同一細胞内で最終のポリ乳酸まで連続的に合成するワンポット反応である。2006年当時としては，このアイディアはかなり難度が高いと考えられたが，現実となった今はもはや常識として定着している。本取り組みは，自然界に存在が知られていない「乳酸重合酵素」の開発がもたらしたブレイクスルーであった[5]。ポリ乳酸といえば，元々夭折の天才カローザスが低分子量のポリマーを先駆けて合成していた。現在の環境低減プラスチックの需要を考えると素晴らしい先見の明である。その後も，PLLAとPDLAをブレンドして共結晶化することでステレオコンプレックスを形成することが発見された[6]。ステレオコンプレックス化することで，ポリ乳酸の弱点である耐熱性や耐衝撃性が改善され，多くの繊維会社が本技術を積極的に導入している。このように重要なブレイクスルーはある頻度で起きている。今後も，たとえば高分子量ポリマーの重合法が開発される可能性がある。

最近になって，筆者らは「乳酸オリゴマー」が微生物の細胞外へ分泌することを発見した[7]。高分子量ポリマーが微生物を利用して合成できたとしても，それは細胞内に蓄積する。したがって，ポリマー収量は微生物バイオマスに依存するのが原理原則である。では，中分子のオリゴマーは？と筆者は考えた。この思い付きテーマを，筆者が北海道大学で研究を行っていた際，博士学生として入室した国費留学生（Dr. Camila Utsunomia）に担当してもらった。ギャンブルと思ってあまり期待しないで静観していたところ，無欲の当人は淡々と結果を出してきた。乳酸オリゴマーは，環状のラクチドに変換され，開環重合法でポリ乳酸を合成する際の重要な中間体である。従来の乳酸モノマーから触媒でオリゴマー化するステップを短縮できることから，多段階反応を経て合成されるポリ乳酸のプロセスのスリム化が可能となった[8]。全く予期せぬことというよりは，実現したら面白いという現象であったが，思い立ったら吉日で，本当に女神がほほ笑むことがある。

本稿では，多元ポリ乳酸生合成系の進展を解説し，その基礎物性や部材化，そして生分解性について述べる。「多元ポリ乳酸」というネーミングは，乳酸重合酵素の広域の基質特異性に基づいた他種モノマーとの共重合化に起因している。すなわち，多様な乳酸ベース共重合体の総称である。また後半では，ハイライトとして乳酸オリゴマーの微生物による分泌発見[7]の経緯，ポリ乳酸生産プロセスの短縮化[8]を具体的に解説する。さらには，乳酸オリゴマーの分泌メカニズムを特異的なトランスポーターの特定[9]を通じて推定し，連鎖移動反応によって作製したジオール体を利用したポリウレタン合成[10]まで言及する。

2　多元ポリ乳酸の進展(1)：プロトタイプの創製

着想の出発点は，PHA の生合成系に基づいて，ポリ乳酸を合成することは可能か？という命題である。ポリ乳酸は，文字通り乳酸を重合させて得られるポリエステルであり，乳酸発酵により生産される乳酸を，重縮合または開環重合により化学重合させて得られる[1]（図１下段）。図１に示すように，ポリ乳酸は P(3HB) と類似の化学構造を有している。しかし物性は P(3HB) とはかなり異なっており，ポリ乳酸は透明なフィルムに加工することができ，かつ室温で経時的に脆化することがない。これは，ポリ乳酸の分子鎖の熱的な運動性が P(3HB) より低く，室温付近では結晶化が進行しないためである。このことから，室温で使用される硬質材料としては，ポリ乳酸は P(3HB) よりも概ね優れた材料であるといえる。このことは，ポリマーの微生物合成に従事している筆者にとって，PHA の生合成系を利用してポリ乳酸を合成することができないか？という好奇心を刺激した。しかしその時点では，ポリ乳酸を合成する微生物は知られていなかった。これは乳酸が主にエネルギーの産生とともに毒性のある老廃物として菌体外へ排出されていることを考えれば，自然なことのように思われた。

PHA の生合成の標準例として，グルコースを炭素源とした P(3HB) の合成経路[2]を図１の上段に示す。解糖系を経て合成されるピルビン酸からアセチル CoA が生成し，これが β ケトチオラーゼ（PhaA）の働きによりアセトアセチル CoA へと二量化される。次いで，還元酵素（PhaB）の働きにより，3HB-CoA モノマーが生成する。最後に重合酵素 PhaC が 3HB-CoA を基質として認識し，3HB ユニットを連続的に重合させることにより P(3HB) が合成される。これら３種類の酵素 PhaABC をコードする遺伝子セットを細胞に導入すると，P(3HB) 合成能力のない微生物（大腸菌など）にも，P(3HB) を生産させることができる。PhaC は PHA 生合成の最終段階で作用する鍵酵素であり，その基質特異性により重合されるモノマーの構造やポリマー中のモノマー組成が決定される。すなわち，共重合体を合成する際には，組み合わせたいモ

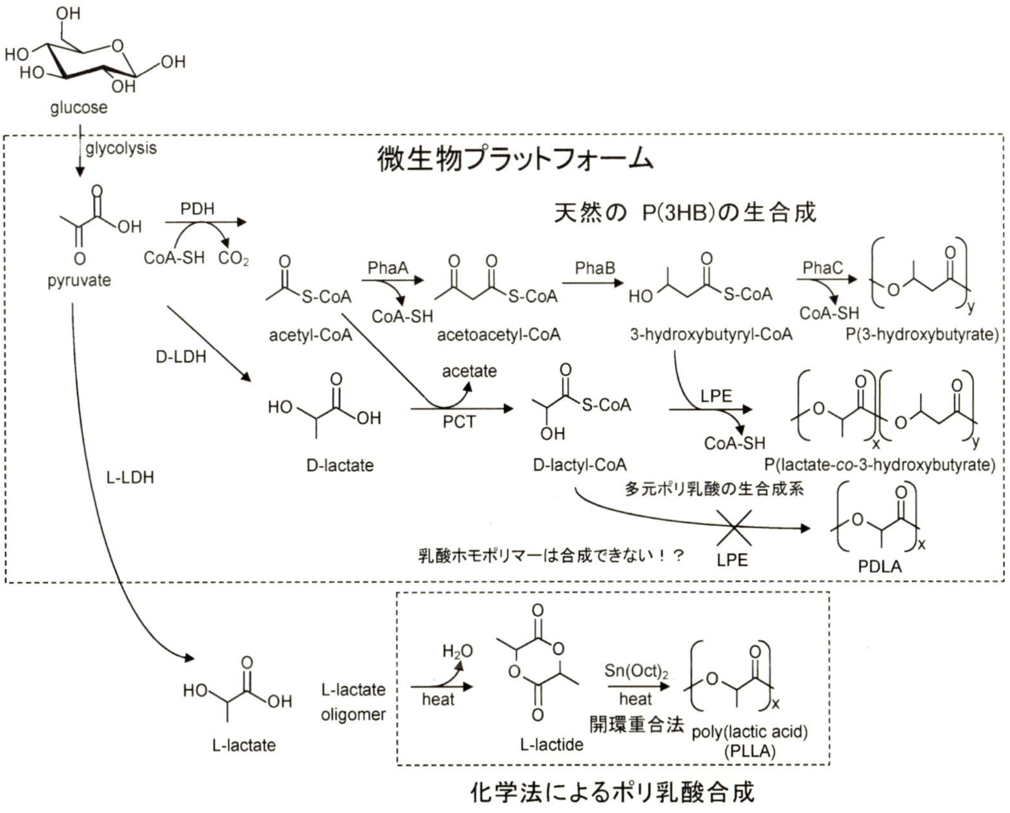

glucose
glycolysis
微生物プラットフォーム
天然の P(3HB)の生合成
pyruvate
PDH
CoA-SH CO_2
acetyl-CoA
PhaA
CoA-SH
acetoacetyl-CoA
PhaB
3-hydroxybutyryl-CoA
PhaC
CoA-SH
P(3-hydroxybutyrate)
D-LDH
acetate
D-lactate
PCT
D-lactyl-CoA
LPE
CoA-SH
P(lactate-*co*-3-hydroxybutyrate)
多元ポリ乳酸の生合成系
乳酸ホモポリマーは合成できない！？
LPE
PDLA
L-LDH
L-lactate
L-lactate oligomer
H_2O
heat
L-lactide
$Sn(Oct)_2$
heat
開環重合法
poly(lactic acid)
(PLLA)
化学法によるポリ乳酸合成

図 1　ポリ乳酸の化学合成法と PHA・多元ポリ乳酸の生合成法
中段の代謝経路が多元ポリ乳酸の生合成系である。D, L：光学異性体，PCT：プロピオニル CoA 転移酵素，LPE：乳酸重合酵素，LDH：乳酸脱水素酵素，PDH：ピルビン酸脱水素酵素複合体。

ノマーの両方を重合可能である。これは，ポリマーの物性を規定する重要なファクターである。筆者は，特に重合酵素の中枢的役割に注目して，立体構造が解明されていない時代（理研に入所した 1999 年）から，進化分子工学的アプローチ[11]により重合酵素の機能改変に関する研究[12,13]を開始した。それから 20 年の歳月が経過したが，莫大な進化酵素ライブラリーの中の酵素[14,15]（“NSDG” と命名した二重変異体）は，現在カネカで事業化されている PHBH の生合成に現役で使用されている。実は，乳酸重合酵素[5]（“STQK” と命名した二重変異体）もこの進化酵素ライブラリーの一つであることを考えると，創出したライブラリーは貴重なお宝群であったといえる。

2006 年より，北大内そしてトヨタ自動車・豊田中研との産学共同研究で開始したプロジェクトでは，PHA の進化型重合酵素の中に，“間違えて” 乳酸の CoA 体であるラクチル CoA を重合する可能性に期待した。幸運なことに，ラクチル CoA を重合可能な PHA 合成酵素（乳酸重合酵素）を早期に世界で初めて見出した[5,16]。これを端緒に，多元ポリ乳酸 P(LA-*co*-3HB) の完全生合成が可能となり，筆者らはまず大腸菌と宿主としたP(LA-*co*-3HB) 生合成系を確立した。(図1中段)。この乳酸重合酵素が発見された経緯については，これまでにも多くの成書で詳しく紹介している。ここでは，その後の進捗結果を紹介する。

この人工的に開発した乳酸重合酵素は非常に興味深い性質を持っていた。すなわち，ラクチルCoAのみが存在する系では（ビボでもビトロでも）それを重合することができないが，天然基質である3HB-CoAが共存すると3HBと乳酸の共重合体が合成された。したがって，本酵素は乳酸を含む共重合体は合成できるが，ポリ乳酸のホモポリマーは合成できないことが分かった[17]。乳酸重合酵素は，乳酸モノマーが重合できることから，その最も単純な重合物であるポリ乳酸が生合成できると考えるのは当然で，「実はポリ乳酸の生合成はできない」という事実は理解されにくい。筆者らも，当初はホモポリマーが合成できるはずと考えていた。しかし実際には，どのような実験条件でも“完全な”ホモポリマーは合成できなかった。これは実験技術の問題ではなく，本質的にポリ乳酸ができない仕組みがあるのだと直感した。そこで，共重合体を合成しながら，モノマー組成を変えて，乳酸の分率を上げていったらどうなるだろうか，と考えたのである。様々な実験条件を検討した結果，大腸菌を嫌気培養下で培養することにより，乳酸分率が当初の6モル%から47モル%へと大幅に向上した共重合体を合成できることを見出した[18]。その後の検討から，嫌気培養下で乳酸分率が向上するのは，実は乳酸の合成量が増える効果よりも，逆にカウンター・モノマーの3HB-CoAの供給量が低下する効果の方が支配的であることが分かってきた。つまり，結論としては，効果的に乳酸分率を上げる鍵は3HB-CoAの供給量を「ゼロにしないレベル」に絞ることであった。この知見の応用例として，P(3HB) の合成効率が低いことが知られているキシロースを炭素源として乳酸ポリマーの合成を行うことにより，グルコースを炭素源とした場合よりも乳酸分率の高いポリマーを合成することに成功している[19,20]。こうして，多元ポリ乳酸生合成系のプロトタイプができ上がった。

3　多元ポリ乳酸の進展(2)：完全ポリ乳酸の合成は可能か？

筆者らは，大腸菌と並列して，コリネ型細菌（*Corynebacterium glutamicum*）を宿主とした乳酸ポリマーの生産にも取り組んだ。本菌は，グラム陽性菌でありエンドトキシンを有さないことから，食品グレードの安全性が確立している生産プラットフォームとして乳酸ポリマーを作ることができる。コリネ型細菌に大腸菌と同様の代謝経路を構築し，P(LA-*co*-3HB) の合成を試みた。その結果驚くべきことに，同じ遺伝子を用いているにも関わらず，コリネ型細菌では乳酸97モル%以上のほぼポリ乳酸とも呼べるポリマーが合成された[21]。図1に示すPhaABによって触媒される3HB-CoAの供給経路はコリネ菌においても機能することが確かめられている。そこで，外来のPhaABが全く発現しない条件に変換したところ，GC/MS分析により乳酸のピークのみが検出されるポリマーが合成されたかのように思われた。念のため，サンプルを濃縮し，より高感度の分析に供した。その結果ごく微量0.7モル%であるが，3HBユニットが含まれていることが分かった[21]。すなわち，コリネ型細菌には天然の3HB-CoA供給系が存在し（実際，ゲノムDNA上に，PhaAB遺伝子に似た遺伝子が存在している），この代謝系によって微弱に供給される3HB-CoAの働きにより，ほぼポリ乳酸に近いポリエステルが合成されるのだろうと推測された。筆者らは，PhaABが発現しないコリネ型細菌のメタボローム解析により，PHA重合酵素によるポリエステル合成は，重合開始が律速であることを示すデータを持っていた[22]。この重合開始が効率的に進行するために，天然基質である3HB-CoAが必要なのかもしれない。

改めて，微生物重合による“完全な”ポリ乳酸ホモポリマーの合成は可能だろうか？ホモポリマーの定義によって，その回答の仕方は異なる。乳酸が99％を超えるポリマーは，物性の観点から化学合成のポリ乳酸とほとんど区別がつかない。これまでに議論した範囲では，高分子化学の研究者は，物性上区別がつかないのであれば，ホモポリマーといってよいという。実際，化学合成ポリ乳酸は微量の光学異性体を含むため，こちらも厳密にはホモポリマーとはいえない。逆に，立体化学の厳密性に拘ると，D体乳酸からなる高光学純度ポリマーにも言及した方がよいのでは？となる。筆者のように，新しい重合方法の開発からスタートした立場では，その重合メカニズムに徹底して焦点を当て，「0.7モル％」という数字に潜む「something X」に拘りたい。

4　多元ポリ乳酸の進展(3)：配列制御ポリマーの合成は可能か？

次は，ブロック共重合体の微生物合成について紹介する。化学重合法に比べて微生物重合法の弱点は，配列が制御されていないランダムな重合である点である。ブロック共重合体は，図2に示すように異なるモノマーユニットから構成されるホモポリマーの分子鎖が共有結合で連結されている。AとBの2つのユニットがランダムに重合したランダム共重合体では，ポリマー鎖の結晶化が起こりにくくなるなど，ホモポリマー本来の物性が変化する。一方で，ブロック共重合体は，通常それぞれのホモポリマーの特徴を合わせ持った物性を示し，それぞれのポリマーの特徴を“いいとこ取り”することができるため，合成高分子の分野では盛んに研究されている。たとえば，親水性や疎水性の表面を創出する際には，それぞれに対応するポリマー・セグメントを連結することが多い。このような背景から，PHAの生合成系を用いてブロック共重合体を作れないだろうか？という好奇心が湧いて当然であろう。しかし，考えるは安し行うは難しである。

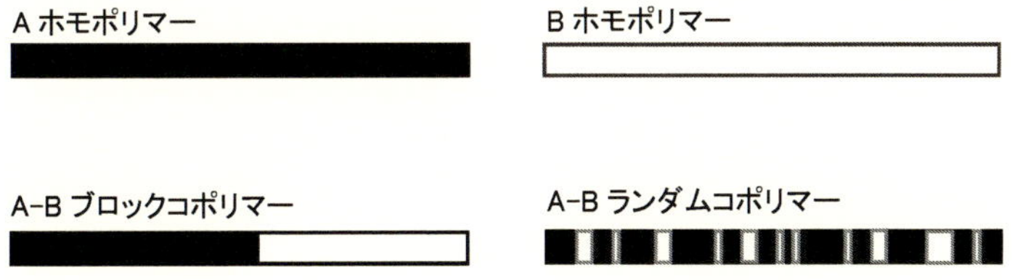

A ホモポリマー　　B ホモポリマー

A-B ブロックコポリマー　　A-B ランダムコポリマー

図2　ブロックコポリマーとランダムコポリマー
黒塗りと白塗りは，2種のモノマーを示している。

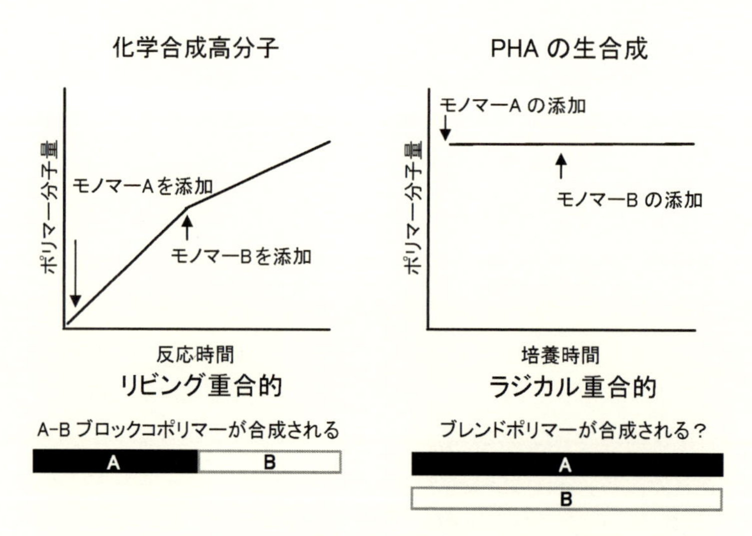

図３　ブロックコポリマーが作られる化学合成法と生合成法による違い
化学法では，リビング重合様式でブロックコポリマーが合成される。一方，生合成法では，ラジカル重合様式でブレンドポリマーが作られやすい。

お手本となる高分子の化学合成においては，ブロックコポリマーをどのように作っているのだろうか？たとえば，リビング重合を利用する系では，まずAのホモポリマーを合成する。Aモノマーが消費されると活性末端を残したまま重合が停止するので，次いでモノマーBを添加すると，A-Bブロック共重合体が合成される（図3）。このように合成されるA-Bブロック共重合体は，途中で生成するAのホモポリマーよりも分子量が増加することから，AとBの2つの高分子鎖が連結していることが容易に確認できる。一方，PHAの生合成系に基づくブロック共重合体合成の取り組みでは，先行のモノマーを培地中に添加して，次いで後続のモノマーを添加すれば目的が果たせるはず，という戦略がある（図3）。一見，化学合成法を生合成に適応しているようである。しかし，従来からのPHAの生合成研究から，PHAを合成する培養中には，ポリマー「重量」は経時的に増加するがPHAの「分子量」はあまり変化しないことが分かっている。この事実には，一本一本のポリマー鎖が極めて短い時間内で合成されるという重要なメッセージが秘められている。単純に分子量と重合酵素の反応回転数から試算すると，ポリマー1本の合成には1分もかからないことが分かる。このごく短時間に，モノマー供給を切り替えてブロック化させようというのは，不可能に近い。この問題を回避するために，少量のモノマーを短い時間の間にパルス的に連続添加する極限状況を採用する方法も試みられている。しかし，重大な問題は，ブロックコポリマーの分子鎖はできるかもしれないが，同時にAまたはBのホモポリマーも合成混在してしまうということである。また，合成されたポリマーがブロックであることを分析して証明することも難しい。通常，ポリマーのブロック性はNMRにより評価される。NMR分析では，隣り合うモノマーユニットの違いを区別できるので，例えば，A-AとB-Bの連鎖が多数あり，A-Bの連鎖が少数であればブロックであると考える（図4）。ところが，この

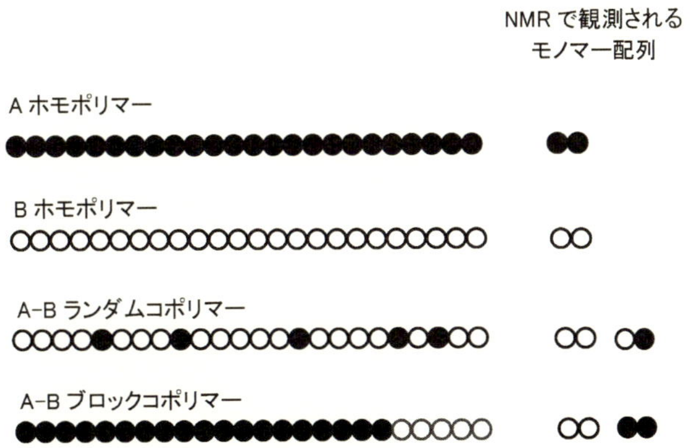

NMRで観測される
モノマー配列

Aホモポリマー

Bホモポリマー

A-Bランダムコポリマー

A-Bブロックコポリマー

図4 同一モノマー組成における，ランダムコポリマーとブロックコポリマーの模式図
同一のモノマー組成であるが，配列が異なる共重合体を模式的に表現している。NMRでは，2種A, Bのモノマーユニットから成る共重合ポリマー中で隣接するモノマーユニットが何であるかの情報が得られる。モノマーAを主成分とし多量のモノマーBを含むポリマーサンプルのNMR分析により，A-AとB-Bに相当するシグナルのみが観察される場合，A-Bのブロックコポリマーであるか，A, Bの2つのホモポリマーのブレンドであると判断できる。すなわち，ランダムコポリマーではない。

方法では，Aのホモポリマー，Bのホモポリマーを主成分として，少量のAとBのランダム共重合体が混入すると，ブロック共重合体と同じように見間違う。さらに，上記の生合成機構により，PHAの生合成においてモノマーAとBを加えると，そのような混合物が合成される可能性が大いにあるのである。

先に述べた乳酸ポリマー生合成では，*Pseudomonas* 属細菌由来のPhaCを進化させて乳酸重合酵素として用いていた。この酵素は幅広い基質特異性を持っており組成制御が容易であるという半面，活性は低い。そこで筆者らは，酵素活性が高いことで知られる水素細菌（*Ralstonia eutropha*）由来のPhaCに乳酸重合酵素と同様の変異を導入することで，乳酸重合活性を付与できるかを調べた。実際，この変異体は乳酸重合活性を示した[23]が，合成ポリマーの解析は合成量の制限から容易ではなかった。さまざまな条件検討後，ようやく数モル%の乳酸を含むP(LA-*co*-3HB)を微量合成することに成功した。しかし，NMR分析の結果，合成されたポリマーがブロック共重合体かもしれないという予想外の結果を示唆していた。乳酸ユニットに起因するケミカルシフトは，3HBユニットと隣り合うと，ポリ乳酸とは明らかに異なる値になる。ここで合成されたポリマーは，乳酸分率がわずかに数モル%であるから，もしモノマー配列がランダムであれば，確率的にポリマー中に存在する乳酸ユニットは，ほぼすべてが3HBユニットに隣接しているはずである（図4）。しかしながら，ポリ乳酸に相当するシグナルが観察されるということは，ポリマー中の乳酸がランダムではなく，乳酸ユニットだけが偏在したブロック共重合体になっている可能性を示唆している[23]。これまでの有機溶媒分別などの分析結果から，ブロック共重合体の構造証明に向けて一定の進捗をしている。最近では，本現象の発見が契機となって，ほかのモノマーユニットの組み合わせから成るPHAのブロック共重合体が微生物細胞内で合成されることが実証された[24]。

5　多元ポリ乳酸の進展(4)：乳酸オリゴマーが分泌した！

最近筆者らは，100%完全なポリ乳酸が生合成されない仕組みを分子レベルで解明し，多元ポリ乳酸の乳酸分率が高くなるほどポリマーの分子量が低くなるという逆相関の関係が議論になった。また，これらのポリマー合成研究と並行して，筆者らは多元ポリ乳酸の生分解性についても調べていた（後述）。化学合成ポリ乳酸の分解酵素の実験において，分子量が低いポリエステル（オリゴマー）は，結晶性を有する固体ではなく液状に近い軟質非晶物質になることを経験していた。これら二つの現象を頭の中で融合し，逆転の発想をしたのが本技術の着想点である。つまり，乳酸分率の高いポリマーの分子量が低くなることから，一部は分子量の非常に小さいオリゴマーが合成されオイル状の物性を持つと，疎水性に富む細胞膜を透過し細胞外に分泌されたら面白い！と発想した。早速，先に紹介した博士課程学生がポリマー合成後の培養上清をクロロホルムで二相抽出し，抽出画分を分析してみた。その結果，期待通り培地上清中から乳酸を含む重合物が検出された。質量分析・NMRなどを用いた構造解析の結果，これがP(LA-*co*-3HB)のオリゴマーであることが，ESI-TOF-MSの分析結果から明らかとなった[7]。乳酸ユニットの分子量に相当する質量ピーク間隔と3HBユニットの分子量に相当する質量ピーク間隔が示されたことから，本サンプルがLAと3HBの共重合オリゴマーであることが判明した。高分子量のPHAは通常細胞内に蓄積されるため，細胞体積以上にポリマー合成することができず，生産収量は細胞密度に依存せざるを得ない。そのために，ポリマーの合成に加えて細胞増殖のための栄養が必要となり，この点が分泌生産される乳酸などの発酵産物と比較して不利であることが指摘されていた。PHAが細胞外に分泌生産できれば，細胞増殖をさせずに目的物質を連続生産することが可能になると考えられる。また，現在主流のポリ乳酸の製造スキームと比較すると，従来は発酵生産した乳酸を精製してから化学的に重合させてオリゴマーを得ていたのに対し，今回発見した微生物分泌系ではオリゴマーが直接発酵生産される。したがって，本乳酸オリゴマー分泌生産系を利用して，ポリ乳酸の短縮型の製造プロセスが設計できることになる（図5)。実際，分泌オリゴマーサンプルを精製し，バックバイティング反応により乳酸の環状二量体であるラクチドへの変換に成功し[8]，仮説を検証できた。

さらに，アルコール性の水酸基を有する低分子化合物を細胞外から添加すると，細胞内に流入し，重合酵素による誤認識反応によるポリマー伸長の停止を引き起こす。この反応は高分子化学分野では「連鎖移動反応」と理解され，反応に有効な化合物を連鎖移動剤（CT）と呼ぶ（図6)。たとえば，ジエチレングリコールやポリエチレングリコールのような多価アルコールは有効に乳酸オリゴマーのカルボキシル基末端に付加し，キャッピング・ジオール基材としてジイソアネートのようなスペーサー物質と付加重合することでポリウレタンを合成できる。まだ，高分子

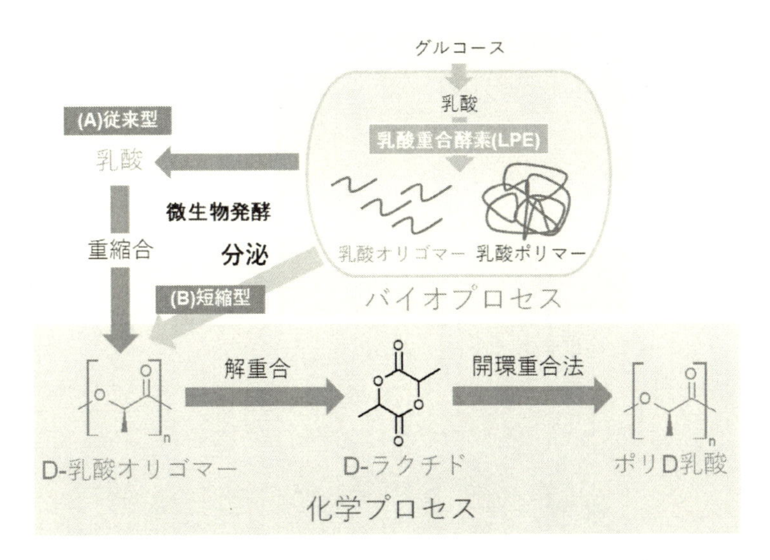

図 5　乳酸オリゴマーの直接分泌および短縮型ポリ乳酸生産プロセス
「発酵乳酸→〈重縮合〉→乳酸オリゴマー→ラクチド変換→〈開環重合〉→ポリ乳酸合成」の多段階プロセスにおける，最初のステップを短縮したポリ乳酸生産プロセスを確立することができた。

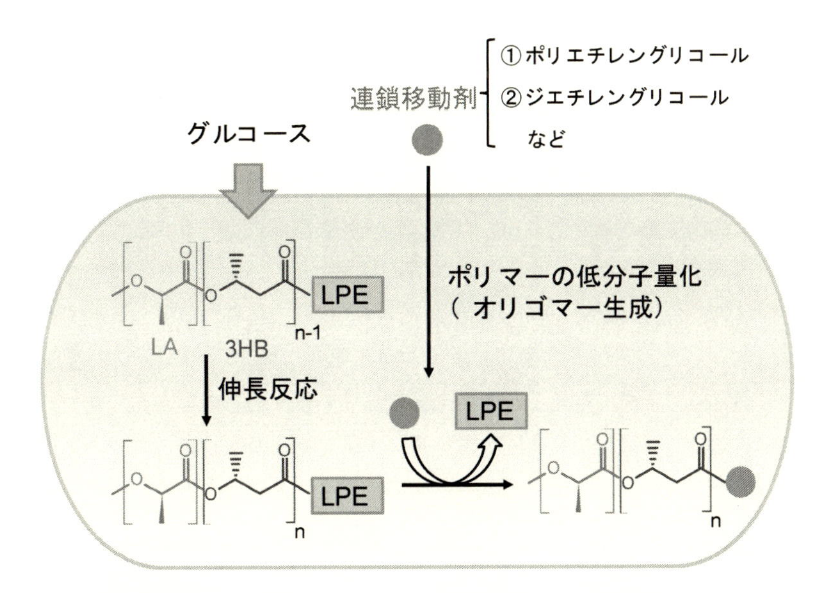

図 6　連鎖移動反応に基づいたポリマーの低分子量化による乳酸オリゴマーの合成
LPE：乳酸重酵素，連鎖移動剤（●）を外部添加すると微生物細胞内に流入し，LPE に誤認識されてポリマー末端にキャッピングしたオリゴマーの付加体が生成する。

量ではないが実際ポリウレタンが合成できる仮説実証がなされた[10]。また，CTが末端にキャップされた付加体は，都合よく膜透過性が格段に促進される。何故CT剤付加により分泌の効率が向上するのかは，大腸菌の内膜および外膜に局在する輸送体（トランスポーター）の特定の観点から研究が進んでいる。すでに，遺伝子破壊株を利用した網羅的な分子遺伝学アプローチによって，トランスポーター候補が推定されている[9]。

このように，乳酸オリゴマーの分泌発見を端緒に，①ポリ乳酸の短縮型生産プロセスが開拓され，②連鎖移動剤を利用することで分泌促進に成功し，③その膜輸送ルートの推定研究によりトランスポーター工学へ移行し，④連鎖移動剤の末端付加体は，新たなポリマー創製のためのビルディングブロックとして材料化する，など従来の高分子量PHAではできない学術的あるいは素材応用的な研究へ展開している[25~27]。現在は，多様な天然あるいは人工進化させた重合酵素の特質を利用して，乳酸以外の「有機酸オリゴマー」の多様性を拡充する研究を展開している。

6　多元ポリ乳酸の進展(5)：実バイオマスからの一貫生産プロセス

筆者らは，草本系バイオマスから多元ポリ乳酸を合成させるためのケーススタディとして，育種ジャンボススキを脱リグニン処理し，酵素混合糖液（約7割がグルコース，残りがキシロース）を用いた培養試験を行った。フラスコを用いた回分培養では，糖を完全に消費しポリマー生産することに成功した[28]。回分培養とは，培養開始時に必要な炭素源を最初から全て加えておき，培養途中で培地成分の追加をしない方法である。糖質濃度によっては浸透圧に影響が出て，微生物が生育できなくなることから，投入できる炭素源の量が制限される欠点がある。この問題を回避するために，微生物の炭素消費速度に合わせて炭素源を途中で追加していく流加培養法が用いられる。ただし流加培養法を用いる場合も，植物バイオマスから得られる糖液に複数の糖が混ざっていることに注意する必要がある。なぜなら，微生物は生存に有利な炭素源を優先的に利用する仕組み（糖成分の好き嫌い）を持っているためである。この仕組みはカタボライトリプレッションと呼ばれ，大腸菌をグルコースとキシロースの混合糖液で培養すると，グルコースが優先的に消費される。たとえば，大腸菌にグルコースとキシロースの混合糖液を流加培養すると，キシロースが利用されずに培地中の濃度が上昇してしまう。このように，植物バイオマス由来の混合糖液を無駄なく利用した高密度培養を目指す場合は，微生物のこのような糖消費の性質を理解している必要がある。ジャンボススキ由来の糖液を，大腸菌を宿主とした高密度生産に適用するために，筆者らは遺伝子工学的手法を用いて解決した[29]。

さらに，木質系バイオマスからの多元ポリ乳酸の生産のため，筆者らは，パルプ製造の際に副生される廃棄性のヘミセルロースの利用を検討した。木質抽出液の加水分解物によってキシロースおよびガラクトースを主成分とする糖化液が得られる。この加水分解物由来単糖類を精製して炭素源として微生物培養に供した。その結果，試薬グレードの糖混合物を用いた場合と同程度の良好な生産量で多元ポリ乳酸の生産に成功した[30]。この糖液の特徴は，セルロースの主成分グルコースの濃度が低いことである。そのため，シンプルに流加培養に適用できると思われる。木質系バイオマス由来糖液の問題点の一つは，生成する酢酸の濃度が上昇すると大腸菌内でのポリマー合成が阻害されることである。この問題を回避するために，前処理段階で糖液中の酢酸を極力排除しておく必要がある。

通常採用されている実バイオマスからの一気通貫プロセスでは，多糖を一旦単糖に加水分解してから微生物培養に供している。しかし，微生物自身に多糖の分解能力を付与することで，多糖を直接利用した物質生産法が報告されている。高分子多糖は，多くの場合は細胞膜を通過できないので，多糖の酵素分解を行うためには，分解酵素を細胞外へ分泌させるか，あるいは細胞表層提示する必要がある。筆者らは，アミラーゼ提示コリネ型細菌を用いて，可溶性デンプンからP(3HB) が合成可能であることを報告している[31]。またNomuraらは，キシラナーゼを発現する組換え大腸菌を用いて，キシランからの多元ポリ乳酸の合成に成功している[32]。しかもこの宿主として，乳酸分率が高くなるような代謝改変株[18]を利用している。その生産性は，キシロース純品を炭素源とした場合と比較してかなり低いが，ポリマー合成に十分なキシロース濃度に達するようキシラナーゼ活性を向上させるなど，伸びしろのある魅力的な技術である。

7 多元ポリ乳酸の進展(6)：基礎物性・部材化・生分解性

多元ポリ乳酸の特徴は，共重合組成によってポリマーの熱的性質や機械的物性を制御できる点にある。すでに述べたように，共重合体の乳酸分率は数%から約100%まで広域に制御可能な生合成系を確立した。たとえば，約30%の乳酸分率多元ポリ乳酸は，透明性に優れた石油系ポリプロピレンと同等の破壊伸びを発現する[33]。一般に微生物ポリエステルPHAは不透明ポリマーであることから，良好な透明性は大きなアドバンテージである。また，化学合成ポリ乳酸は結晶化度の高い硬質なポリマーであるので，3HBユニットとの共重合化で軟質性を付与することが可能である。図7には，45%乳酸分率の多元ポリ乳酸を成形加工した部材を示す。この素材は，

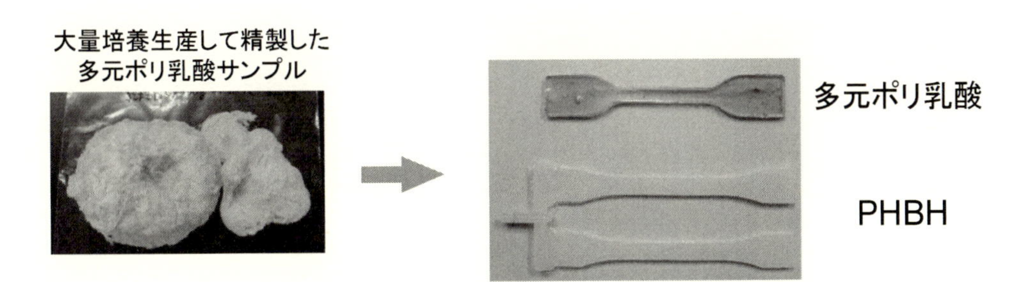

図7　多元ポリ乳酸の大量合成サンプルの成形部材
100 L培養器を利用した大規模生産して得たP(45%LA-*co*-3HB) の精製サンプルをダンベル型の成形体へ加工した。対照サンプルとして，下にカネカ社製のPHBHの成形加工品を並列している。

生体吸収性を期待したコラーゲンに代替する細胞培養基材として有望で，現在この路線の研究も進めている。当然，最近のマイクロプラスチックによる海洋環境の汚染は喫緊の課題である。化学合成ポリ乳酸は，土壌や海洋のような自然環境下では難分解である。これとは対比的に，多元ポリ乳酸は，67％の高乳酸分率でも土壌[34, 35]・海洋の両環境でも良好な生分解性を示す。これらの詳細な解説は，同じくシーエムシー出版社から刊行されている『多元ポリ乳酸の合成／分解の交差点：「オリゴマー」』[36]に紹介しているので，参照していただければ幸いである。

8　おわりに

2008年は，「ポリ乳酸の生合成」[5, 37, 38]という新たな方法論が発表された記念すべき年であった。新規に開発された乳酸重合酵素によって，「多元ポリ乳酸」が新しいカテゴリーのポリエステルとして開拓された。本稿では，単なる事実の羅列にならないよう，研究の展開過程でどのように着想し目標を実現してきたかについて紹介するように努めた。PHA研究分野は，先人の残した偉大な学術的試金石がきれいに積み上げられ，今日，カネカ社によるPHBHの産業化という形で世界に普及する時代が到来している。PHAが発見された最初の報告から90年以上経ち，これまでに関連遺伝子やポリマー合成法など多くの知見が蓄積されている。しかし，PHA合成細菌の細胞の中を探索すると，未だに，PHA生合成関連の未知のタンパク質が見つかってくる。まさに，自然界に秘められている微生物合成ポリマーの多様性の豊富さを実感する。また本稿で紹介したように，重合酵素の人工的な機能改変によるポリマー合成系により，非天然モノマーにアクセス可能となり，これまで合成が不可能だった種々の「非天然型ポリマー」の合成が可能になっている。いわゆる従来のPHAの世界を拡張すると同時に超越する段階へと変遷している[39]。学術的には，どこまで行けば，PHAを理解したことになるのか，また応用的には，PHAの生合成系システムでどこまでの多様なポリマーが作れるのか，限界線はまだ見えてこない。

筆者は，化学を専門とする学部生から出発したが，途中から精緻な生命システムに魅了され，理研でバイオプラスチック研究に携わるようになって以降，PHA研究という地平に両分野が交差する融合分野を楽しんでいる。本分野を推進する上で重要と思われるのは，トンボの目で飛び回る「複眼的アプローチ」である。バイオマス原料から作る生分解性の機能を有するプラスチック：バイオプラスチック，となると係る分野は多様で，単一の視点や学理では理解不能である。実際，筆者がこれまで出会ってきた方々の分野背景は多種多彩である。今後も，本分野のプレイヤーの一人として微力ながら貢献したい。

謝辞

本研究は，科学技術振興機構の二酸化炭素資源化領域・CREST（JPMJCR12B4 to S.T.）「植物バイオマス原料を利活用した微生物工場による新規バイオポリマーの創製および高機能部材化」（研究代表者：田口精一）の成果の一部である。御支援，御協力いただいている方々に深く感謝申し上げます。

文　　献

1) 筏　義人　編，ポリ乳酸 — 医療・製剤・環境のために —，高分子刊行会（1997）
2) L. Madison and G. W. Huisman, *Microbiol. Mol. Biol. Rev.*, **63**, 21（1999）
3) M. Lemoigne, *Ann. Inst. Pasteur*, **39**, 144（1926）
4) http://www.kaneka.co.jp/business/material/nbd_001.html
5) S. Taguchi *et al.*, *Proc. Natl. Acad. Sci. U. S. A.*, **105**（45），17323-17327（2008）
6) H. Tsuji, *Biopolymers*, Wiley-VCH, **4**, 129（2002）
7) C. Utsunomia *et al.*, *ACS Sustain. Chem. & Eng.*, **5**（3），2360-2367（2017）
8) C. Utsunomia *et al.*, *J. Biosci. Bioeng.*, **124**（2），204-208（2017）
9) C. Utsunomia *et al.*, *J. Polym. Res.*, **24**（10），167-170（2017）
10) C. Utsunomia *et al.*, *J. Biosci. Bioeng.*, **124**（6），635-640（2017）
11) 田口精一，生命システム工学，No. 35, 18-23（2009）
12) S. Taguchi and Y. Doi, *Macromol. Biosci.*, **4**, 146-156（2004）
13) C. Nomura and S. Taguchi, *Appl. Microbiol. Biotechnol.*, **73**（5），969-79（2006）
14) T. Kichise, S. Taguchi and Y. Doi, *Appl. Environ. Microbiol.*, **68**, 2411-2419（2002）
15) T. Tsuge *et al.*, *Macromol. Biosci.*, **5**, 112-117（2005）
16) K. Tajima *et al.*, *Macromolecules*, **42**, 1985-1989（2009）
17) K. Matsumoto, *et al.*, *Biomacromolecules*, **19**, 2889-2895（2018）
18) M. Yamada *et al.*, *Biomacromolecules*, **110**, 677-681（2009）
19) M. Nduko *et al.*, *Metab. Eng.*, **15**, 159-166（2013）
20) M. Nduko *et al.*, *Appl. Microbiol. Biotechnol.*, **98**（6），2453-2460（2014）
21) Y. Song *et al.*, *Appl. Microbiol. Biotechnol.*, **93**（5），1919-1925（2012）
22) K. Matsumoto *et al.*, *AMB Express*, **4**, 83（2014）
23) A. Ochi *et al.*, *Appl. Microbiol. Biotechnol.*, **97**（8），3441-3447（2013）
24) K. Matsumoto *et al.*, *Biomacromolecules*, **19**（2），662-672（2018）
25) C. Utsunomia *et al.*, Chapter 4, ACS Symposium Series Vol. 1310, American Chemical Society, pp. 41-60（2018）
26) J. M. Nduko and S. Taguchi, Biofuels and Biorefineries, Springer Nature, vol. 9, Zhen Fang *et al.*（Eds），Production of Materials from Sustainable Biomass Resources, 978-981-13-3767-3, 465828_1_En,（12）.（2019）
27) 松本謙一郎，廣江綾香，田口精一，バイオサイエンスとインダストリー，バイオインダストリー協会，**35**, 18-23（2009）
28) J. Sun *et al.*, *Biosci. Biotechnol. Biochem.*, **80**, 818-820（2016）
29) R. Kadoya *et al.*, *J. Biosci. Bioeng.*, **125**（4），365-370（2018）
30) K. Takisawa *et al.*, *Process Biochem.*, **54**, 102-105（2017）
31) Y. Song *et al.*, *J. Biosci. Bioeng.*, **115**, 12-14（2013）
32) L. Salamanca-Cardona *et al.*, *J. Biosci. Bioeng.*, **123**, 547-554（2017）
33) D. Ishii *et al.*, *Polymers*, **154**（4），255-260（2017）
34) J. Sun *et al.*, *Polym. Degrad. Stabilit.*, **110**, 44-49（2014）

35） J. Sun *et al., Appl. Microbiol. Biotechnol.*, **99**, 9555-9563 (2015)
36） 田口精一，松本謙一郎，生分解性プラスチックの環境配慮設計指針，第Ⅲ編　ポリ乳酸の高性能化と生分解性　第3章，シーエムシー出版，158-168 (2019)
37） K. Matsumoto & S. Taguchi, *Curr. Opin. Biotechnol.*, **24** (6), 1054-1060 (2013)
38） K. Matsumoto & S. Taguchi, *Appl. Microbiol. Biotechnol.* (Mini-review), **97**, 8011-8021 (2013)
39） S. Taguchi, *Front. Chem. Sci. Eng.*, **11** (1), 139-142 (2017)

第29章　バイオプラスチックの新展開
―バイオリファイナリーと高性能・高機能ケミカルの開発―

宇山　浩*

1　はじめに―バイオリファイナリー―

現在のプラスチックの多くは石油から作られており，これらのポリマーの一部については，工業レベルでのリサイクル技術が発達しているが，最終的には破棄され，焼却により二酸化炭素が発生する。地球温暖化防止に向け，材料の観点からもカーボンニュートラルのプラスチックが社会的に求められている。そこで，地球環境に優しいプラスチック材料として，自然界の物質循環に組み込まれる“バイオマスプラスチック”が注目されている[1-3]。ここでは触れないが，近年の海洋プラスチックごみの社会問題化から生分解性プラスチックへの関心も高まっている。生分解性プラスチックの多くは脂肪族ポリエステルであり，ポリヒドロキシアルカン酸，ポリブチレンサクシネートは海洋中の微生物で分解する。バイオプラスチックはバイオマスプラスチックと生分解性プラスチックの総称である。

我が国では平成14年に日本政府の総合戦略「バイオマスニッポン」が発表されて以来，バイオマスの利活用による持続的に発展可能な社会の実現に向けた政策が立案され，実施されてきた。この戦略は，バイオマスの有効利用に基づく地球温暖化防止や循環型社会形成の達成，更には日本独自のバイオマス利用法の開発による戦略的産業の育成を目指すものである。また，地球規模での環境保護の観点から，バイオマス原料は日本のみならず，世界中から入手できる安価かつ豊富な資源の積極的な利用が求められている。

一例として，ポリ乳酸は最も代表的なバイオマスプラスチックである。光合成により二酸化炭素を固定化したバイオマスを原料に製造されるため，ポリ乳酸の燃焼や生分解により二酸化炭素が大気中に放出されても，全体として二酸化炭素量は増えない。このことからポリ乳酸はカーボンニュートラルな物質循環型プラスチックと言われている。乳酸はその化学構造からL体とD体があり，現在，L体乳酸からなるポリ乳酸が工業化されている。米国ではトウモロコシ由来のデンプンを原料に年間生産規模14万トンのプラントで生産が進み，中国でも数千トンのプラントが稼働しつつあり，今後，世界的にバイオマス原料由来のポリ乳酸の生産量が増大すると予想されている。

近年，プラスチックのバイオ化に関する技術開発が急速に進んでいる。バイオエタノールを原

＊ Hiroshi Uyama　大阪大学　大学院工学研究科　応用化学専攻　教授

料とするバイオポリエチレン（PE）は石油由来のPEと同等の取り扱いができるため，その普及が期待されている。バイオエタノール原料のPEは1 kg当たり4.3～4.9 kgの二酸化炭素排出を削減できるとされる。2011年には20万トンのプラントがブラジルで稼働した。また，バイオマス由来原料を用いたプロピレンやブタジエンの工業生産が検討され，これらを基にバイオポリオレフィンの開発が進むと予測されている。芳香族系ポリエステルについては，アメリカで1,3-プロパンジオールをバイオマス原料から発酵生産する技術が開発され，この1,3-プロパンジオールを用いたバイオポリトリメチレンテレフタレート（PTT）が上市された。ポリ乳酸や微生物産生ポリエステルと異なり，モノマーの一方（テレフタル酸）が石油由来であるため，バイオマス度は37％である。PTTは自動車分野での用途開発が進み，フロアマット，シート表皮や内装表皮に採用されている。最近，バイオ由来のエチレングリコールを用いたバイオポリエチレンテレフタレート（PET）も開発され，ボトルをはじめとした，様々な分野で利用が進んでいる。

バイオマスプラスチックは逐次重合（重縮合・重付加），開環重合等により合成される。本稿では汎用プラスチックより付加価値の高いエラストマーのバイオ由来品を中心に紹介する。エラストマーは工業的に重要なポリマーであり，熱可塑性樹脂と合成ゴムの中間的な製品に位置付けられる。熱可塑性エラストマーはスチレン系，オレフィン系，塩ビ系，ウレタン系，アミド系等が製造され，家電・事務機器部品，自動車部品，電気・電子部品，医療部品，衛生部品等，用途は多岐にわたる。しかし，これらの多くが石油由来の樹脂から製造されているのが現状である。本稿の前半ではバイオベースエラストマーの新展開として，植物中に含まれるポリマーを用いたエラストマーの工業化に向けた取組みを紹介する。このエラストマーは生合成で作られるが，その反応経路は重縮合である。また，後半では植物油脂由来のポリオールおよびそれを用いたバイオポリウレタンについて述べる。

2 トチュウエラストマー

バイオマスプラスチックの開発が活発に行われる以前より，人類は自然界が生み出すバイオベースポリマーを利用してきた。その代表例がパラゴムノキの天然ゴムである。天然ゴムはゴムの樹液に含まれるシス型ポリイソプレンであり，タイ，インドネシア，マレーシアが主要生産国で生産高は年間1,000万トンに達する。シス型構造がゴム弾性の発現に重要であり，トランス型のグッタペルカはゴム弾性を示さない。シス型ポリイソプレンはゴム樹液中にラテックス状で存在する。天然ゴムに実用的なゴム弾性を付与するため，硫黄で架橋（加硫）して利用される。ポリマー中の二重結合のごく一部の間に硫黄による橋かけ構造を導入することで弾性が大幅に向上する。タイヤ用途ではさらにカーボンブラックを添加して，ゴムの機械的強度を高めている。

ゴムは天然ゴムとブタジエン系を中心とする合成ゴムがあり，用途により使い分けられてきた。しかし，ゴム産業における循環型社会構築に向けたバイオマス利用への意識の高まりから天然ゴムが見直され，天然ゴムの生産性向上等の研究が行われている。天然ゴムには樹液に含まれるタンパク質や脂質が微量含まれ，これらがゴムの物性に重要な役割を果たすことが知られている。これらのことから現在でも天然ゴムと合成ゴムの生産比率はほぼ等しい関係にある。また最近では，タンパク質を除去しつつ，ゴム物性を維持する技術が開発され，天然ゴムに含まれるタンパク質によるアレルギーを低減するゴム手袋などが実用化されている。

トランス型ポリイソプレンはトチュウ（*Eucommia ulmoides* Oliver），バラタゴムノキ等の植物が産生する。近年，トチュウから得られるトランス型ポリイソプレン（トチュウエラストマー，EuTPI）を工業化する研究開発が行われている[4,5]。トチュウは中国を起源とし，海抜2,500 m以下の山間地に分布する樹高20 m以上の落葉性喬木である（図1）。トランス型ポリイ

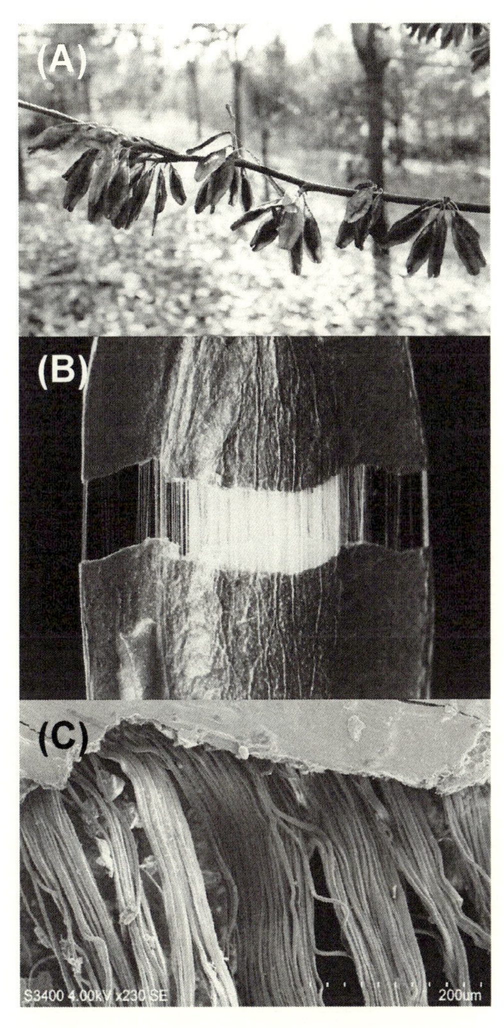

図1　トチュウ種子の写真(A)，種子に含まれるEuTPIの写真(B)，同SEM画像(C)
（日立造船㈱提供）

ソプレンの産生植物として産業的に利用されてきたグッタペルカノキやバラタゴムノキは熱帯域で生育するのに対し，トチュウは広く温帯域で生育するため，広大な半乾燥の未利用地での栽培が可能である。

トチュウには葉や樹皮，根，果皮など全草にEuTPIを含んでいるが，器官により含有量や分子量・分子量分布が異なる。樹皮や根を起源とした場合には，伐採手段が必要となるため持続可能でなくバイオマス原料として不適である。一方，永年結実する種子をバイオマス原料とすることは持続可能な手段として有効である。しかも，種子の果皮に含まれるEuTPIの含有量は20%を超え，その分子量は100万を超すことから産業化に好適であり，理想的な非可食性バイオマスと考えられる。即ち，トチュウを傷つけることなく目的となるバイオマスを安定確保することができる。

EuTPIは融点を持つことから結晶性ポリマーに分類され，融点は約60℃と比較的低い。そのため，低温での加工・成形が容易であると考えられる。ガラス転移点は約−60℃であり，熱重量分析における分解開始温度は約320℃であった。脆化温度は−51℃とポリプロピレン（PP）より低く，低温での使用が可能である。機械的特性として，初期ひずみに対して高い応力があり，ヤング率も高い。引っ張り特性は低密度ポリエチレン（LDPE）やPPなどに近く，曲げ弾性率はLDPEに近い。アイゾット衝撃強度は高密度ポリエチレン（HDPE）やPPより高く，アクリロニトリル–ブタジエン–スチレン共重合樹脂（ABS樹脂）や耐衝撃性ポリスチレンに近いため，EuTPIは耐衝撃性に優れる素材と考えられる。これらの機械的性質の評価から，EuTPIはPEやPPなどのプラスチックに近い物性を示し，高い耐衝撃性から耐衝撃性に劣るプラスチックの改質剤などの用途が想定される。

EuTPIの成形加工においては，融点が約60℃であることから，80℃程度のロール表面温度でゴムと同様にオープンロールによる練りに対応できる。そのため，様々な樹脂，ゴム，フィラー，各種薬品との混練による高性能化・高機能化に向けた検討が行われている。オープンロールにより得られたシートは約100℃の熱プレスにより板成形が可能であり，各種物性試験の試験片を作製することができる。一方，溶融プラスチックの流動性を示すメルトフローレートは低いため，二軸押出成形などには不向きであると考えられる。

EuTPIへの機能付与・高性能化には，EuTPI中の不飽和結合を利用した化学的修飾が有力なアプローチである。EuTPIは天然ゴムと同様に硫黄との架橋が進行することが知られている。また，可逆的なネットワーク構造の構築を目的に，無水マレイン酸変性EuTPIが合成された[6)]。エン反応を用い，無水マレイン酸をEuTPIにグラフトさせた。得られたポリマーのTHF溶液に水酸化ナトリウム水溶液を添加することによりマレイン化EuTPI（MTPI）を得た（図2）。無水マレイン酸は過剰量必要であるが，仕込み比によりグラフト率の制御が可能であった。MTPIフィルムはEuTPIの良溶媒であるTHFには溶解せずに膨潤し，オルガノゲルを形成した。これはTPIにカルボキシル基をグラフトすることで，非極性マトリックス中に極性のドメインが形成し，架橋点として作用したためと考えられる。また，このオルガノゲルは酸性条件下

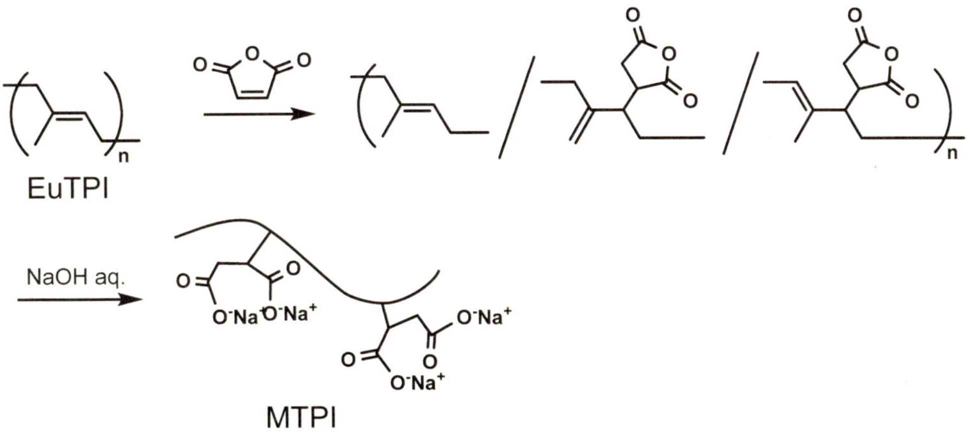

図2　マレイン化トチュウエラストマーの合成

ではカルボキシル基のプロトン化により解架橋し，THF に溶解した。

無水マレイン酸変性物をアミノアルコールと反応させることにより，水酸基をグラフトした EuTPI 誘導体（OHTPI）も合成された。水酸基と金属イオンの非共有結合による相互作用を利用して，OHTPI の物理架橋が検討された。OHTPI の THF 溶液に $Sn(Oct)_2$（ジオクタン酸スズ(II)）を添加するとオルガノゲルが形成した。これはスズと水酸基間の相互作用が架橋点として作用したためと考えられる。また，このオルガノゲルに塩酸を滴加すると容易に解架橋し，THF に溶解した。このように EuTPI に親水性基を導入することで可逆的な物理ゲルが開発された。

ポリ-L-乳酸（PLLA）と EuTPI を溶融混錬によりブレンドすることで PLLA の靭性が改善された。DSC 分析により，ブレンドによる PLLA のガラス転移温度の変化は認められず，PLLA と EuTPI が非相溶であることがわかった。また，EuTPI の含有量が増加することで結晶化速度が低下した。フィルムの引張試験では PLLA 単独フィルムと比べブレンドフィルムの応力は低下したが，歪みが約 2 倍大きくなった。曲げ強度試験では PLLA のみでは歪みが約 3%で完全に破断したのに対し，EuTPI を少量含有することで曲げ応力は低下したが，破断しなかった。これらの結果は EuTPI の添加により PLLA の靭性が向上することを示唆している。このような成果を元に PLLA/EuTPI ブレンドは 3D プリンター用フィラメントとして実用化されている。

3　植物油脂を用いるバイオポリウレタン

油脂の主成分はグリセリンと脂肪酸のトリエステル（トリグリセリド）であるが，ジグリセリドやモノグリセリドも少量含んでいる。油脂は由来原料により植物油脂と動物油脂に分類され，用途から食用と工業用に分けられる。植物油脂として大豆油，パーム油，菜種油，ひまわり油，

表１　植物油脂の脂肪酸組成

脂肪酸	ステアリン酸 (18：00)	オレイン酸 (18：01)	リノール酸 (18：02)	リノレン酸 (18：03)	その他
大豆油	2～7	20～35	50～57	3～8	5～13
パーム油	3～7	37～50	7～11		36～51
ナタネ油	1～3	46～59	21～32	9～16	4～12
ヒマワリ油	2～5	15～35	50～75	0～1	3～8
アマニ油	2～5	20～35	5～20	30～58	4～12
トウモロコシ油	2～5	25～45	40～60	0～3	7～14
コメ油	1～3	35～50	25～40	0～1	11～24
オリーブ油	1～3	70～85	4～12	0～1	8～19

亜麻仁油があり，動物油脂として牛脂，豚脂，魚油が挙げられる。油脂の主用途はマーガリン，ショートニング，ドレッシング，ラードなどの食品であり，工業用途として燃料用や潤滑油用にそのまま用いられるほか，油脂から得られる脂肪酸やグリセリンは界面活性剤や樹脂添加剤等の原料に使用される[7]。表１に代表的な植物油脂の脂肪酸組成を示す。植物油脂を高分子の原料に用いる場合，油脂の炭素-炭素二重結合を利用する場合が多い[8]。大豆油は不飽和基を二つ有するリノール酸を最も多く含むため，生産量の最も多いパーム油より高分子の原料として適している場合が多い。古くから実用化されている植物油脂ベースの材料としてアルキド樹脂が挙げられる。アルキド樹脂はフタル酸やマレイン酸の無水物とグリセリン等の多価アルコールを反応させ，油や不飽和脂肪酸で変性させたものであり，塗料，接着剤として使用される。顔料分散性や塗装性に優れ，仕上がりの美観や耐久性も良い点に特徴がある。

植物油脂を原料とするポリウレタン用ポリオールが開発されている。大豆油を多く産出するアメリカで大豆油の高度利用を目指して，ポリウレタン用ポリオールの開発が行われた。これまでに幾つかの合成ルートが検討され，一部は工業化されている。Dow 社は RENUVA という商標で大豆油ベースのポリオールを工業化している。大豆油製品の欠点である臭気を抑え，ポリウレタンの用途に適したポリオールが開発された。Dow 社のポリオールは次のような合成ルートで製造される。まず，大豆油とメタノールのエステル交換反応により脂肪酸メチルエステルとグリセリンを合成する。続いて，脂肪酸メチルエステルの二重結合に一酸化炭素を付加してホルミル化し，水添により一級水酸基に変換する。最後にグリセリンとのエステル交換反応を再度行い，ポリオールが得られる。この方法は後述のエポキシ化油脂を用いる方法と異なり反応性の高い一級水酸基を有するポリオールが製造できるメリットがある。また，メタノールとグリセリンがこの反応系内でリサイクルされる点でも優れた合成技術である。この大豆油ポリオール製造のLCA が検討され，製造に要するエネルギー量では既存の代表的なポリオールの約 2/3 であり，二酸化炭素の排出はほぼゼロであった。そのため，地球環境保全の観点から大豆油ポリオールの有用性が明らかになった。エポキシ化大豆油から大豆油ベースのポリオールも開発されている。例えば，エポキシ基を加水分解するとグリコールとなり，ポリオールとして用いることができる。詳細な製造ルートは公表されていないが，幾つかのメーカーが大豆油ポリオールを製造し，軟質フォームやコーティング，接着剤，エラストマーに応用している。

ヒマシ油は構成脂肪酸の約90%が二級水酸基を有するリシノール酸である特異な構造の油脂であり，ひまし油をベースとするポリウレタン用ポリオールが開発されている。ヒマシ油はトウゴマの種子に40～60%含まれる。トウゴマは東アフリカ原産のトウダイグサ科の植物で現在では世界中に分布している。古くから灯火油や便秘薬として利用されており，塗料や印刷インキ等の工業用に幅広く利用されている。また，ヒマシ油はバイオナイロンの原料ソースとしても重要である。優れた柔軟性，低温衝撃性を示すナイロン610のモノマーであるセバシン酸はヒマシ油の構成成分であるリシノール酸のアルカリ処理による酸化的加水分解により製造される。絶縁性や耐摩耗性に優れるナイロン11のモノマーである11-アミノウンデカン酸もリシノール酸から作られる。リシノール酸メチルエステルを熱分解してウンデセン酸メチルエステルに変換し，これを加水分解，臭化水素の付加，アンモニアとの反応により11-アミノウンデカン酸が得られる。

大豆油ベースのポリオールを石油由来ポリオールと混合してポリウレタンフォームを合成し，混合比の諸物性に与える影響が検討された。大豆油ポリオールを多く用いるほどセル数が増え，セルサイズが減少した。大豆油ポリオールは石油由来ポリオールより反応性が低く，粘性が高いため，熱伝導性と圧縮強度は低下した。また，キャノーラ油のエポキシ化，ヒドロキシ化，グリコールとのエステル交換により，ポリ(エーテルエステル)型ポリオールが開発され，このポリオールを用いてバイオベースポリウレタンが合成された。得られたポリウレタンは木材用接着剤として評価された。キャノール油，コーン油由来の不飽和脂肪酸からの化学変換によりジイソシアネート化合物も合成され，バイオベースポリウレタンに展開された。また，オレイン酸から誘導化された長鎖ジイソシアネート1,16-diisocyanatohexadec-8-eneからバイオベースポリウレタンが開発された。

ヒマシ油は化合物当たり水酸基を3個弱有するため，ポリウレタン用ポリオールとして利用されている。しかし，自動車用ポリウレタンフォームなどの用途にはヒマシ油が適していないため，ヒマシ油の誘導体が開発されている。BASF社はヒマシ油の水酸基にエチレンオキシドとプロピレンオキシドを付加したものをポリオールに用いたポリウレタンを開発した。植物度は24%であり，家具のクッションやマットレスが主要用途である。三井化学㈱もヒマシ油ベースのポリオールを開発し，これを用いたポリウレタンが自動車用途で実用化されている。ヒマシ油を修飾することでクッション感が大幅に改善された。ポリウレタンフォームの20～40%（重量）を植物由来にすることが可能であり，CO_2排出量が従来品として比較して，約8%削減できる。また，この技術の海外展開として，ヒマシ油生産国であるインドでのバイオポリオールでの生産が計画されている。

植物度の高いポリウレタンを設計する上で，ポリウレタンの主用途であるフォームにあわせて，高分子型のバイオベースのポリオールの開発も望まれている。また，ポリウレタンフォームの既存製造プロセスを利用するためには，液状のポリオールが好ましい。このような要請を満たすバイオベースのポリオールとして，リシノール酸を含有するヒマシ油とその重合体であるポリヒマシ油を開始剤として用いたラクチドの開環重合（あるいは乳酸の重縮合）による分岐状ポリ乳酸ポリオールが開発された（図3）[9,10]。このポリオールは核の油脂成分の構造（分岐数，分子量），ポリ乳酸鎖の立体構造と鎖長により，ポリウレタン用ポリオールのみならず，様々な用途が想定される。ヒマシ油を開始剤に用いたL体ラクチド（LLA）の重合では，ヒマシ油とLLAの仕込み比と得られるポリオールの分子量に良好な相関が見られ，分子量を任意に制御できる。分岐状ポリ乳酸のガラス転移温度，融点，結晶化度は仕込み比に依存し，直鎖状ポリ乳酸と比較して，これらの値は低下した。

分岐状ポリ乳酸ポリオールを用いてポリウレタンの合成が検討された。分岐状ポリ乳酸に対し，水，シリコン系整泡剤および2,4-トルエンジイソシアネートを添加し，室温ですばやく攪拌を行ったところ，発泡ポリウレタンが得られる。また，工業用途を想定して分子量をコントロールした液状の分岐状ポリ乳酸をポリオールを用いて，車用ヘッドレスト用発泡ポリウレタンが試作された（図4）。ポリ乳酸系ポリオールから合成したバイオベースポリウレタンについては，主たる用途は車，家具等のフォームであるが，ポリウレタンの重要な用途には接着剤，塗料もあり，コーティング材料への応用も検討されている。

松由来の非可食脂肪酸を二量化したダイマー酸をベースとするポリウレタンが開発された。ダイマー酸はC36の長鎖アルキル鎖という柔軟な構造をもつため，塗料，インキ，接着剤等に利用されている。ダイマー酸由来のポリマーが低ガラス転移温度を有する性質を活かし，ポリウレ

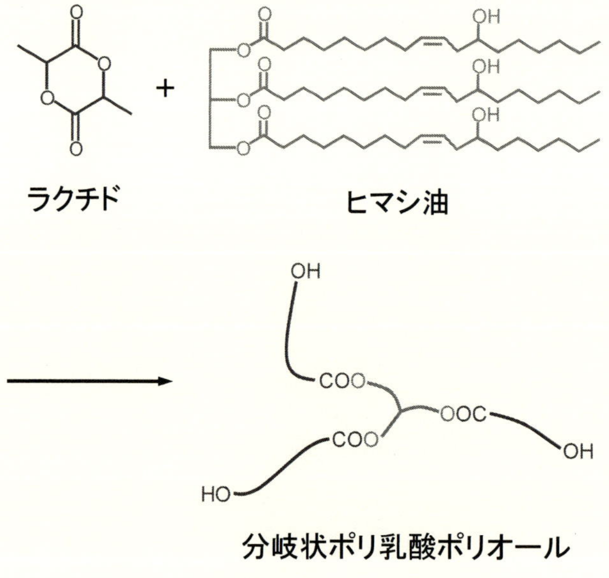

ラクチド　　ヒマシ油

分岐状ポリ乳酸ポリオール

図3　分岐状ポリ乳酸ポリオールの合成

図4　液状分岐状ポリ乳酸ポリオールとそれを用いて作製した発泡ポリウレタン

タンのソフトセグメントとしての利用が検討された[11]。ダイマー酸をベースとするポリウレタンは優れた透明性と柔軟性を示した。

4　おわりに

近年，バイオリファイナリーに対する理解の深まりとともに，植物由来の材料に対する社会的要請は急速に高まっており，バイオマスプラスチックをはじめとするバイオプラスチックの需要の顕著な増大が期待される。その導入による二酸化炭素排出削減の効果はバイオエネルギーと比して必ずしも大きくないかもしれないが，循環型社会の構築には必須のものである。本稿で主に概説したバイオエラストマーについても，今後，バイオマスへの原料変換や植物資源を直接利用する技術が発展するであろう。特にバイオ原料の特性を材料の弾性に活かす材料設計と具現化の発展を期待したい。本稿がその一助になれば幸いである。

文　献

1)　T. Iwata, *Angew. Chem. Int. Ed.*, **54**, 3210 (2015)
2)　M. M. Reddy *et al.*, *Prog. Polym. Sci.*, **38**, 1653 (2013)
3)　宇山浩, 日本ゴム協会誌, **86**, 161 (2013)
4)　武野真也ら, バイオプラジャーナル, **55**, 18 (2014)
5)　武野真也ら，バイオベースマテリアルの開発と市場，シーエムシー・リサーチ編，101

(2015)
6) T. Tsujimoto *et al.*, *Polymer*, **55**, 6488 (2014)
7) U. Biermann *et al.*, *Angew. Chem. Int. Ed.*, **50**, 3854 (2011)
8) A. Llevot, *J. Am. Oil Chem. Soc.*, **94**, 169 (2017)
9) H. Uyama, *Polym. J.*, **50**, 1003 (2018)
10) T. Tsujimoto *et al.*, *Polym. J.*, **43**, 425 (2011)
11) T. Kasahara & H. Uyama, *J. Network Polym. Jpn.*, **37**, 175 (2016)